현대 공동주택 관리론

Contemporary Multifamily Housing Management

: Theory and Practice

한국주택관리연구원 엮음
하성규 외 13인 지음

박영사

머 리 말

공동주택의 유지관리에 국한하여 생각해 보면 시간이 경과함에 따라 건물은 노후화가 진행되고 한정된 내구연수를 가진다. 다시 말하면 공동주택은 영원히 사용할 수 없을 뿐 아니라 일정기관이 경과하면 마모되고 노화된다. 그렇기 때문에 효율적이고 체계적인 유지관리가 필요하며 이를 위해서는 전문 인력이 필요하다. 유지관리는 단순히 공동주택의 물리적 상태를 보호하기 위한 관리업무뿐 아니라 방범, 화재, 지진 등으로부터 안전성을 확보한다는 의미에서 매우 중요하다.

공동주택의 미흡한 유지관리와 시공상의 문제 등이 겹쳐 이 지구상 여러 곳에서 아파트의 붕괴사고가 있었다. 그 대표적인 예가 오래전 우리나라 서울 와우아파트 붕괴, 그리고 최근에는 중국 상하이에서 13층 아파트(2009년), 중국 저장성 5층 아파트(2014), 인도 뭄바이 5층 아파트, 독일 북부 이체호 아파트(2013) 등 상당수에 이른다. 붕괴의 원인은 다양하지만 유지관리 소홀과 시공상 문제점이 있었음이 밝혀졌다.

공동주택에 있어서 유지관리 못지않게 중요한 것이 거주자의 생활관리와 운영관리다. 생활관리는 아파트단지 내 거주하는 주민들의 일상생활에서 쾌적한 분위기와 행복감을 느끼며 이웃과 친밀한 관계를 유지하게 하는 것이다. 최근 우리나라에서는 아파트의 층간소음문제로 살인사건으로 비화되는 일도 종종 있었다. 공동주택 거주자가 공동체적 정신과 공감대를 가지지 못하면 이웃 간 갈등이 증폭될 수 있다. 진정한 공동체적 주거생활을 영위하기 위해서는 사회적 자본(social capital)인 규범, 신뢰가 충만하고 네트워크가 활성화되어야 한다.

아울러 중요한 것은 공동주택의 조직관리, 사무관리, 회계관리를 포함하는 운영관리이다. 지난해 조선일보는 우리나라 아파트 단지의 운영관리의 문제점(비리, 부정 등)을 특집으로 다뤄 사회적 관심과 관리운영의 투명성을 강조한바 있다.

국민의 약 70%에 육박하는 거주자가 생활하는 공동주택은 안전에 대한 문제를 절대 간과할 수 없으며 보다 더 투명하고 체계적인 생활관리와 운영관리를 위해 전문 인력의 참여가 필수적이다. 이러한 공동주택관리의 중요성을 인식하여 한국주택관리 연구원은 이 분야 전문가들의 지식과 지혜를 모아 이 책을 집필하게 되었다.

이 책은 총 15장으로 구성되며 4부로 구분된다. 1부는 공동주택의 이론적 논의, 2부는 공동주택관리의 역사와 당면과제, 3부는 주요 선진국의 공동주택관리 그리고 4부는 공동주택 관리의 미래상을 논의하였다. 이 책의 특징과 장점은 가장 최근의 자료와 정보, 그리고 제도적 변화를 분석 기술한 것이다. 특히 주요 선진국들의 공동주택관리를 소개함으로써 공동주택관리의 국가별 장단점을 비교분석할 수 있으며 정책적 시사점을 도출할 수 있을 것이다. 그리고 공동주택관리의 쟁점사항으로 판단되는 관리주체 관계성, 관리 형태와 방식, 주택관리사 자격과 전문성 강화, 커뮤니티 활성화 및 입주자 참여 등을 심도 있게 분석하였다.

공동주택관리에 종사하는 분들은 물론 이 분야를 연구하는 대학생, 정책당국자 그리고 관리업체 종사자, 입주자와 동대표, 그리고 주택관리사들의 필독서가 될 것으로 확신한다. 최근 세월호 침몰로 인한 많은 인명피해를 경험하면서 국민 모두에게 안전에 대한 새로운 인식과 철저한 안전의식의 중요성이 부각되었다. 이 책이 공동주택 거주자의 안전과 공동체적 주거생활을 위한 지침서로 그리고 공동주택의 운영관리에 새로운 패러다임을 선도할 수 있는 길잡이 역할을 할 수 있기를 소망하는 바이다.

끝으로 원고정리 및 집필자들에게 수차례 이메일을 보내는 등 수고한 한국주택관리연구원의 김정인 박사와 정수영 연구원에게 고마움을 표하며, 박영사에 근무하는 편집부 직원 여러분의 노고에 감사드린다.

2014년 5월

하성규 원장

한국주택관리연구원

차 례

제1부 공동주택관리의 이론적 논의

제3부 주요 선진국의 공동주택관리

제4부 공동주택관리의 미래상

제 1 부

공동주택관리의 이론적 논의

제 1 장 공동주택의 사회·경제적 의미와 관리의 중요성

하성규(한국주택관리연구원)

I 주택의 개념과 공동주택 발전배경

주택은 인간의 생존에 가장 필수적인 요소로서 '은신처'의 역할이 기본이다. 원시시대의 동굴이나 현대사회의 호화저택에 이르기까지 자연적, 인위적 위협으로부터 인간을 보호한다는 은신처의 개념은 동일하다. 그러나 현대사회에서의 주택은 단순한 은신처의 개념을 넘어서 경제적, 사회적 신분의 상징, 사회적 갈등의 한 부분을 차지하며 때로는 정치적 이념과도 깊은 연관을 갖는다.

주택과 관련한 연구에서 여러 학자들이 말하는 주택에 대한 정의를 살펴보면 주택이란 "일정한 장소에 거처를 정하고 인간의 내부적이고 개인적인 가정생활을 영위해 나가는 데 필요한 터전이며 인간의 생활을 담은 안식처이며 거처, 프라이버시, 입지, 투자 등 여러 측면을 지니고 있다"고 정의한바 있다(Smith, 1971). 이러한 정의는 주택이 지닌 물리적 특성의 이해뿐 아니라 사회・경제적인 의미를 담고 있음을 강조하는 것이다.

주택의 개념을 "물리적 시설물, 내구소비재 및 투자재의 성격을 갖는 경제적 재화, 사회조직의 기초단위로서 사회재・집합재, 다양한 서비스의 총체, 부를 창출하는 정책수단으로서의 국가경제의 일부분"이라고 다차원적으로 설명할 수 있다(하성규, 2010). 한편 "주택과 지역사회와의 결합, 거주와 건설의 연계, 공급과정에서의 모든 활동의 조직화 등으로 구성된 하나의 시스템"으로 정의되기도 한다(윤혜정 · 장성수, 2003).

주택은 거주자의 사용가치(use value)와 교환가치(exchange value)를 동시에 지니고 있다. 사용가치를 강조하는 주택은 비영리적 복지주택(공공임대주택)이 대표적이고 교환가치를 가장 중요한 요소로 파악하는 것은 시장기제(market mechanism) 내에서의 분양 혹은 거래목적의 주택이라 할 수 있다.

아울러 주택의 입지와 점유형태(housing tenure)는 거주자의 사회적 신분과 소득수준을 직 · 간접적으로 나타내고 있으며 주택의 생산 · 분배 제도는 국민의 주거복지 수준에 지대한 영향을 준다. 이렇게 주택에 대한 의미는 인간의 본능적 만족뿐만 아니라 생리적, 정신적, 가정적, 사회적으로 보다 즐겁고 아름답게 살려는 의식을 가지고 있는 것으로 옛날이나 지금이나 변함이 없다. 다만 그 생활 가운데 삶의 방식이나 문화에 따라 발전된 모습이 다양하게 나타나고 있다.

따라서 공동주택을 포함하는 주택의 일반적 정의는 "물리적(토지와 건물) 요소로 구성되어 있으며 동시 인간의 활동과 생활을 담는 그릇이며 경제적으로 자산 및 투자의 대상이기도 하다." 특히 현대사회에서의 주택은 인간의 욕망인 부의 축적과 소유의 대상이 되어 사회적 신분과 소득을 나타내는 생활시설인 동시에 투자재로서의 가치를 지닌 다차원적인 개념을 가지고 있다.

우리나라에서 법적 · 행정적으로 사용하는 주택의 구분은 주택법, 건축법 시행령, 그리고 통계청의 인구주택 총조사에서 구분하는 주택의 개념이 동일하지 않음을 알수 있다.

주택법에서는 주택을 단독주택 및 공동주택, 국민주택, 도시형 생활주택으로 구분하고 있으며 건축법 시행령과 별표1에 의해 단독주택은 단독주택, 다중주택, 다가구주택, 공관으로 구분된다. 이들에 대한 구체적인 주택유형별 정의를 살펴보면 단독주택은 단독주택의 형태를 갖춘 가정어린이집 · 공동생활가정 · 지역아동센터 및 노인복지시설(노인복지주택 제외)을 포함하며, 한 가구가 생활할 수 있도록 건축된 일반 단독주택과 여러 가구(19세대 이하)가 살 수 있도록 설계된 다가구 단독주택, 학생 또는 직장인 등 여러 사람이 장기간 거주할 수 있으며, 독립된 주거형태가 아닌 3층 이하의 다중주택, 그리고 공관이 있다.[1)]

또한 공동주택은 건축물의 벽 · 복도 · 계단이나 그 밖의 설비 등의 전부 또는 일

1) 건축법시행령 별표1. 건축법시행령 별표1. 건축법시행령 별표1. 건축법시행령 별표1. 건축법시행령 별표1. 건축법시행령 별표1.

부를 공동으로 사용하는 각 세대가 하나의 건축물 안에서 각각 독립된 주거생활을 할 수 있는 구조로 된 주택을 말하며 층수와 연면적 기준에 따라 아파트, 연립주택, 다세대주택, 기숙사로 나눈다.[2)]

한편 인구주택 총조사에 의하면 주택을 단독주택, 아파트, 연립주택, 다세대주택, 비거주용 건물내 주택으로 구분하고 있으며 단독주택은 다시 일반단독주택과 다가구단독주택으로 구분하고 있다. 이와 같은 내용을 요약한 [표 1.1]은 주택법, 건축법 시행령, 통계청의 인구주택총조사에서 구분하고 있는 우리나라 주택의 종류를 나타내고 있다.

표 1.1 주택의 구분

법 령	구 분		내 용
주택법	단독주택		
	공동주택		건축물의 벽·복도·계단이나 그 밖의 설비 등의 전부 또는 일부를 공동으로 사용하는 각 세대가 하나의 건축물 안에서 각각 독립된 주거생활을 할 수 있는 구조로 된 주택
	국민주택		국민주택기금으로부터 자금을 지원받아 건설되거나 개량되는 주택으로서 주거의 용도로만 쓰이는 면적(주거전용면적)이 1호 또는 1세대당 85㎡ 이하인 주택 (수도권정비계획법 제2조 제1호에 따른 수도권을 제외한 도시지역이 아닌 읍 또는 면 지역은 1호 또는 1세대당 주거전용면적이 100㎡ 이하인 주택)
	도시형 생활주택		300세대 미만의 국민주택규모에 해당하는 주택으로서 대통령령으로 정하는 주택
건축법 시행령 별표1	단독 주택	단독주택	단독주택의 형태를 갖춘 가정어린이집·공동생활가정·지역아동센터 및 노인복지시설(노인복지주택 제외)을 포함
		다중주택	학생 또는 직장인 등 여러 사람이 장기간 거주할 수 있는 구조로 되어 있으며, 독립된 주거의 형태를 갖추지 아니한 것(각 실별로 욕실은 설치할 수 있으나, 취사시설은 설치하지 아니한 것), 연면적이 330㎡ 이하이고 층수가 3층 이하인 것
		다가구 주택	주택으로 쓰는 층수(지하층은 제외)가 3개 층 이하일 것, 다만 1층의 바닥면적 2분의 1 이상을 필로티 구조로 하여 주차장으로 사용하고 나머지 부분을 주택 외의 용도로 쓰는 경우에는 해당 층을 주택의 층

2) 주택법시행령 제2조②, 및 건축법시행령 별표1.

법령	구분		내용
			수에서 제외, 1개 동의 주택으로 쓰는 바닥면적(부설 주차장 면적은 제외)의 합계가 660㎡ 이하이며, 19세대 이하가 거주할 수 있을 것
		공관	
	공동주택	아파트	주택으로 쓰는 층수가 5개 층 이상인 주택
	공동주택	연립주택	주택으로 쓰는 1개 동의 바닥면적(2개 이상의 동을 지하주차장으로 연결하는 경우에는 각각의 동으로 본다) 합계가 660㎡를 초과하고, 층수가 4개 층 이하인 주택
	공동주택	다세대주택	주택으로 쓰는 1개 동의 바닥면적 합계가 660㎡ 이하이고, 층수가 4개층 이하인 주택(2개 이상의 동을 지하주차장으로 연결하는 경우에는 각각의 동으로 보며, 지하주차장 면적은 바닥면적에서 제외)
	공동주택	기숙사	학교 또는 공장 등의 학생 또는 종업원 등을 위하여 쓰는 것으로서 공동취사 등을 할 수 있는 구조를 갖추되, 독립된 주거의 형태를 갖추지 아니한 것
인구주택총조사	단독주택		• 일반단독주택: 한 가구가 생활할 수 있도록 건축된 주택 • 다가구주택: 여러 가구가 살 수 있도록 건축되어진 주택
인구주택총조사	아파트		한 건물내에 여러 가구가 거주할 수 있도록 건축되어진 5층 이상의 영구건물로서 구조적으로 한 가구씩 독립하여 살 수 있도록 건축된 주택
인구주택총조사	연립주택		한 건물 내에 여러 가구가 살 수 있도록 건축된 4층 이하의 영구건물로서 건축당시 연립주택으로 허가받은 주택
인구주택총조사	다세대주택		한 건물 내에 여러 가구가 살 수 있도록 건축된 4층 이하의 영구건물로서 건물의 연면적이 200평 이하이면서 건축당시 다세대 주택으로 허가받은 주택을 말한다. 다세대주택은 세대(가구)별로 분리하여 각각 등기가 가능하며, 매매 또는 소유의 한 단위를 이루고 있다.
인구주택총조사	비거주용 건물내 주택		영업용 목적으로 건축된 건물 내에 사람이 거주할 수 있도록 구획된 부분으로서 주택의 요건을 갖추고 있는 것을 말한다. 단, 사람이 살고 있으나 주택의 요건을 갖추지 못한 거처는 주택 이외의 거처로서 주택에서 제외하였다.

지금까지 살펴본 바와 같이 주택유형의 분류는 법규에 따라 그리고 조사 목적에 따라 다양한 분류가 가능하다고 볼 수 있다.

인간이 이 지구상 존재하면서 촌락을 형성하기 시작하였다. 촌락의 사전적 의미는 "사람들이 모여 사는 사회생활의 단위로서, 인간생활의 기본단위인 가족 또는 집들이 모여 정치·경제·사회·문화의 통합을 이루고 있는 지역집단"이다(한국학중앙

연구원, 한국민족문화대백과). 원시적인 농업이 시작되기 이전의 구석기시대에는 수렵과 채취에 의존하였기 때문에 일정 장소에서 정착생활을 하지 못하고 주로 이동하면서 생활하였다. 이 시대는 촌락의 형성이 불가능하였을 것으로 추정된다.

촌락은 일종의 모듬살이다. 인간이 집단적으로 모여 살아감으로써 사회경제적인 정체성을 공유할 수 있으며 그리고 문화적인 속성을 향유할 수 있다. 촌락이 농촌적 속성을 지니고 있다면 아파트단지는 도시적 모듬살이라 할 수 있다. 도시의 모듬살이는 도시화가 급진전하면서 아파트라는 공동주거적 구조물이 아니면 많은 인구를 수용할 수 없다는 지극히 현실적인 요구를 반영한 형태이다.

원래 공동주택형태 그리고 집단적 모듬살이는 로마제국에 잘 나타났다. 인슐라(Insula)라는 약 2,000여 년 전 공동주택으로 고대 로마의 집합주택, 즉 아파트 형태이다. 최초의 아파트는 로마시대에 서민에게 임대하기 위해 만든 '인슐라'에서 시작되었다고 볼 수 있다. 1층에는 상가가 있고 그 위로는 주거 공간으로 사용하는 5~6층의 현대식개념으로는 주상복합건물이었다. 로마의 부자들은 '도무스(Domus)'라는 널찍한 단독주택에 살면서 인슐라를 지어 높은 임대료를 받았다고 한다. 초기의 인슐라는 목조가 많아 화재와 붕괴가 자주 일어났으므로 아우구스투스(재위 B.C. 27~A.D.14)시대 법령으로, 하부는 벽돌로 짓고 전체의 높이도 20m 이하로 할 것을 규정하였다. 로마 외항의 오스티아에는 다수의 인슐라 구조가 남아있어 당시의 집합주택형태의 알 수 있다(미술대사전(용어편), 1998, 한국사전연구사).

그리고 근대적 의미의 아파트는 18세기 영국의 산업혁명이 일어나면서 등장하였다. 영국은 근세 초기 영주나 대지주가 목양업이나 대규모 농업을 하기 의해 미개간지나 공동 방목장 같은 공유지를 사유지로 만든 운동으로 중소 농민들은 농업 노동자 또는 공업 노동자로 전락하였다. 이를 인클로저(enclosure) 운동이라 알려져 있다. 인클로저 운동으로 농촌에서 밀려난 농민들은 도시로 몰려들고, 도시는 인구가 과밀해지면서 주택이 부족하였다. 그 대안으로 지하 주택이 등장하였는데, 이곳은 콜레라와 장티푸스와 같은 전염병의 온상지였을 정도로 환경이 열악하였다. 영국은 연중 일조량이 적고, 습도가 높은 서안해양성기후임을 감안하면 당시의 지하 공간은 매우 열악한 주거환경이었음을 짐작할 수 있다.

인클로저 운동은 16세기 영국에서 모직물 공업의 발달로 양털 값이 폭등하자 지주들이 자신의 수입을 늘리기 위하여 농경지를 양을 방목하는 목장으로 만든 운동으로, 자본주의적인 경영 방법에 눈뜬 상류계층 사람들은 부를 축적할 수 있었으나 다수의 영세농은 몰락하였다. 이로 말미암아 토지를 잃은 빈농들은 농촌을 떠나 도시로 유입되고 도시 자본가는 이들 노동자를 활용하여 신흥의 제조업(manufacture)을 발전시켰다. 인클로저 운동으로 인하여 많은 농민들이 도시로 몰리게 되었으며 이로 인한 매우 낮음 임금과 풍부한 노동력은 도시의 공업생산과 산업혁명에 있어서 영향을 준 것이다. 이들 저임금 노동자들을 위한 주거형태가 아파트였다. 이러한 도시 빈민의 주택 문제를 해결하기 위하여 국가에서 건축 조례를 통해 환경이 좀 더 나은 집합주택을 보급하였다. 이것이 근대적 아파트의 시초라 할 수 있다.

우리나라의 최초의 공동주택인 아파트에 대한 기록은 명확하지 않다. 최초의 아파트는 "혜화 아파트" 그리고 "유림 아파트" 등이 거론되었다. 비교적 초기의 아파트는 일제시대의 것으로 미쿠니(三國) 상사가 지은 "미쿠니 아파트"도 있다.[3]

유림(儒林) 아파트는 일본인 도요타(豊田種雄)가 서울 충정로 3가 250-6번지에 4층으로(5층은 가건물) 1930년 건립한 것이며 연면적은 1,050평으로 당초에는 도요다 아파트로 명명하여 사용하다가 이후 호텔로 용도를 변경하였다.[4] 그리고 초기의 아파트로 중앙 산업(주)이 1957년 11월 서울 성북구 종암동 고려대학교 옆에 건설한 17평형 규모의 종암 아파트를 들 수 있다. 그리고 최초로 단지형태를 보인 것으로는 대한주택공사가 1964년 11월 마포 형무소의 농장으로 사용됐던 지구에 마포 아파트 단지(마포구 도화동 일대)를 건설하였다. 이 아파트 단지는 우리나라 최초 공동주택단지의 형태를 지녔고 국민들의 공동주택, 즉 아파트에 관심을 불러일으킨 곳이기도 하다. 최초의 고층 아파트는 대한주택공사가 1967년 3월부터 1968년 10월까지 한남동 단국대 인근에 지은 힐탑 아파트이며, 주한 외국인용으로 건설된 이 아파트는 11층의 높이로 건설돼 서울의 명물로 알려졌다. 최초로 모델하우스가 이용된 아파트는 주택 공사가 1969년 10월부터 1970년 9월까지 용산구 동부 이촌동 한강변을 끼고 건설한 한강맨션 아파트이며, 최초의 임대 아파트는 대한주택공사가 1971년 4월부터 9월까지 영등포구 개봉동에 건설한 것이다.[5] 최초의 영구 임대 아파트는 주택 공사가 1989년 3월부터 1990년 11월까지 도봉구 번동에 지은 7~12평형 1,292가구의 번동 아파트이다(임서환, 2005; 건설교통부, 2002; 대한주택공사, 1987; 대한주택공사, 1970; 손정목, 1988; 김병화, 1956).

---

3) 아파트라기보다 사원용 숙소이며 공동주택의 특성을 지닌 것.

4) 이 아파트의 위치는 서대문구 충정로 3가 250-6, 지상 4층 건평 1050평, 15평~35평까지 총 52가구가 거주했음.

5) 13평형 3백 가구. 당시 임대 보증금은 7만8천원이고 월 임대료는 7천8백원.

Ⅱ 공동주택의 사회·경제적 의미

아파트는 본래 집이 지닌 가장 중요한 사생활을 보장 받을 수 있는 공간이다. 즉 사적 공간이면서 동시 공적 공간 혹은 공유공간을 많이 보유하고 있다.[6] 아파트의 복도, 공원, 계단, 승강기, 어린이 놀이터 등 아파트 문을 나서면 내 자신의 사적 공간이 아니라 함께 나누어 사용해야 할 공적 공간으로 구성된다. 동시 아파트는 사회·경제적 기능을 가진다.

1. 공동주택의 사회적 기능

첫째, 공동체적 기능이다. 아파트 거주자는 단지 내 아파트 거주민, 즉 이웃과 함께 살아가야 한다. 예를 들어 어느 아파트 단지의 10동 705호 거주한다고 가정해 보면 자신의 공간은 사적 공간임에는 분명하나 위, 아래, 옆 즉, 805호, 605호, 그리고 706호는 공간적으로 연결되어 있다. 매일 매일 복도에서 그리고 승강기에서 이웃과 마주치게 된다. 그래서 단독주택의 이웃보다 아파트의 이웃이 공간적으로 더 밀착되어 살아갈 수밖에 없다. 아울러 아파트 주민은 나누워 함께 사용하는 공간이 많아 이웃 간의 접촉이 잦을 수밖에 없다. 그래서 아파트는 공간적으로 공동체적 요소를 담고 있다. 문제는 이러한 공동체가 단순히 공간적으로 밀착되어 있다하여 친밀하고 이웃사촌으로 잘 살아갈 수 있느냐 이다. 공동주택단지에는 자주 층간소음, 주차문제 등으로 갈등이 발생되고 급기야 큰 다툼으로 확대되기도 한다.

둘째, 아파트의 사회적 기능은 "사회적 자본(social capital)"에 찾을 수 있다. 사회적 자본은 많은 영역에서 다양한 이론으로 정의되고 있지만 명확한 정체성을 구분하기에는 어려움이 있다. 그 중에서도 사회적 조직의 특성을 기준으로 보았을 때 사회적 자본을 신뢰, 규범, 연결망으로 정의할 수 있다. 사회적 자본을 이론화시킨 학자는 상당수에 이른다. 특히 부르디웨(Bourdieu, 1986)와 콜만(Coleman, 1988), 퍼트남(Putnam, 2000), 후쿠야마(Fukuyama, 1995) 등이 대표적인 연구자들이다. 퍼트남은 사회적 자본을 "개인 사이의 사회적 네트워크, 호혜성과 신뢰성의 규범을 통한 연결망"으로써 집

6) 본장의 부록에 시인 김용언의 시를 소개했다. 이 시는 아파트라는 도시주거의 단면을 묘사하고 있다. 아파트의 삭막감, 익명성 그리고 몰인정 등의 분위기를 대변하고 있다.

단적 이익을 유지하기 위해 가장 필요한 요소라고 했다(Putnam, 2000: 19). 부르디웨는 "사회적 자본은 서로 알고 있거나 인사하는 정도의 관계를 통한 영구적인 네트워크의 실제적 또는 잠재적 자원(resource)의 집합체"(Bourdieu, 1986)라고 정의하였다. 콜만은 "사회적 자본은 사람들 사이에 접촉을 촉진시키는 관계 속에서 다양하게 나타난다"(Coleman, 1988)고 하였다.

사회적 자본이 다른 형태의 자본과 구별되는 특징으로써 첫째, 사회적 자본이 창출되거나 활성화되기 위해서는 적어도 두 사람 이상이 필요하다. 둘째, 사회적 자본은 그것을 활용한 결과로써 축적된다(Grootaert & Bastelaer, 2002). 따라서 주거공동체를 바탕으로 한 사회적 자본이란 일정 공간적 범위의 공동체 내 주민의 사회적 관계 속에서 형성되며, 호혜성과 신뢰감이 축적됨으로 해서 사회적 자본은 강화되는 것으로 판단된다. 퍼트남(Putnam, 1993, 2000)은 사회적 관계에서 나타나는 현상과 커뮤니티 차원에서 변화하는 자원을 사회적 자본으로 파악하고, 그것의 구성 요소는 사회적 네트워크, 규범, 신뢰 등으로 분류했다. 사회적 자본은 구성원들이 투자하는 개인 자원(individual resources)이며 동시 공유자원이라 할 수 있다(Granovertter, 1973). 개인의 입장에서는 이웃과의 네트워크와 신뢰는 자신의 안전과 소속감을 안겨준다. 만일 자기가 살고 있는 이웃이 신뢰할 수 없는 사람들이고 항상 경계해야 하고 불안을 조성하는 대상이라면 정신적 육체적으로 매우 부정적인 영향을 받을 것이고 이는 본인의 일상생활에 아주 좋지 못한 위해 요소로 작용할 것이다. 그러나 자신이 살고 있는 동네 이웃사람들을 신뢰하고 믿음을 바탕으로 인적 네트워크를 형성하고 있다면 개인과 가족의 삶의 질 그리고 웰빙(wellbeing)에 매우 긍정적 영향을 주게 될 것이다.

그리고 주거공동체 내에서 주민들이 공동참여의 기회를 확대하고 동시 가치를 공유하며 유용한 정보와 자료를 주고받는 등의 자원으로서 기능을 하게 되면 사회적 자본은 구성원들이 공유한 자원으로 정의할 수 있다. 이러한 개인자원과 공유자원 개념은 비단 주거공동체에만 적용되는 것이 아니라 직장, 공식 및 비공식 조직체에도 적용될 수 있을 것이다.

사회적 자본의 긍정적 측면은 무엇인가? 한 공동체 내 주민들이 이해와 관심영역을 나누며 사회적 합의(consensus)를 이룩한다면 이는 공동체 구성원 모두에게 큰 힘이 되고 긍정적인 효과를 가져올 수 있다(Arefi, 2003). 사회적 자본이 지니고 있는 중요한 이슈로서 사회적 자본은 모든 사람에게 동일하지 않다는 것이다. 즉 사회적 자본은 지리적으로 그리고 사회적 격리 현상 등으로 사회적 자본이라는 자원이 달리 형성되고 적용되기도 한다(Edwards and Foley, 1998).

포르테스(Portes, 1988)는 사회적 자본의 한계점을 지적했다. 즉 해당커뮤니티 외의 사람들에게는 직접적으로 아무런 혜택이 돌아가지 않으며 해당 조직 및 공동체 회원들에게만 독점적으로 향유하는 경우이다. 그리고 개인의 자유가 제한될 수 있으며, 규범의 약화가 우려된다는 점 등이다. 그래서 중요한 사항은 인연적(bonding) 사회적 자본과 교량적(bridging) 사회적 자본의 구분이 필요하다. 인연적 사회적 자본은 가족, 이웃, 친구, 직장동료 등과의 관계에서 형성되는 것이라면, 교량적 사회적 자본은 공통기반을 공유하지 않은 사람들끼리 느슨한 관계에서 형성되는 것으로 해석된다.

사회적 자본의 긍정적 요인을 크게 몇 가지로 정리할 수 있다(박희봉, 2009, 50-52). 첫째, 사회적 자본은 개인 간의 상호관계를 통해 정보공유의 역할을 하여 공식·비공식 제도가 정확한 정보를 제공하도록 한다. 둘째, 개인의 상호작용으로 인하여 구성원들 간의 신뢰를 바탕으로 행위를 조정할 수 있다. 사회적 자본의 중심 전제는 일정 단체구성원 간의 관계가 사회적 사건을 해결하는데 가치있는 행위를 할 수 있도록 구성원에게 집단적으로 자본을 제공한다는 것이다. 셋째, 사회적 자본은 집단적 의사결정이라는 규범을 확립함으로써 외부효과를 창출하는 역할을 한다.

2. 공동주택의 경제적 기능

우리나라 저소득층 경우 가구의 총 소득에 비해 주택은 내구 소비재이며 한 가정의 가장 중요하고 큰 비중을 차지하는 자산이다. 우리나라 국민의 대다수는 주거비는 가계비의 20% 이상을 차지한다. 가계비에서 주거비가 차지하는 비중을 설명하는 것으로 “수바베(Schwabe) 법칙”을 들 수 있다. 이 법칙은 소득이 많아질수록 주택비, 특히 집세의 지불액이 많아지지만 가계 지출액 전체에서 차지하는 그 비율은 점차 작아진다고 하는 내용이다. 이를 제시한 독일의 경영학자 이름을 따서 슈바베의 법칙이라 한다. 가계지출의 상태를 살피는 한 지표로서 엥겔계수와 더불어 사용되기도 한다. 수바베 법칙을 통해 알 수 있는 바는 저소득층 가구의 경우 가계비에서 주거비가 차지하는 비중이 높아 주거불안이 가중된다는 점이다.

현대경제연구원은 2013년 9월 ‘소비 주도층은 4~50대 전업주부’라는 보고서에 따르면 생활비 가운데 가장 부담스러운 항목은 ‘전월세, 관리비 등 주거관련 지출’(22.1%)이라는 응답이 가장 많았다. ‘식료품비’(21.5%)와 ‘교육비’(21.4%)가 그 뒤를 이었다. 소득수준별로 보면 소득이 낮을수록 주거비와 식료품비 등 의식주 관련 부담이 높았으며 소득이 높을수록 자녀 교육비 부담이 늘었다.[7] 주거비는 생계에 필수적이어서 쉽게 줄일 수 없어서 실직소득이 정체 · 감소하면 주거비가 소비지출에서 차지하는 비중은 상승할 수밖에 없다. 현대경제연구원에 따르면 가계 총지출에서 주거비가 차지하는 비율인 슈바베 계수는 2007년(9.71%) 이후 계속 상승해 2011년 10.15%를 기록했다. 이는 관련 통계를 집계한 이후 가장 높은 수치다. 도시거주 서민가구의 경우 아파트는 보편적 주거형태이다. 도시 서민들의 꿈은 아파트 한 채를 장만하여 내 집을 소유하는 것이다.

3. 공동주택의 문화적 기능

점차 아파트는 재산증식의 수단이 되기보다는 생활공간으로서의 거주 개념으로 변화하는 추세를 보이고 있다. 아파트는 장기적인 생활터전이 될 수 있도록 유지 · 보존하는 것에 많은 관심이 모아지고 있다. 공동주택관리란 공동주택을 수명이 다할 때까지 주택으로서의 기능을 최대한 발휘할 수 있게 하여 주택의 수명을 연장시켜 그 가치를 최대한 보존하는 일이 우선이다. 공동주택과 제반 시설, 환경 등을 관리함으로써 주거로서의 가치를 경제적 · 문화적 · 환경적으로 증대시키는 제반 업무활동을 주택관리의 핵심이라 할 수 있다.

주택은 우리의 삶과 밀접한 관계가 있는 본질적인 생활의 근거가 될 뿐만 아니라 이용기간이 장기적이다. 주택은 시대나 지역, 사회시스템에 따라 모습을 달리하기도 하고, 그 규모나 형태를 통해 소유자의 신분이나 소속된 계층을 가르는 판단기준이 되어 왔다. 사회의 변화는 새로운 주거를 낳아 새로운 주거문화를 만든다. 그 과정에서 우리 모두가 주체적으로 참여하여 자신의 삶을 담은 좋은 집에서 살아가기를 원하고 있다. 아울러 다음세대도 그 속에서 또 다른 삶을 아름답게 가꾸어 갈 수 있을 것이다.

공동주택관리와 연관하여 주거문화적 속성과 중요성은 앞에서 언급한 "공동체"라는 관점에서 매우 중요하다. 주택이 입지한 지역에 따라 주거문화를 창출하게 된다.

7) 이번 설문은 2013년 9월 14~20일 전국 20세 이상 성인 남녀를 대상으로 지역별 최소 할당과 인구 비례에 의한 배분을 통해 전화 설문한 결과다. 오차 범위는 95% 신뢰수준에서 ± 3.08%포인트다(www.newsis.com/ar_detail/view.html?ar_id=NISX20130904_0012333602&cID=10401&pID=10400. 참조, 2013년 12월 14일).

즉 주거문화는 풍토성, 규범, 관습, 선호 등에 따라 형성되고 발전되기도 한다.

우리나라 공동주택의 경우 사람들은 견본주택을 통해 아파트 외부공간이나 단지의 접점 공간 등에는 관심이 적다. 자기가 살아가는 전용공간(단위세대) 내장재나, 평면 구성, 방 크기 등에 주목할 뿐이다. 일상 생활공간에 대한 우리의 인식영역은 단위세대로 축소되었고 이는 선분양제도와 마케팅 강화에 영향을 받은 것으로 평가된다. 즉 주민들이 서로 교류하는 공공(公共)공간을 자신의 생활공간으로 편입시키지 못한 편향적 주거문화가 고착화되고 있다.

아울러 아파트는 사회적 신분계층을 대변한 것으로 해석된다. 예를 들어 서울 강남의 아파트에 사는 것과 강북의 아파트에 사는 것은 계층 간, 사회경제적인 차이를 보이고 한편으로는 주거계급(housing class)의 분리를 상징하기도 한다. 한국에서 아파트의 평형, 즉 아파트 면적이 가구의 경제적 수준으로 대변되기도 한다. 아파트가 신분계층화와 사회경제적 수준을 가름하는 한국형 아파트 문화가 형성되고 있다.

아파트단지 관리의 관점에서 주거문화적 속성을 무시하거나 도외시 할 수 없다. 예를 들어 노인가구가 많이 거주하는 단지의 경우 노인들의 주거에 적합한 문화적 시설과 활동을 장려하고 발전시키는 노력이 필요하다. 그리고 저소득층이 밀집한 공공임대아파트의 경우도 입주민의 사회경제적인 관점을 고려한 주거문화가 정착될 수 있도록 해야 한다. 주거는 문화적 속성을 무시할 수 없는 특징을 지닌다. 향후 단지관리에 있어 이러한 문화적 요소를 면밀하게 조사 분석하고 긍정적이고 발전적인 문화적 속성들을 유지할 수 있도록 하는 단지관리가 필요하다.

Ⅲ 공동주택 관리의 중요성

주택관리를 크게 세 가지 관점에서 정의할 수 있으며 그 중요성을 지적할 수 있다. 첫째, 주택관리는 물리적 실체로서의 주택 그 자체가 관리의 대상이다. 예를 들어 공동주택의 경우 대표적으로 아파트 건물과 그 부속시설을 포함하는 물리적 생활공간 전체를 포괄한다. 주택은 개별 가구의 중요한 재산이며 가정을 유지하는 보금자리이다. 가장 쾌적하고 안전하며 동시 재산적 가치(소유자의 교환가치)를 유지 혹은 증가할 수 있도록 유지 관리될 필요성에서 기인한다.

둘째, 주택관리는 주택이라는 물리적 시설을 이용하는 사람들, 즉 입주민의 생활까지를 포함된다. 공동주택관리의 경우 단순히 눈에 보이는 물리적 시설인 아파트 건물 그 자체의 유지관리에 국한하는 것이 아니고 그 속에 살아가는 주민의 안전, 쾌적성, 네트워크, 생활의 질을 향상시킬 수 있도록 관리되어야 하기 때문이다.

셋째, 주택관리는 위에서 언급한 주택의 물리적 시설 그 자체 뿐 아니라 그 속에서 살아가는 입주민까지를 대상으로 하기에 해당 단지 혹은 커뮤니티를 필수적으로 고려해야 한다. 안전하며 살기좋은 커뮤니티(혹은 단지)를 유지하지 못할 때는 그 커뮤니티 속에 존재하는 개별 주택은 충분한 보금자리 역할과 생활의 질을 기대할 수 없기 때문이다.

주택은 무한히 사용할 수 있는 것이 아니라 일정 기간이 지나면 노후화된다. 노후화에 따른 다양한 불편, 안전상의 위협, 그리고 재산상의 손실(가치의 하락) 가능성을 최소화 하거나 이를 미연에 방지하는 노력이 주택관리의 핵심적 가치이다. 이러한 관점에서 주택관리는 아래 열거하는 원칙에 따를 필요가 있다.

1. 질 높은 서비스 제공 원칙

입주민의 안전과 불편을 최소화 하는 서비스를 보장해야 한다. 주택의 소유자 및 입주자들이 안전하게 거주할 수 있도록 하며 불편을 없애고 쾌적하고 안락한 주거생활이 가능하도록 모든 서비스를 제공할 수 있도록 하는 원칙이다.

2. 주택 자산가치 보전 원칙

주택은 개별 가구의 중요한 재산이며 교환가치(exchange value)와 사용자 가치(use value)를 지닌다. 이러한 두 가지 가치를 극대화 할 수 있도록 관리해야 한다. 주택관리는 입주자와 소유자의 재산적 가치를 보전하도록 하는 것이 중요한 관리 목적이다.

3. 사회적 자본 확대 원칙

주택은 주택을 둘러싼 사회 환경이 매우 중요하다. 해당 단지 혹은 커뮤니티의 사회적 분위기, 네트워크, 공동체적 활동 등이 활발하고 긍정적이고 발전적인 사회환경이 조성될 수 있도록 관리되어야 한다. 주민 간 갈등을 최소화 혹은 미연에 방지 할 수 있는 주민간 교류와 사회적 자본(social capital), 즉 신뢰, 규범, 네트워크가 활성화 될 수 있도록 관리되어야 한다(Ha, 2008).

주택은 도시 혹은 지역이라는 공간적 범위를 지니며 전체 환경 속에 포함된다. 주민의 건강과 안전은 해당 주택이 입지한 지구, 혹은 지역전체의 자연환경과 인조환경의 영향을 받을 수 있다. 그래서 공동주택의 경우 단지 내의 녹화 및 공원, 에너지 사용, 공유공간의 쾌적성과 생태적 환경을 중요시 하게 된다. 유엔(UN)을 비롯한 다양한 국제기구에서 지구 온난화를 방지하고 녹색도시, 생태도시, 그리고 지속가능한 개발(sustainable development)8)이라는 범 지구적 목표에 부합한 친환경, 늑색지향적 주택관리가 필요하다.

4. 공공재적 특성유지

주택관리 특히 공동주택관리에 있어 직면하는 문제는 매우 다양하다. 먼저 고려해야 할 사항은 공동주택의 공공재적 성격과 이에 관련된 문제이다. 예를 들어 공동주택단지에서 필수적으로 요구되는 방범, 안전, 청소, 공용시설(설비)의 유지 및 보수, 기타 관리서비스는 개인이 이용하고 영향을 받지만 모든 입주민에게 공통적으로 주어지는 서비스이다. 이러한 단지내 모든 사람에게 해당되는 서비스의 경우 비경쟁성과 비배타성이라는 공공재적 요소를 담고 있다.

비경쟁성이란 소비에 참여하는 사람의 수가 아무리 많아도 한 사람이 소비할 수 있는 양에는 변함이 없는 재화와 서비스를 말합니다. 예를 들어, 공원이 제공해주는 좋은 공기나 좋은 경치는 한 사람이 소비하건 열 사람이 소비하건 추가적인 비용을 필요로 하지 않습니다. 그래서 우리가 공원에 가면 다른 사람보다 빨리 공기를 마시려고 노력하거나 경치를 더 빨리 보려고 경쟁할 필요가 없다. 시장에서 거래되는 물

8) 지속가능한 개발(sustainable development, SD)은 환경을 보호하고 빈곤을 구제하며, 장기적으로는 성장을 이유로 단기적인 자연자원을 파괴하지 않는 경제적인 성장을 창출하기 위한 방법들의 집합을 의미한다. 미래세대가 그들의 필요를 충족시킬 수 있는 가능성을 손상시키지 않는 범위에서 현재 세대의 필요를 충족시키는 개발로 정의되기도 한다. 처음 용어가 등장한 것은 1987년에 발표된 유엔의 보고서 "우리의 미래"(브룬트란트)였다(하성규 외, 지속가능한 도시론, 보성각, 2008 참조).

건들은 경쟁성을 갖고 있기 때문에 누군가가 그 물건을 소비하면 다른 사람은 동일한 물건을 소비할 수 없다. 그래서 백화점 세일 첫날에 서로 더 많이 물건을 차지하려 경쟁하게 된다.

비배타성은 재화와 서비스에 대해 대가를 치르지 않고 이를 소비하려고 하는 사람의 경우에도 소비를 못하게 할 수 없는 것을 말한다. 나무를 심어서 여기서 발생하는 좋은 공기의 경우 다른 사람이 내 나무에서 나온 공기를 마시지 못하게 할 수 없다. 비경쟁성과 비배타성을 가진 재화가 시장에서 잘 공급되지 않는 경우가 있다. 그런데 이런 재화가 사회 전체로 보면 필요한 경우가 많다. 사회에 적절한 양이 공급되면 누구나 그 효용을 누릴 수 있기 때문에 사회전체 차원에서는 상당한 이득이 있다. 공원, 도로 등의 재화는 공공부문에서 직접 적절한 양을 공급하며 관리하게 된다.

IV 공동주택관리의 당면과제와 발전방향

2013년 12월 16일자 중앙일보 사설에 실린 글의 일부분을 소개한다.

> "지난 11일 밤 부산시 북구 화명동의 한 아파트에서 발생한 화재로 어머니 홍모씨와 자녀 3명이 목숨을 잃었다. 특히 어머니가 베란다에서 두 아이를 팔로 꼭 감싼 채 발견돼 안타까움을 더한다. 경찰에 따르면 이날 현관 쪽에서 화재가 나자 어머니는 119에 신고한 뒤 아이들과 베란다 등으로 대피했지만 유독가스를 흡입해 변을 당한 것으로 보인다고 한다. 자동화재탐지설비와 비상벨 등 소방시설이 정상 작동됐음에도 인명피해가 난 것은 생활공간의 안전시스템에 근본적인 문제가 있음을 보여준다. -------------- 더 큰 문제는 이런 안전설비 설치 사실과 이용법이 주민들에게 제대로 알려지지 않고 있다는 점이다. 사고 시 주민이 불빛을 보고 대피할 수 있도록 유도등이나 형광 안내문구를 의무적으로 설치하게 하는 조항이라도 있었더라면 피해를 줄일 수 있었다. 입주자가 이사 오면 관리사무소에서 대피·안전 관련 안내를 해주는 방안도 필요하다. 설비 따로, 안내 따로의 엇박자 행정이 빚어낸 비극의 재발을 막을 대책이 필요하다.
>
> ---------- 정부는 설비와 함께 안전 교육과 훈련의 기준도 강화해야 한다. 내 집에서라도 안심하고 살 수 있도록 해줘야 한다."

위 사설의 내용은 공동주택관리 특히 안전관리 및 교육훈련이 얼마나 중요함을 일깨워 준다. 공동주택에서 발생하는 사고는 자연재해 뿐 아니라 관리부실과 이용자

부주의에 의한 것들이 너무나 비일 비재한다. 예를 들어 승강기 안전사고, 어린이 놀이터 사고 등 매우 다양하며 공동주택단지 내 각종 범죄, 층간소음, 주차문제 등으로 이웃 간의 분쟁이 증가일로에 있으며 사회적 이슈로 등장한지 오래되었다.

공동주택의 문제는 안전에 연관된 것 뿐 아니다. 2013년 5월 조선일보는 "댁의 아파트 관리비 새고 있진 않나요"라는 기획보도를 통해 우리나라 아파트 관리의 문제점을 적나라하게 보도한바 있다. 이 보도내용을 정리해 보면: 아파트 보수공사연관 비리, 뒷돈, 먹이사슬, 형식적 공사입찰 등이다. 예를 들어 "1억 공사땐 관리소장 200만원, 입주자대표 500만원 주고 동대표들에겐 50만원씩" 돌리고 업체에 술값과 행사비 협찬요구도 많았다는 지적이다.

표 1.2 아파트 관리 연관 비리 유형

유형	내용
1. 불법 수의계약	- 증빙서류미비 및 공사비 부풀리기 - 계약방식의 문제점 - 회계관리가 제대로 이행되지 못함 - 최저입찰제 폐단
2. 주민대표연관	- 입주자대표의 막강한 권한 - 주민대표 선발과정상 문제(선거를 둘러싼 갈등) - 동 대표 장기집권
3. 감사의 불명확성	- 형식적 감사 - 비리에 대한 법적규제와 처벌 미약 - 외부 회계감사 의무화 - 비리감사 책임소재명확화 필요
4. 관리업체와 주민대표 부패사슬	- 영세업체/대형업체 입찰 담합 - 관리권 유지를 위한 불법행위 - 관리업체선정의 투명성확보 필요(전자입찰방식 등)
5. 전문성/윤리성이 부족한 관리자	- 관리소장 및 관리자 윤리의식 부족 - 주택관리자 전문교육 필요 - 동대표와 관리사무소 유착
6. 주민 무관심과 전담기관미비	- 주민공동시설 운영 감독 소홀 - 업체선정 투명성 보장 미흡 - 입주자대표, 관리업체 배상책임제 - 주민감시 강화 필요 - 장충금 부당 집행 - 정부 책임회피

이러한 보도를 보면 아파트관리에 종사하는 업체, 관리자, 주민대표 모두 총체적인 비리와 부정에 연루되어 있음을 알 수 있다. 이를 뒷받침하는 자료로서 경찰청 특별단속결과(1999년 3~5월) 전국 8,864단지 중 1,996곳(22.5%)에서 비리를 발견했다고 확인했고 횡령·배임 등 피해액이 170억 8,550만원이라 한다. 보수공사 이외도 아파트 화재보험 가입을 대가로 입주자대표들이 보험사로부터 '보험가입리베이트'를 챙기거나, 아파트 알뜰시장에서 부녀회관계자들이 '입점비'나 각종 행사스폰서를 요구하는 것이 관행으로 인식되고 있다(조선일보 2013년 5월 6일).

언론보도 등을 중심으로 아파트 관리와 연관된 비리·부정유형을 정리해 보면 아래와 같다.

공동주택관리와 연관하여 관리시스템 변화와 당면과제는 다음과 같이 요약된다.

첫째, 공급자 중심에서 수요자 중심으로 변화이다. 이는 과거 아파트를 건설하면 분양이 전혀 문제가 없었던 시기와는 큰 차이를 보이고 있음에 기한한다. 미분양아파트가 누적되어온 점이 이를 증명하고 있다. 그동안 공급부족과 수요초과로 인한 자산가치 상승으로 관리에 대한 관심이 부족했다는 점도 들 수 있다.

둘째, 공공주택관리에 있어 핵심 이슈가 하드웨어(hardware) 중심에서 소프트웨어(software) 중심으로 즉, 물리적 측면에서 사회경제적 측면으로의 변화이다. 예를 들어 부실건축, 하자 등의 문제가 여전히 존재하지만 문제의 심각성은 오히려 아파트관리와 연관된 부정, 비리, 계약방식, 윤리의식 미흡 등에서 찾을 수 있다(Chiu, 2006). 한국의 주택관리제도는 주택법, 시설물의 안전관리에 관한 특별법, 소방, 수도, 전기, 가스 등 관련법에 의한 유지, 안전, 설비에 대한 하드웨어에 초점이 맞추어져 있다.

셋째, 아파트와 아파트 단지는 물리적 주거공간임과 동시 투자재로서 인식되었고 시설관리에서 자산관리 영역으로 확대되고 있다. 이러한 관점에서 공동주택관리의 핵심이 물리적 안정성에서 생활환경 및 사회·경제적 안정성이 더 중요하게 인식되고 있다. 그리고 공동주택 거주민의 특성이 1인 가구의 증가, 노인 및 노인가구의 증가, 다문화 가정의 증가 등 다양한 인구사회학적 변화와 분화가 지속되고 있다. 이에 공동주택관리는 종전의 물리적 시설의 유지관리뿐 아니라 사회경제적 서비스에 대한 요구도 증대되고 세분화되고 있다.

넷째, 공동주택관리에 있어 의결기구와 집행기구 간의 갈등관계 내지 유착관계에 관한 사항이다. 의결기구인 입주자대표회의와 집행기구인 관리주체가 상하관계가 아닌 수평관계로의 인식이 필요하다. 업무에 대한 객관적인 평가기준이 미흡하여 입주대표의 요청에 의하여 관리주체가 빈번히 교체되는 경우가 적지 않다(김은영, 2013).

다섯째, 주택관리사의 고용불안정이 지속되고 있다. 구조적인 문제로서 사회적 수요에 비해 주택관리사의 과다한 배출에 원인이 있다, 아울러 주택관리사의 해임에 대한 객관적 기준이 미흡하고 관리사 업무의 객관적 평가기준이 없어 입주자대표회의의 이해관계에 의해 해임이 좌우되는 경향을 보이고 있다. 관리사의 객관적 업무평가 기준의 제도적 장치가 필요하다.

여섯째, 관리업체 관점에서 보면 위탁수수료가 충분하지 못하고 치열한 업체 간의 경쟁이 많은 문제를 유발하고 있다. 많은 관리회사들이 관리의 효율화와 최선의 관리업무에 치중하기보다는 재수주에 초점을 맞추는 구조이다(김성란, 2013). 입주자대표와 업체 간의 계약관계로 인해 정당한 업무평가에 따르기보다는 입주자대표회의의 요구사항에 따라야 하는 경우(관리소장교체요청 등)가 많다. 영세관리업체의 경우는 본사의 관리인력 부족으로 현장지도, 관리, 소장의 업무평가 등을 체계적으로 실시하지 못하고 있다.

한국의 경제발전과 소득수준의 향상은 주거양식의 변화를 가져오고 있다. 공동주택이 보편적인 주거형태를 이루면서 공동주택관리문제는 단순히 입주자들뿐 아니라 해당 도시 전체 그리고 국가적인 주요 정책과제로 부상하였다.

향후 공동주택관리는 이용상의 편리성 제고, 입주자 안전보호, 시설물 유지관리 및 보수를 통한 건물 장수명화 등을 보다 체계적이고 과학적으로 접근할 필요가 있다. 아울러 아파트 단지를 포함하는 커뮤니티 공동체적인 활동과 문화를 확대 발전시켜야 한다. 다양한 비리와 부정 그리고 비합리적 의사결정 구조 등의 문제점을 해결하기 위하여 기존의 주택법령과 집합건물법 등 각종 고시와 기준 등의 입법체계를 재점검하고 보완해야 한다. 이를 위해 가칭 “공동주택관리기본법”의 제정을 제안한다. 특히 공동주택의 입주자대표회의의 구성과 역할・책임, 주택관리사의 윤리성・전문성, 관리업체의 관리능력과 기능 등 풀어야 할 과제가 산적해 있다. 끝으로 국가・지자체의 지원체계의 정립이 요구되고 있다.

참 고 문 헌

강혜경 외, 『공동주택관리론』, 신정, 2003.

건설교통부, 『주택백서』, 2002.

김병화, "영단으로서 본 주택정책", 『건축학회지』, 1956.4

김성란, "관리업자 측면에서 본 현장관리의 한계(토론문)", 공동주택관리 현장문제 진단 및 정책방향 심포지엄 토론집, 대한민국 국회, 2013.6.27.

김은영, "주택관리 전문의 역량발휘를 위해 무엇이 필요한가?", 공동주택관리 현장문제 진단 및 정책방향 심포지엄 토론집, 대한민국 국회, 2013.6.27.

김정인, "3000만 공동주택 거주가의 주거 및 생활안전을 위한 주택관리사의 역할", 공동주택의 주거 및 생활안전, 이대로 좋은가?, 대한민국 국회, 2013.4.24.

대한주택공사, 『주택관리실무』, 대한주택공사, 1998.

대한주택공사, 『아파트실태조사』, 대한주택공사, 1970.

대한주택공사, 『대단위단지 개발 사례연구』, 주택연구소, 1987.

문영기, 『공동주택관리실무』, 범론사, 1989.

박철수, 『아파트의 문화사』, 살림, 2006.

방경식, 『공동주택관리론』, 부연사, 2013.

손정목, 『한국현대도시의 발자취』, 일지사, 1988.

안주승, 『건물관리』, 홍익제, 1985.

여철원, 『공동주택관리』, 학문당, 1855.

윤혜정 · 장성수,『주거와 주택』, 다락방, 2003.

은난순, "주택관리사의 자격제도 개선을 통한 전문성강화방안", 주택관리 제도개선 특별 세미나, 대한민국 국회, 2013.10.4.

임서환, 『주택정책반세기』, 기문당, 2005.

조선일보, "댁의 아파트 관리비 새고 있지 않나요", 2013.5.6.

하성규, 『주택정책론』, 박영사, 2010.

하성규 외, 『한국주거복지정책』, 박영사, 2013.

하성규 · 김재익, 『현대도시관리: 이론과 현실』, 2009.

하성규 외. 『지속가능한 도시론』, 보성각, 2008.

하성규, 『한국인의 주거빈곤과 공공주택』, 집문당, 2007.

홍용석, "주택의 유지관리 적용범위확대에 대한 법제도적 방향", 주택관리 제도개선 특별 세미나, 대한민국 국회, 2013.10.4.

Arefi, M. Revisiting the Los Angeles Neighborhood Initiative (LANI): Lessons for

Planners. *Journal of planning education and research,* 22(4), 384, 2006.

Bourdieu, P., "The forms of capital, in: J. G. Richardson (Ed.)", *The Handbook of Theory and Research for the Sociology of Education,* New York: Greenwood Press, 1986, pp.241-258.

Chiu, R. L (ed.) *Professional Housing Management Practices in Hong Kong,* Hong Kong, Hong Kong University Press, 2006.

Coleman, J. *Foundations of Social Theory,* Cambridge: Belknap Press of Harvard University Press, 1998.

Edwards, B. & Foley, M. W., "Civil society and social capital beyond Putnam", *American Behavioral Scientist,* 42(1), 1998, pp.124-139.

Fukuyama, F. *State-Building: Governance and World Order in the 21st Century,* Cornell Univ Press, 2004.

Granovetter, M. The strength of weak ties, *American Journal of Sociology,* 78, 1973, pp.1360-1380.

Grootaert, C., van Bastelaer. Understanding and Measuring Social Capital: A Multi-Disciplinary Tool for Practitioners. Washington, World Bank, 2002.

Ha, Seong-Kyu, Social housing estates and sustainable community development in South Korea, *Habitat International,* 32, 2008, pp.349-363.

Putnam, R. D., "Democracies in Flux: The Evolution of Social Capital in Contemporary Society", Oxford, Oxford University Press, 2004.

Putnam, R. D. "The prosperous community: social capital and public life", *The American Prospect,* 13, 1993, pp.35-42.

〈부록〉

아파트에 사는 변

시인 김용언(1944~)

밤에 보이는
아파트 군락은 상어의 이빨
등불이 꺼지면
이집트의 피라미드이다

제 그림자에 놀라는데도 익숙해진
아파트 사람들
사람 위에 사람이 쌓이고
사람 밑에 사람이 누워도
같은 꿈이 싫어
서로 서로 남남으로 살아간다.

오직
필요한 건
밀폐된 공간 뿐

비밀이 없어도
비밀이 있는 것처럼 살아야
대접받는 인심
상어의 이빨인들
이집트의 무덤인들
상관 있을까

제 2 장

공동주택관리의 제 접근

홍형옥(경희대학교)

I 공동주택관리 패러다임의 변천

공동주택관리란 전체 단지의 운영관리, 개별소유공간을 지원하는 시설설비와 공용공간 시설설비의 유지관리, 입주자 생활관리까지 포함되는데 시대적 변화에 따라 그 강조점이 달라지고 있다. 1970~90년대에 건축된 아파트의 관리사무소는 근무환경이 열악하였고, 관리소의 직무도 관리비 수령과 유지관리에 국한되어 있다는 인식이 팽배하여 관리소의 역량에 대한 평가가 절하되어 있었다. 그러나 시대가 변하면서 주택관리사(보)가 공동주택관리에 대해 전문가적 통찰력과 비젼을 가지고 관리업무를 이끌어 간다면 그 역량에 따라 관리업무의 전개는 훨씬 능동적이고 효율적이며 미래지향적인 발전을 이룰 수 있을 것이라는 담론이 전개되고 있다.

1. 외국의 공동주택관리 패러다임

전문적인 공동주택관리는 19세기에 영국에서 시작되었다고 볼 수 있다. 당시 영국의 사회적 상황은 산업혁명이후 급격히 증가된 도시인구로 인해 주거공간과 주거지는 매우 열악한 상태였기 때문에 각종 질병과 범죄의 온상이 되어 있었다. 이를 개선하기 위해 사회개혁가들은 열악한 환경을 개조하려고 노력하였고 그러한 활동의 일환으로 주택관리가 시작되었다. 초기의 주택관리는 관리대상으로 주택이 인식되었다는 점, 건강하고 쾌적한 주거환경을 만들기 위한 관리활동이 주택관리의 방향으로 정립되었다는 점, 열악한 환경과 위생문제에 대한 교육을 통해 관리하도록 하였다는 점이 특징이다. 영국의 공동주택관리의 역사가 100여년이 넘었고, 초기의 주택관리는 사회개혁의 관점(유병선 · 홍형옥, 2000)이었지만, 임대주택관리에 지속적으로 적용되면서 그 패러다임은 사회경제적 변화, 주택관리 문화의 변천과 함께 변화되어 왔다.

이처럼 주택관리의 역사를 1840년대로부터 추산하는 영국에서조차 주택관리의 사회적 구축을 위한 맥락과 담론의 성숙은 1980년대에 비로소 시작되었다. 관료적으로 관리되던 시기와 입찰경쟁을 통해 상업적으로 경쟁하던 시기를 거쳐 1990년대 말부터 최적가치(best value) 창출로 주택관리의 패러다임이 변화되면서 거주자의 관리참여가 확대되는 양상으로 전개되었다는 것은 우리나라에도 많은 시사점을 준다.

영국은 공동주택관리자에 대한 수요가 사회적으로 안정적이었고, 현장에서 공동주택관리를 담당하는 인력(scheme manager)과 이들을 감독하고 교육하는 전문 주택관리자(housing manager)로 이원화되고, 전문 관리자는 학사 후 과정(diploma)과 자격시험을 통해 체계적으로 배출되어 왔다. 그럼에도 불구하고, 주택관리의 본질에 대한 이해가 사회적으로 어떻게 구축되어 왔는가를 들여다보면, 주택관리영역의 전문화에 대한 재정비가 필요한 시점에서 그에 대한 담론이 본격화되고 있음을 보게 된다. 주택관리가 관료 체계에 의해 지배당하고 있거나 입찰경쟁으로 상업화되어 있었던 시점까지는 주택관리자의 역량에 대한 성찰이 큰 주목을 끌지 못했던 것이다.

사회민주주의를 표방하는 영국의 주택관리에 대한 담론을 보면, 주택관리의 활동영역이 어디까지인가 하는 것과, 상업적인 관리목적과 주거복지적 서비스 간의 균형이 어디까지인가 하는 점이 중요함을 알 수 있다. 주택관리현장의 활동영역과 범위의 일관성이 어느 정도까지 확립되는 것도 중요하지만, 획일적이면 오히려 융통성을 감소시키고 현장에서의 활동을 위축시킬 수도 있기 때문(Franklin & Clapham, 1997)이다. 여전히 현장에서는 주택관리서비스에 대해 복지서비스로서의 기능을 무시할 수 없고, 그때 그때 관리자의 역량에 따라 대처해야 하는 상황이 벌어지므로 최적가치를 창출하기 위해서는 관리자의 능동적인 역량이 대단히 중요하다는 사실이 강조되기 시작한 것이다. 더구나 고령사회에서는 자기 집에 혼자 사는 노인이 공동주택에 많이 거주하기 때문에 주택관리는 노인이 편하게 집에서 살 수 있도록 도우는 측면이 강조되는 지역사회보호 정책과 맞물려 있으므로 더욱 그러한 측면이 많다(Means & Smith,

1998)고 볼 수 있다.

자본주의를 표방하는 산업적인 측면의 주택관리는 20세기 초 미국에서 본격적으로 시작되었다. 자본주의 사회에서는 주택을 포함한 부동산이 이윤추구의 수단으로서 인식되기 시작하였고, 이러한 산업적인 측면의 주택관리는 부동산관리에서 출발하고 있으며, 부동산관리라는 전문직종이 생겨나면서 사회적인 수요도 증가하고 전문적 관리수요도 증가하게 되었다. 전문적관리가 생겨난 배경은 철제건축공법, 엘리베이터의 등장으로 고층건물이 보급되기 시작하고, 건물소유자나 전문 관리인이 상호 정보교환과 친목, 관리기법의 교류를 목적으로 하는 조직이 생겨나기 시작한 것과 관련이 있다. 처음 1908년 시카고 건물관리조직이 결성된 이후 많은 부동산조직이 결성되게 된 배경은 산업적 측면의 요구에 기인한 것(이창석, 2001)이라고 볼 수 있다.

한편, 영국에서는 '요람에서부터 무덤까지'라는 복지정책기조에 근거하여 많은 공공임대주택이 있었고, 임대주택보다는 소유주택의 관리 성과가 더 우수함이 밝혀지면서 임대주택을 거주자에 판매하여 소유하도록 권장하는 'right to buy'정책이 지속적으로 추진되었다. 즉 공동주택은 임대주택이라는 등식이 성립되었으나 점차 소유주택으로 변화되면서 입찰경쟁으로 외주 관리하던 패러다임이 거주자 참여를 통한 '최적가치'창출로 변화하게 된 것이다.

2. 우리나라의 공동주택관리 패러다임

우리나라는 처음부터 임대주택으로서 보다는 소유 즉, 분양아파트를 중심으로 공동주택의 공급과 관리가 시작되었다. 단위주택의 관리는 소유자에게 있으므로 초기에는 공유부분의 유지관리 중심으로 전개되었으나 점차 자산관리기법을 도입한 제반 운영관리가 중요해졌고, 공유공간의 조경과 시설설비의 유지관리, 입주자의 생활관리를 포함한 입주자관리 등이 주택관리의 주요내용으로 전개되어 왔다. 제도적으로 입주초기에는 사업주체관리가 이루어지고, 입주자가 과반수를 넘어 입주자대표회의가 결성되면 자치관리나 위탁관리를 결정할 수 있게 제도화되어 있다. 그러나 2010년 7월 투명성을 담보로 위탁관리회사 선정 시 위탁관리 수수료가 최저가 낙찰제로 법제화되면서 최적가치 창출을 위한 성숙된 공동주택관리로의 전환은 오히려 후퇴되는 양상을 보였다. 서비스 받은 만큼 지불하도록 하는 자본주의의 절대 원칙이 훼손되고, 입찰경쟁의 상업적 전략만이 난무하는 시대로 오히려 후퇴함으로써 공동주거관리 기반의 향상은 기대하기 어려운 여건이 된 것이다. 2012년도에 부분적으로 개정되어 적격심사제로 바뀌었다고는 하나 주택관리의 패러다임이 거주자 참여를 통한 최적가치 창출로 바뀔 수 있는 여건이 사회적으로 성숙되기에는 아직도 관련자의 많은 노력이 필요한 상황이다.

공동주택관리 전문가의 출현에 대한 사회적 배경을 살펴보면, 우리나라는 공동주택관리 체계가 충분한 담론을 거쳐 만들어지지 못했다. 1987년 비로소 주택관리사(보) 직종이 국가자격증으로 도입되었지만, 경과조치를 통해 기존의 관리인들이 대거 자격증을 획득하면서 전문적인 교육기회를 통해 배출되는 전문직으로서의 출발이 지연되었다. 공동주거관리연구회(2008)는 우리나라의 공동주택관리의 변천을 맹아기(1987년 이전), 자격증이 도입된 시기부터를 확산기(1987~2005), 지속가능 패러다임이 본격화된 시기를 성숙기(2006년 이후)로 보고 있다. 그러나 출발부터 '관리'가 중요한 임대주택이 아니라 '소유'가 중요한 분양아파트로 시작되었고, 관리비 지불에 인색한 거주자들에 대한 설득과 입법화가 지연되었다. 영국과 같이 전문 관리자를 디플로마(diploma)와 자격시험을 통해 배출하지 않고 20세 이상의 성인에게 개방하는 국가자격증으로 출발하였고, 경과조치로 자격증을 획득하는 관리인이 많았기 때문에 교육역량강화에 따른 주택관리사(보)의 전문직화는 점점 요원해 졌다.

또한, 공급초기부터 주택관리체계가 확보되지 않은 상태로 건설사가 짓기만 하면 팔리던 시기에는 분양을 받기만 하면 웃돈을 얹어 팔 수 있는 상품으로서의 가치만 지나치게 강조되었다. 공동주택관리의 우수성이 집값에 반영되지 않음으로써 관리 성과가 경제적으로 평가받지 못하고 어디에 있는 어느 건설사가 지은 몇 평인가만 알면 집값을 알 수 있는 획일적인 평가지표만이 존재했던 시기에 공동주택관리체계에 대한 담론의 성숙은 기대하기 어려웠다. 산업화가 고조되는 시점에서 아파트는 편리성과 환금성만 지나치게 부각되어 단위주택의 집적으로 이루어진 주동계획이 당연시되고, 이웃과의 조화로운 삶을 지향하는 커뮤니티 의식보다는 프라이버시 보호를 최우선 장점으로 부각시키면서 아파트에서의 삶을 미화시켰다. 이로써 우리나라가 역사적으로 중시해온 공동체 문화는 많이 훼손되었다.

2000년대 아파트 건설에 밀려온 친환경적 디자인은 1987년 유엔 세계 환경개발위원회의 '지속가능개발' 개념이 공표된 이후 화두가 되었다. 아파트 단지에 녹지를 확충하고, 자연 환경적 조경요소를 도입하는 등 친환경적 개발이 확산되었는데 그린네트워크, 블루네트워크, 바람길, 생태이동 통로, 비오톱 등이 계획요소로 적용되고,

최근에는 태양열 에너지, 풍력, 지열 등 대체에너지 활용과 같은 설비기법이 적극 시도될 뿐만 아니라 가변성능을 확보한 장수명 주택 개발, 재활용이 가능한 자재 사용 등 보다 적극적인 건축적 해법이 도입(최두호 · 한기정, 2010)되고 있다.

지속가능 패러다임의 성숙과 함께 공동주택관리는 대단히 중요해지고 있다. 아파트의 물리적 성능도 향상되고 편리해졌으며, 커뮤니티센터를 통한 공동체 유대도 강조되고 있고, 거주자 참여를 통한 최적가치 창출이 중요하다는 담론도 성숙되어 가고 있다.

그러나 주택관리사(보)의 전문직화를 위한 노력, 전문성 향상을 위한 노력과 함께 그 서비스 품질 만큼 경제적으로 지불하겠다는 거주자의 인식변화가 있어야 한다. 또한, 관리자가 능력을 발휘한 만큼 보상이 주어지도록 제도적이고 법적인 장치가 마련되어야 한다. 관리자 양성도 현장 관리자와 이들을 교육하고 지도하기 위해 지속적으로 공부하는 전문 관리자로 이원화되어야 하며, 이들을 평가할 수 있는 시스템도 마련되어야 한다.

II 공동주택관리에 대한 다양한 접근방법

공동주택관리의 현황을 알고 비전을 갖기 위해 가장 기본적인 것은 사회구성주의 접근이다. 가치관부터 현장에서의 해석과 적용에 이르기까지 구성되고 변화되는 과정을 검토할 수 있는 장점이 있기 때문이다. 본 장에서는 사회적 맥락과 현장의 적용에 이르기 까지 해석적으로 총체적인 이해와 변화를 이끌어 낼 수 있는 사회구성주의 접근, 주택관리 제반 요소의 투입과 과정, 산출을 명확히 하여 그 성과를 평가하고 피드백 할 수 있는 시스템적 접근, 관리상황에서 거주자의 특징, 주거특성에 따라 제약과 만족불만족, 그에 따른 주거조절 행동을 예측하고 거주후 평가(POE: post occupancy evaluation)를 거주자 입장에서 실시함으로써 최적가치 창출에 도움이 되는 분석 모델인 미시사회학적 접근, 지속가능 환경과 지속가능 사회를 향한 패러다임으로서 거주자와 환경의 호혜성에 중점을 두고 관리방향 모색에 도움이 되는 생태학적 접근에 대해 알아보고자 한다.

1. 사회구성주의 접근

Clapham(2009)은 사회구성주의(social constructionism) 관점으로 개인이나 집단에 의해 발생되는 실재(reality)의 사회적 구성을 인지하는 것이 중요함을 주장하였다. 사회구성주의 접근의 가장 중요한 특징은 세상에 대한 지식을 재구성하는 것이다. 그러기 위해서는 객관적인 '사실'로서 객관화, 구체화하며 행위자들 사이에서 무엇이 실재인지에 대해 동의해야만 한다. 물론, 사회구성주의 접근은 어떻게 실재의 지배적인 개념이 구성되고, 담론이 그것을 어떻게 지지하는지, 특정한 실재가 다른 것을 제치고 받아들여지는 권력구조에 관심이 있고, 특정한 실재 내에서는 행위자가 어떻게 행동하는지에 대해 공통의 개념을 만들어내는 것이 가능하다는 전제에서 출발한다.

사회구성주의 접근으로 어떠한 것들이 연구될 수 있는가 하는 것은 Clapham (2009)에 의해 탐색되었다. 그는 사회구성주의자는 상황에 따라 구체화되는 사회조직을 받아들여야하며, 상황에 따라 시공간에서 경계를 어떻게 확정하는가가 중요하다고 하였다. 또한, 행위자가 효용을 극대화할 것이라는 가정은 경제학에서도 도전을 받고 있으므로, 오히려 효용이 재화의 소비보다는 '행복'과 관련되었다고 보는 것이 옳다고 주장하였다. 따라서 효용의 극대화는 '사회적 가치'라는 개념으로 대체될 수 있다고 하였다. 즉, 사람들은 가치 있는 것을 찾아서 높은 사회적 지위를 달성하기 위해 재화와 서비스를 소비한다는 것이다. 이러한 것은 개인적 성취라는 목표를 달성하기 위해서 사회적으로 가치가 있는 '생활양식 달성의 수단'을 성취하는 것이 중요하며, 주거의 '사용'을 강조해 온 것과 일치하고 있다.

그동안 사회구성주의 접근은 주택관리기제가 발전해 가는 과정을 이해하기 위한 이론적 틀로서 주택관리의 맥락과 담론을 이해하는 데 가장 기여하였다. 이러한 사회구성주의 개념틀, 즉 거시적인 것부터 미시적인 것까지를 망라하여 실재의 재구성을 통해 이해하고 실천할 때 창조, 변화, 발전을 이룰 수 있다는 것이 사회구성주의 접근의 핵심이므로 이를 공동주택관리에 적용하면 그 현주소를 거시적인 것에서부터 미시적인 것에 이르기까지 구조적, 제도적, 조직적, 작업적, 상호주관적 맥락(Franklin, 1998)에서 총괄적으로 이해할 수 있다.

1) 구조적(structural) 맥락

구조적 맥락이라 함은 주택관리에 영향을 미치는 문화적, 사회적 가치, 믿음 등인데 이는 전반적인 사회문화적인 변화와 담론의 성숙을 통해 파악할 수 있다. 사회의 의식수준이란 사회변화에 따라 끊임없이 변화하고 복잡 다양하여 단순하게 파악하기는 어렵다. 공동주택관리에 대한 인식이 어떻게 변화하여 왔고 현재 의식수준이 어떠한가 하는 것은 공동주택에 대한 전반적 인식변화와 무관하지는 않지만 반드시 일치하지는 않는다.

우리나라의 공동주택관리는 아파트의 보급과 함께 시작되었다. 1962년 마포아파트의 등장으로 현대식 아파트단지에 대한 관리가 시작되었고 1970년대에는 시민아파트였던 와우아파트가 붕괴되는 사고를 거치면서 아파트의 안전에 대한 관심이 고조되었다. 1987년에는 전문적인 주택관리에 대한 요구로 관련법이 만들어지고 주택관리사(보)의 의무배치기준이 확립되었음에도 아직 전문인으로서의 주택관리사(보)에 대한 의식은 낮은 수준(은난순 외 2인, 2003)이다.

아파트가 온 국토를 뒤덮게 된 것은 우리나라의 산업화의 성과로서 중산층의 양산과 확대에 기여한 바도 크다. 1962년 마포아파트는 낯설었지만 1972년 이후 주택건설촉진법과 1976년 도시계획법 시행령에 따라 도입된 '아파트지구' 지정, 1980년 택지개발촉진법, 1983년 합동재개발 방식에 이어 1991년 제1기 신도시 완성으로 아파트는 초고층 고밀화(최두호 · 한기정, 2010)로 치닫게 되었고, 아파트에 산다는 것은 곧 중산층임을 나타내는 사회계층의 의미를 나타내던 시기가 있었다. 1990년대 중반 이후 주택시장이 침체되고, 이를 타개하기 위한 전략으로 건설사의 다품종 소량생산의 차별화전략이 가동되었다. 2000년대 들어서면서 초고층 주상복합의 공유공간을 이용한 원스톱라이프가 선망의 대상이 되었고, 상류층이 이러한 주상복합으로 몰려가면서 선진적인 생활은 주상복합과 이에 뒤이은 초고층 아파트로 전이되기 시작하였다. 관리사무소는 '고객지원센터'나 '생활지원센터'라는 이름을 달고 고품격화 되었으며, 유지관리업무는 외주를 주고 입주자의 생활 관리와 대주민 서비스가 가장 중요하다는 인식을 심어줌으로써 공동주택관리 내용에 변화가 일어나게 되었다. 1998년 분양가 자율화에 따라 시공수준이 높아진 새 아파트는 단지설계와 조경 및 커뮤니티센터에 막대한 투자를 하며 살기 좋은 아파트로 홍보하기 시작하였고, 커뮤니티 매니저를 커뮤니티센터에 배치하여 입주자 생활지원을 하는 건설사도 생겨났다.

이러한 경향은 2002년 주택 보급률이 100%를 상회하는 시점과 맞물리며, 건설회사가 IT산업을 기반으로 스마트하게 관리할 수 있는 각종 시설설비를 앞다투어 장착하기 시작한 시점, 1970~80년대 건설된 획일적 아파트의 재건축 시점과 맞물리고,

세계화와 국제화 물결 속에서 건설사 이름으로 보급되던 단지 명칭이 세련된 외국어나 고품질 삶을 대변하는 브랜드명으로 대체되기 시작한 시점과도 맞물린다. 또한, 세계적으로 환경문제에 대한 고려가 중요해 지면서 지속가능한 사회를 지향하는 '친환경', '환경친화', '녹색', '생태'적 환경을 통한 지속가능 패러다임으로의 전환 시점과도 맞물린다.

그러나 근래에 들어 공동주택관리의 투명성과 내용에 변화가 나타나고 있다. 각종 관리비 비리가 상존하면서 문제해결에 대한 담론이 확대되고(MBC PD수첩 956회, '아파트관리비, 비리사슬을 끊어라', 2013 6.11), 지속가능사회에 대한 의식이 성숙되면서 지자체의 공동체문화 육성정책이 실천됨으로써 커뮤니티 플래너를 육성하고 지침서까지 발간하는 등(서울특별시 주택본부, 2011) 운영유지관리를 넘어 생활관리의 중요성이 부각되는 방향으로 전개되고 있다. 이러한 현상만으로도 공동주택관리에 대한 문화, 가치의식의 변화를 감지할 수 있고, 이를 배경으로 각종 제도적 장치는 성숙해 가고 있으며, 관련 조직도 정교화 되어가고 있다.

2) 제도적(institutional) 맥락

공동주택관리에 대한 최초의 제도 즉, 법률은 1963년에 제정된 '공영주택법'이다. 이 법은 지방자치단체나 대한주택공사가 정부보조로 공영주택을 지어 국민들의 주거안정을 도모하고 공공복리를 증진시키기 위해 제정되었으며, 공영주택 및 복리시설의 관리기준, 입주자의 관리의무, 공영주택의 관리조직에 대해 규정하고 있다. 1970년 4월18일 서울에 와우아파트가 붕괴되자 주택관리는 새로운 국면을 맞게 된다. 1972~76년 제 3차 경제개발 5개년 계획의 일환으로 1972년 공영주택법이 폐지되고 '주택건설촉진법'이 제정되면서 공급뿐만 아니라 관리규정이 보완되었다. 그리하여 1979년에는 '공동주택관리령'과 '공동주택관리 규칙'을 제정함으로써 주택관리제도가 강화되었다.

1984년에는 공동주택 노후화에 대비하여 장기수선계획을 위한 (구)건설부 기준고시가 마련되었고, 공동주택 회계관리 처리지침이 마련되었다. (구)건설부에서는 공동생활규범인 표준 공동주택관리규약을 만들어 보급했고, 이를 기본으로 단지별로 별도의 관리규약을 만들어 사용하도록 하였다. 1987년에는 주택관리사 제도가 법제화되었고, 1990년 제1회 시험이 20세 이상의 모든 성인에게 개방되는 국가자격증으로 만들어져 시행되면서 오늘에 이르고 있다.

2003년은 주택건설촉진법이 '주택법'으로 이름을 바꾸어 개정되면서 주택관리 내용에도 변화가 일어났다. 주택관리제도는 많이 강화되었고, 리모델링에 대한 규정이 들어가면서 공동주택이 경제적 수명을 다하면 재건축이 능사가 아니고 주택을 잘 관리하여 수명을 늘리면서 리모델링을 하여 시설설비수준을 향상하는 새로운 제도가 법제화되기에 이르렀다.

1984년에는 모든 집합건물에 적용되는 '집합건물의 소유 및 관리에 관한 법률'이 제정되었다. 이는 모든 집합건물에서 구분소유권의 대상과 한계, 구분소유자 상호간의 법률관계, 공동이용 부분 및 그 대지에 대한 소유와 이용관계를 규정하고 있다. 주택관리사(보)를 반드시 두게 되어 있는 150세대 이상, 중앙집중 난방, 엘리베이터가 있는 아파트이거나 저층이라도 300세대 이상인 아파트는 주택법에 따른 관리의 제도권 하에 있다. 그러나 그 이외에 10가구 이상이면 모두 이 법에 따라 관리인을 두고 관리하게 되어 있다.

이상의 과정에서 입주자의 권익보호와 삶의 질 향상, 공동체 형성에 대한 새로운 관리 내용이 부각되면서 시민단체 및 각종 사회단체를 중심으로 많은 캠페인과 홍보가 이루어지기 시작했는데, 이러한 사회분위기는 관리규약에 관한 제도, 즉 관계법의 정비에도 영향을 미쳐왔다.

분양주택의 공급과 관리는 '주택법'에서 규정하고 있지만, 임대주택은 '임대주택법'에서 공급과 관리를 규정하는 법체계를 가지고 있다. 그에 따라 관리현장도 임대인가 분양인가에 따라 상황이 다를 수밖에 없다. 분양아파트 입주자는 운영관리에 관심이 높고 입주자대표회의의 권한이 강화되어 있어 관리소 측과의 조율이 대단히 중요하다. 반면에 임대아파트는 관리주체의 역량이 더욱 중요하며, 주거복지적 측면의 생활관리가 매우 중요하다.

3) 조직적(organizational) 맥락

조직적 맥락은 제도에 따라 구성되었거나 단지규약 혹은 임의단체로 구성되었을 수도 있는 주택관리 현장의 각종 조직에 관한 것이다. 중앙정부와 지자체는 법에 따라 이들에게 행정서비스를 전달하며, 공공기관은 공동주택관리 현장에서 가장 강력한 조직으로서 주택관리를 할 때 많은 영향을 주고받게 된다. 주택관리주체는 행정서비스가 적절한 시기에 극대화되어 전달될 수 있도록 독려도 해야 하고 때에 따라서는 구축도 해야 하며, 적절히 찾아내고 이용해서 주민들을 위한 역동적이고 만족스러운 관리서비스를 제공해야 한다.

각 지방자치단체의 주택관리담당자들은 주택관리를 직접 수행하는 관리자 및 주민대표들과 가장 밀접하게 교류하는 주택관리제도의 전달자들이다. 각 지역의 특성에 맞게 법의 테두리 안에서 세부적인 규칙과 규정들을 조정하고 개입하는 집행자이기도 하다. 지자체에는 관련법의 집행과 관리감독을 위한 조직도 있지만 2006년 2월24일 주택법의 개정으로 공동주택에서 발생할 수 있는 각종 분쟁을 조정하기 위한 '분쟁조정위원회'라는 상설기구를 10인 이내로 구성하도록 되어 있다. 현장의 수행자 이외에도 공동주택관리에 영향을 미치는 주택관리사협회, 입주자대표회의 연합회, 위탁관리 전문회사 및 단체, 아파트관리 NGO 들이 공동주택관리 조직이라고 볼 수 있으며, 권익을 위한 기능도 하지만 교육기능도 가지고 있다.

조직의 역할과 관리업무의 체계화는 지역적으로 그 수준이 많이 다르다. 조직의 체계가 효율적이고 합리적으로 되도록 사회적인 담론이 성숙되면 법체계와 시행령을 바꾸어 개선하려는 노력을 모든 관련조직이 합심하여 추진하여야 바람직한 공동주택 관리 문화로 성숙될 수 있다.

4) 작업적(operational) 맥락

최일선에서 일하고 있는 주택관리자들이 업무를 수행하는 관리현장 요인을 말한다. 관리자측면에서 본다면 소속된 지자체 공무원의 주택관리관련 법령의 해석수준도 작업적 맥락이라고 볼 수 있으며, 주택관리사무소 내부 조직의 체계성과 인적 단합수준과 공간구성, 관리소의 시설설비수준, 관리단지의 주동배치와 공유공간의 시설설비 수준, 아웃소싱을 하는 관련업체의 수준, 주민의 사회경제적 특징, 입주자대표회의와의 상호관계, 단지의 규모 등 관리현장에서 실제로 관리업무를 수행할 때 투입되는 모든 요소가 작업적 맥락이라고 볼 수 있다.

관리사무소의 설치는 '주택건설기준 등에 관한 규정'에 나와 있으나 설치면적을 세대수에 따라 정하고 있다. 관리직원들이 상주하는 단지의 부대시설에 지나지 않았던 시기에 관리사무소는 주동 지하에 설치되거나 단지 외곽의 눈에 잘 띄지 않는 곳에 설치하였고, 노인정과 회의실, 주민이용시설이 함께 있는 경우도 많았다. 그러나 2000년에 발표된 2020년까지의 제4차 국토계획의 주택부문을 보면, 주택부족을 해소하기 위한 대량건설을 넘어 주거문화의 형성에 초점을 맞추고 있으며, '내 집 마련'이라는 캐치 프레이즈도 '살기 좋은 우리 동네 만들기'로 바뀌어 있음을 보게 된다. 따라서, 최근에는 관리사무소가 아니라 고객지원센터, 혹은 생활지원센터 등 그 이름을 달리하며 주민에게 서비스를 하는 공간으로서 그 위상을 달리하고 있다. 관리사무소는 주민 입주시 신고를 하고 시설을 유지관리하고, 관리비 고지서를 발부하는 등의 소극적인 역할을 넘어 커뮤니티센터를 이용하는 주민들을 지원하고 주민편의를 위해 노력하는 곳이어야 한다. 따라서 관리사무소는 관리 인력과 커뮤니티센터라는 공간을 매개로 다양한 프로그램을 활성화함으로써 주민이 살고 싶어 하는 마을 만들기의 중심이 될 수도 있다. 아파트단지는 관리사무소와 커뮤니티센터를 중심으로 마을공동체 단위가 될 수 있는 훌륭한 여건을 가지고 있다. 주민들도 내 집 마련을 위한 주호 위주의 선택에서 나아가 살기 좋은 단지를 찾아 살기 좋은 마을 형성에 동참하려는 문화로 전환될 수 있도록 작업적 맥락도 변화하고 있다고 보아야 할 것이다.

5) 상호주관적(intersubjective) 맥락

관리서비스가 전달되는 방법과 수행되는 방식에서 주택관리 담당 공무원, 주택관리사 및 관리소 직원과 같이 최일선에서 일하고 있는 이들에 의해서 공동주거관리의 기능들이 어떻게 수행되는가 하는 것과 왜 그들이 다른 방법을 두고 특별히 그러한 방법으로 수행하는가에 관한 것이 상호주관적 맥락이다. 즉, 현장에서 일하는 관리 관련자들이 관리 일선에서 해석하고, 협의되고, 수행하는 서비스전달이 그들만의 경험과 믿음에 의존하여 진행되며, 이렇게 해서 전달된 주택관리 서비스에 대하여 거주자들이 받아들이는 방식이 상호주관적인 맥락에서 다루어진다(공동주거관리연구회, 2008).

관리소장을 중심으로 구성된 관리주체는 공동주택관리 업무를 집행하는 데 있어서 실질적인 영향력과 노하우를 가지며, 그들의 입장은 주택관리의 방향과 질에 영향을 미치는 중요한 변수이다. 이들이 직업적인 의욕이 있는가 만족감을 가지고 관리업무를 수행하는가의 여부는 매우 중요하다. 또한 이들은 관리의 최일선 현장에서 직면하는 상황의 즉시성 속에서 일을 하고 있다. 그러므로 일을 진행하는 당시의 거주자 특성과 관리단지의 특성, 작업환경에 따라 근무의욕이 영향을 받을 수 있다. 실제 관리사무소장을 대상으로 관리업무 수행상의 어려운 점을 알아본 연구(은난순 외 2인, 2003)에 의하면, 입주자대표회의의 월권행위가 60.4%, 관리업무 한계의 모호성이 18.8%, 입주민의 비인격적 태도가 18.1%를 차지하고 있다. 이러한 점을 보면 열정을 가지고 주택관리에 임한다 하더라도 많은 어려움이 현장에 존재하고 있고 상호주관적 맥락에서 해결해야 하는 점이 많음을 알 수 있다. 그런데 같은 연구에서 주택관리 소장직이 전문직이라고 생각하는가에 대해서는 65.6%가 그렇다고 응답을 하고 있고,

전문 직종으로 인정받고 있다고 생각하는가에 대해서는 57.4%가 그렇지 않다고 응답을 하였다. 이러한 사실은 열정을 가지고 일을 한다하더라도 의욕을 꺾거나 보람을 찾기 어려운 상황이 많이 발생함을 간접적으로 알려주는 것이고, 처우와 인식 면에서 많은 개선이 필요함을 알 수 있다.

공동주택관리 역사가 오랜 영국에서도 주택관리자는 스스로 중간 전문직(semi-profession)으로서의 정체성을 가지는 것으로 알려져 있다. 영국에서도 공공임대주택의 관리자들은 사회의 중심이 아니라 주변적인 직종, 예를 들면, 테크니션, 체육교사, 연구행정가와 비슷한 직업정체성을 가지며, 중요하지만 다양하고 모호한 일들을 처리해야 하는 '눈에 띄지 않는 직업(invisible occupation)'으로 스스로의 정체성을 규정(Casey, 2008)하는 것으로 알려져 있다.

관리에 대한 거주자의 인식과 참여도 중요한데, 거주자들은 전반적인 관리업무에 대한 참여의사가 그다지 높지 않았다. 입주자들의 참여를 통해서만 최적가치 창출이 가능하다는 것은 이미 그 중요성이 밝혀진 상태(Simmons & Birchall, 2007)이므로 입주자들의 참여를 제고시킬 수 있는 방법이 많이 강구되어야 할 것이다. 입주자의 생활관리 만족도 연구(은난순 외 1인, 1996)를 보면 관리사무소에서 하는 생활편익서비스, 생활지원서비스, 안전과 질서유지, 입주자활동과 관리업무 홍보, 사고예방 등 여러 가지 업무 중에서도 입주자 활동지원과 관리업무 홍보에 가장 만족 점수가 높았다. 이는 간접지원보다 직접 하는 활동을 지원하는 것과 홍보를 통해 불편을 완화해주는 활동에 대한 만족도가 높다는 것을 의미하는 것으로서 상호주관적 맥락의 활동에서 주력해야 할 분야가 무엇인지를 알게 해 준다. 세월이 흘러도 거주자가 직접적으로 느끼는 것은 활동과 불편을 줄여주는 부문의 역량일 것이다. 관리자측면에서 본다면 거주자에게 간접적으로 전달되는 전반적인 관리수준의 향상을 위해서도 상호주관적 맥락이 중요함을 알고 열정을 가지고 임해야 할 것이다. 거주자와 관리자의 소통을 통해 현장의 운영이 합리화되고, 조직과 제도가 개선되어 최적가치가 창출될 수 있다면 전반적인 주거관리문화가 바뀌는 것을 감지할 수 있고 인식이 바뀌는 것을 감지할 수 있게 됨으로써 전문가로서의 긍지를 느낄 수 있게 될 것이다.

2. 시스템적 접근

시스템적 사고는 체계의 목표 설정과 체계의 기능화, 투입되는 각종 자원, 외적

사건과 환경의 변화, 스트레스를 고려한 관리체계, 변동체계, 체계의 촉진 매개체인 커뮤니케이션, 각종 매개물, 전환과 규칙의 방향성 수준에서 각 하위체계의 특성과 규칙, 권력과 역할, 그에 따른 체계의 메카니즘과 산출의 결과, 이것이 다시 순환하는 과정을 설명할 수 있다(김외숙 외 2인, 1992).

시스템적 접근은 사물에 대해 관찰할 때 총체적인 시각에서 바라보고자하는 태도로서 분석보다는 종합을, 개체보다는 유기적 연관성을, 물질보다는 정보를 강조하는 접근방법이다. 시스템적 접근은 개체보다는 사물의 유기적 연관성을 중시하므로 사물에 대해 하위체계와 상위체계의 개념을 적용할 수 있다. 사물은 서로 유기적으르 연관되어 있으며, 상호간의 에너지 · 물질 · 정보의 교류가 이어지고, 상위체계는 하위체계로 구성되어 있다. 상호관련성을 고려하므로 분석적이기도 하지만 종합적이며, 피드백과 전환 등의 역동적 과정을 추적하고 이에 대한 정보전달 체계, 의사소통 체계의 구체성이 있어야 하고, 각 하위부분과 전체 체계와의 책임, 전위, 역학의 명료화과정에 대해 이해하게 되면 체계와 더 큰 외부환경, 조직에 적응하고 변화하는 과정 및 역동성을 고려하는 모델 구축이 가능하다(홍형옥 외 3인, 2011).

시스템이 확정되기 전까지는 다양한 '투입'과 다양한 '과정'이 여러 다양한 조합으로 실험되지만, 일단 만족스러운 수준의 산출물이 나오는 시스템을 확정하고 나면 정기적인 점검을 통해 산출이 항상성을 갖도록 해야 한다. 그러나 사회경제적인 상황이 변화하면 원하는 산출물의 수준이 달라지고, 투입과 과정은 또 다시 다양한 조합으로 실험을 통해 조정되어야 한다. 또한 만족스러운 산출물을 위해 시스템을 조정하고 확정하는 작업을 거쳐 산출이 안정적으로 나오고 항상성이 유지되도록 시스템을 관리해야 한다. 투입과 과정을 통한 산출은 항상 피드백 되어 다음단계에 참고가 되므로 그 기록도 시스템에 포함해야 한다.

공동주거관리 현장에서 시행되는 각종 아이템들은 거의 이러한 시스템적 접근으로 항상성이 유지되고 관리된다. 좋은 산출물이 나온다는 것은 좋은 시스템으로 구축되었음을 의미하는 것이므로 습관적인 시스템 관리보다는 발전적인 시스템 관리가 될 수 있도록 관리자는 항상 평가하는 자세를 가지는 것이 중요하다.

또한 관리요소를 투입, 과정, 산출, 피드백의 시스템 개념으로 파악하면 관리요소에서 사용하는 각종 자원의 효용을 극대화할 수 있다.

1) 투입(input)

공동주택관리의 운영, 유지, 생활관리 시스템에서 투입요소는 각종 물적 자원과 인적 자원, 그리고 비용과 시간이다. 물적 자원이라고 하면 관리실 내부 공간, 외부공간의 시설설비, 커뮤니티센터, 보유하고 있는 각종 기자재 등 가용한 모든 물적 자원의 정확한 물목과 사용시간과 사용정도와 사용가능성에 대한 파악으로부터 시작된다. 또한 이를 목록으로 만들어 관리실의 정보를 누구나 공유할 수 있도록 해야 한다. 인적자원이란 관리실 내부인력과 급여를 지불하는 외부인력, 봉사 가능한 인적자원의 확보를 통해 얻어진다. 최적가치 창출의 지표가 거주자 만족정도이기 때문에 거주자 참여가 필요하고, 입주자대표회의와의 커뮤니케이션을 통해 단지 내 자원봉사인력을 확보하는 것도 투입요소 중 인적자원 확보에 있어서 중요하다. 비용은 입주자로부터 나오는 관리비와 지자체의 각종 지원과제에 응모하여 확보하거나 입주자와 관리자의 공동 활동을 통해 확보하는 기금이 활용될 수 있다.

예를 들면 단지 내 각종 취미동아리의 자원봉사에 따른 잉여금, 바자회 잉여금, 재활용쓰레기 처리비, 단지 내 공유시설 유료이용으로 확보된 금액, 각 가정에서 갖추기 어려운 기구들을 공동으로 확보하고 대여하여 발생한 기금, 공동구매에 따른 잉여금 등 자금 확보의 수단은 매우 다양하다. 시간은 관리실 내부인력이 투입하는 시간일 수도 있고, 자원봉사인력을 활용하여 투입되는 시간일 수도 있다.

2) 과정(throughput)

과정이란 실제로 작업이 진행되는 순간으로서 준비과정, 집행과정, 정리과정이 있다. 준비과정에서는 투입되는 모든 요소들의 목록을 작성하고 담당하는 부분을 명확히 하며, 시간적인 순서에 따라 반드시 발생하는 일과 발생할 가능성이 있는 일들을 점검하고 대처방안을 미리 마련하는 것이 중요하다. 집행과정에서는 준비과정에서 예상했던 대로 집행되는지 점검하며, 예상치 못했던 일의 발생에 대해 대처하는 능력이 필요하다. 적재적소에 물적, 인적자원과 비용과 시간을 투입하여 만족할 만한 산출물이 나오도록 조정하고 점검을 하며, 진행이 투명하게 이루어지도록 과정이 진행되는 동안 일어날 수 있는 각종 가능성을 탐지하고 대처할 수 있어야 한다.

예를 들면, 정기적인 설비점검인 경우도 미리 공지하고, 점검범위와 담당자, 투입되는 인력과 시간, 예산과 효과를 알릴 필요가 있으며, 진행되는 동안에도 진행 중임을 알리는 표지를 달고, 집행과정에서도 투입되는 요소가 제대로 집행되는지 점검하고, 집행 후에 나타날 효과와 결산, 차후 언제 다시 같은 과정이 어떠한 방식으르 진행될 것인지 예고하고 이를 기록하며, 차후 어떤 점을 개선하여 시행할 것인지 첨언까지 해둔다면 정기적인 설비점검이라는 유지관리 요소가 시스템적 접근으로 시행되었다고 볼 수 있다.

3) 산출(output)

정서적인 산출은 거주자의 만족감이고, 물리적인 산출은 성능향상이며, 경제적인 산출은 비용절감일 것이다. 운영관리 행위에는 인력채용, 관리비 징수, 장기수선충당금의 관리, 시설관리, 관리내용 홍보, 입주자대표회의 및 지자체, 외주업체와의 조율 등이 있다. 유지관리 행위에는 난방과 온수 설비관리, 일반 쓰레기 처리와 청소, 재활용 쓰레기 처리, 조경 및 공유시설관리, 커뮤니티센터 유지관리 등 여러 요소가 있다. 생활 관리에는 입주자 고충처리, 각종 동아리와 커뮤니티 센터 프로그램 관리, 자원봉사 구축과 관리 등 여러 가지가 있다. 이러한 각종 관리내용에 있어서 만족감을 이끌어 내고 효율성을 기하며 비용절감을 하고, 결과적으로 거주자의 만족감이 높은 살기 좋은 아파트를 만들어 낸다면 시스템적 관리의 가장 성공적인 산출물일 것이다. 그러기 위해서는 각 관리행위마다 투입과 과정, 산출을 평가하고 피드백 요소를 정리해 둘 필요가 있다. 그리하면 같은 행위에 대해서는 같은 시스템을 가동해도 비슷한 효과가 나올 것이고 항상성을 확보할 수 있을 것이다.

3. 미시사회학적 접근

미시사회학적 접근은 개별가구를 미시사회로 보고, 사회와의 유기적 관계 속에서 개별가구의 주거행동을 파악하는 접근법이다. 기업, 정치, 경제 질서와 같은 거시사회를 중심으로 장기간의 변화를 파악하는 것이 아니라 가족의 행위를 중심으로 사회와의 상호작용 속에서 나타나는 일상적 주거행동을 연구하며, 가족을 행위의 주체로 보고, 가족 외적인 사회경제적 구조와 제도는 가족의 행동에 제약이 되는 것으로 간주한다(Morris & Winter, 1978). 이 접근법으로는 주택관리에 대한 거주자의 만족 불만족을 파악할 수 있고, 주택관리에 대한 선호나 요구를 파악할 수 있으며, 주택관리에 대한 태도와 요구사항을 분석할 수도 있다. 각 동 대표, 즉 입주자 대표회의를 통해서, 혹은 단지 내 각종 동아리를 통해서 파악할 수도 있지만 그렇게 얻는 결과들은 일반화가 어렵다. 단지 내 거주자들이 각양각색이므로 거주자의 사회인구경제적 특성에 따라서는 어떻게 다른지, 주거특성에 따라서는 어떻게 다른지, 주택관리를 하는 입장에서 정기적으로 파악을 한다면 보다 더 섬세하게 관리를 할 수 있고, 거주 만족도를 더욱 높일 수 있을 것이다.

1) 문화규범과 가족규범, 주거규범

전반적으로 주택에 대해 어떻게 생각하는가 하는 경향이 문화규범이고 모든 사람이 지켜야 하는 것이 성문화된 문화규범이다. 공동주택관리에서 성문화된 문화규범으로는 단지 내의 규약이 가장 강력할 것이다. 개별가족이 주택에 대해 어떻게 생각하는가하는 것이 가족규범이며 이 둘의 조합으로 나타나는 것이 주거규범이다.

1980년대만 해도 단독주택 거주자가 많았고, 아파트거주를 주거규범으로 받아들이지는 않았다(이연복 외 1인, 1992). 그러나 1990년대를 거치고 2000년대에 이르면서 아파트는 많은 가족들이 선호하는 주거유형이 되었고, 많은 사람들이 아파트에 살고 싶어 했으므로 대한민국 보통 가족들의 주거규범이 되었다. 당시에는 드라마 배경에서 중상류층은 아파트에 살고 서민층은 단독주택에 사는 것으로 묘사되곤 했다. 그러나 2000년대에 친환경 지속가능 패러다임이 확대되면서 상류층은 단독주택이나 타운하우스에 살고, 중류층은 아파트에, 서민층은 다세대나 구형 단독주택에 사는 것으로 묘사되곤 하는 것을 보면 언론매체가 문화규범을 선도하는 기능도 가지고 있다고 볼 수 있다.

1,000세대가 넘는 대형 주거단지나 신도시의 2000년 중반 이후 공급된 단지, 초고층 주상복합단지 등은 커뮤니티센터에 많은 공유공간이 제공되고 좋은 서비스가 창출된다. 따라서 가족들의 생활을 편리하게 만들고 있기 때문에 아파트는 여전히 맞벌이 부부나 젊은 가족들이 선호하는 주거유형 규범이 되고 있다. 이러한 경향은 신도시인가 도심인가, 오래된 단지인가 신축단지 인가, 단위세대 규모 분포가 어떻게 되는가에 따라 거주하는 가족들의 특성이 달라지므로 미시사회학적 접근으로 질문지를 만들고 통계를 내어 가족특성에 따라 주거특성에 따라 어떻게 주택관리 방향을 정립하는 것이 바람직한가를 분석하고 평가한다면, 주택관리에 대한 거주자의 만족도를 더 높일 수 있다.

예를 들면 은퇴세대가 많이 사는지, 맞벌이 부부가 많이 사는지, 독신가구가 많은지에 따라 선호하는 주택관리 방향을 발굴한다든가 서비스 제공방식을 조금 바꾸어 볼 수도 있고, 은퇴세대의 재능기부를 창출하여 주거단지의 공동체 프로그램을 더욱 다양하게 만들 수도 있다. 이 때 전수조사를 하면 시간과 비용이 많이 들기 때문에 표집을 적절히 하여 통계를 이용하는 미시사회학적 접근을 이용하여 거주자들을 분석하고 해석을 하면 용이하게 결론을 이끌어 낼 수 있다.

2) 규범적 주거결함과 만족·불만족

가족규범이 문화규범과 비교되고 가족의 주거조건이 충족되지 못할 때는 규범적 주거결함이 나타나고 그에 따라 주거 만족·불만족이 나타난다. 주거불만족이 높을 때는 주거조절을 하게 되는데 개별가족이 이사를 결정하게 되는 축출요인(push factor)이 무엇인가를 알아내어 규범적 주거결함을 줄여주는 것도 주택관리의 성과가 될 수 있다. 교통문제로 불편이 가중되어 편리한 곳으로 이사를 가려고 하는 가족들이 많다면 셔틀버스를 유치하여 운영함으로써 축출요인을 경감시킬 수도 있다. 이사를 오게 하는 유인요인(pull factor)이 무엇인가를 파악하는 것도 중요한데, 커뮤니티 프로그램을 단지 내 주민들의 재능기부로 운영한다거나, 단지 유휴지를 주말농장이나 캠핑장으로 개발한다거나 하여 유인요인들을 증가시킬 수도 있다. 이러한 결정은 몇몇 대표자들의 의견만으로 결정하기보다는 미시사회학적인 접근으로 적절한 표본을 대상으로 독립변수, 매개변수, 종속변수를 분명히 하는 통계적 분석과 해석을 통해 인과관계를 밝히는 주민조사를 한 후 의사결정을 한다면, 보다 설득력 있고 신뢰성이 있는 주택관리 방향을 이끌어 낼 수 있다.

3) 제약과 행동적 성향

제약이란 개별가족의 힘으로 조절할 수 없는 것을 말한다. 이러한 제약들은 문화규범과 가족규범, 주거조건에 영향을 미치므로, 결과적으로는 규범적 주거결함의 정도에 영향을 미치게 된다. 건축당시의 건축기술도 제약이고, 주택 취득당시의 등록세와 취득세, 양도세 등 세제혜택에 대한 법적 제도적 장치들도 제약이며, 주택연금이라든지 주택청약제도와 주택저당제도 같은 것도 제약이다. 그에 따라 가족의 주거행동이 영향을 받고 규범적 주거결함의 정도와 주거 만족·불만족 수준이 좌우되기 때문이다.

개별가족의 습성은 행동적 성향이라고 한다. 1980~90년대에는 아파트의 환금성이 좋아서 도배하기 싫으면 이사 간다는 말이 있을 정도로 이사를 자주 다녔지만 현재는 부동산시장 침체로 집이 팔리지 않아서 이사를 못하는 형편에 처한 사람들이 많다. 2000년대 중반만 해도 대형아파트를 선호하는 현상이 두드러졌지만 현재는 도시의 아파트에는 주중에 거주하고 주말이면 캠핑과 여행으로 집을 비우므로 작고 컴팩트한 아파트를 선호하는 사람들이 늘고 있다. 이러한 성향들이 직업별로, 연령별로, 입지별로 다르기 때문에 그들의 성향을 파악하여 주택관리서비스로 개발하여 택배시스템을 잘 관리한다든가, 빈집 관리를 철저히 한다든가, 주민들로 탁아 동아리나 공동육아 동아리 모집 시스템을 만든다든가, 주말주택 공유, 동반 캠핑 모집, 출퇴근 카 쉐어 등의 성향별로 세분화된 서비스를 단지 내 시스템으로 중개하는 것도 유용할 것이다. 이처럼 주민 성향을 단순히 총괄적으로 분석하는 것이 아니라 가족의 특성과 주거특성에 따라 인과관계를 분석하려면 미시사회학적 접근이 유용하다.

4) 주거조절

미시사회학적 접근은 개별가족의 특성이 주거조절에 어떠한 영향을 미치는가 하는 인과관계를 통계적으로 파악할 수 있다. 개별가족의 일반적 특성에 따라 규범적 주거결함이 어떠하고, 어떠한 제약이 있으며 주거만족수준이 어떠하고 어떠한 성향을 가졌는가에 따라 나타나는 최종 단계가 주거조절이다. 집에 변화를 주는 이사와 증개축을 주거조정이라고 하고, 적응을 한다든가, 가족구성에 변화를 준다든가, 규범을 낮추는 등을 주거적응이라고 하며 이러한 것을 모두 주거조절(주거학연구회, 2013)이라고 한다. 입주자들을 표본 조사하여 그 특성에 따라 통계분석을 한 후 이사를 가는 가족들의 문제점, 증개축을 하는 사람들의 문제점들을 파악하여 주택관리 차원에서 완화시켜준다면 주거조절 방법이 달라질 수도 있다. 아래위층간의 소음이 문제라면 단지 내에 분쟁조정위원회를 두어 서로 의견개진을 할 수 있는 통로를 마련하고, 소음을 낼 수 있는 시간을 정한다든가 소음이 발생할 시간대를 미리 통보하도록 한다든가 하는 단지차원의 규약을 마련하여 시스템화한다면 관리서비스의 수준이 주민입장에서 한층 정교하게 가동될 수 있을 것이다.

그러나 거주자가 아무리 요구한다 하더라도 관련법과 제도에 따라 기본 틀이 유지되어야 하기 때문에 그 적용에는 한계가 있다. 따라서 미시사회학적 접근이 외적 요인들의 영향력을 설명한다든가 문제와 현상의 파악에는 용이하나 구체적 대안을 제시하는 것과는 별개의 문제이므로 시행가능한 선에서 관리를 통해 주민들에게 서비스할 수 있는 정도까지 문제를 발견해 내는 것이 바람직할 것이다. 한편으로는 시스템적 접근으로 문제를 잘 해결할 수 있는 방법을 고안하여 가동하고, 사회구성주의 접근을 보완적으로 활용하여 전반적인 변화를 유도할 수 있는 주거관리서비스의 외연 확대 노력이 필요할 것이다.

4. 생태학적 접근

생태학적 접근의 주요 특징은 환경과 개인의 호혜성이며 주호, 주거의 근린, 생태 구역, 국가 등에 따라 다양하게 적용되는 환경의 의미를 분별할 필요가 있다.

생태학적 접근은 미세기후 요인, 생물학적 기관과 지역 환경의 무기적 성분(공기, 바람, 햇빛, 지리적 요인)의 영향과 다양한 문화적 특색, 사회시스템을 고려할 수 있다. 생태학적 접근의 가장 중요한 관점인 인간과 환경의 호혜적 상호작용, 삶의 질을 위한 생활방식을 구현하기 위해 생태학적 균형을 찾아 공동체를 형성해 가는 과정도 연구될 수 있다. 서로 어떻게 적응하고 도움을 주고받으며, 개인과 가족의 공간(마당, 주거 공간)과 그 이외의 공간(골목, 가게, 쉼터, 공원, 거리, 지역문화센터)을 활용하면서 호혜적으로 개인과 환경의 상호관계를 변화 발전시켜 나가는지도 관찰할 수 있다.

Lawrence(2006)는 인간행동을 해석하기 위한 합리적 선택 개념의 도전에 있어서 생태시스템과 제도적 개념구조뿐만 아니라 그들 사이의 상호작용의 명백한 역할을 인지하며, 관심과 가치 사이, 개인과 집단 사이, 지역사회, 기업, 정부당국 사이의 갈등도 생태학적 관점으로 이해하였다. 가치를 같은 표준으로 비교할 수 없다는 사실은 인간생태체계에서 흔한 일이고, 어떻게 해석을 하느냐하는 것은 주거의 연구와 정책에서 중요한 결과를 가져오기 때문에 중요하다고 하였다.

생태학적 접근은 사회학, 심리학, 인류학, 지리학, 경제학 등에서 다양하게 응용되고 있으나 주거연구와 밀접한 것은 주거지에 관한 쟁점을 중심으로 한 도시생태학 분야이다. 도시공동체는 경쟁-침입-계승-격리와 같은 생태학적 경정 과정을 통하여 상업중심지, 슬럼가, 아파트촌, 유흥가 등의 지역이 형성된다. Hawley는 세월이 지나면서 경쟁보다는 상호의존을 더 중시하고, 개인보다는 집단을 중시하며, 생태학적 조직의 주요요소를 생계활동으로 보는 방식이 더 설득력을 가지면서 생태학적 조직의 5개 원리를 상호의존, 중추기능, 분화, 지배, 구조유사성으로 정리(강대기, 1987)하였다. 그러나, 도시생태학의 총체적이고 거시적인 분석의 수준은 연구에 장시간의 관찰을 요하고 귀납적인 결과를 보여줄 뿐 즉각적인 해결책을 내놓거나 원인을 파악하기 어렵다는 점, 일반적인 사회의 본질과 주택시장의 구조, 도시의 공간적 배치 간의 관계를 설명하지 못한다는 점에서 제한점이 있다. 여기서는 Coolen(2006)의 관점에 따라 생태학적 접근의 쟁점별로 살펴보고자 한다.

1) 개인과 환경의 호혜성과 상호작용

주호 내부공간이나 미세환경 부분은 세대 간 갈등을 일으키는 소음문제나 일조권 문제 등의 처리방향이 생태학적 접근을 적용한 주거관리의 이슈가 될 수 있다. 지역사회에서 발생할 수 있는 각종 환경문제와 단지의 유지관리차원에서 발생할 수 있는 조경과 청소, 자원재사용과 재활용 시스템에 개별가족이 생태학적 의식을 가지고 적극적으로 참여할 수 있도록 홍보하고 독려하는 것도 생태학적 접근의 주택관리 방향을 좌우할 것이다. 근래에는 친환경건축물 인증제도에 적합하게 친환경계획요소를 에너지절약 및 자원절약, 주변 환경과의 조화, 건강 및 쾌적성 향상 측면에서 세부계획요소를 적용한 아파트들(석희진 · 홍형옥, 2011)이 많기 때문에 그러한 요소들을 주택관리사무소 측에서 효율적이고 지속적으로 관리한다는 것은 매우 중요하지만 생태학적 마인드가 없으면 어려운 일이다. 이를 위해서는 거주자도 단지 내 친환경요소와의 호혜성을 인식하고 적극적으로 활용하고 참여하며 스스로 관리하는 의식을 가져야 한다. 관리주체는 자원봉사 등의 활동을 구축하여 적극적으로 거주자와 상호작용하면서 관리하는 것이 바람직하다. 이러한 모든 활동들은 주택관리 주체의 관리시스템으로 구축되어야 가능한 일이다. 단지에 적용된 친환경계획요소들을 홍보하고 이용을 독려하며, 단지의 각종 프로그램과 연계하는 기획도 필요하고, 단지 내 어린이들의 비오톱 관찰과 청소관리를 묶어 캠프로 진행한다든가, 주변학교와 봉사프로그램을 구축하여 친환경계획요소들을 관찰하고 평가하고 관리하는 프로그램을 시스템화한다든가 하는 적극적인 관리기획이 필요하다.

2) 개인의 의도성과 적응

생태학적 접근의 패러다임은 일상생활에서 개인의 의도성, 즉 가치 확립에 따라 달라진다. 개인이 접하는 정보에는 한계가 있으므로 생태학적 접근으로 지속가능 패러다임을 실천하려는 주택관리 의지를 가지고 있다면, 관리사무소 측에서 적극적으로 정보를 수집하고 알리고 참여하도록 하여 생태학적 생활양식을 가진 거주자들을 적극적으로 육성하여 고품격 단지로 거듭날 수 있다. 화장실 변기에 물을 담은 페트병을 넣어 한번 물을 내릴 때마다 사용하는 물의 양 줄이기, 재활용품을 이용하여 재사용

물품 만들어 나누기, 비올 때 발코니 청소하기, 사용하던 물건 나누고 바꾸는 상설 벼룩시장 열기, 공동 구매하기, 재능 나눔으로 공동육아 동아리 만들기, 단지 내 빈터를 텃밭으로 일구어 친환경 먹거리 꾸러미 만들기, 가드닝을 좋아하는 주민을 중심으로 단지 조경 가꾸기 등등. 단지의 다양한 프로그램을 운영하면서 단지가 살기 좋아지면 거주민들은 다소 불편해도 적응을 당연하게 생각할 것이다. 혼자서 생각은 해도 실천하기 어려운 친환경적 생활양식이 같이하면 쉽고, 같이 하도록 만드는 시스템은 홍보, 장소제공, 이니셔티브제공, 자원봉사 구축 등 관리소를 매개로 주택관리 서비스를 다양하게 창출(서울특별시 주택본부, 2011)해 낼 수 있다.

3) 만족 · 불만족

생태학적인 친환경적 생활은 다소 불편할 수도 있다. 그러나 지속가능한 환경을 생각하고 적응하면 크게 문제되지 않는다. 이러한 것이 지속적으로 호응을 받으려면 행복하거나 보람이 있거나 경제적인 이득이 있거나 만족감을 느껴야 한다. 아파트가 프라이버시 보장이 잘 되는 이점이 있고 실제로 고층아파트 주민들은 이웃을 사귀는 데는 관심이 없고 프라이버시를 유지하는 데 관심이 있다(한필원, 1996)고 알려져 왔다. 그러나 같은 엘리베이터를 사용하는 사람들이 마주칠 때마다 인사를 하는 것을 넘어 같이 절약하고 같이 사용하고 같이 나누면 더 살맛나는 동네가 될 수도 있다는 것을 체험하고 만족하게 되면, 이는 생태학적인 호혜성과 상호작용, 의도성에 완전히 적응한 상태로 볼 수 있을 것이다. 그렇게 되면 같은 엘리베이터를 타는 사람들로, 같은 동아리에 속한 사람들로, 같은 활동을 하거나 비슷한 관심을 가진 사람들끼리 어디서 모이고 헤치는지 그리하여 어떠한 시너지가 나타나는지 생태지도가 그려질 것이다. 커뮤니티센터는 단순히 카페와 운동시설과 독서실 같은 이용시설을 넘어 거주자들끼리 정보를 교환하고, 단지 내 사람들이 원하는 방식으로 생태학적인 고감을 통해 발전하는 유기체처럼 끊임없이 변화하면서 새로운 생태학적 에너지를 뿜어내면서 변화할 것이다. 이러한 주민들의 동력을 주민만족을 향상시킨다는 목표를 가지고 시스템으로 지원함으로써 주택관리는 최적가치(best value)를 창출해 낼 수 있을 것이며, 주민 만족감은 향상될 것이다.

참 고 문 헌

강대기, 『현대도시론』, 서울: 민음사, 1987.

공동주거관리연구회, 『공동주거관리이론』, 서울: 교문사, 2008.

김경섭, 『고층 아파트 문화와 사회환경』, 서울: 도서출판 건기원, 2002.

김외숙 · 이기영 · 최은숙, 『가정관리학』, 서울: 방송통신대학 출판부, 1992.

서울특별시 주택본부, 『아파트 커뮤니티 활성화 매뉴얼』, 커뮤니티 플래너 용, 2011.

석희진 · 홍형옥, "친환경건축물인증 아파트의 친환경계획요소 관리 실태", 『대한가정학회지』, 제49권 제1호, 2011, pp.41-53.

유병선 · 홍형옥, "주거관리의 사회적 구축을 위한 연구의 접근방법과 쟁점", 『한국주택학회지』, 제8권 제1호, 2000, pp.27-57.

은난순 · 유병선 · 홍형옥, "공동주택관리사의 전문직화를 위한 탐색적 연구", 『한국가정관리학회지』, 제21권 제3호, 2003, pp.109-121.

은난순 · 홍형옥, "공동주택 생활관리 만족도 및 요구에 대한 연구", 『한국주거학회지』, 제7권 제2호, 1996, pp.153-160.

이연복 · 홍형옥, "대도시 중산층의 주거규범에 관한 연구", 『한국주거학회지』, 제2권 제1호, 1991, pp.13-34.

이창석, 『부동산 관리론』, 서울: 신광출판사, 2001.

주거학연구회, 『넓게 보는 주거학』 개정판, 파주: 교문사, 2013.

전상인, "아파트에 미치다", 『현대한국의 주거사회학』, 서울: 이숲, 2009.

최두호 · 한기정, 『아파트를 새롭게 디자인하라』, auri 지식정책총서 02, 2010.

한필원, 『인간행태와 건축디자인』, 서울: 기문당, 1996.

홍형옥 · 은난순 · 유병선 · 김정인, 『주거관리』, 서울: 한국방송통신대학교 출판부, 2011.

Casey, R., "On becoming a social housing manager: work identities in an 'invisible' occupation", *Housing Studies*, Vol. 23 No. 5, 2007, pp.761-780.

Clapham, D., "Introduction to the special issue-a theory of housing; problems and potential", *Housing, Theory and Society*, Vol. 26 No. 1, 2009, pp.1-9.

Coolen, H., "The meaning of dwelling: An ecological perspective", *Housing, Theory and Society*, Vol. 23 No. 4, 2006, pp.185-201.

Franklin, B., "Constructing a service: Context and discourse in housing management", *Housing Studies*, Vol. 13 No. 2, 1998, pp.201-216.

Franklin, B. and D. Clapham, "The social construction of housing management", *Housing Studies*, Vol. 12 No. 1, 1997, pp.7-25.

Lawrence, R.J., "What is an ecological perspective in housing research?", *Housing, Theory and Society*, Vol. 23 No. 4. 2006, pp.204-209.

Means, R. and R. Smith, *Community care, policy and practice,* 2nd ed., Hong Kong: Macmillan, 1998.

Morris, E. and M. Winter, *Family, Housing and Society*, New York: John Wiley & Sons, 1978.

Simmons, R. and J. Birchall, "Tenant participation and social housing in the UK: Applying a theoretical model", *Housing Studies*, Vol. 22 No. 4, 2006, pp.573-595.

제 2 부

공동주택관리의 역사와 당면과제

제 3 장

공동주택의 관리정책과 제도

김정인(한국주택관리연구원)

I 공동주택 관리정책의 태동과 변천

1. 공동주택 관리정책의 태동

공동주택은 우리나라의 한정된 국토에 주택부족을 충족하기 위하여 주요한 공급수단으로 환영받아 왔다. 주로 민간에 의하여 분양·공급되었으며 관리 또한 근거가 되는 법령을 마련하여 사적자치의 영역에서 다루어지도록 하고 있다. 아파트를 중심으로 공동주택이 대량공급이 시작될 무렵에 발생한 관리문제는 서구에서 유입된 생소한 형태의 주택에서 생활하는 것에서 기인하였다. 입주자들이 시설물에 대한 사용법을 몰라서 시설의 기능을 손상시키는 사례가 발생하는가 하면 오물을 함부로 버려 하수처리 관리에 어려움을 겪는 사례도 빈번하였다(홍형옥 외, 2011). 뿐만 아니라 공동으로 생활하는 데에 필요한 배려와 에티켓이 지켜지지 않기도 하였다. 이렇듯 공동주택관리 문제는 새로운 타입의 주택에서 생활하는 데에서 비롯되어 합리적인 관리제도의 필요성이 대두되었다(홍형옥 외, 2011).

공동주택관리의 정책적 뒷받침이 필요하다는 인식을 갖게 된 계기는 1970년 마포의 와우아파트 붕괴 사건이었다. 더불어 대규모 단지에 들어선 갖가지 설비는 아파트의 안전과 유지의 중요성을 인식하게 하기에 충분했다.

1972년에는 주택건설촉진법의 제정과 더불어 입주자들이 지켜야 할 규정이 제시되었는데 본격적으로 공동주택관리정책을 도입한 계기가 된 것은 1979년 공동주택관리령을 제정하면서부터이다(홍형옥 외, 2011). 공동주택관리령 제정을 계기로 관리인제도의 신설, 입주자대표회의 구성의 법제화와 같이 관리와 관련한 주체의 권리와 의무가 논의되었고, 관리업무는 전문적인 차원에서 수행하여야 한다는 인식이 대두되어 이에 대한 방안을 마련하는 등 현대 공동주택관리정책의 뼈대를 구축하는 기반이 되었다.

그러나 70년대 후반의 주택정책은 여전히 부족한 주택의 공급을 중심으로 전개되었다. 공동주택관리 측면에서는 이후 주택관리사제도의 도입, 표준관리규약의 보급, 장기수선계획기준, 회계처리지침 등 주요 관리문제로 등장한 사안에 대하여 제도를 보완하는 차원에서 이루어졌다.

2. 공동주택관리 관련법령의 변천

공동주택의 관리는 공급된 공동주택을 어떻게 관리하는가에 초점을 맞추기 때문에 당연히 공동주택의 건설을 전제로 한다. 주택보급률이 낮아서 국민들의 내 집 마련의 꿈을 충족시키기에 주택물량이 절대적으로 부족했던 시기에는 공동주택의 관리를 시급한 정책대상으로 여기지 않았다. 이 시기에는 정책의 우선순위인 주택건설을 촉진하고자 제정된 주택건설촉진법의 하위 법령인 공동주택관리령에서 관리에 필요한 사항을 규정하였고 주택법이 제정된 이후에는 주택법의 체계 안에 관리사항을 규정하였다.

공동주택관리와 관련된 최초의 법률은 1963년 제정된 「공영주택법」이라고 할 수 있다. 이 시기에는 아직 민간의 공동주택이 본격적으로 공급되기 이전이어서 저소득층을 위하여 공급되는 공영주택의 관리에 관한 규정이 주를 이루었다.

이후 1972년에 주택건설촉진법이 제정되면서 법적 근거를 마련하였고 1979년에 주택관리의 기본규범이라고 할 수 있는 공동주택관리령이 제정되면서 보다 구체화된 체계를 갖추기 시작하였다. 이때 하위 법규로써 공동주택관리에 관한 규칙(1979.12. 12 제정)이 만들어지고 1982년 공동주택관리규칙으로 전문개정이 이루어졌다. 관리에 관한 독립법령은 없었지만 공동주택의 관리에 관하여 제도적으로 지속적인 관심을 가지고 있었음에는 틀림없다.

| 표 3.1 공동주택관리 관련 법령 변천 및 주요규정

법령명	연도	주요 관리규정	비고
공영주택법	1963	• 입주자 선정 및 입주자의 관리의무에 관하여 규정하고 있음	저소득층에 공급하는 공영주택과 복리시설의 관리 적정화 및 운영의 합리화를 도모
주택건설촉진법	1972	• 공동주택의 소유자, 입주자, 사용자, 입주자대표회의, 관리주체의 관리의무 • 관리비 납부의무 • 하자보수 책임 • 특별수선충당금 적립 • 주택관리업 등록 • 주택관리사등의 자격, 업무	
공동주택관리령	1979	• 관리주체의 업무 • 안전관리 • 입주자 또는 사용자의 의무 • 의무관리대상 • 관리방법 결정 • 관리규약 • 자치관리기구 • 입주자대표회의의 구성 • 하자보수보증금 • 주택관리업 등록기준 • 특별수선충당금 적립 • 주택관리사 배치 및 자격	주택건설촉진법의 관리규정에 필요한 사항을 규정
공동주택관리규칙	1982	• 공동주택의 공동관리 • 장기수선계획	주택건설촉진법 및 공동주택관리령의 시행에 필요한 사항을 규정
주택법	2003	• 주택의 관리방법 • 공동주택 리모델링 • 입주자대표회의 운영교육 • 하자심사·분쟁조정위원회 • 공동주택관리 분쟁조정위원회 • 장기수선충당금 • 주택의 전문관리 • 주택임대관리업 • 관리사무소장의 업무 • 주택관리업자에 대한 입주자 등의 만족도 평가	주택건설촉진법과 공동주택관리령의 관리규정을 바탕으로 주택법의 체계 내에서 관리사항을 규정

참조: 국가법령정보센터 홈페이지(www.law.go.kr)

한편, 주택관리의 중요성을 정책적으로 한층 높이 인식한 것은 2003년 주택건설촉진법이 주택법으로 전면 개정되면서부터이다. 주거복지와 주거관리가 필요하다는 시대적 요청에 부응하기 위한 방안으로 그동안 주택의 양적 공급을 중심으로 하는 정책에서 탈피하고자 한 것이다. 주택건설촉진법이 주택법으로 전면 개정되면서 대통령령의 형식으로 있던 공동주택관리령상의 다수 규정들이 주택법 및 동법 시행령에 흡수·통합되었는데 이는 공동주택관리에 관한 규범이 기존의 시행령 수준을 넘어 법률의 단계로 격상되는 계기를 맞이한 것으로 이해할 수 있다. 즉, 정책적으로 공동주택의 관리를 중요하게 인식하게 된 계기로 평가할 수 있다.

공동주택의 관리를 직접적으로 규정하고 있는 법률은 주택법이지만 이법에서 규정하고 있지 않은 사항들은 집합건물법, 건축법 등의 일부 규정이 적용되고 있다. 특히 공동주택 단지 내의 시설과 설비에 대한 관리는 해당 시설과 설비의 안전과 관리를 규정하는 법률이 존재하기 때문에 관리업무의 행정절차를 복잡하게 하거나 필요한 관리사안을 간과하는 등 혼란이 발생할 우려가 있다. 이러한 면에서 주택관리와 관련한 독립법을 제정하여야 한다는 논의가 이어져 오고 있다.

Ⅱ 공동주택관리 주요제도

1. 의무관리대상

공동주택은 그 규모와 층수에 따라서 다세대주택, 연립주택, 아파트[1])로 나누어진다. 세 가지 타입의 주택은 세대간에 벽과 천정을 공유하고 있으며 전유부분과 공용부분이 존재한다. 공용부분의 관리는 공동주택의 소유자에게 책임이 있기 마련이지만 주택법에서는 일정규모 이상의 공동주택에 한해서 법의 관리규정을 적용하도록 하고 있다. 의무관리대상 공동주택은 300세대 이상의 주택단지 혹은 150세대 이상의 주택단지로서 지역난방을 포함한 중앙난방방식을 채택한 경우와 엘리베이터가 설치된 경

1) 건축법 시행령에서는 공동주택을 아파트, 연립주택, 다세대주택으로 분류하고 있으며 5층 이상의 주택을 아파트, 4층 이하의 주택으로 바닥면적의 합계가 660m^2 이상인 경우를 연립주택, 660m^2 이하인 경우를 다세대주택으로 규정하고 있다.

우를 포함한다.

의무관리대상은 관리의 실무를 담당할 관리주체를 별도로 두고 단지의 규모에 따라서 주택관리사를 배치하는 등 전문관리를 실시하는 것을 기본으로 한다.

소규모 공동주택의 경우 관리비용 부담이 커지기 때문에 공동주택 관리에 소요되는 비용을 경제적인 측면을 고려하여 일정 규모 이상의 공동주택에만 관리규정을 적용하고 있다고 볼 수 있다. 소규모 공동주택의 경우 관리의 사각지대에 있고 관리조직이 구성되어있지 않은 점에서 입주자에 의한 적극적인 참여를 기대하기 힘들다. 아무리 규모가 작다 할지라도 건물의 안전확보라는 면에서 간과되어서는 안 되기 때문에 의무관리대상 공동주택의 범위를 확대하여야 한다는 논의가 지속되고 있다.

2. 관리 체계

공동주택 관리는 의결과 집행이라는 중요한 절차를 가지게 되며 의결주체인 입주자대표회의와 집행주체인 관리주체의 양 축에 의하여 이루어진다.

입주자대표회의는 관리방법을 결정하고 관리운영상의 중요한 제반사항을 결정한다. 주로 관리규약에 명시되어 있는 사안에 대하여 회의를 통하여 의결하게 된다. 의결내용은 관리규약의 개정, 관리비 등 예산 수립과 결산, 공용부분의 보수, 장기수선계획 조정, 안전관리계획의 수립 등이다.

관리주체는 공동주택의 공용부분의 유지 및 안전관리, 관리비 등의 비용 징수 및 관리, 관리규약으로 정한 사항의 집행, 입주자대표회의 의결사항의 집행 등 관리의 실무를 담당하게 된다.

입주자대표회의와 관리주체는 주택법에서 규정하고 있는 바와 같이 그 책임과 의무가 명확하기 때문에 두 주체는 공동주택단지에서의 체계적인 관리업무를 수행하기 위하여 상호 협조하여야 함은 물론이고 상호 업무의 영역을 존중하여야 한다.

3. 공동주택의 관리방식

주택법에서는 공동주택의 관리방식을 자치관리 혹은 위탁관리로 나누어 정하고 있다.[2] 자치관리는 주민 스스로 관리를 한다는 의미가 내포되어 있지만 우리나라의

2) 그밖에 사업주체가 준공 후 과반수의 입주자가 입주할 때까지 관리하는 경우 등도 포함할 수

경우 의무관리대상 단지의 경우 관리주체를 두고 전문가를 배치하여야 하기 때문에 자치관리라 할지라도 주민의 의지대로 관리업무를 추진하는 것이 아니라 주민들이 자치관리기구를 구성하여 관리주체의 업무를 실시하는 등 그 구성자체가 법적 규정에 부합하여야 한다.

위탁관리는 위탁관리회사와 관리업무 위수탁계약을 체결하여 관리회사가 제공하는 체계적이고 합리적인 관리시스템을 가지고 해당 단지에 적합한 관리를 실시하는 것을 목표로 한다. 위탁관리의 경우에도 마찬가지로 의무관리대상의 공동주택 단지에 관리주체의 업무가 가능한 조직을 구성한다. 즉, 자치관리와 위탁관리의 방식이 존재하지만 업무수행의 주축이 되는 조직은 주택법에서 규정하는 관리주체의 업무를 실시하는 것이 가능하여야 한다. 그렇기 때문에 외부에서 바라볼 때에는 조직의 구성에 차이가 없다. 더구나 위탁관리수수료만으로 업무위탁계약을 체결하고 위탁관리 단지의 관리주체에 대한 근로조건을 입주자대표회의에서 결정하는 등 우리나라의 비정상적이고 고질적인 위수탁계약의 이행 관례는 주택관리업의 발전을 통한 서비스개선이나 위탁관리의 전문성이 반영된 업무차별화에 도움을 주지 못하는 한계가 있다.

4. 계획적인 유지관리

공동주택 관리의 궁극적인 목표는 건물의 장수명화이다. 건물의 수명을 연장하기 위해서 계획적인 유지관리에 필요한 제도를 마련하고 있는데, 바로 장기수선계획과 장기수선충당금이다. 장기수선계획은 현재 시급한 유지관리 문제는 아니지만 먼 미래에 발생할 시설과 설비의 유지보수를 사전에 계획함으로써 준비하고자 한 것으로 대규모 수선공사에 소요되는 비용을 미리 예측하여 장기수선충당금을 징수하는 데에 근거가 되는 것이다. 공동주택 내에 존재하는 다양한 시설과 설비는 내용연수도 각각 다르고 보수에 소요되는 비용도 다르기 때문에 사전에 계획하여 준비하지 않으면 설비의 수명이 다하여 더 이상 사용하지 못할 경우 그 기간동안 큰 불편이 예상된다. 장기수선충당금도 마찬가지이다. 정작 필요할 때에 유지 보수에 충당할 금액이 부족하다면 유지보수의 시기를 놓쳐 결국에는 유지 보수가 늦어진 만큼 더 많은 비용이 소요될 수밖에 없을 것이다.

있으나, 이는 입주자가 공식적인 공동주택관리를 할 때까지 불가피하게 과도기적으로 임시관리를 하는 것이어서 본 서에서는 별도의 관리방식으로 분류하지 않겠다.

5. 공동주택관리 분쟁조정

공동주택은 생활방식이 다르고 공동생활에 대한 인식도 다른 다수의 입주자가 함께 생활하기 때문에 분쟁의 종류는 매우 다양하다. 주택법에서는 지자체별로 공동주택관리분쟁조정위원회를 의무적으로 구성하여 공동주택 관리와 관련한 사안에 대하여 심의, 조정하도록 하고 있다. 다만 공동주택관리분쟁조정위원회에서 다루는 분쟁사안은 관리운영에 관한 것으로 주로 관리주체, 입주자대표회의, 용역계약주체와 같이 조직적인 차원에서 발생하는 분쟁을 조정하기 위한 것이다. 사회적으로도 이슈가 되고 있는 층간소음 등 공동주택의 생활 및 환경에서 발생하는 분쟁은 관련 위원회나 공적 지원센터의 상담창구를 이용할 수 있다.

6. 주택관리사

의무관리대상 공동주택의 효율적인 관리를 위하여 1987년에 전문 자격자제도를 도입하였다. 공동주택의 공용부분 관리는 시설, 설비의 계획적이고 합리적인 유지를 위하여 기술적인 지식을 필요로 함과 동시에 유지에 소요되는 비용을 체계적으로 징수하고 사용하기 위한 지식 또한 필요로 한다. 그 뿐만 아니라 다수의 입주자들이 쾌적한 주거환경을 조성하며 생활할 수 있도록 입주자의 생활관리에 적극적으로 대응하여야 한다.

결국, 주택관리사는 공동주택의 체계적이고 계획적인 관리를 통하여 건물의 장수명을 도모하고 효율적인 관리를 통하여 공용공간의 합리적인 사용, 나아가서는 바람직한 공동체 생활을 영위할 수 있도록 전문가의 입장에서 역할을 수행하는 것이다. 또한 궁극적으로는 공동주택 입주자의 재산권과 삶의 질을 담보하고 나아가서는 국가와 사회의 경제발전에 이바지하는 것에 의의가 있다.

그러나 주택관리사 제도가 도입된 후 합격자의 과다배출로 인한 수급불균형과 열악한 근로조건 등은 취업경쟁, 전문성 결여와 같이 사회적으로 부정적인 측면을 야기하기도 하여 제도개선의 필요에 대한 논의가 끊이지 않고 있다.

III 주택관리 관련제도의 동향과 향후 발전방향

1. 관련제도의 동향

공동주택 관리와 관련하여 사회 전반에 걸쳐 문제점이 나타남에 따라 개선대책이 요구된다. 이러한 사회적 요청에 따라 주무관청인 국토교통부에서는 공동주택 관리 관련 대책을 마련하고 법 개정을 통해 제도의 개선과 보완을 추진하게 된다.[3)]

새로운 관리제도를 모색하거나 제도를 보완하는 것은 공동주택 관리를 둘러싼 현 실태를 반영한다. 변화된 제도를 살펴보는 것은 공동의 재산을 관리하는 데에 있어서 필요한 주인의식이나 공동체의식의 결여에 기인한 문제점을 인식할 수 있는 계기가 되기도 한다.

최근의 공동주택 관리와 관련한 제도의 변화는 운영의 투명성이 강조되고 있다는 점이다. 공동주택의 관리는 입주자와 사용자에게서 징수한 비용으로 운영된다. 특히 대규모 유지보수에 충당하기 위하여 매월 적립하는 장기수선충당금은 단지의 규모, 공사의 규모에 따라서 거액의 공사비로 지출된다. 관리비의 부정사용을 야기하는 관리주체나 입주자대표회의의 부조리 행태가 사회전반에 걸쳐 커다란 문제점으로 드러나기도 하는데 공사, 용역계약의 문제점, 공사비 산정의 문제점, 회계처리의 문제점 등 관리운영의 다방면에 걸친 분야에서 나타났다. 문제가 있는 공사, 용역계약의 경우 결국 공사나 용역 품질의 저하로 이어지며 공사의 품질저하는 곧 건물의 안전, 거주자의 안전과도 직결된 문제로 이어져 운영의 투명성이 강력하게 요구되었다. 직접적으로는 공사, 용역업자 선정의 투명성을 위하여 전자입찰제를 의무화하였고, 공사 및 용역계약서의 공개의무화, 300세대 이상의 단지에서 외부 회계감사를 의무적으로 받고 결과를 공개하도록 하는 등의 조치를 취하였다. 또한 관리비 등의 회계서류를 5년간 보관하고 입주민이 요구할 경우 공개하도록 하였다. 간접적으로는 입주자대표회의의 윤리성을 강조하는 측면에서 입주자대표회의에 대한 운영, 윤리교육을 의무화하였으며 관리업무의 집행을 총괄하는 관리소장은 보수교육을 3년마다 의무적으로 실시

3) 최근의 공동주택 관리 관련 개선대책은 2013년 「아파트 관리제도 개선」으로 핵심적인 내용은 수직증축 리모델링을 허용한 것, 층간소음 저감 규정이 신설된 것이다. 관리제도의 개선측면에서는 사업자 선정 시 전자입찰제를 의무적으로 실시하도록 한 것, 외부 회계감사의 의무화 한 것 등이다.

하여 전문성 또한 제고할 수 있도록 하였다.

공동주택에서 빈번하게 발생할 수 있는 층간소음에 대해서도 층간소음의 종류, 대처방법 등을 규정하여 분쟁이 발생하였을 경우 해결할 수 있는 근거를 마련하였다. 지금까지는 공동주택에서 생활할 때에 공동의 생활과 관련한 사항이 관리규약에서 정할 문제이고 제도적으로 구속할 문제가 아니라는 특성 때문에 간과한 부분이지만 다수의 거주자가 생활하는 공동주택이라는 점에서 공동생활의 문제가 더 이상 개인간의 사안으로 묵과될 수만은 없으며 사적자치에만 의존해서는 안 된다는 점이 반영된 것이라 할 수 있다.

행정적인 측면에서는 중앙정부 차원에서 공동주택관리 지원센터를 설치하였는데 이는 공동주택의 관리와 관련한 민원과 분쟁에 수반되는 사회적 비용을 절감하고 관리부조리, 시설관리에 대한 정부차원의 지원이 필요하다는 논의가 지속된 것에 대한 결실이다. '우리家함께 행복지원센터'의 명칭으로 운영되는 기관은 공동주택관리 민원상담, 운영관리 및 유지관리에 대한 업무진단, 공사업무에 대한 기술자문 등을 주요사업내용으로 하고 있어 관리주체의 효율적인 업무수행에 도움을 줄 것으로 기대하고 있다.

그림 3.1 행복지원센터 업무처리 절차

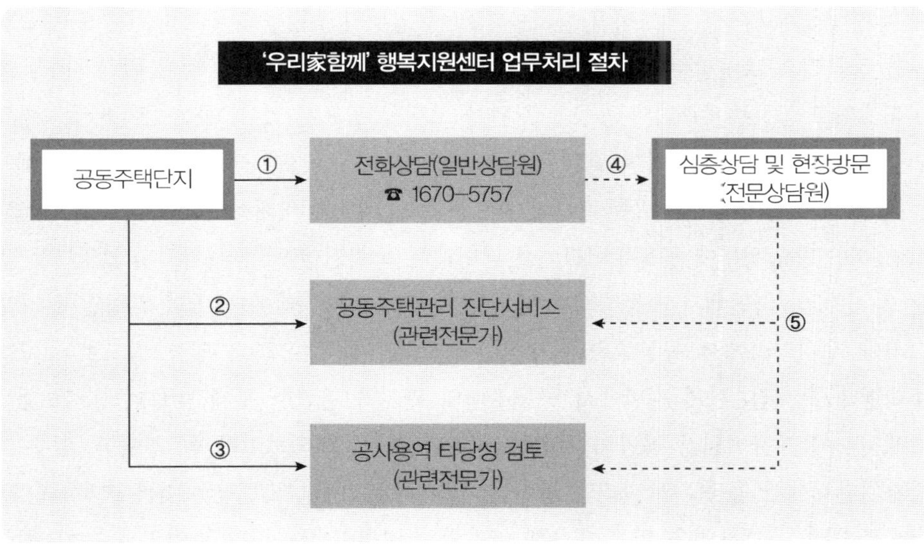

출처: 국토교통부 홈페이지(www.molit.go.kr)

2. 주택관리정책의 발전방향

우리나라의 주택관리 정책과 제도는 많은 변화를 거쳐 전문 자격자에 의한 관리를 중심으로 하는 현행의 모습을 갖추게 되었다. 주택법의 경우 빈번한 개정이 이루어졌지만 우리나라 공동주택 관리제도가 사회 속에서 대두되는 문제점을 해소하기 위하여 좋은 방향으로 수렴하려 노력중이라는 긍정적인 시각에서 바라보아야 할 것이다.

주택관리정책과 제도의 발전을 위해서 다음의 몇 가지 사안에 대하여 고려해 볼 필요가 있다.

첫째로 시설의 유지 · 보수 관리에서 주민간 공동체 의식 강화에 역점을 둘 필요가 있다. 그동안 시설의 유지 · 보수는 기술적이고 전문적인 영역이라는 측면에서 입주자의 관심이나 참여가 제한적이었다고 할 수 있다. 시설물의 유지 · 보수는 입주자가 실제로 생활하면서 이루어져야 하기 때문에 기술적인 측면이외에도 입주자의 협조가 즉각적으로 이루어져야 한다. 입주자의 협조는 공동체 의식, 주인의식에 기반한다.

둘째로 주택관리의 투명성 제고와 입주자의 참여 촉진 측면이다. 효율적인 관리를 위하여 가장 중요하게 다루어져야 할 부분은 관리업무의 투명성을 확보하는 것이다. 아무리 외적으로 업무가 원활하고 시의적절하게 진행된다 하여도 투명성이 결여된다면 입주자의 재산손실, 건물의 안전 위협 등으로 이어질 우려가 있기 때문이다. 관리업무의 투명성을 위해서는 제도적인 장치를 통하여 업무의 투명성을 확보하는 것도 중요하지만 궁극적으로는 입주자의 참여를 통한 감시기능이 갖추어지는 것이 바람직하다.

셋째로 공동주택관리의 공공성 보완을 고려할 필요가 있다. 공동주택관리는 주택법령에서 관리업무에 대하여 필요한 사항을 규정하고 있지만 공공성을 통한 지원체계는 부족한 실정이다. 공동주택관리의 중요성과 필요성에 대해서는 지속적으로 강조되고 있지만 중앙정부에 공동주택관리를 담당하는 독립된 부서가 설치되지 않았다는 점은 곧 공공의 측면에서 공동주택의 관리를 바라보지 않는다는 의미의 반영일 것이다. 그러나 우니라라에서 공동주택이 재고주택의 70%를 점유하고 있을 정도로 주요한 주택형태라는 점, 사회 전반에서 공동주택의 관리와 관련한 문제점이 나타나고 있는 점에서 사유재산이지만 공공의 차원에서 지원방안을 모색하여야 할 것이다. 일부 지방자치단체에서 공동주택 관리와 관련한 지원방안을 마련하고 있는 것은 고무적인 현상으로 향후 문제해결을 위한 대응책 마련의 측면뿐만이 아니라 관리업무 수행, 공동체 생활 측면에서 바람직한 방향성을 가질 수 있는 지원방안이 절실하다.

참 고 문 헌

김정인 · 이영애, 『공동주택의 장기수선계획 및 장기수선충당금 적정화를 위한 제도개선 방안연구』, 주택도시연구원, 2008.
두성규 · 김현아 · 엄근용, 『공동주택 관리체계 발전방안 연구』, 2008.
홍형옥 · 은난순 · 유병선 · 김정인, 『주거관리』, KNOU, 2011.
happyapt.molit.go.kr
www.khma.org
www.molit.go.kr
www.law.go.kr

제 4 장 공동주택관리관계자의 관계성

한영화(한국주택관리연구원)

I 주요 관계성 개관

1. 공동주택관리관계자의 역할관계

"공동주택"이란 건축물의 벽·복도·계단이나 그 밖의 설비 등의 전부 또는 일부를 공동으로 사용하는 각 세대가 하나의 건축물 안에서 각각 독립된 주거생활을 할 수 있는 구조로 된 주택을 말하는바(주택법 제2조 제2호), 이를 효율적으로 관리하기 위하여 공동주택관리관계자는 크게 관리업무에 대한 의결기구인 입주자대표회의와 집행기구인 관리주체로 그 역할이 이원화된 구조를 취하고 있다.

1) 입주자대표회의: 의결기구

(1) 구성(주택법 시행령 제50조)

입주자대표회의는 동별 세대수에 비례하여 공동주택관리규약[1](이하 "관리규약"이

1) 시·도지사는 공동주택의 입주자 및 사용자를 보호하고 주거생활의 질서를 유지하기 위하여 공동주택의 관리 또는 사용에 관하여 준거가 되는 관리규약의 준칙을 정하여야 하고, 입주자와 사용자는 이를 참조하여 관리규약을 정하는바(주택법 제44조 제1항 및 같은 조 제2항), 이하 관리규약으로 정하는 내용 중 언급이 필요한 사항은 편의상 서울특별시 관리규약 준칙을 참조로 하였으나, 이와 같이 별도로 언급된 각 사항은 실무상 해당 관리규약에 맞추어 적용하여야 함에 주의를 요한다.

라 한다)으로 정한 선거구(2개동 이상으로 묶거나 통로나 층별로 구획하여 정할 수 있다)에 따라 선출된 대표자(이하 "동별 대표자"라 한다) 4명 이상으로 구성한다.

동별 대표자는 동별 대표자 선출공고일 현재 당해 공동주택단지안에서 주민등록을 마친 후 계속하여 6개월 이상(최초의 입주자대표회의 구성 등의 경우는 제외한다) 거주하고 있는 입주자(입주자가 법인의 경우에는 대표자를 말한다) 중에서 선거구 입주자 또는 사용자(이하 "입주자등"이라 한다)의 보통・평등・직접・비밀선거를 통하여 선출하고, 그 임기는 2년으로 하며 한번만 중임할 수 있다. 다만, 임기만료에 따라 후임 동별 대표자가 선출될 때까지 전임 동별 대표자는 일정한 범위 내에서 직무를 계속 수행할 수 있다.

동별 대표자의 결격사유로는 아래와 같이 10가지가 규정되어 있는바, 이는 한정적 열거규정으로서 새로운 사유를 추가할 수 없다고 봄이 상당하다(법제처 2012. 12. 10. 회신 12-0510 해석례 및 대구지방법원 2012. 1. 27. 2011카합514 결정 참조).

① 미성년자, 피성년후견인 및 피한정후견인
② 파산자로서 복권되지 아니한 사람
③ 금고 이상의 실형 선고를 받고 그 집행이 끝나거나(집행이 끝난 것으로 보는 경우를 포함한다) 집행이 면제된 날로부터 5년이 지나지 아니한 사람
④ 금고 이상의 형의 집행유예선고를 받고 그 유예기간 중에 있는 사람
⑤ 공동주택관리와 관련하여 벌금 100만 원 이상의 형을 선고받은 후 5년이 지나지 아니한 사람
⑥ 선거관리위원회 위원(잔여임기를 남겨두고 위원을 사퇴한 사람을 포함한다)
⑦ 주택의 소유자가 서면으로 위임한 대리권이 없는 소유자의 배우자나 직계존비속
⑧ 해당 공동주택 관리주체의 소속 임직원과 관리주체에 용역을 공급하거나 사업자로 지정된 자의 소속 임원
⑨ 해당 공동주택의 동별 대표자를 사퇴하거나 해임된 날로부터 4년이 지나지 아니한 사람
⑩ 관리비, 사용료 및 장기수선충당금 등(이하 "관리비등"이라 한다)을 3개월 이상 연속하여 체납한 사람

나아가 위와 같은 결격사유에 해당하지 아니하고 유효하게 선출된 동별 대표자 중에서는 임원을 선출하는데, 500세대를 기준으로 선출 방법에 차이가 있다.

즉, 500세대 미만인 공동주택의 경우 입주자대표회의에서는 동별 대표자 중에서 회장 1명, 감사 1명 이상, 이사 2명 이상의 임원을 그 구성원(관리규약으로 정한 정원을 말하며, 해당 입주자대표회의 구성원의 3분의 2 이상이 선출된 때에는 그 선출된 인원을 말한다) 과반수의 찬성으로 선출하여야 한다.

반면, 500세대 이상인 공동주택의 경우 후보자가 2명 이상인 경우 다득표자를, 후보자가 1명인 경우 전체 입주자등의 10분의 1 이상이 투표하고 그 투표한 입주자등의 과반수 찬성으로 선출하는 방법으로 전체 입주자등의 보통 · 평등 · 직접 · 비밀선거를 통하여 동별 대표자 중에서 회장과 감사를 선출한다. 다만, 예외적으로 후보자가 없거나 선거 후 선출된 사람이 없을 때에는 관리규약으로 정하는 바에 따라 위 500세대 미만인 공동주택의 경우와 같은 방법으로 회장과 감사를 선출할 수 있다.

앞서 본 바와 같이 동별 대표자의 임기는 주택법 시행령상 규정되어 있으나, 입주자대표회의의 임원의 임기는 관리규약으로 정한다(주택법 시행규칙 제21조 제2항).

한편, 입주자대표회의의 구성원은 자치관리기구의 직원을 겸할 수 없는바(주택법 시행령 제53조 제5항), 관리규약상 입주자대표회의의 회장 및 감사는 상호 간의 직을 겸할 수 없고 동별 대표자는 공동주택단지안의 자생단체 또는 재건축조합의 임원이 될 수 없다는 등 겸임금지 규정이 별도로 명시되어 있는 경우 이 또한 준수하여야 한다(서울특별시 관리규약 준칙 제31조 제1항 및 같은 조 제2항).

위와 같은 입주자대표회의의 회장과 감사 및 동별 대표자를 민주적이고 공정하게 선출(해임하는 경우를 포함한다)하기 위하여 입주자등은 자체적으로 선거관리위원회를 구성한다(주택법 시행령 제50조의2 제1항).

선거관리위원회의 위원은 ① 입주자대표회의의 회장이 추천한 자 1명, ② 「지방자치법」에 따른 통장(통장이 위촉된 경우)이 추천한 자 2명 이내, ③ 경로회에서 추천한 자 2명 이내, ④ 부녀회 등 자생단체에서 추천한 자 2명 이내, ⑤ 구 선거관리위원회에서 추천한 직원 2명(500세대 이상인 경우로 한정한다) 중에서, 위원장을 포함하여 5명(500세대 미만의 공동주택의 경우에는 3명) 이상 9명 이하로 입주자대표회의의 회장(입주자대표회의 최초 구성시에는 관리사무소장이 한다)이 균형있게 위촉하고(서울특별시 관리규약 준칙 제34조 제1항), 위원장은 호선한다(주택법 시행령 제50조의2 제2항).

그러나, 다음의 어느 하나에 해당하는 사람은 위원이 될 수 없다(주택법 시행령 제50조의2 제2항).

① 동별 대표자 또는 그 후보자

② 동별 대표자 또는 그 후보자의 배우자나 직계존비속

③ 동별 대표자 및 선거관리위원회 위원 임기 중에 사퇴한 사람으로서 사퇴할 당시의 임기가 끝나지 아니한 사람

또한, 위원이 다음의 어느 하나에 해당하는 경우에는 선거관리위원회 그 구성원 과반수의 찬성으로 해촉할 수 있다(서울특별시 관리규약 준칙 제35조의2).

① 주택법령 및 공동주택관리에 관계된 법령을 위반한 때

② 관리규약 및 선거관리위원회 규정을 위반한 때

③ 동별 대표자 및 임원선거시 특정후보의 선거운동을 한 때

④ 선거관리업무와 관련하여 업무를 방해하거나 기피 등으로 물의를 일으킨 때

⑤ 선거업무와 관련하여 금품 및 향응을 제공받은 때

⑥ 사전에 회의불참 사유를 위원장에게 유선 또는 서면으로 통보하지 아니하고 3회 이상 불참할 때

나아가 동별 대표자 및 임원을 통틀어 그 해임사유는 다음의 어느 하나와 같다(서울특별시 관리규약 준칙 제20조).

① 주택법령 및 공동주택관리에 관계된 법령을 위반한 때

② 관리규약 및 선거관리위원회 규정을 위반한 때

③ 관리비등을 횡령한 때

④ 고의 또는 중대한 과실로 공용시설물을 없어지게 하거나 훼손 또는 부수어 입주자에게 손해를 끼친 때

⑤ 주택관리업무와 관련하여 벌금형 이상을 선고받은 때

⑥ 주택관리업자, 공사 또는 용역업자 선정과 관련하여 해당 업체에 입찰정보를 제공하거나, 관리주체에 낙찰압력을 행사하는 등 입찰의 공정성을 훼손한 때

⑦ 주택관리업자, 공사 또는 용역업자로부터 금품을 요구하거나 받은 때

(2) 의결사항(주택법 시행령 제51조)

입주자대표회의는 관리규약이 정하는 바에 따라 회장이 소집한다. 다만, ① 입주자대표회의 구성원 3분의 1 이상이 청구하는 때, ② 입주자등의 10분의 1 이상이 요청하는 때 중 어느 하나에 해당하는 때에는 회장은 해당일부터 14일 이내에 입주자대표회의를 소집하여야 하고, 회장이 회의를 소집하지 아니하는 경우에는 관리규약으로 정하는 이사가 그 회의를 소집하고 회장의 직무를 대행한다.

위와 같이 소집된 입주자대표회의는 그 구성원 과반수의 찬성으로 다음의 사항을

의결한다.

① 관리규약 개정안의 제안(제안서에는 개정안의 취지, 내용, 제안유효기간 및 제안자 등을 포함한다)

② 관리규약에서 위임한 사항과 그 시행에 필요한 규정의 제정 · 개정 및 폐지

③ 공동주택 관리방법의 제안

④ 관리비등의 집행을 위한 사업계획 및 예산의 승인(변경승인을 포함한다)

⑤ 공용시설물의 사용료 부과기준의 결정

⑥ 관리비등의 회계감사의 요구 및 회계감사보고서의 승인

⑦ 관리비등의 결산의 승인

⑧ 단지안의 전기 · 도로 · 상하수도 · 주차장 · 가스설비 · 냉난방설비 및 승강기 등의 유지 및 운영기준

⑨ 자치관리를 하는 경우 자치관리기구 직원의 임면에 관한 사항

⑩ 장기수선계획에 따른 공동주택의 공용부분의 보수 · 교체 및 개량

⑪ 공동주택의 행위허가 또는 신고행위의 제안

⑫ 공동주택에 대한 리모델링의 제안 및 리모델링의 시행

⑬ 주민운동시설 위탁 운영의 제안

⑭ 장기수선계획 및 안전관리계획의 수립 또는 조정(비용지출을 수반하는 경우에 한 한다)

⑮ 입주자등 상호 간에 이해가 상반되는 사항의 조정

⑯ 공동체 생활의 활성화 및 질서유지에 관한 사항

⑰ 그 밖에 공동주택의 관리와 관련하여 관리규약으로 정하는 사항

동별 대표자는 입주자대표회의에 직접 출석하여야만 의결권을 행사할 수 있고, 대리할 수 없다. 또한, 입주자대표회의는 주택법령 또는 관리규약에서 정한 의결의 범위 · 절차 및 방법에 따라 의결할 수 있는바, 회의에서 일단 부결된 의안은 그 회의 중에는 다시 발의하거나 심의할 수 없고, 그 권한을 이탈하거나 절차상 중대하고 명백한 흠이 있는 의결은 무효가 된다(서울특별시 관리규약 준칙 제28조).

한편, 의결할 때에는 공동주택의 입주자등이 아닌 자로서 해당 공동주택의 관리에 이해관계를 가진 자의 권리를 침해하여서는 아니 되는바, 이는 시 · 도지사가 정하는 관리규약의 준칙에는 공동주택의 입주자등 외의 자의 기본적인 권리를 침해하는 사항이 포함되어서는 아니 된다는 규정(주택법 시행령 제57조 제1항)과 서로 맞물려 있

다고 볼 수 있다.

이상과 같이 입주자대표회의가 그 회의를 개최한 때에는 회의록을 작성하여 관리주체에게 보관하게 하고, 관리주체는 공동주택의 입주자등이 이의 열람을 청구하거나 자기의 비용으로 복사를 요구하는 때에는 관리규약이 정하는 바에 의하여 이에 응하여야 한다. 녹화 또는 녹음하여 입주자등에게 중계(인터넷 홈페이지나 케이블TV)할 경우 녹화물 또는 녹음물은 관리주체가 회의록과 함께 5년간 보관 및 관리하는바(서울특별시 관리규약 준칙 제30조 제3항), 보관기간이 별도로 명시된 점에 차이가 있다.

(3) 의무 및 책임

시장・군수・구청장은 입주자대표회의의 구성원에게 입주자대표회의의 운영과 관련하여 필요한 교육을 실시하여야 하는바, 교육 내용에는 다음의 사항이 포함되어야 하고, 입주자대표회의의 구성원은 그 교육을 성실히 이수하여야 한다(주택법 제43조의2 제1항 및 같은 조 제2항).

① 공동주택의 관리에 관한 법령 및 관리규약의 준칙에 관한 사항

② 관리비등의 산정방법

③ 관리 현황의 공개방법 및 관리업무의 전산화

④ 공동주택단지 공동체의 활성화에 관한 사항

⑤ 입주자대표회의 구성원의 직무・소양 및 윤리에 관한 사항

⑥ 그 밖에 입주자대표회의의 운영에 필요한 사항

한편, 입주자대표회의의 구성원은 선량한 관리자의 주의로 업무를 수행하여야 하고, 고의 또는 중과실로 인하여 입주자등에게 손해를 끼친 경우에는 그 손해를 배상할 책임이 있다(서울특별시 관리규약 준칙 제33조 제1항 및 같은 조 제2항).

또한, 공동주택의 관리와 관련하여 입주자대표회의와 그 구성원, 입주자대표회의의 구성을 위한 선거를 관리하는 기구와 그 구성원 중 어느 하나에 해당하는 자는 부정하게 재물 또는 재산상의 이익을 취득하거나 제공하여서는 아니 되고(주택법 제43조의4 제1항 제3호 및 제4호), 이를 위반하여 부정하게 재물 또는 재산상의 이익을 취득하거나 제공한 자는 2년 이하의 징역 또는 2천만 원 이하의 벌금에 처한다(주택법 제97조 제13호의2).[2)]

2) 다만, 그 위반행위로 얻은 이익의 100분의 50에 해당하는 금액이 2천만 원을 초과하는 자는 2년 이하의 징역 또는 그 이익의 2배에 해당하는 금액 이하의 벌금에 처한다.

2) 관리주체: 집행기구

(1) 의의(주택법 제2조 제14호)

관리주체란, 공동주택을 관리하는 ① 자치관리기구의 대표자인 공동주택의 관리사무소장(주택법 제43조 제4항), ② 관리업무를 인계하기 전의 사업주체(주택법 제43조 제6항), ③ 주택관리업자(주택법 제53조 제1항), ④ 임대사업자(「임대주택법」 제2조 제4호)를 말한다.

① 300세대 이상의 공동주택, ② 150세대 이상으로서 승강기가 설치된 공동주택, ③ 150세대 이상으로서 중앙집중식 난방방식(지역난방방식을 포함한다)의 공동주택, ④ 「건축법」 제11조에 따른 건축허가를 받아 주택 외의 시설과 주택을 동일건축물로 건축한 건축물로서 주택이 150세대 이상인 건축물 중 어느 하나에 해당하는 공동주택(「건축법」 제11조에 따른 건축허가를 받아 주택 외의 시설과 주택을 동일건축물로 건축한 건축물과 부대시설 및 복리시설을 포함하되, 복리시설 중 일반에게 분양되는 시설은 제외한다. 이하 "의무관리대상 공동주택"이라 한다)의 관리를 업으로 하려는 자는 시장・군수・구청장에게 등록하여야 하는바(주택법 제53조 제1항), 등록은 주택관리사(임원 또는 사원의 3분의 1 이상이 주택관리사인 상사법인을 포함한다)가 신청할 수 있고, 이 경우 주택관리업을 등록하려는 자가 갖추어야 하는 자본금(법인이 아닌 경우 자산평가액을 말한다)・인력・시설 및 장비, 등록의 절차, 영업의 종류와 공동주택의 관리방법 및 그 업무내용 등에 관하여 필요한 사항은 [표 4.1]과 같다(주택법 제53조 제3항 및 주택법 시행령 제68조 제1항 별표 8). 이에 따라 등록을 한 자를 주택관리업자라 하는바, 등록을 하지 아니하고 주택관리업을 운영한 자 또는 거짓이나 그 밖의 부정한 방법으로 등록한 자는 2년 이하의 징역 또는 2천만 원 이하의 벌금에 처한다(주택법 제97조 제14호).

시장・군수・구청장은 주택관리업자가 다음의 어느 하나에 해당하면 그 등록을 말소하거나 1년 이내의 기간을 정하여 영업의 전부 또는 일부의 정지를 명할 수 있다. 다만, 거짓이나 그 밖의 부정한 방법으로 등록을 한 경우 또는 최근 3년간 2회 이상의 영업정지처분을 받은 자로서 그 정지처분을 받은 기간이 통산하여 12개월을 초과한 경우에는 그 등록을 말소하여야 하고, 부정하게 재물 또는 재산상의 이익을 취득하거나 제공한 경우 또는 장기수선충당금을 주택법에 따른 용도 외의 목적으로 사용한 경우에는 1년 이내의 기간을 정하여 영업의 전부 또는 일부의 정지를 명하여야 한다(주택법 제54조 제1항). 또한, 주택관리업자가 아래 ④ 내지 ⑧ 중 어느 하나에 해당하는 경우에는 영업정지를 갈음하여 1천만 원 이하의 과징금을 부과할 수 있고(영업정지기

표 4.1 주택관리업의 등록기준[3)]

구분		등록기준
자본금[4)]		2억 원 이상
기술능력	전기분야 기술자	전기산업기사 이상의 기술자 1명 이상
	연료사용기기 취급 관련 기술자	열관리산업기사 이상의 기술자 또는 보일러기능사 1명 이상
	고압가스 관련 기술자	가스기능사의 자격을 가진 사람 1명 이상
	위험물취급 관련 기술자	위험물관리기능사 이상의 기술자 1명 이상
주택관리사		주택관리사 1명 이상
시설・장비		5마력 이상의 양수기 1대 이상 절연저항계(누전측정기를 말한다) 1대 이상 사무실[5)]

출처: 주택법 시행령 제68조 제1항 별표 8

간 1일당 3만 원을 부과하되 영업정지 1월은 30일을 기준으로 하며 1천만 원을 초과할 수 없다), 이에 따른 과징금을 기한까지 내지 아니하면 지방세 체납처분의 예에 따라 징수한다(주택법 제54조 제2항 및 같은 조 제3항).

① 거짓이나 그 밖의 부정한 방법으로 등록을 한 경우
② 부정하게 재물 또는 재산상의 이익을 취득하거나 제공한 경우
③ 장기수선충당금을 주택법에 따른 용도 외의 목적으로 사용한 경우
④ 등록기준에 미달하게 된 경우
⑤ 고의 또는 과실로 공동주택을 잘못 관리하여 입주자 및 사용자에게 재산상의 손해를 입힌 경우
⑥ 관리방법 및 업무 내용 등을 위반하여 공동주택을 관리한 경우
⑦ 공동주택관리 실적이 기준에 미달한 경우
⑧ 보고, 자료의 제출, 조사 또는 검사를 거부・방해 또는 기피하거나 거짓으로 보고를 한 경우
⑨ 최근 3년간 2회 이상의 영업정지처분을 받은 자로서 그 정지처분을 받은 기간

3) 주택관리사와 기술자격(「국가기술자격법 시행령」 별표 중 해당 분야의 것을 말한다)은 각각 상시 근무하는 사람을 말하며, 주택법 제57조 제1항 및 「국가기술자격법」에 따라 그 자격이 정지된 사람과 「건설기술진흥법」에 따라 업무정지처분을 받은 기술자는 제외한다.
4) 법인인 경우에는 주택관리업을 영위하기 위한 출자금을 말한다.
5) 「건축법」 및 그 밖의 법령에 적합한 건물이어야 한다.

이 통산하여 12개월을 초과한 경우

⑩ 등록증의 대여 등을 한 경우

한편, 의무관리대상 공동주택을 관리하는 ① 입주자대표회의(자치관리의 경우에 한한다), ② 임대사업자(「임대주택법」 제2조 제4호), ③ 관리업무를 인계하기 전의 사업주체(주택법 제43조 제6항), ④ 주택관리업자 중 어느 하나에 해당하는 자는 주택관리사(주택법 제56조 제2항)를 해당 공동주택의 관리사무소장으로 배치하여야 하고(주택법 제55조 제1항 본문), 관리사무소장의 보조자로서 주택관리사 또는 주택관리사보(이하 "주택관리사등"이라 한다)를 배치할 수 있다(주택법 시행령 제72조 제2항). 다만, 500세대 미만의 공동주택에는 주택관리사를 갈음하여 주택관리사보(주택법 제56조 제1항)를 해당 공동주택의 관리사무소장으로 배치할 수 있다(주택법 제55조 제1항 단서 및 주택법 시행령 제72조 제1항). 이를 위반하여 주택관리사등을 배치하지 아니한 자는 1천만 원 이하의 벌금에 처한다(주택법 제99조 제2호).

(2) 업무

관리주체는 다음의 업무를 행하는바, 필요한 범위안에서 공동주택의 공용부분을 사용할 수 있다(주택법 시행령 제55조 및 주택법 시행규칙 제25조).

① 공동주택의 공용부분의 유지・보수 및 안전관리

② 공동주택단지안의 경비・청소・소독 및 쓰레기수거

③ 관리비 및 사용료의 징수와 공과금 등의 납부대행

④ 장기수선충당금의 징수・적립 및 관리

⑤ 관리규약으로 정한 사항의 집행(서울특별시 관리규약 준칙 제47조 제1항): 공사・용역 등에 대한 입찰관리와 공사감독 및 준공검사, 재해보험 등의 가입, 성범죄 등 신고센터 운영, 관리규약 위반자 또는 질서 문란자에 대한 조치, 입주자등의 제안・건의・민원사항 등의 접수 및 처리현황을 입주자대표회의에 보고, 단지 내 홍보전광판 운영 업무(단, 국가 또는 지방자치단체가 의뢰하는 공공목적의 광고내용을 시간당 표출비율의 100분의 20 이상 표출하여야 한다), 통합정보마당 공개업무, 그 밖에 관리규약에서 정한 사항

⑥ 입주자대표회의에서 의결한 사항의 집행

⑦ 그 밖에 국토교통부령이 정하는 사항: 공동주택관리업무의 공개・홍보 및 공동시설물의 사용방법에 관한 지도・계몽, 입주자등의 공동사용에 제공되고 있는 공동주택단지안의 토지・부대시설 및 복리시설에 대한 무단 점유행위의

방지 및 위반행위시의 조치, 공동주택단지안에서 발생한 안전사고 및 도난사고 등에 대한 대응조치

한편, 관리사무소장은 공동주택을 안전하고 효율적으로 관리하여 공동주택의 입주자 및 사용자의 권익을 보호하기 위하여 다음의 업무를 집행하고, 선량한 관리자의 주의로 그 직무를 수행하여야 한다(주택법 제55조 제2항 내지 같은 조 제4항 및 주택법 시행규칙 제32조).

① 입주자대표회의에서 의결하는 공동주택의 운영·관리·유지·보수·교체·개량 및 리모델링에 관한 업무, 위 업무를 집행하기 위한 관리비·장기수선충당금이나 그 밖의 경비의 청구·수령·지출 및 그 금원을 관리하는 업무(관리사무소장은 입주자대표회의를 대리하여 재판상 또는 재판 외의 행위를 할 수 있음)

② 하자의 발견 및 하자보수의 청구, 장기수선계획의 조정, 시설물 안전관리계획의 수립 및 건축물의 안전점검에 관한 업무. 다만, 비용지출을 수반하는 사항에 대하여는 입주자대표회의의 의결을 거쳐야 함

③ 관리주체의 업무(주택법 제43조 제8항 제3호)를 지휘·총괄

④ 그 밖에 공동주택관리에 관하여 국토교통부령으로 정하는 업무: 주택법 시행령 제55조 제1항 각호(공동주택의 공용부분의 유지·보수 및 안전관리, 공동주택단지안의 경비·청소·소독 및 쓰레기수거, 관리비 및 사용료의 징수와 공과금 등의 납부대행, 장기수선충당금의 징수·적립 및 관리, 관리규약으로 정한 사항의 집행, 입주자대표회의에서 의결한 사항의 집행) 및 주택법 시행규칙 제25조 각호(공동주택관리업무의 공개·홍보 및 공동시설물의 사용방법에 관한 지도·계몽, 입주자등의 공동사용에 제공되고 있는 공동주택단지안의 토지·부대시설 및 복리시설에 대한 무단 점유행위의 방지 및 위반행위시의 조치, 공동주택단지안에서 발생한 안전사고 및 도난사고 등에 대한 대응조치)의 업무를 지휘·총괄하는 업무, 주택법 제49조 제1항의 규정에 의한 안전관리계획의 조정(이 경우 3년마다 조정하되 관리여건상 필요하여 당해 공동주택의 관리사무소장이 입주자대표회의 구성원 과반수의 서면동의를 얻은 경우에는 3년이 경과하기 전에 조정할 수 있음)

주택관리사등의 자격을 취득하지 아니하고 위와 같은 관리사무소장의 업무를 수행한 자 또는 해당 자격이 없는 자에게 이를 수행하게 한 자는 1년 이하의 징역 또는 1천만 원 이하의 벌금에 처한다(주택법 제98조 제9호).

위와 같은 맥락에서, 주택관리업자 및 주택관리사등은 다른 사람에게 자기의 성

명 또는 상호를 사용하여 주택법에서 정한 사업이나 업무를 수행 또는 시공하게 하거나 그 등록증 또는 자격증을 대여하여서는 아니 되고(주택법 제88조), 이를 위반하여 등록증 등의 대여 등을 한 자는 1년 이하의 징역 또는 1천만 원 이하의 벌금에 처한다(주택법 제98조 제11호).

의무관리대상 공동주택의 관리주체는 관리비등의 징수·보관·예치·집행 등 모든 거래 행위에 관하여 장부를 월별로 작성하여 그 증빙서류와 함께 해당 회계연도 종료일부터 5년간 보관하여야 하는바, 이 경우 관리주체는 「전자문서 및 전자거래 기본법」 제2조 제2호에 따른 정보처리시스템을 통하여 장부 및 증거서류를 작성하거나 보관할 수 있다(주택법 제45조의4 제1항).

공동주택의 관리주체는 입주자 및 사용자가 위에 따른 장부나 증빙서류 등의 열람을 요구하거나 자기의 비용으로 복사를 요구하는 때에는 관리규약으로 정하는 바에 따라 다음의 정보는 제외하고 요구에 응하여야 한다(주택법 제45조의4 제2항).

① 「개인정보보호법」 제24조에 따른 고유식별정보 등 개인의 사생활의 비밀 또는 자유를 침해할 우려가 있는 정보

② 의사결정과정 또는 내부검토과정에 있는 사항 등으로서 공개될 경우 업무의 공정한 수행에 현저한 지장을 초래할 우려가 있는 정보

이상과 같이 장부를 작성 또는 보관하지 아니하거나 거짓으로 작성한 자 또는 위 요구에 응하지 아니하거나 거짓으로 응한 자에게는 5백만 원 이하의 과태료를 부과한다(주택법 제101조 제3항 제8호의3).

또한, 관리주체는 다음의 사항을 그 공동주택단지의 인터넷 홈페이지(인터넷 홈페이지가 없는 경우에는 해당 공동주택단지의 관리사무소나 게시판 등을 말한다)에 공개하거나 입주자등에게 개별 통지하여야 하나, 입주자등의 세대별 사용내역 등 사생활 침해의 우려가 있는 것은 공개하지 아니한다(주택법 시행령 제56조).

① 입주자대표회의의 소집 및 그 회의에서 의결한 사항

② 관리비등의 부과내역(관리비와 사용료 등에 대한 항목별 산출내역을 말한다)

③ 관리규약·장기수선계획 및 안전관리계획의 현황

④ 입주자등의 건의사항에 대한 조치결과 등 주요업무의 추진상황

⑤ 동별 대표자의 선출 및 입주자대표회의의 구성원에 관한 사항

⑥ 관리주체 및 관리기구의 조직에 관한 사항

(3) 의무 및 책임

주택관리업자(법인인 경우에는 그 대표자를 말한다)와 관리사무소장으로 배치받은 주택관리사등은 시·도지사로부터 주택관리에 관한 교육을 받아야 한다. 이 경우 관리사무소장으로 배치받으려는 주택관리사등은 주택관리에 관한 교육을 받을 수 있고, 그 교육을 받은 경우에는 관리사무소장의 교육 의무를 이행한 것으로 본다(주택법 제58조 제1항).

또한, 관리사무소장으로 배치받으려는 주택관리사등이 배치예정일부터 직전 5년 이내에 관리사무소장·공동주택관리기구의 직원 또는 주택관리업자의 임직원으로서 종사한 경력이 없는 경우에는 시·도지사가 실시하는 관리사무소장의 직무에 관한 보수교육을 이수하여야 관리사무소장으로 배치받을 수 있다. 이 경우 관리사무소장의 직무에 관한 보수교육을 이수하고 관리사무소장으로 배치받은 주택관리사등에 대하여는 위 관리사무소장의 교육의무를 이행한 것으로 본다(주택법 제58조 제2항).

공동주택의 관리사무소장으로 배치받아 근무 중인 주택관리사는 위 교육을 받은 후 3년마다 국토교통부령으로 정하는 바에 따라 주택관리에 관한 교육을 받아야 한다(주택법 제58조 제3항).

이상과 같은 교육을 받지 아니한 자에게는 5백만 원 이하의 과태료를 부과한다(주택법 제101조 제3항 제15호).

한편, 주택관리사등은 관리사무소장의 업무를 집행하면서 고의 또는 과실로 입주자에게 재산상의 손해를 입힌 경우에는 그 손해를 배상할 책임이 있고, 이를 보장하기 위하여 500세대 미만의 공동주택의 경우 3천만 원을, 500세대 이상의 공동주택의 경우 5천만 원을 보장하는 보증보험 또는 공제(주택법 제81조의2)에 가입하거나 공탁을 하여야 하며, 위 보증보험 또는 공제에 가입하거나 공탁을 한 후 해당 공동주택의 관리사무소장으로 배치된 날에 ① 입주자대표회의를 대표하는 자, ② 임대사업자(「임대주택법」 제2조 제4호), ③ 입주자대표회의가 없는 경우에는 시장·군수·구청장 중 어느 하나에 해당하는 자에게 보증보험 등에 가입한 사실을 입증하는 서류를 제출하여야 한다(주택법 제55조의2 및 주택법 시행령 제72조의2 제1항). 이에 따른 보증보험 등에 가입한 사실을 입증하는 서류를 제출하지 아니한 자에게는 5백만 원 이하의 과태료를 부과한다(주택법 제101조 제3항 제14호의2).

또한, 공동주택의 관리와 관련하여 관리주체는 부정하게 재물 또는 재산상의 이익을 취득하거나 제공하여서는 아니 되고(주택법 제43조의4 제1항 제2호), 이를 위반하여 부정하게 재물 또는 재산상의 이익을 취득하거나 제공한 자는 2년 이하의 징역 또는 2천만 원 이하의 벌금에 처한다(주택법 제97조 제13호의2).[6)]

2. 공동주택관리관계자의 계약관계

공동주택의 관리방법은 크게 자치관리와 위탁관리로 나눌 수 있는바, 자치관리의 경우 입주자대표회의와 관리사무소장 사이의 근로계약이, 위탁관리의 경우 입주자대표회의와 주택관리업자 사이의 위·수탁 관리계약 및 주택관리업자와 관리사무소장 사이의 근로계약이 각 존재하게 된다.

1) 관리계약

위탁관리의 경우 입주자대표회의와 주택관리업자 사이에 위·수탁 관리계약을 체결하는바, 입주자대표회의는 공동주택의 관리를 위탁할 주택관리업자를 선정하려는 경우 다음의 기준을 따라야 하고(주택법 제43조 제7항), 이를 위반하여 주택관리업자를 선정한 자에게는 5백만 원 이하의 과태료를 부과한다(주택법 제101조 제3항 제7호의2).[7)]

① 「전자문서 및 전자거래 기본법」 제2조 제2호에 따른 정보처리시스템을 통하여 선정(이하 "전자입찰방식"이라 한다)할 것. 다만, 선정방법 등이 전자입찰방식을 적용하기 곤란한 경우로서 국토교통부장관이 정하여 고시하는 경우에는 전자입찰방식으로 선정하지 아니할 수 있음

② 그 밖에 입찰의 방법 등을 따를 것

위에 따라 선정된 주택관리업자의 지위에 관하여 주택법에 규정이 있는 것 외에는 「민법」 중 위임에 관한 규정이 준용되는바(주택법 제53조 제4항), 주택관리업자는 선량한 관리자의 주의로 업무를 하여야 하고(「민법」 제681조), 입주자대표회의의 승낙이나 부득이한 사유 없이 제3자로 하여금 업무를 하게 하지 못한다(「민법」 제682조 제1항). 또한, 위·수탁 관리계약은 각 당사자인 입주자대표회의 또는 주택관리업자가 언제든지 해지할 수 있으나 당사자 일방이 부득이한 사유 없이 상대방의 불리한 시기에 계약을 해지한 때에는 그 손해를 배상하여야 하고(「민법」 제689조), 계약 종료의 경우에 급박한 사정이 있는 때에는 주택관리업자는 그 업무를 계속하여야 하는바 이 경우

6) 각주 2)와 동일한 내용이 적용된다.
7) 다만, 전자입찰방식의 의무화에 관한 부분의 시행일은 2015. 1. 1.이다.

에는 계약의 존속과 동일한 효력이 있다(「민법」 제691조).

한편, 입주자대표회의는 주택관리업자가 공동주택을 관리하는 경우에는 주택관리업자의 직원인사·노무관리 등의 업무수행에 부당하게 간섭하여서는 아니 되는바(주택법 시행령 제51조 제5항), 입주자대표회의가 이를 위반하여 주택관리업자의 직원인사·노무관리 등의 업무수행에 부당하게 간섭한 경우 입주자대표회의가 사용자 배상책임을 진다(서울특별시 관리규약 준칙 별첨 1 공동주택 위·수탁 관리계약서 제9조 제2항).

2) 근로계약

앞서 본 위·수탁 관리계약이 공동주택의 관리방법 중 위탁관리의 경우에 한하여 존재한다면, 근로계약은 위탁관리의 경우뿐만 아니라 자치관리의 경우에도 존재한다. 즉, 자치관리의 경우 입주자대표회의가, 위탁관리의 경우 주택관리업자가 각 사용자의 입장에서, 근로자의 입장인 관리사무소장과 각 근로계약을 체결하게 된다.

위 관리사무소장과 같은 근로자를 보호하기 위한 조치의 일환으로서, 「아파트 종사근로자의 근로조건 보호에 관한 지침」이 존재한다(서울특별시, 2008).

이에 따르면, 공동주택의 관리방법을 자치관리에서 위탁관리 또는 위탁관리에서 자치관리로 변경하는 경우, 업무의 동질성이 유지되고 근로자의 인수를 배제하는 특약이 없는 한 영업의 양수·양도로 보아 고용이 승계된다는 것이 기본원칙이다.

한편, 주택관리업자를 변경하는 경우, 주택관리업자가 입주자대표회의로부터 독립하여 근로자에 대한 인사·노무관리의 전권을 행사하는 경우(판단기준: ① 주택관리업자가 관리업무 종사자의 채용·해임·승진·배치전환·징계 등 인사 조치에 관하여 전권을 행사하는 경우, ② 주택관리업자가 매월 관리비등의 징수·사용·보관 및 예치에 관하여 전권을 행사하는 경우)에는 고용승계에 관한 별도의 약정이 없는 한 원칙적으로 고용승계 의무가 없다.

반면, 주택관리업자가 근로자인 관리사무소장에 대해 근로계약 체결 등 형식적 사용자의 지위를 가질 뿐, 입주자대표회의가 사실상의 사용자로서 근로자의 인사·노무관리에 직접 관여하는 경우(판단기준: ① 관리업무 종사자에게 정기적으로 지급되는 임금·퇴직금 등의 지급·결정에 있어서 최종 결재권을 행사하는 경우, ② 입주자대표회의가 관리업무 종사자의 채용·해임·승진·배치전환·징계 등 인사 조치와 관련하여 주택관리업자에게 지시하거나 최종적으로 결재하는 경우, ③ 입주자대표회의가 외형상 위탁관리 방식을 취하면서도 관리업무 전반에 사실상의 집행권을 행사하는 경우)에는 입주자대표회의가 사용자로서의 지위를 가지므로 특별한 사유가 없는 한 고용은 유지되어야 할 것이라고 본다.

Ⅱ 관계성 관련 주요 제도

1. 현행 제도: 위원회

1) 공동주택관리 분쟁조정위원회(주택법 제52조 및 주택법 시행령 제67조)

공동주택의 입주자·사용자·관리주체·입주자대표회의 또는 리모델링주택조합에 해당하는 자 간의 분쟁을 조정하기 위하여 시·군·구에 공동주택관리 분쟁조정위원회(이하 "분쟁조정위원회"라 한다)를 두고, 분쟁조정위원회에서는 다음의 사항을 심의·조정하는바, 공동주택의 입주자·사용자·관리주체·입주자대표회의 또는 리모델링주택조합에 해당하는 자는 심의·조정사항에 대하여 국토교통부장관이 지정하여 고시하는 기관 또는 단체 등의 상담을 받거나 자문할 수 있다(주택법 제52조의2). 분쟁조정위원회의 회의·운영과 그 밖에 필요한 사항은 해당 시·군·구의 조례로 정한다.

① 입주자대표회의의 구성·운영 및 동별 대표자의 자격·선임·해임·임기에 관한 사항
② 자치관리기구의 구성·운영 등에 관한 사항
③ 관리비등의 징수·사용 등에 관한 사항
④ 공동주택(공용부분만 해당한다)의 유지·보수·개량 등에 관한 사항
⑤ 공동주택의 리모델링에 관한 사항
⑥ 공동주택의 층간소음에 관한 사항
⑦ 그 밖에 공동주택의 관리와 관련하여 분쟁의 조정이 필요하다고 지방자치단체의 조례로 정한 사항

분쟁조정위원회는 위원장 1명을 포함하여 10명 이내의 위원으로 구성하되, 위원은 ① 해당 지방자치단체 소속 공무원, ② 법학·경제학·부동산학 등 주택분야와 관련된 학문을 전공한 사람으로서 대학이나 공인된 연구기관에서 조교수 이상 또는 이에 상당하는 직(職)에 있거나 있었던 사람, ③ 변호사·공인회계사·세무사·건축사·공인노무사의 자격이 있는 사람 또는 판사·검사, ④ 주택관리사로서 공동주택의

관리사무소장으로 5년 이상 근무한 경력이 있는 사람, ⑤ 그 밖에 주택관리 분야에 관한 학식과 경험을 갖춘 사람 중 어느 하나에 해당하는 사람으로서 해당 지방자치단체의 장이 위촉 또는 임명하는 사람이 되고, 위원장은 위원 중에서 해당 지방자치단체의 장이 지명하는 사람이 되며, 공무원이 아닌 위원의 임기는 3년으로 한다.

공동주택의 입주자·사용자·관리주체·입주자대표회의 또는 리모델링주택조합에 해당하는 자가 분쟁조정위원회의 조정결과를 수락한 경우에는 당사자 간에 조정조서(調停調書)와 같은 내용의 합의가 성립된 것으로 본다.

2) 층간소음 조정위원회(주택법 제44조의2 및 서울특별시 관리규약 준칙 제51조)

공동주택의 입주자등은 공동주택에서 뛰거나 걷는 동작에서 발생하는 소음 등 층간소음으로 인하여 다른 입주자등에게 피해를 주지 아니하도록 노력하여야 한다.

층간소음으로 피해를 입은 입주자등은 관리주체에게 층간소음 발생 사실을 알리고, 관리주체가 층간소음 피해를 끼친 해당 입주자등에게 층간소음 발생의 중단이나 차음조치를 권고하도록 요청할 수 있으며, 이 경우 관리주체는 사실관계 확인을 위하여 필요한 조사를 할 수 있다. 층간소음 피해를 끼친 입주자등은 위 관리주체의 권고에 따라 층간소음 발생을 중단하는 등 협조하여야 한다.

이상과 같은 관리주체의 조치에도 불구하고 층간소음 발생이 계속될 경우에는 층간소음 피해를 입은 입주자등은 앞서 본 분쟁조정위원회나 「환경분쟁조정법」 제4조에 따른 환경분쟁조정위원회에 조정을 신청할 수 있는바, 환경분쟁위원회의 경우 그 조정은 당사자가 임의로 처분할 수 없는 사항에 관한 것이 아닌 한 재판상 화해와 동일한 효력이 있다(「환경분쟁조정법」 제33조 제2항).

한편, 입주자등은 필요한 경우 층간소음에 따른 분쟁의 예방, 조정, 교육 등을 위하여 자치적인 조직을 구성하여 운영할 수 있는바, 이사 중 1인, 관리사무소장, 입주자등 중에서 학식과 경험이 있고 덕망을 갖춘 자 1인을 위촉(위촉권자는 입주자대표회의 회장)하여 층간소음 조정위원회를 구성하여 조정할 수 있고, 입주자등은 층간소음 조정위원회의 결정내용에 협조하여야 한다.

2. 향후 제도: 현행 제도의 미비성 보완

공동주택관리관계자 간의 상호 조화로운 관계성 구현을 위하여, 현행 제도의 실효성을 강화해나가는 것이 선행적으로 중요하겠지만, 나아가 향후 제도는 현행 제도의 미비성을 보완해나가는 방향으로 그 방안 모색이 필요하다고 본다. 특히 공동주택관리관계자의 경우 앞서 본 바와 같이 그 역할관계가 의결기구와 집행기구로 이원화된 구조를 취하고 있는 점을 감안할 때, 상호 견제와 균형을 통해 각자의 역량을 최대화하면서도 시너지효과를 극대화할 수 있는 방안을 점진적으로 모색해나가는 것이 유익하리라 본다.

1) 공동주택관리관계자 각자의 역량 강화 방안

(1) 의결기구로서의 입주자대표회의의 역량 강화 방안

의결기구로서의 입주자대표회의는, 입주자등을 대표하여 입주자등과 밀접한 관리업무 관련 각종 사항들에 관한 의결을 한다는 점에서, 의결사항, 관리업무, 공동체 의식 등에 관하여 막중한 책임감을 갖고 그 역량 강화를 부단히 해나가려는 노력이 요구된다.

구체적으로 살펴보면, 입주자대표회의의 운영교육의 내실화를 통해 교육의 실질적인 효과를 도모하는 것이 중요하다. 과거 입주자대표회의의 운영교육은 주택법상 임의규정으로 되어 있었으나 앞서 본 바와 같이 현재 강행규정으로 된바, 개정취지의 기저에는 교육의 의무화를 통하여 입주자대표회의의 구성원의 역량을 강화해나가겠다는 의미가 내포되어 있으므로, 그 취지에 부합할 수 있도록 교육의 내실화에 중점을 두어야 할 것이다. 특히 교육 내용으로서, 관리비등의 산정방법, 관리 현황의 공개방법 및 관리업무의 전산화 등 기존에 규정되어 있던 사항 외에 공동주택단지 공동체의 활성화에 관한 사항, 입주자대표회의의 구성원의 직무·소양 및 윤리에 관한 사항 등이 추가된 점을 감안하여, 공동체를 대표하는 입주자대표회의의 구성원의 사명감과 윤리의식의 강화에 각별히 관심을 기울여야 할 것이다.

위와 같은 교육의 내실화와 더불어, 입주자대표회의의 업무 관련 매뉴얼을 점진적으로 마련해나갈 필요가 있다. 국토교통부에서는 2013. 10. 아파트 관리제도 개선대책의 일환으로 입주자대표회의 감사 업무매뉴얼을 마련하여 배포한바, 입주자대표회의의 관리업무 관련 각종 의결사항 중 매뉴얼 마련이 시급한 사항을 중심으로 매뉴얼 마련을 확대해나간다면, 입주자대표회의 구성원의 역량 강화에 상당히 유용한 토대가 될 수 있으리라 생각한다.

(2) 집행기구로서의 관리주체의 역량 강화 방안

집행기구로서의 관리주체는, 입주자대표회의에서 의결한 사항을 전문적으로 집행한다는 점에서, 전문적인 역량 강화를 위해 지속적인 노력을 해나가야 할 필요가 있다.

구체적으로 살펴보면, 관리주체 중에서도 특히 관리사무소장의 경우 주택관리사보 자격시험에 합격한 자격자인 점을 고려할 때, 전문적인 역량 강화를 실질화하기 위한 기본 전제로서 타 자격자의 경우와 같이 고유의 자격자법인 '주택관리사법'을 제정하고, 나아가 의무관리대상 공동주택의 관리사무소장으로 배치된 주택관리사의 경우 대한주택관리사협회에의 가입을 의무화하여 전문성을 보다 내실 있게 만들어갈 수 있는 기반을 조성하는 것이 필요하다고 본다.[8)]

나아가 입주자대표회의의 역량 강화 방안과 유사한 맥락에서, 교육의 내실화 및 표준적인 업무 매뉴얼의 마련이 요구된다(강혜경 외 6인, 2003). 앞서 이미 살펴본 바와 같이 주택관리업자 등의 교육과 관련하여 공동주택의 관리사무소장으로 배치받아 근무 중인 주택관리사의 경우 3년마다 주택관리에 관한 교육을 받아야 한다는 규정이 신설된바(주택법 제58조 제3항), 그 취지 역시 전문성 강화의 의미가 담겨있다는 점에서, 관리사무소장의 주요 업무별로 세분화된 전문교육을 실시하고 이에 상응하는 관련 표준 업무매뉴얼을 마련해나감으로써, 지속적으로 관리주체의 전문성을 제고해나갈 수 있는 실질적인 기반을 구축해야 할 것이다.

2) 공동주택관리관계자 간의 상호 조화로운 관계성 강화 방안

앞서 본 공동주택관리관계자 각자의 역량 강화 방안이 현실화된다 하더라도, 각자의 역량 발현을 가로막는 구조적인 장애 요인들이 존재한다면 각자의 역량 발현의 실질화 및 상호 조화로운 관계성 구현은 한계에 직면할 수밖에 없다. 따라서 궁극적으로 공동주택관리관계자 간의 상호 조화로운 관계성 구현을 최대화하기 위해서는 구

8) 타 자격자의 경우 고유의 자격자법이 존재하고 개업, 업무 등과 관련해 일정한 경우 각 자격자단체에 자격자의 가입을 의무화하는 규정이 존재하는 경우가 있다[「변호사법」 제7조 제1항(변호사로서 개업을 하려면 대한변호사협회에 등록을 하여야 한다), 「약사법」 제11조 제3항(약사회가 설립되면 약사는 당연히 그 회원이 된다), 「약사법」 제12조 제3항(한약사회가 설립되면 한약사는 당연히 그 회원이 된다), 「법무사법」 제7조(법무사자격이 있는 자가 법무사로서 업무를 하려면 대법원규칙으로 정하는 연수교육을 마친 후 대한법무사협회에 등록을 하여야 한다), 「공인회계사법」 제42조(공인회계사법 제7조 제1항 또는 제24조 제1항의 규정에 의하여 등록한 공인회계사 및 회계법인은 공인회계사회에 입회하여야 한다), 「세무사법」 제18조 제2항(한국세무사회는 법인으로 하며, 세무사는 그 회원이 되어야 한다), 「공인노무사법」 제24조의2 제1항(개업노무사는 공인노무사회에 가입하여야 한다) 등].

조적인 장애 요인들을 최소화하는 것이 요구된다.

우선, 주택의 관리 관련 주요 규정은 주택법상 하나의 장으로 속해 있는바, 주택관리에 관한 사회적인 요구 및 중요성에 맞추어 산재하고 있는 주택관리 관련 규정을 통일적으로 규율하기 위한 독립적인 법이 제정될 필요가 있다(중앙대학교산학협력단, 2009).

다음으로, 공동주택관리관계자 간의 타당한 관계 정립이 필요하다. 의결기구로서의 입주자대표회의와 집행기구로서의 관리주체 간의 견제와 균형을 통한 조화의 실질화를 위해서는 상하관계가 아닌 대등관계로서의 각자의 업무 수행 및 상호작용이 이루어져야 한다. 가령, 객관적이고 보편적인 평가기준을 마련하여 부당해고, 부당입찰참가제한 등의 문제점을 예방하거나(곽도 외 1인, 2008), 위탁관리의 경우 국토교통부장관이 공동주택 위·수탁관리표준계약서를 정하여 보급할 수 있도록 함으로써 공정한 계약이 체결되는 방안 등을 고려할 필요가 있다.

마지막으로, 공동주택관리관계자 간에 발생할 수 있는 각종 문제에 대한 사전적, 사후적 측면에서의 대응 방안 지원과 관련하여, 정기적으로 공동주택관리실태조사를 실시하고, 주택법 제52조의2상의 공동주택관리분쟁의 상담 또는 자문을 지원하는 기관, 단체 등을 적극 활용할 필요가 있다(국토해양부, 2008).

Ⅲ 결 론

이상에서 살펴본 바와 같이, 공동주택관리관계자는 크게 의결기구인 입주자대표회의와 집행기구인 관리주체로 형식적으로는 그 관계가 이원화된 구조를 취하고 있으나, 실질적으로는 보다 나은 공동주택관리를 위해 상호 견제와 균형을 통한 조화를 이루어나가야 할 매우 밀접한 관계에 놓여있다.

따라서 공동주택관리관계자는 상호 신뢰를 토대로 공동주택관리에 관한 입주자의 지속적인 관심을 이끌어내고, 상호 조화를 통하여 공동체 문화를 조성해나가며, 궁극적으로는 이러한 상호작용을 함으로써 공동주택이 공존주택으로서 행복한 터전이 될 수 있도록 꾸준한 노력을 해나가야 할 것이다.

참 고 문 헌

강혜경 · 계선자 · 김경숙 · 임정빈 · 이강희 · 최덕경 · 최동숙, 『공동주택관리론』, 도서출판 신정, 2003.

곽도 · 은난순, 『주택관리사의 근무환경 및 처우개선을 위한 기초 연구』, 2008.

국토해양부, 『공동주택 관리체계 발전방안 연구』, 2008.

서울특별시, 『알기 쉬운 아파트 관리』, 2008.

중앙대학교산학협력단, 『21세기 전문화 지향 공동주택관리 장단기 정책 개선 방안』, 2009

edc.me.go.kr

www.k-apt.go.kr

www.moleg.go.kr

www.molit.go.kr

www.scourt.go.kr

www.seoul.go.kr

제 5 장

관리형태와 방식: 자치관리와 위탁관리

김정인(한국주택관리연구원)

I 공동주택 관리의 특성

주택관리의 궁극적인 목적은 건물의 적절한 유지를 통하여 안전성을 확보하고 수명을 연장시키는 것이다. 건물의 안전성 확보는 주택관리의 주된 목적이기도 하지만 주택 거주자의 안전과 직결되기에 특히 중요하다. 주택의 대량공급을 실현하기 위하여 집적화된 공동주택은 경제성과 공공성에 가치를 두기 때문에 성공적인 관리를 위해서 공동주택이 가지고 있는 특성을 인지할 필요가 있다.

1. 전문성

공동주택은 각 세대의 소유자가 개별 소유하고 있는 사유재산이다. 법규정에서는 입주자대표회의에 의해서 관리의 중요한 사안이 결정되지만 궁극적으로는 입주자 전원이 참여하여야 하는 공동의 책임이 내재되어 있다. 공동주택의 주거형태는 단독주택과는 달리 다수의 거주자가 존재하기 때문에 공용부분의 유지관리와 운영관리 시에 합의를 도출하여야 하고 의사결정을 위한 전문적인 회의기법을 필요로 한다. 또한 공동주택 관리에는 건물의 유지, 보수에 필요한 설비면의 건축지식, 관리조합의 운영에 필요한 법률지식까지 다방면에서의 전문성이 요구된다. 입주자대표회의는 업무수행면에서 전문성을 가지고 있다고 할 수 없기 때문에 관리업무를 의결할 때에 어떻게 진행하여야 하는지, 정말 필요한 관리사안이 상정되었는지를 판단하기는 쉽지 않다. 이렇듯 공동주택 관리에는 전문적인 지식이 필요하기 때문에 우리나라 주택관리정책은 전문가에 의한 관리를 하도록 하고 있다. 주택관리사 제도와 주택관리업 등록제도가 그것이다.

2. 계획성

공동주택 관리는 계획적으로 추진되어야 한다. 특히 건물을 유지관리할 때에 계획성이 요구되는데 건물의 유지관리는 일상적인 청소, 수리, 수선은 물론 대규모수선에 이르기까지 다양하고 시기에 맞는 적절한 공사를 결정하여야 하기 때문이다. 그러기 위해서 단지의 시설과 설비를 장기적인 관점에서 유지관리 할 장기수선계획이 필요하다.

계획적인 유지관리가 중요한 이유는 건물의 수명을 연장하기 위해서 건축물, 설비의 내용연수와 상태를 파악하여 보수・공사의 시기를 미리 예측하여야 하기 때문이다. 적재적소의 보수・공사는 거주자의 안전을 담보할 뿐만 아니라 불필요한 비용을 최소화하여 거주자의 재산을 보호한다.

나아가 유지관리에 소요되는 비용 또한 계획적으로 징수하여야 한다. 유지관리 업무를 수행하는 관리조직 운영을 위한 비용, 일상의 청소 혹은 관리업무 위탁비용이 소요되지만 그 외에 장기수선계획을 바탕으로 장래의 대규모수선을 실시할 때에 필요한 비용을 적립할 필요가 있다.

장기수선계획, 장기수선충당금, 관리비용과 관련한 업무는 기술분야, 회계분야 등에서 전문성이 필요한 부분으로 입주자대표회의가 독자적으로 수행하기에 일반적으로 어려움이 따른다. 따라서 외부에서 가이드라인, 매뉴얼 관련정보를 적절하게 제공할 필요가 있다.

3. 개별성

공동주택은 하나의 건물 안에 여러 세대가 천장과 벽, 바닥을 공유하고 있고 다수의 거주자가 존재한다. 거주자는 각기 다른 라이프스타일을 영위하고 있고 공용부분의 사용이나 관리에 대한 다양한 민원을 제기하게 된다.

뿐만 아니라 공동주택은 지역, 경과년수, 총세대수 등 건물이 가지는 특성이 다르고 관리형태, 관리방식, 관리규약의 내용 또한 다르기에 관리에 있어서 개별성을 가진다. 공동주택의 유지와 관리를 위해서는 입주자의 대표를 선발하여 공통의 의견을 도출할 필요가 있는데 시설물을 유지하기 위해서 어떤 계획을 세우고 보수공사를 진행할 것인가, 유지보수에 소요되는 비용의 부담을 어떻게 할 것인가, 공동주택의 공용부분을 사용하는 데에 필요한 규칙은 어떻게 정할 것인가 등 관리에 관한 개별사안에 대한 의결을 통하여 유지 · 관리를 실시하는 것이 필요하다.

이와 같이 공동주택의 공동생활, 관리 시에 발생하는 문제점은 공동주택 단지별로 다르며 그 문제를 해결하기 위한 대응책도 개별적이지 않으면 안 된다. 따라서 개별성을 가지는 공동주택 관리문제에 대해서 획일적인 제도에 의해 대응하는 것이 아니라 그 공동주택이 가지고 있는 데이터, 특성, 관리현황 등에 기초하여 적절한 대응을 하지 않으면 안 된다.

Ⅱ 우리나라의 공동주택 관리형태

우리나라 공동주택의 관리는 대부분 주택법령에서 정하는 대로 이루어진다. 주택법령에서는 공동주택 관리를 의결과 집행이라는 두 축의 업무수행 주체를 두는 것을 기본으로 하고 있다. 입주자의 대표를 선출하여 관리사안을 의결하는 것과 주택관리사라는 전문자격자를 중심으로 하는 관리주체에 의하여 의결사안을 집행하는 형태이다.

이는 다른 나라에서 소유자 전체로 구성되는 조직이 관리의 책임을 지는 것과는 달리 소유자로 구성된 입주자의 대표를 선출하는 대의제를 채택했다는 점과 전문가를 단지에 상주시켜 전문적인 관리를 실현하고자 했다는 점에서 특징적이다. 건물의 유지와 유지를 위한 운영 전반을 법령에서 규정하고 있다는 점도 단지당 평균 세대수가 500세대를 넘는 우리나라의 특성이 반영되었다고 볼 수 있다.

1. 입주자대표회의

공동주택 관리의 의결과 집행이라는 중요한 절차를 수행하기 위해서 입주자대표회의는 '의결'이라는 중요한 임무를 가진다. 입주자대표회의는 관리규약을 통하여 객관적이고 합리적인 방법으로 관리사안을 결정하고 투명하고 효율적인 관리가 가능하도록 운영되어야 한다.

1) 입주자대표회의의 구성

신규공동주택의 입주 예정자의 과반수가 입주하게 되면 사업주체가 입주자대표회의를 구성하라는 취지의 통지를 함으로써 입주자대표회의를 구성하게 된다. 관리의 책임이 입주자대표회의가 구성되기 전까지 사업주체에 있었던 것이 입주자대표회의의 책임으로 바뀌는 것이다.

입주자대표회의는 공동주택 단지 내에서 동별로 선출된 대표자인 동별 대표자로 구성한다. 동별 대표자의 자격은 입주자대표회의를 최초로 구성하는 때를 제외하고는 6개월 이상 거주한 입주자만이 자격이 있다. 이렇게 구성된 입주자대표회의 중에서 회장 1인, 회장을 포함한 3인 이상의 이사, 1인 이상의 감사를 선출하여 최소 4명 이상으로 임원단을 구성한다. 동별 세대수를 기준으로 하여 동별 대표자수를 정하여 산출하며 기타 자격, 임기 등에 관해서 관리규약에 명시한다. 동별 대표자가 선출되지 않더라도 관리규약에 명시된 동대표 정원의 과반수가 선출되면 의결정족수를 갖춘 것으로 본다.

입주자대표회의를 구성하는 동별 대표자는 해당 동의 입주자를 대표해서 공동주택의 유지와 관리를 위한 중요한 사안을 결정하기 때문에 단지를 위해서 힘써줄 인재를 선발할 필요가 있다. 동별 대표자의 민주적이고 공정한 선출을 위하여 공등주택 단지별로 선거관리위원회를 구성해야 한다. 특히 세대수가 500세대 이상인 대규모 공동주택 단지에서는 입주자대표회의 회장과 감사를 전체 입주자가 직접 투표하여 선출한다. 입주자대표회의 동별 대표자의 임기는 2년으로 1회만 연임이 가능하도록 하여 복수연임을 방지하고 있는데 이것은 입주자대표회의는 공동주택의 관리 사안을 결정하는 역할을 하지만 동일한 구성원이 오랫동안 집권할 경우 관리비의 부적절한 사용, 용역업체와의 고착 등과 같은 부정적인 결과를 초래할 수도 있기 때문이다.

2) 입주자대표회의의 권한과 의무

입주자대표회의의 최초 임무는 관리방법을 결정하여 관리주체를 선임하는 것이다. 관리방법을 결정한 후에는 입주자대표회의와 관리주체의 책임에 의한 관리가 본격적으로 시작하게 되며 그 중 입주자대표회의가 수행하는 중요한 업무는 관리운영상의 중요한 제반사항을 결정하는 것이다. 일반적으로 입주자대표회의 구성원의 과반수 찬성으로 의결을 하며 의결내용은 크게 관리규약 개정, 관리비등 예산수립과 결산, 공용부분의 보수, 장기수선계획 조정 및 안전관리계획의 수립 등으로 나누어 볼 수 있다.

(1) 관리규약의 개정

관리규약은 공동주택단지의 관리와 생활에 필요한 법률이라고 할 수 있다. 공동주택에서 관리규약이 중요한 위치를 점하는 이유는 다수의 거주자가 공동체 생활을 하기 위해서 공용부분의 사용, 공동의 생활 등에 대한 기본적인 규칙이 필요하기 때문이다. 관리규약은 관리와 관련한 중요사항을 결정하는데 필요한 요건들을 명문화한 것으로 입주자의 관리와 의무, 입주자대표회의의 운영방법, 관리사항을 민주적으로 결정하도록 하는 의결방법, 관리주체의 업무 및 책임, 관리 및 기타 용역계약에 관한 사항, 관리비산정, 사용절차 및 회계처리에 관한 사항 등 해당 공동주택단지를 관리하는 데에 필요한 기본적인 절차와 방법 등에 대해 규정하고 있다.

최초의 관리규약은 사업주체가 제안한 원안에 입주예정자가 동의를 하여 지자체에 신고하는 절차만을 거치기 때문에 입주자대표회의가 구성되기 이전에 이루어진다. 그러나 법률의 개정되었거나 해당 단지의 관리운영 특성상 관리규약의 개정이 필요한 경우에는 입주자대표회의에서 개정안을 제안할 수 있다.

(2) 관리비등의 예산과 결산

공동주택의 유지관리 시에는 건물의 유지비용과 각종 용역비용이 소요되며 유지관리업무를 전문적으로 수행하는 관리주체와 입주자대표회의를 운영하는 데에도 운영비용이 필요하다. 입주자대표회의는 1년간 필요한 예산을 책정하여야 하는데 관리비 예산안은 관리업무를 잘 파악하고 있는 관리주체가 작성하여 입주자대표회의에 제출하면 입주자대표회의에서 이를 심의하고 의결하여 예산안을 확정한다.

회계연도의 종료 후 관리주체는 결산서를 작성하고 입주자대표회의의 승인을 얻어 입주자에게 공지하여야 한다. 관리비등의 사용실적 및 결산에 대하여 300세대 이상인 공동주택의 관리주체는 매년 외부에 의한 회계감사를 받아야 한다. 300세대 미만일지라도 입주자등의 10분의 1의 서명이 있거나 입주자대표회의에서 의결한 경우에는 외부기관에 의한 회계감사를 받아야 한다.

(3) 유지관리 사항의 의결

공용부분에 하자가 발생하면 신속하게 보수해야 한다. 건물이 노후화되면 공용부분의 하자는 더욱 자주발생하게 되며 특히 거주자가 자주 오가는 부분에 발생한 하자는 이용상의 불편과 안전사고 방지에 적극적으로 힘써야 한다. 하자보수기간 내 발생한 하자는 적절한 절차를 거쳐서 사업주체가 보수하도록 조치하지만 하자보수기간 이후의 보수나 사업주체의 하자보수에 해당하지 않는 부분의 보수는 비용이 수반되므로 입주자대표회의의 의결을 거쳐 비용 지출의 근거를 마련해야 한다.

특히 입주자대표회의에서 유지관리와 관련하여 중요하게 추진하여야 하는 것 중의 하나는 장기수선계획과 안전관리계획에 대한 결정이다. 장기수선계획은 건축연수가 경과함에 따라 건물의 구조와 설비가 노후화하는 것을 감안하여 중장기적인 수선시기를 예측하고 미리 계획함으로써 효율적으로 건물의 유지관리를 실시할 수 있는 기초자료가 된다. 계획을 세우는 것에 그치지 않고 계획을 실천하는 데에 필요한 비용을 예측하여 미리 적립함으로써 적절한 시기에 수선공사가 가능하도록 한다. 수선공사의 시기를 놓치게 되면 건물의 노후를 촉진할 수 있기 때문에 필요한 시기에 필요한 유지보수를 실시하는 것은 매우 중요하다.

유지관리의 상황에 따라 시설이나 설비의 내용연수가 줄어들거나 늘어나게 되는데 이러한 경우에 생기는 오차를 줄이기 위하여 장기수선계획을 조정할 필요가 있다. 입주자대표회의에서는 관리주체에서 제안한 장기수선계획 조정안을 결정함으로써 보다 계획적이고 전문적인 유지관리를 구현하도록 한다.

마찬가지로 안전관리 분야도 단지의 시설물이나 설비의 안전한 사용을 위하여 점검시기, 방법, 책임소재 등이 반영된 안전관리계획을 마련하고 입주자대표회의에서 승인하여야 한다.

기타 의무로는 입주자 등의 권리보호, 주택관리업자의 권한보호 등이 있다. 공동주택의 관리사항은 동별대표자로 구성된 입주자대표회의가 주체가 되어 결정하지만 관리에 관한 제반사항을 의결할 때는 공동주택의 입주자나 사용자 등 해당 공동주택의 관리에 이해관계를 가진 자의 권리를 보호하여야 할 의무가 있다. 위탁관리의 경우 위탁관리계약을 체결한 주택관리업자가 관리주체로써 책임을 다하게 되는데 관리사무소에 근무하는 관리자와 직원들은 주택관리업자가 고용하고 이들의 직원인사·노무관리 등은 고용주인 주택관리업자의 권한이므로 이에 입주자대표회의가 부당하게 간섭하여서는 안 된다.

3) 입주자대표회의의 운영

입주자대표회의의 관리사안 결정은 회의를 통하여 이루어진다. 입주자대표회의의 회의는 정기회의와 임시회의 두 가지가 있다. 정기회의는 정기적으로 개최되는 회의로 일반적으로 분기에 1번 개최하여 관리업무 수행상 필요한 사항을 중점으로 의결한다. 임시회의는 입주자대표회의의 장이 필요하다고 판단한 경우 임시로 소집하며 관리비예산에 포함되지 않았던 비용을 지출해야 하는 등 관리업무가 원활하게 진행될 수 있도록 긴급한 사안에 대하여 의결한다. 입주자대표회의의 종류 및 회의소집절차 등은 관리규약에 정하여 단지의 상황에 맞게 운영하도록 하여 관리주체의 운영업무나 유지관리업무의 집행에 차질이 없도록 한다.

입주자대표회의의 감사는 주로 관리주체가 수행하는 회계업무를 감사한다. 관리주체는 관리비와 장기수선충당금을 징수하고 매월 사용한 금액을 정산하여 관리비를 청구하는 작업을 한다. 입주자대표회의의 감사는 청소, 경비, 소독 등의 용역대금, 유지보수에 소요된 금액 등을 확인하여 관리비의 청구가 적절하게 이루어졌는지 점검하여야 한다.

4) 입주자대표회의의 교육

입주자대표회의는 공동주택관리에 관련한 중요한 사안을 결정하는 입주자의 대표기구이다. 입주자대표회의는 입주자들을 위해서 봉사하는 조직이고 대표회의의 구성원은 별도의 직업을 가지고 있는 경우가 대부분으로 일반적으로 관리주체가 수행하는 관리운영업무에 직접 관여하지 않는다. 중요한 사안을 결정하는 주체이기는 하지만 반드시 관리운영업무에 익숙하거나 건축, 기술, 회계 등의 세부 업무에 대한 전문성을 확보하였다고 할 수는 없다.

입주자대표회의가 제대로 기능하지 못하여 관리사안의 의결이 제대로 이루어지지 않으면 관리업무의 부실로 이어지는 등 관리운영에 있어서 많은 문제점을 야기하므로 입주자대표회의의 운영에 대한 교육이 필요하다. 2009년부터는 기초자치단체에서 새로 선출된 입주자대표회의를 대상으로 입주자대표회의 운영과 관련한 내용의 교육을 실시할 수 있도록 법적근거가 마련되었다.

이와 더불어 입주자대표회의를 운영하면서 발생할 수 있는 부조리를 사전에 예방하여 입주자의 재산인 관리비를 투명하게 집행할 수 있는 기반을 다련할 필요성이 제기되어 2014년 6월부터는 시군구에 의한 입주자대표회의 운영 및 윤리 교육이 의무화되었다.

교육내용은 공동주택관리규약 및 관리에 필요한 모든 규정의 내용, 관리비·사용료 및 장기수선충당금 등의 산정방법, 관리 현황의 공개방법 및 관리업무의 전산화, 공동체 활성화, 그 밖에 입주자대표회의의 운영에 필요한 사항 등이다.

2. 관리주체의 역할과 의무

관리주체는 실질적인 관리업무를 직접 수행하는 '집행'기관의 역할을 한다. 공동주택의 공급 특성상 입주예정자가 일정 기간을 두고 입주한다. 입주와 동시에 관리사안을 결정하는 입주자대표회의가 즉시 구성되지 않기 때문에 주택법령에서는 입주자대표회의가 구성될 때까지 공동주택을 분양한 사업주체가 관리의 의무를 지도록 하고 있다. 입주예정자의 과반수가 입주하여야 입주자대표회의 구성의 요건이 갖추어지기 때문에 그 전까지는 사업주체가 곧 관리주체이다.

입주자대표회의가 구성되면 비로소 우리나라 공동주택의 관리형태를 갖추게 되는데 관리주체는 관리에 필요한 실질적인 업무를 수행하기 때문에 시설물의 유지 및 안전을 위한 기술적인 측면과 관리 조직운영의 측면, 관리비와 장기수선충당금 등 비용의 운영을 효율적으로 하기 위한 전문성이 요구된다.

1) 유지 및 안전관리

단지 내에 존재하는 시설, 설비를 점검하고 보수하여 장기적으로 사용할 수 있도록 하기 위해서 건물의 구조와 관련된 부분에 하자가 발생하였을 경우 이를 최대한 원상회복할 수 있도록 조치하여야 한다. 그러기 위해서는 건물의 각 부분의 내구연한을 파악함과 동시에 내구연한에 맞게 장기적인 수선계획을 수립하여 필요할 때 실행에 옮기도록 조치할 필요가 있다.

건물의 유지를 위해서는 일상적인 청소, 필요한 부분의 보수, 장기적인 계획에 의거한 대규모 수선이 체계적이고 계획적으로 실시되어야 하며 관리주체는 관련 업무를 파악하고 있어야 한다. 또한 유지보수업무 이외에도 건물의 안전을 유지하기 위하여 시설 및 설비의 점검을 실시하고 생활의 안전을 위하여 경비업무를 실시한다.

한편 건축물이 일정기간을 경과하면 성능과 가치가 저하되기 때문에 건물이 가지는 가치를 유지하고 수명을 연장시키기 위해서 열악해진 시설, 설비를 보수하여 성능을 회복시키는 것이 중요하다. 하지만 진보된 건축기술, 설비 등을 활용한 개량 공사를 통해 본래 건물이 가지고 있던 성능과 기능을 향상시키는 방법도 필요하다. 수선공사를 통해서는 신축건물의 성능에 도달하지 못하므로 경년이 지날수록 기능이 점차 저하되기 마련이지만 개량 공사를 통하여 기능을 향상시키는 것이 향후 건물을 장기적으로 유지할 수 있다는 점에서 관리주체의 판단에 의해 적절한 종류의 공사를 실시하도록 유도하는 것이 필요하다.

2) 관리비 및 장기수선충당금의 운영

건물의 유지 및 관리를 위해서는 비용이 수반되며 관리주체는 필요한 비용을 입주자로부터 징수한다. 단지의 규모가 클수록 관리비의 규모도 커지므로 입주자의 재산을 효율적으로 사용하기 위한 노력을 하여야 하며 회계정보를 입주자에게 공개하기 위한 서류를 작성하여야 한다.

표 5.1 관리비 구성항목(주택법시행령 제58조)

항목	포함사항
일반관리비	관리사무소 직원의 인건비, 관리사무소 운영에 소요되는 사무비용 등
청소비	청소용역비용, 직접 운영 시에는 청소요원의 인건비 · 복리후생비 · 청소용품비 등
경비비	경비용역비용, 직접 운영 시에는 경비요원의 인건비 · 복리후생비 · 청소용품비 등
소독비	소독용역비용, 직접 운영 시에는 용품비용 등
승강기유지비	용역비용, 직접 유지 시에는 제반 부대비용 · 자재비 등
지능형 홈네트워크 설비유지비	용역비용, 직접 유지 시에는 인건비 · 제반 부대비용 등
난방비	난방에 소요되는 연료, 수도비
급탕비	급탕에 소요되는 연료, 수도비
수선유지비	용역금액 또는 인건비 및 자재비, 공용시설의 유지 · 보수 · 검사비용
위탁관리수수료	위탁관리의 경우 주택관리업자에게 지불하는 비용

우리나라의 경우 공동주택의 관리비는 매월 사용한 비용을 정산하여 입주자에게 청구한다. 관리비의 정산은 관리주체의 회계담당자가 법정 관리비 항목에 소요된 비용을 계산하여 단지의 총 면적으로 나누어 제곱미터당 관리비 단가를 산출한다. 산출된 단가를 각 세대의 분양면적으로 곱하여 세대별 관리비가 결정된다. 관리주체가 입주자에게 청구하는 관리비 항목은 총 10가지로 구성되며 주택법에 명시되어 있다([표 5.1]).

한편 관리비와는 별도로 장기수선충당금을 징수하여야 한다. 장기수선계획에 의한 수선공사는 대규모로 이루어지며 한 번의 수선에도 많은 금액을 필요로 하기 때문에 이에 충당할 수 있는 비용을 별도로 매달 적립할 필요가 있다. 비용 산출은 장기수선계획에 근거하여야 한다. 장기수선충당금의 적정 금액을 산출하기 위해서는 무엇보다도 계획기간의 수선비용을 정확하게 예측하여야 한다. 계획기간 내에 필요한 공사를 충분히 예측하지 못하여 장기수선충당금이 현저하게 적을 경우 필요한 시기에 공사를 진행하지 못할 우려가 있기 때문이다. 이러한 오차를 최소화하기 위하여 장기수선계획은 3년마다 재조정하도록 권장하고 있다. 관리주체는 건물의 상태를 정확히 진단하여 계획을 수정하고 필요한 비용이 적립될 수 있도록 조치하여야 한다.

3. 관리전문가의 역할과 의무

우리나라의 공동주택관리는 관리사무소장이 관리자가 되어 관리실무를 집행하며 관리소장은 국가에서 인증하는 주택관리사보, 주택관리사의 자격을 반드시 소지하여야 한다. 분양공동주택이 사적자치에 의해 관리되어야 하지만 전문가에 의한 체계적인 관리를 목표로 하고 있는 것이다.

1) 전문관리자로서의 관리사무소장

공동주택의 관리 목적은 대내적으로 해당 단지내 주거시설의 적절한 유지와 운영을 통하여 입주자의 재산을 보호함과 동시에 입주자의 안전과 쾌적한 생활을 전제로 한다. 뿐만 아니라 공동주택은 우리나라의 주요한 주거형태이기 때문에 관리의 질적 수준이 도시의 환경에 영향을 주는 요소이기도 하여서 단지의 관리가 가지는 대외적인 목적 또한 큰 의미가 있다.

공동주택에는 중요한 관리사항을 의결하는 입주자대표회의와 의결된 관리업무를 집행하는 관리주체 등 두 개의 조직이 있다. 일반적으로 관리주체가 근무하는 관리사무소는 공동주택 관리의 주요업무를 수행하는 조직체로서 실질적으로 관리주체를 대표하는 관리소장은 전문관리자로서 관리실무를 담당하는 관리직원을 총괄한다.

공동주택의 관리자는 입주자대표회의와 관리주체 간의 의사소통을 원활히 하여 관리운영을 하여야 한다. 그렇기 때문에 입주자대표회의 운영과 관리주체의 업무를 포괄할 수 있는 자질과 능력을 가지고 있어야 한다는 점에서 매우 중요한 위치에 있다.

공동주택의 관리자인 관리사무소장은 관리실무를 담당하는 책임자로서 관리주체가 수행하는 업무를 총괄한다. 관리책임자로서의 재량을 가지고 입주자대표회의가 의결한 관리사안을 적절하게 집행하도록 관리주체와 입주자대표회의 간의 원활한 의사소통을 제고하는 데에 중요한 역할을 한다.

[참고] 주택법에서 정하는 관리사무소장의 업무(주택법 제55조)

1. 입주자대표회의에서 의결하는 다음의 업무
   가. 공동주택의 운영・관리・유지・보수・교체・개량 및 리모델링에 관한 업무
   나. 가목의 업무를 집행하기 위한 관리비・장기수선충당금이나 그 밖의 경비의 청구・수령・지출 업무
2. 장기수선계획의 조정, 시설물 안전관리계획의 수립 및 건축물의 안전점검에 관한 업무(비용지출을 수반하는 사항에 대하여는 입주자대표회의의 의결을 거쳐야 함)
3. 안전관리계획의 조정
4. 기타 관리주체의 업무의 총괄 및 지휘

2) 관리자의 선관주의의무

선관주의의무(善管注意義務)란 '선량한 관리자의 주의의무'의 줄임말로 관리자는 선량한 관리자의 주의의무를 다하여 업무를 수행할 필요가 있음을 의미한다. 공동주택의 관리자는 입주자의 재산을 운영하고 관리하도록 선임되었기 때문에 주어진 업무에 대하여 책임감을 가지고 수행함으로써 입주자와의 신뢰관계가 형성될 수 있도록 하여야 한다.

공동주택을 유지하기 위해서는 시설물의 보수, 교체공사를 실시하여야 하므로 공사에 소요되는 비용은 입주자로부터 관리비로 징수한다. 특히 대규모의 수선공사에는 거액의 공사비가 소요되기 때문에 공사업체를 선정하는 과정에서 리베이트(rebate)를

악용한 부조리도 종종 발생한다.

회계운영관리도 마찬가지이다. 입주자들이 매달 납부하는 관리비 등 각종 비용은 관리주체에서 그 내역을 투명하게 하지 않고 전용(轉用)한다면 고스란히 입주자의 재산피해로 이어진다. 이렇듯 공동주택 관리자는 선관주의의무를 다하여 관리업무에 임하는 자세가 무엇보다 필요하다. 입주자와의 신뢰관계가 성립되어 원활한 관리운영업무가 가능하지만 반대로 관리자로서의 책임을 다하지 못하여 결국 입주자와의 신뢰관계를 지속할 수 없다면 더 이상 관리자로서의 역할을 할 수 없게 된다.

선관주의의무를 위반한 관리자는 고의성 여부에 상관없이 입주자에게 끼친 손해를 배상할 책임이 있다. 관리자는 주택법이나 관리규약에 명시된 관리자로서의 업무를 수행할 책임이 있고 업무를 수행하는 과정에서 고의 혹은 과실로 손해가 발생하였을 경우에는 주의의무를 다하지 못하여 손해가 발생한 것으로 간주할 수 있기 때문이다. 그만큼 관리자는 공동주택의 관리운영에 있어서 중요한 위치와 역할을 담당하고 있다.

따라서 관리자는 손해배상을 해야 할 상황에 대비하여 배상책임보험(공제 또는 공탁)에 가입하여야 한다. 주택법에서는 500세대 이상의 공동주택을 관리하는 관리자는 5,000만 원 이상, 500세대 미만의 공동주택을 관리하는 관리자는 3,000만 원 이상의 손해배상금액을 보장하는 보증보험, 공제에 가입하도록 기준을 정하고 있다. 만일의 상황이 발생하였을 경우 배상책임을 다할 수 있도록 한 것이다.

III 관리방법의 결정

1. 관리방법의 종류

공동주택 관리에 착수하기 위해서는 반드시 관리주체를 구성하여야 한다. 공동주택의 관리주체는 공동주택을 유지하는 데에 필요한 관리업무를 집행하는 기구로 의무관리대상의 공동주택은 관리주체에 의하여 관리업무가 실시되어야 한다. 관리주체는 시기와 관리방법에 따라 수행주체가 달라진다. 입주자가 입주자대표회의를 구성하기 이전까지는 사업주체가 관리한다. 그 이후에는 입주자대표회의에서 직접 자치관리기구를 구성하는 자치관리 혹은 주택관리업자에게 업무를 위탁하는 위탁관리 중에서 관리방법을 정하는데 자치관리의 관리주체는 관리사무소장이며 위탁관리의 관리주체는 위탁관리회사이다.

2. 자치관리와 위탁관리

1) 자치관리의 특성

입주자가 공동주택을 자치관리하고자 하는 경우에는 자치관리기구를 구성하여야 한다. 자치관리기구는 자격요건을 갖춘 관리사무소장을 자치관리기구의 대표자로 선임하고 필요한 장비와 인력을 갖추어야 한다. 공동주택에 설치된 다양한 설비의 안전을 담당할 기술자격자와 비상시 대응가능한 최소한의 장비를 두도록 하는 것이다. 그렇기 때문에 자치관리기구는 장비를 구입할 경제적인 여건이 확보되어야 하며 어느정도 관리 노하우가 축적되어 있는 전문인력으로 구성하는 것이 바람직하다,

자치관리의 경우 필요한 전문인력을 단지에서 직접 구성하여 관리운영을 실시하기 때문에 비상상황이 발생하였을 경우 자체적으로 대응하여야 한다. 특히 물 넘침이나 누전 등과 같은 경우는 입주자가 전기나 수도를 사용하지 못해 생활에 직접적인 불편을 주고 심할 경우 안전사고로 이어질 수 있기 때문에 신속하게 대응하여야 한다.

자치관리의 장점은 입주자가 스스로 자치관리기구를 구성하여 관리하게 되므로 입주자의 관리참여가 보다 적극적이고 입주자 간의 화합이 기대된다. 또한 스스로 관리주체를 운영하기 때문에 불필요한 비용의 지출을 최소화 할 수 있으므로 운영비용의 절감을 할 수 있으며 필요에 따라 단지의 상황에 맞게 관리기법을 구상하여 적용할 수 있다.

반면, 자치관리기구를 구성하기 위해서는 기술인력의 선임, 장비구입 등 초기의 비용지출이 많으며 자치관리기구를 감독하는 입주자대표회의는 전문성을 충분히 확보하였다고 할 수 없기 때문에 경영적인 측면에서 관리사무소의 비효율적인 운영이 우려된다. 감독자의 전문성 부족은 지나친 관리비 절감만을 의도하여 자칫 계획적인 유지관리에 소극적일 수 있다.

또한 입주자대표회의의 관심이 저하될 경우 관리주체도 제대로 기능하지 않을 우려가 있다. 관리주체를 감독하는 기관은 입주자대표회의뿐이므로 제3자의 관여에 의한 운영의 투명성을 보장할 수 없다는 단점이 있다.

2) 위탁관리의 특성

입주자대표회의에서 위탁관리 방식을 채택하였을 경우, 주택관리업자를 선정하게 되며 이들 사이에는 위수탁관리계약서를 작성하게 된다. 위수탁관리계약을 체결하면 주택관리업자는 위탁계약을 체결한 공동주택의 현장의 관리주체가 되어 관리운영이 가능한 인력을 배치하고 지도·감독한다.

주택관리업은 공동주택에 적절한 유지·관리서비스를 제공함으로써 쾌적하고 안전한 주거환경을 조성하는 것과 더불어 주택관리사의 고용확대에 기여함으로써 주택관리 산업의 안정을 도모하는 중요한 역할을 하고 있다.

주택관리업을 영위하기 위해서는 주택법령에서 규정하는 자본금, 기술능력, 주택관리사, 장비 등 관리주체의 주택관리업무를 지도·감독하고 필요시 지원할 수 있는 기준을 충족하여 기초자치단체(시장, 군수 또는 구청장)에 등록하여야 한다. 주택관리업의 등록기준은 다음의 [표 5.2]와 같다.

등록 주택관리업자의 수는 매년 꾸준히 증가하고 있는 추세이지만 등록 후 등록요건이 불충분한 상황이 도래했음에도 영업을 계속하여 적발되는 경우도 적지 않다. 주택관리업자의 등록기준이 까다롭지 않아 영세한 업자의 주택관리업 진입이 비교적 용이한 점과 평상시 관리감독이 제대로 이루어지지 않고 있는 점을 지적할 수 있다. 주택관리업자가 증가하면 산업 내에서 건전한 경쟁환경을 조성하여 위수탁관리계약을 체결하고자 하는 입주자대표회의는 보다 수준 높은 서비스를 기대할 수가 있다. 그러나 역량을 갖추지 못한 업자의 증가는 불필요한 가격경쟁, 담합과 같은 불공정거

| 표 5.2 주택관리업의 등록기준(주택법 제53조)

구분		등록기준
자본금		2억원 이상
기술능력	전기분야 기술자	전기산업기사 이상의 기술자 1인 이상
	연료사용기기 취급관련 기술자	열관리산업기사 이상의 기술자 또는 보일러시공·취급기능사 1인 이상
	고압가스관련 기술자	가스기능사의 자격을 가진 자 1인 이상
	위험물취급관련 기술자	위험물 관리기능사 이상의 기술자 1인 이상
주택관리사 등		주택관리사 1인 이상
장비		5마력 이상의 양수기 1대 이상, 절연저항계(누전측정기를 말한다) 1대 이상, 사무실

래 등 오히려 주택관리산업의 기능을 약화시킬 우려도 있다.

위탁관리의 장점은 관리주체의 업무를 전문관리업자에게 위탁함으로써 보다 계획적이고 전문적인 관리가 가능하다는 점이다. 또한 관리업무를 위탁받고 있는 다른 단지의 사례에서 발생하는 문제의 해결능력이나 노하우를 공유하여 효율적인 관리가 가능하고, 장비나 인력을 충분히 보유하고 있다는 점에서 비상시 대응·지원이 가능하다는 것이 장점이다.

반면, 입주자나 입주자대표회의가 관리에 무관심한 경우 위탁관리계약을 체결한 관리업자가 입주자를 배제할 우려가 있다. 입주자가 배제된 관리운영은 입주자와 관리주체 간 갈등으로 확대될 수 있어 효율적인 관리가 어려울 수 있다. 따라서 위탁관리계약을 체결하였다 하더라도 입주자들의 관리에의 관심, 참여를 높이고 비용을 지불하는 만큼 제대로 된 서비스를 받도록 요구함으로써 위탁관리의 장점을 최대한 살리는 것이 필요하다.

IV 관리방식의 적정화 구현

1. 자치관리의 '자치성' 부각

자치관리는 말 그대로 주민의 자치에 의한 관리여야 한다. 그러나 관리의 형태만 가지고 보면 자치관리이건 위탁관리이건 현장에서는 주택관리사를 중심으로 하는 관리조직에 의해 관리업무가 이루어지므로 그 형태는 동일하다.

동일한 관리형태를 가지고 관리주체를 직접 구성하느냐 주택관리업자에 위탁하느냐의 차이에 의해서 관리방식이 결정된다. 결국 관리업무 수행은 관리주체가 담당하므로 자치관리 방식의 단지에서라도 입주자의 주도적이고 자치적인 관리업무를 기대하는 것은 쉽지 않다.

위탁관리 방식에서 자치관리 방식으로 전환 시 관리사무소 직원의 근로승계가 이루어졌을 때 단지운영 방식은 그대로 유지가 되므로 자치관리로 전환한 의미가 그리 크지 않은 것이다. 만약 자치관리가 그저 관리소장을 비롯한 관리사무소 직원에 관리업무를 일임하는 형태에 그치는 폐쇄적인 관리의 행태를 자초하면 자칫 한정된 몇몇 입주자대표의 독단으로 치닫는 우려를 간과할 수 없다.

따라서 주민에 의한 자치의 성격이 부각될 수 있도록 자치관리 방식을 채택하는 단지는 적어도 입주자의 관리에의 관심도와 입주자대표회의의 신뢰성을 담보할 수 있어야 한다. 입주자대표회의의 독단을 방지할 수 있도록 관리 운영상 다양한 방면에서의 견제기능을 고려할 필요가 있다.

2. 위탁관리무용론의 극복

주택관리업체에 의한 위탁관리 방식을 채택하는 이유는 전문적인 관리서비스를 제공받기 위한 것이다. 공동주택의 유지관리가 전문성을 필요로 하고 불특정 다수 거주자의 니즈를 충족시키기 위한 방법론의 노하우가 있기 때문이다.

그러나 우리나라는 주택관리업자의 영세성, 과당경쟁을 통한 부당 이익 창출이 만연해 있어 주택관리 서비스 제공이라는 본연의 역할에는 미치지 못하고 있다는 지적이 있다(이영애 · 김정인, 2012). 주택관리업자를 둘러싼 이러한 불신이 위탁관리무용론을 대두시키고 있는데 현실적으로 단지 현장에서의 관리운영 방식이 자치관리와 위탁관리의 차이를 보이지 않고 주택관리업자는 위탁관리단지 현장에 인력파견을 하는 역할에 그치는 데서 기인한다고 할 수 있다.

이러한 위탁관리무용론은 관리업체의 불신을 야기하지만 그럼에도 불구하고 주택관리업자와 위탁관리계약을 체결하여 관리하는 단지가 압도적으로 많은 이유는 관리업무수행상의 책임이 관리주체에 주어지기 때문이다. 자치관리의 경우 자치관리기구가 관리주체인 반면, 위탁관리의 경우 주택관리업자가 관리주체이기 때문에 문제가 발생했을 경우 주택관리업자에게 문제의 수습책임이 있는 이른바 '보험'적인 성격이 강한 것이다.

그렇다고 주택관리업자가 자신들의 전문적인 노하우를 업무에 반영함으로써 업무수행의 책임을 안고 있는 것은 아니다. 오히려 관리서비스보다는 일부 사회적으로 문제가 제기되었던 유지보수 공사금액의 과다산정, 용역계약을 전제로 하는 리베이트에 초점을 두는 경우도 적지 않다. 즉, 전문성을 토대로 이윤을 창출하기보다는 다른 방면에서 수익을 기대하게 하여 부조리를 저지르는 경우가 발생하는 악순환이 반복된다.

위탁관리무용론을 극복하기 위해서 주택관리업자는 전문적이고 적절한 관리서비스를 제공하고 위탁관리의 가치를 극대화하여야 한다. 신뢰성을 바탕으로 관리계약이 가능하도록 하는 것이다.

3. 전문관리의 구현을 위한 과제들

공동주택의 관리는 다양한 전문분야가 유기적으로 상호작용을 하기 때문에 어느 한 분야에 치우쳐서는 안 되며 각 분야의 균형잡힌 업무 수행을 필요로 한다. 자치관리는 자치관리기구에 의해서 적절하게 전문적인 관리업무를 수행할 수 있어야 하며 자치관리기구의 감사기능을 하는 입주자대표회의 또한 전문성을 키워나가야 할 필요가 있다.

이를 지원하는 방안으로 지자체의 행정시책의 확대를 통하여 자치관리 단지의 입주자대표회의 교육, 상담 기능을 제공하는 것은 자치관리 방식의 단지 관리의 운영 최적화를 위해서 필요할 것이다.

자치관리 단지는 자치의 성격이 크기 때문에 관리업무 수행상의 미흡한 점이 간혹 나타날 수도 있는 한편, 위탁관리의 경우는 단지의 관리소장을 비롯한 관리종사자를 육성하는 주택관리업자의 전문성이나 관리서비스의 개발이 관리업무 성과에 중요한 요소로 작용한다. 때문에 주택관리업자는 전문가로서의 역할을 수행하기 위한 밑바탕이 확보되어야 한다. 그러나 주택관리업자가 이러한 요소들을 갖추지 못하는 것은 업계의 영세성, 과당경쟁, 그로 인한 이윤 확보의 어려움에 있을 것이다. 이로 인해 소비자에게 어필할 서비스 개발이 이루어지지 않고 악순환만 반복될 뿐이다.

주택관리업의 위기를 타파할 수 있는 대응책으로 관련 단체를 통한 업계 행태의 적극적인 개혁이 불가피하다. 관련 단체에서는 업계 전반에서 활용하고 적용할 수 있는 표준적인 지침을 제시하여 업무수행능력과 관리서비스의 수준을 높여야 할 것이다. 동시에 신뢰할 수 있는 전문관리가 가능하도록 주무관청의 관리감독이 강화되어야 한다.

참 고 문 헌

감사원, 『감사결과 처분요구서: 아파트 관리비 부과 및 집행실태』, 2011.

대한주택관리사협회, 『공동주택비리방지를 위한 법제 개선방안 연구』, 국회사무처, 2013.

윤일진, "공동주택관리제도 개선에 관한 연구: 공동주택 관리업체를 중심으로", 중앙대학교 석사학위논문, 2012.

이영애 · 김정인, "공동주택관리상의 문제점과 개선방안에 관한 연구-위탁관리업 종사자의 의견조사를 중심으로-", 『한국주거학회논문집』, 23(2), 2012, pp.79-87.

조선일보, "댁의 아파트 관리비 새고 있지 않나요" 2013.5.

홍형옥 · 은난순 · 유병선 · 김정인, 『주거관리』, KNOU, 2011.

www.law.go.kr

www.molit.go.kr

제 6 장 주택관리사 자격제도와 전문성

은난순(가톨릭대학교)

I 주택관리사 제도의 도입배경

1. 초기 공동주택에서의 생활양식 변화와 관리 부재

공동주택관리에 대한 인식이 뚜렷하게 대두되지 않았던 1970년대 이전의 관리업무는 임시 관리요원에 의한 입주 초 단지 내 질서정리와 기본적인 하자보수업무 정도를 수행하는 것이었고, 입주와 동시에 이들 입주 업무를 맡던 관리요원은 철수하고 입주자들이 알아서 관리를 해야 하는 상황이었다. 우리나라 최초 공동주택단지인 마포아파트(1962년)에서 조차도 관련 법은 물론이고 당시 주택공사의 내부규정에도 공동주택관리에 대한 상세한 규정이 없었기 때문에 공동생활과 공동관리에 서투른 입주자들은 체계적인 관리를 기대하기 어려웠다.

단독주택과는 달리 생활양식에 맞지 않는 구조는 일상생활의 불편함을 주었는데, 당시 기사에 의하면 입주자들이 원하는 공유시설로 세탁장과 건조장 등이 제시되기도 하였다. 또한 입주자들이 임의로 내부구조를 변경하거나 주택 내에서 가축을 기르고 고성방가로 이웃에 피해를 주는 행위 등이 발생하더라고 이에 대한 기준이 없어 불만의 요인이 되었고, 수직으로 올린 공동주택에서의 이웃 간 공동생활과 시설 및 주변환경의 관리는 주민이 전적으로 알아서 해결해야 하는 사항이 되었다.

| 그림 6.1 공동생활에 불편은 없는가

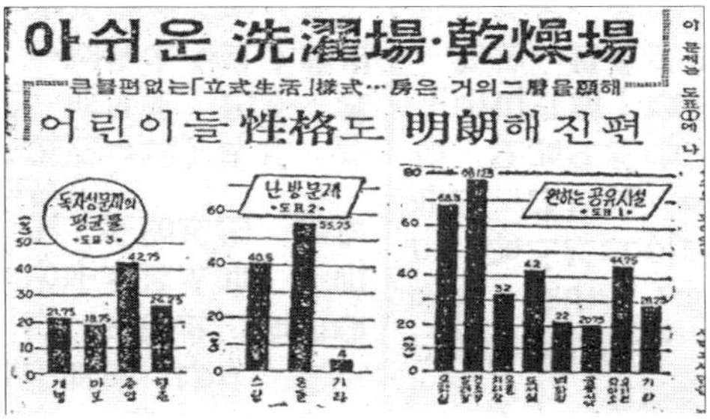

출처: 조선일보 1963.11.2

2. 아파트 건설과 하자 문제

하자 관리와 관련해서 날림 공사로 인한 문제점이 초기 아파트의 건설 부실과 관리상의 허술함을 보여주고 있다. 당시 신문에 소개되었던 응암아파트(동아일보 1967.1.9.)에서는 날림 시공으로 인해 벽이 갈라지고 복도 환기장치가 엉망인데다가 가스 사고가 계속되어 추운 날에도 문을 반쯤 열고 지내야 하는 어려움이 소개되기도 하였다. 수도시설 고장으로 인한 단수와 입주 전 공사 당시에 사용한 전기료가 납부되지 않아 입주하자마자 단전이 되는 등 입주 전후의 관리상의 문제도 상당히 많았음에도 불구하고 이에 대한 책임은 고스란히 입주자 개인에게 주어졌다. 서울 홍제동에 지어진 문화촌아파트(동아일보 1968.9.4.) 역시 지은 지 반년도 안되는 데 배수시설 등이 엉망이어서 하수도와 변소 오물이 새어나오는 등 문제가 심각했지만 동아파트의 관리사무소 측에서는 주민들의 민원에도 불구하고 보수를 미루기만 하여 주민들의 원성을 사기도 하였다.

도시의 주택난을 해결하고자 도입된 공동주택의 공급이 1970년대 이후 본격화되면서 공동주택의 양적 증가와 더불어 대규모화, 고층화, 주요시설의 집중화 그리고 관리업무의 다양화 등으로 인해 관리업무의 전문화 필요성이 대두되었다. 이러한 공동주택의 도입과 변화에 발맞추어 공동주택관리에 대한 사회적 관심이 본격화되었는데, 사회적 분위기를 가장 잘 엿볼 수 있는 도구 중의 하나는 사회 문제에 대한 이슈를 가장 민감하게 다루는 신문 기사 등 각종 매체로, 당시 각종 일간지를 통해 소개되었던 관리 현황과 문제들을 살펴보면 주택관리사 등을 통한 전문적인 관리가 왜 도입되었는지에 대한 사회적 배경을 이해하는 데 도움이 된다.

| **그림 6.2** "날림 공사 응암 아파트"와 공동 생활 문제

날림 鷹岩 아파트

竣工 3個月만에 滿身瘡痍

建物全體에 금가고 電氣水道搖어진체

치약 軍納에 不正

成分40% 모자라

出처: 동아일보 1967.1.9.

| **그림 6.3** "문화촌 아파트 오물 마구 흘러"

文化村 아파트

汚物 마구흘러

排水施設 엉망으로

入住者 補修진정에도 손안써

서울版

加重處罰할

이미 處罰받은 절도前犯罪

出처: 동아일보 1968.9.4.

공동주택과 관련된 1970년대 사건 중 하나는 와우 시민아파트 붕괴사건이었다. 1970년 4월 8일 서울시 마포구에서 발생한 이 사건은 공동주택의 부실공사에 대한 사회적 경각심을 일으켰으며 동시에 시설, 설비 등의 안전과 유지관리에 대한 관심으로 이어지게 되었다.

| **그림 6.4** 와우 시민아파트 붕괴 현장

출처: 조선일보 1970.4.9.

3. 초기 주택관리인 제도와 주택관리사 제도의 필요성 대두

와우 시민아파트 붕괴사건 이후 공동주택관리와 관련된 법 규정이 마련되었고 관련 규정에 맞게 전문적인 관리 체계의 필요성이 대두되었다. 1977년 12월 (구)주택건설촉진법 개정에서는 주택관리인 제도가 신설되었으며 (구)공동주택관리령이 제정(1979년) 되면서 주택관리인 면허기준이 제시되었다. 여기서 주택관리인 면허기준이란 면허 종류를 갑(甲)과 을(乙) 2종으로 하고 갑종은 자본금 1억원 이상으로서 전기・기계・소방시설 관리기술자 2급 각각 1인 이상과 원동기・고압가스・위험물 기술자 1급 각각 1인 이상을 확보하도록 하고 있으며 단지 내 오물을 수거할 수 있는 차량 1대 이상을 보유하도록 규정한 것(매일경제 1979.7.30.)을 말한다. 공동주택을 체계적으로 관리하도록 하기 위해 마련된 주택관리인이란 제도는 주택관리업자의 초기 모델이었지만,[1] 자본, 기술인력, 장비만을 갖추도록 하고 있어 관리책임과 관리 노하우를 제공하는 주체로서는 기대하기 어려웠다.

주택관리인 제도가 기대만큼 효과를 거두고 있지 못한 가운데 (구)건설부에서는 공동주택관리 제도를 정착시키기 위해 당분간 주택관리업체의 신규면허를 억제하는 한편 장기적으로 주택관리사 제도를 도입하기로 발표하였다. 당시 (구)공동주택관리령에 따라 이루어지던 관리업무가 관리업체의 영세성과 제도상의 미비점으로 인해 문제점을 드러냄으로써 이에 대한 장단기 방안으로 주택관리사 제도에 대한 대안을 고민하기 시작한 것이다. 당시 관리전문업체들은 수주실적도 없이 명목상의 관리업체로만 남아 있는 등 부실한 상태였기 때문에 이로 인해 관리업체 신규면허발급을 억제하고 기존 관리업체를 합병 또는 통합을 유도하였다. 이와 함께 면허기준을 현실화하고 그동안 일반 기술자격만 갖추면 관리인이 될 수 있는 것을 주택관리만을 전문으로 맡아하는 주택관리사 제도를 신설하여 공동주택관리를 이들 전문가에게 맡기는 방안을 강구하고자 하였다. 당시 (구)건설부는 이를 위해 주공(住公)에 연구용역을 주어 우리 실정에 맞는 주택관리사 제도를 도입하고자 하였다(매일경제 1982.10.26.).

당시 공동주택관리에 대한 전반적인 문제점으로는 첫째, 입주자들이 주거공간에 대한 장기적 안목을 갖고 있지 않다는 점, 둘째, 입주자들의 자치의식의 미비, 셋째, 주요 시설에 대한 하자보수기간의 설정이 비교적 단기이기 때문에 실용성이 적다는 점, 넷째, 위탁관리를 행하게 될 전문관리업체로서 주택관리인 제도를 두고 있지만 현실적으로 거의 실효성이 없다는 점이 지적되었다. 이에 대해 미국이나 일본처럼 관리전문업체의 규모가 커지고 관리경험이 쌓여 진다면, 공동주택 관리가 보다 전문화되

1) (구)주택건설촉진법 중 개정법률(1987.12.4, 법률 제3998호)에 의하면, 동법의 제3조 제4호의 "주택관리인"을 "주택관리업자"로 명칭을 개정함.

| 그림 6.5 "주택관리사 제도 도입 추진" 관련 기사

住宅管理士제도 도입추진

建設部 管理業體 신규면허는 억제

旣存업체도 合併·統合 적극 유도키로

출처: 매일경제 1982.10.26.

| 그림 6.6 "주택관리사 제도 시행"

고층 3백세대, 저층 5백세대 이상 난방단지

주택관리사제도 11월 시행

아파트 등 공동주택의 관리와 입주자 보호를 위한 '주택관리사' 제도가 실시된다.

건설부는 30일 3백세대 이상의 고층 중앙난방단지와 5백세대 이상의 저층 개별난방단지에 대해 반드시 주택관리사를 두도록 하는 내용의 공동주택관리령 개정안을 마련했다.

오는 11월부터 실시될 예정인 이 제도는 또 그 이하 규모의 소규모 공동주택단지에는 '주택관리사보'를 두도록 했다.

건설부는 이를 위해 내년 하반기에 관리사 자격시험을 치르기로 하고, 경과조치로 기존 공동주택 관리소장에 대하여 94년말까지 주택관리사에 갈음하여 관리책임자로 근무할 수 있게 했다.

자격시험에서 주택관리사는 3~5년의 주택관리 경력이 있는 사람을 대상으로 부동산관리론 등의 필기시험을 거쳐 선발하고, 주택관리사보는 민법총칙 등 1차 시험과 주택관계 법령 등 2차시험을 치러 선발한다.

또 기존 관리사무소장에게는 주택관리사보 제1회 시험에 한하여 과목별로 5% 이내의 가산점을 주기로 했다.

건설부는 이와 함께 공동주택의 관리부실과 회계관리상의 사고를 막기 위해 공동주택관리사들로 하여금 관리비 등을 결정할 때는 반드시 입주자와의 협의를 거치도록 하고, 주택관리업자 등에 대한 재정보증도 의무화하기로 했다.

건설부는 또 20세대 미만의 소규모 공동주택에 대해서도 사업주체가 하자보수 의무를 지는 규정을 신설했다.

출처: 한겨레 신문 1988.8.31.

어 질 수 있다는 주장도 제기되었다(김해동 외, 1983).

당시 언론에도 외국의 공동주택도 대체로 자격을 갖춘 전문주택관리인에게 맡기고 있다고 소개하면서, 주택관리가 복지 차원에서 다루어져야 하므로 관리인은 경험과 지식은 물론 입주자들로부터 신뢰를 받을 수 있는 인격적인 요소까지 갖추어야 한다고 제시하였다. 따라서 당시 관리 현황 문제를 개선하고 공동주택의 효율적인 관리를 하기 위해서는 전문적인 지식과 기술을 갖춘 주택관리사 제도 도입이 바람직하며, 이 경우 시험만으로 자격을 부여할 것이 아니라 일정기간 동안 실무경력을 거치도록 하는 방안이 필요하다고 지적하였다. 또한 정부 등이 관리회사에 대해 정기적인 지도와 감사를 실시하고 관리요원들의 교육과 훈련 등도 주기적으로 실시해야 한다는 의

| 그림 6.7 "아파트의 주먹구구식 관리" 기사

아파트 「주먹구구管理」 많다

말뿐인 自治 감시기능 없어

거액 經理事故 위험 언제나

外國선 전문회사에 맡겨… 우리도 管理士제도 도입 바람직

출처: 동아일보 1987.3.12.

| 그림 6.8 "공동주택관리사 시행 앞두고 관리소장들 반발" 기사

공동주택관리사 시행 앞두고

관리소장들 반발

"대거失職" 우려 기득권 요구

출처: 매일경제 1988.4.14.

견이었다. 전문적인 공동주택관리인을 양성하기 위해서는 대학에 '아파트관리과'나 이에 관한 강좌의 신설도 필요하며, 무엇보다 중요한 것은 입주자들의 주인의식과 적극적인 참여 자세임을 강조하고 있었다(동아일보 1987.3.12.).

하지만 주택관리사 제도 시행을 앞두고 기존 아파트 관리소장들이 실직을 우려해 기득권을 요구하는 등의 거센 반발이 발생하였다. 개정된 (구)주택건설촉진법에는 3백 가구 이상의 공동주택에 주택관리사 채용을 의무화하고 있어서 기존 아파트 단지 관리소장들은 개정법에 의한 자격증을 취득하지 못하면 실직할 위기에 놓이게 되었다. 그동안 잦은 아파트 단지의 회계사고와 관리부실에 따른 건물 노후화로 효율적인 아파트 관리를 위한 전문적인 지식을 갖춘 주택관리사를 두기로 했으나 기존 아파트 관리소장들은 아파트 등 공동주택관리는 이론적인 지식보다는 오랜 경험과 원만한 대인관계가 필요하다고 지적하면서 기득권을 인정해 줄 것을 요구했다. 당시 서울 지역 경우, 공동주택단지는 4백여 곳이었으며 전국적으로 약 1천개 아파트 단지가 있는 것으로 알려졌는데, 기존 소장들에게 전혀 기득권을 인정하지 않고 동일한 조건 하에서 경쟁 시험을 치르게 한다면 대부분 탈락할 것으로 우려하고 있었다(매일경제 1988.4.14.). 이에 대해 당시 건설부는 현 아파트 관리소장을 맡고 있는 사람에 한해서 일정 기간동안 경과 조치를 두고 관리책임자 자격을 갖도록 하였다(경향신문 1988.8.30.).

Ⅱ 주택관리사 제도의 연혁과 현황

1. 주택관리사 제도의 연혁과 의무배치 대상

주택관리사 제도는 (구)주택건설촉진법 개정(1987.12.4.)시 주택관리사등[2]에 대한 근거 조항이 신설됨에 따라 그 도입이 가시화되었다. 개정의 주요 골자에는 주택관리사등의 업무 등(제29조의 3), 주택관리사등의 자격시험(제39조의 4), 주택관리사등의 자격취소등(제39조의 5), 주택관리사등의 교육(제39조의 6)에 대한 조항이 새로이 추가되었으며 이를 근거로 이후 공동주택에서 관리책임을 맡게 되는 주택관리사등의 배치가 본격적으로 추진되는 근간이 되었다.

2) '주택관리사등'이란 주택관리사와 주택관리사보를 일컬음.

1990년 제1회 주택관리사보 자격 시험이 실시되었으며, 그 후로 기존 주택관리자들에 대한 유예기간을 두고 현장 상황에 대한 검토와 여론을 감안하여 배치 의무화 도입 시기를 미루다가 1997년부터 주택관리사등의 유자격자를 일정규모 이상의 공동주택에서의 채용 의무화가 본격적으로 시행되었다. 제8회 주택관리사보 시험까지는 격년에 한 번 시행되다가 2006년 제9회 시험부터는 매년 실시하는 것으로 변경되었으며 주택관리사보 배출인원과 채용에 대한 논의가 더욱 심도 있게 이루어지기 시작하였다.

주택관리사등의 배치 의무화는 분양 공동주택에 그치지 않았으며 그 영역이 더욱 확대되기 시작하였다. 2000년대 후반부터는 150세대 이상의 주상복합 공동주택에서도 주택관리사(보)의 채용이 의무화되기 시작하였으며, 이어 일정규모 이상의 임대공동주택에도 관리사무소의 관리책임자로 주택관리사(보)를 의무적으로 배치하도록 규정되었다. 또한 건축법에 따라 건축허가를 받은 오피스텔의 경우 관리기준이 마련되지 못해 관리비 및 시설보수 등에 대한 분쟁이 끊이지 않고 있음이 지적되었다. 이를 개선하기 위해 150세대 이상의 오피스텔도 주택법에 따라 의무 관리할 수 있도록 명시하고 의무적으로 주택관리사(보)를 배치해야 한다는 주장이 주택법시행령 개정안으로 발의되는 등 2010년도부터 본격적으로 제기되었다.

2013년에는 「초고층 지하연계 복합건축물 재난관리에 관한 특별법 시행규칙」에서 규정하고 있는 '총괄재난관리자'의 자격 요건의 하나로 재난 및 안전관리에 관한

표 6.1 주택관리사 제도와 의무배치의 연혁

년 도	내 용
1987.12.	주택관리사 제도 도입
1989.9.	주택관리사 제도 시행 근거 마련(주택관리사 자격시험 등)
1990.3.	제1회 주택관리사보 자격시험 실시
1997.1.	주택관리사(보) 채용의 의무화
2006.11.	시험시행 격년제 실시에서 매년 실시로 변경
2008.4.	150가구 이상의 주상복합 공동주택에 주택관리사(보) 채용 의무화
2010.7.	임대주택의 관리책임자로 주택관리사(보)를 의무 배치
2013.3.	초고층 지하연계 복합건축물 재난관리에 관한 특별법 시행규칙 내 '총괄재난관리자'의 자격에 주택관리사 포함

내용구성: 은난순, 2013(자료: 정부자료 및 각종 보도자료)

실무경력이 5년 이상인 주택관리사가 포함됨으로써 주택관리사의 영역은 더욱 다양화되는 양상을 보이고 있다.

2. 선 발

시험에 의한 주택관리사보의 배출은 1987년 12월 (구)주택건설촉진법에 근거조항이 신설되면서 시행되게 되었다. 근거조항이 신설된 후에도 주택관리사등의 자격시험에 대한 논란은 계속되었으며 1990년 첫 시험이 시행되기 전까지 선발계획이 여러 차례 수정되면서 어려움을 겪기도 하였다.

(구)주택건설촉진법 제39조의4 (주택관리사등의 자격시험)

① 주택관리사등이 되고자 하는 자는 건설부장관이 시행하는 자격시험에 합격하여야 한다.

② 주택관리사등의 자격시험의 응시자격 · 시험과목 기타 시험에 관하여 필요한 사항은 대통령령으로 정한다.

[본조신설 1987.12.4]

앞에서 언급한 기존 관리소장들의 반발과 실직우려 등을 고려해 기존 관리소장등에 대한 경력인정 및 시험특례에 대한 조치가 이루어졌다. 주택관리사등의 자격시험에 대한 규정이 마련되기 전에 종전의 규정에 의하여 공동주택의 관리책임자나 직원으로 근무한 경력이 있는 자는 공동주택의 관리책임자나 직원으로 근무한 경력이 있는 것으로 보아 그 경력을 인정하여 주고 자격시험에 대한 근거 시행당시 2년 이상 공동주택 관리책임자로 근무하고 있는 자에 대하여는 첫 3회의 주택관리사보 자격시험에 있어서 1차 시험의 공동주택시설개론과 2차 시험의 공동주택관리실무 과목을 각각 면제하도록 하는 시험특례가 적용되었다(박인, 1989.11).

정부는 1995년 1월 1일부터 아파트 관리사무소장이 반드시 주택관리사 또는 주택관리사보 자격을 갖추도록 규정한 당시 (구)주택건설촉진법이 아파트 주민의 관리사무소장 선출권을 제한할 수 있다는 여론에 따라 주택관리사 자격이 없어도 관리사무소장이 될 수 있도록 규정을 완화할 방침이라고 밝히기도 하는 등 제도시행의 어려움을 겪었다. 당시 (구)건설부 관계자는 이와 같이 정부의 입장을 밝히고 그 대신 관리사무소장이 주택관리사 자격을 소지하지 않고 있을 경우 관리사무소에 일정 인원의 주택관리사(보)를 의무적으로 두도록 할 계획이라고 하였다. (구)건설부가 이 같은 방안을 마련하고 있는 것은 1990년 3월 11일 처음 시행되는 주택관리사(보) 자격시험에서 상대적으로 젊은 응시자들이 합격할 가능성이 높으며 이에 따라 아파트 입주자들이 경험이 별로 없는 이들 자격 소지자에게 아파트 관리를 맡기는데 불안감을 느끼고 있다는 여론에 따른 것(경향신문 1990.2.3.)으로 당시 기사를 통해 제시되기도 하였다.

첫 주택관리사보 시험 응시자가 5만3천42명(선발예정인원 2천명)으로 평균 27대 1의 경쟁률이 예상된다고 보고되기도 하였으며, 이는 (구)건설부가 당초에 예상했던 것보다 경쟁률이 크게 높아질 것(매일경제 1990.2.3.)이라는 우려의 목소리가 제기되기도 하였다. 실제 제1회 주택관리사보 응시인원은 34,045명으로 합격인원은 2,348명, 합격률 6.8%에 이른 것으로 보고되었다.

주택관리사보 시험과목과 관련해서는, 도입 당시 주택관리사보의 1차 과목은 국민윤리, 민법총칙, 회계원리, 공동주택시설개론이었으며 2차 과목은 공동주택관리실무, 주택관계법령으로 객관식으로 출제되었다. 현재는 1차 과목에서 국민윤리가 삭제되었고 민법총칙, 회계원리, 공동주택시설개론 세 과목으로 시행되고 있으며 2차 과목은 두 과목이 그대로 시행되고 있다.

주택관리사보 자격은 국가전문자격으로 2008년 1월부터 한국산업인력공단에 위탁되어 시행되고 있다. 평가 기준은 초기 제1회와 제2회, 제4회와 제5회 시험에서 상대평가로 시행되었는데, 주택관리사보는 1차 시험에서 평균 60점 이상이어야 하고 2차 시험에서는 각 과목 40점 이상 동점자 중 선발예정인원의 범위 안에서 고득점 순

| 그림 6.9 "주택관리사 아니라도 아파트 관리소장 가능"

계획이다。상공부는 우선제품의고급화와 생산성향상을 위해 낡은시설개체와 설비자동화, 기술및 디자인 개발, 전문화와 분업화 생산체제 구축, 일부자재공급 원활화 등을 중점지원키로 했다。

주택관리사 아니라도 아파트管理所長 가능

정부는 95년 1월1일부터 아파트 관리사무소장이 반드시 주택관리사 또는 관리사補자격을 갖추도록 규정한 현행 주택건설촉진법이 아파트 주민의 관리소장선출권을 제한할수있다는 여론에 따라 주택관리사자격이 없어도 관리사무소장이 될수있도록 규정을 완화할 방침이다。

건설부관계자는 3일 이같이 밝히고 그대신 관리사무소장이 주택관리사 자격을 소지하지 않고있을경우 관리사무소에 일정인원의 주택관리사(보)를 의무적으로 두도록할계획이라고 설명했다。

건설부가 이같은 방안을마련하고있는 것은 오는 3월11일 처음 시행되는 주택관리사(보)자격시험에서 상대적으로 젊은 응시자들이 합격할 가능성이 높으며 이에따라 아파트 입주자들이 경험이 별로 없는 이들 자격소지자에게 아파트관리를 맡기는데 불안감을 느끼고있다는 여론에따른 것이다。

출처: 경향신문 1990.2.3.

표 6.2 주택관리사보 자격시험 합격자 배출현황

1회	2회	3회	4회	5회	6회	7회	8회
2,348	1,910	2,492	2,740	6,295	3,096	1,952	3,637
9회	10회	11회	12회	13회	14회	15회	16회
4,027	1,222	2,511	3,450	2,698	3,385	1,473	2,407
합계: 약 44,170명 (2013년도 기준)							

출처: 은난순, 2013, 국가자격시험 홈페이지(www.Q-net.or.kr)

으로 결정되었다(경향신문 1989.6.16.). 그 이후 제3회 시험에서 시도되었던 절대평가 방식을 제6회 시험부터 전격도입됨으로써 과목별 과락 40점과 전과목 평균 60점 이상을 합격 기준을 적용하고 있다. 배출인원에 대한 조절이 어렵다는 이유로 절대평가 방식의 개정이 필요하다는 의견이 꾸준히 제시되고 있지만 이에 대한 합의가 이루어지고 있지 않은 채 계속 시행되고 있는 실정이다.

2013년 12월 현재 제16회 시험까지 시행되었으며, 지금까지 배출된 주택관리사보는 약 44,170명에 이르고 있다([표 6.2]). 최근 합격률을 보면, 2013년 제16회 2차 시험에서는 대상인원 4,606명, 응시인원 4,535명, 합격자 2,407명으로 합격률이 53.07%(한국산업인력공단 공고 제2013-111호)인 것으로 나타났다.

주택관리사 자격의 경우, 본래 취지는 주택관리사보 시험에 의해 선발된 유자격자 중에서 현장에서 일정 경력을 쌓은 경력자를 대상으로 논문형 중심의 시험과정을 거쳐 자격유무를 결정함으로써 주택관리의 스패셜리스트(specialist)를 배출하고자 하는 데 있었다. 주택관리 관련 지식뿐 아니라 현장에서 쌓은 노하우와 경험을 통해 보다 높은 고부가 가치를 창출해 낼 수 있는 전문가를 기대하고자 한 것이다.

초기에 계획되었던 주택관리사 배출 방식은 경력심사, 필기시험, 면접시험, 관리책임자로서의 적합성 심사를 거쳐 최종합격자를 결정하는 것이었다. 주택관리사 시험은 필기시험에 60점 이상, 면접시험에 평점 60점 이상을 받으면 주택관리사 자격증을 취득(경향신문 1988.8.30.)할 수 있도록 한 것이 기본 방향이었다. 그러나 당시 급증하는 공동주택으로 인해 관리인력의 수요가 시급한 상황을 이유로 (구)공동주택관리령 제28조에서 규정하였던 주택관리사 자격시험은 유명무실하게 되었으며, 한시적으로만 경력에 의한 주택관리사 자격자를 배출하고자 한 계획은 이후로도 원래의 취지를 살리지 못한 채 일정 경력에 의해 부여되는 자격증으로 유지되었다.

현재 주택관리사 자격에 대해서는 주택법 제56조(주택관리사등의 자격)에서 규정하고 있으며, 자격 발급 절차, 주택관리사 요건[3]이 제시되어 있으며, 금치산자나 한정치산자, 파산선고 받은 자로서 복권되지 아니한 자, 금고이상의 실형을 선고를 받고 그 집행이 종료되거나 집행이 면제된 날부터 2년이 지나지 아니한 자, 주택관리사등의 자격이 취소된 후 3년이 지나지 아니한 자에 대해서는 주택관리사등의 자격을 제한하는 것 등을 그 골자로 하고 있다.

이러한 주택관리사 자격은 경력만을 기준으로 주택관리사보와 구분을 두는 것으로, 객관적인 평가기준과 자질 검증 절차없이 부여하는 자격으로 정착됨으로써 차별화된 전문성으로 임금 및 처우 등에 있어 변별력을 기대하기 어렵다는 지적이 제기되고 있다.

(구)공동주택관리령
제28조 (주택관리사자격시험)
① 주택관리사자격시험은 제26조 제2항 각호의 1에 해당하는 자에 한하여 실시한다.
② 주택관리사자격시험은 논문형을 원칙으로 하되, 주관식 단답형 또는 기입형을 가미할 수 있다.
③ 주택관리사자격시험의 시험과목은 별표6과 같다.
[본조신설 1989.9.5]

[참고] 주택관리사보 현행 시험과목
- 1차과목: 회계원리, 민법총칙, 공동주택시설개론
- 2차과목: 주택관계법령, 주택관리실무

3) 주택관리사 요건 중 대통령령으로 정하는 주택 관련 실무 경력은 다음과 같다.
[주택법시행령 제73조]
1. 주택법 제16조 제1항의 규정에 의한 사업계획승인을 얻어 건설한 공동주택의 관리사무소장으로의 근무경력 3년 이상
2. 법 제16조의 제1항의 규정에 의한 사업계획승인을 얻어 건설한 공동주택관리기구의 직원 또는 법 제53조의 규정에 의한 주택관리업자의 직원으로서 주택관리업무에의 종사경력 5년 이상
3. 대한주택공사 또는 지방공사의 직원으로서 주택관리업무에의 종사경력 5년 이상
4. 공무원으로서 주택관련 지도・감독 및 인・허가 업무 등에의 종사경력 5년 이상
5. 법 제81조 제2항의 규정에 의한 주택관리사단체와 국토해양부장관이 정하여 고시하는 공동주택관리와 관련된 단체의 임직원으로서 주택관련 업무에 종사한 경력 5년 이상
6. 제1호 내지 제5호의 경력을 합산한 기간 5년 이상

3. 주택관리사 제도 도입 초기의 현황

주택관리사 제도가 도입된 초기에도 공동주택관리에 대한 문제의 제기는 끊이지 않았다. 당시 한 조사에 의하면, 여전히 주택관리사 자격증이 없는 사람들에 의해 관리되고 있는 단지가 많았으며 이로 인해 하자보수 및 관리비 산정 등의 관리상 대두되고 있는 문제들이 해소되지 않고 있었으며 업무차질로 인한 집단 민원도 잇따르는 등 혼란이 계속되었다(매일경제 1992.8.29.).

이러한 가운데 일정 규모 이상의 아파트에서 조차도 주택관리사를 의무적으로 두도록 하고 있는 규정을 제대로 지키지 않는 등 부작용이 발생하고 있었다. 1990년대 기사에 따르면 당시 (구)공동주택관리규칙에 의해 규정되어 있는 300가구 이상이거나 중앙집중식 난방시설 또는 승강기 등을 갖춘 공동주택은 유자격자인 주택관리사나 주택관리사보를 의무적으로 두도록 하고 있었지만 실제로 이를 따르는 단지는 매우 적은 것으로 보고하고 있었다. 서울시의 경우 당시 647개 아파트 단지 가운데 주택관리사(보)가 소장직을 맡고 있는 곳은 40여 곳에 지나지 않으며 이는 배출된 유자격자의 5%에 해당된다(한겨레 1992.2.23.)고 하였다. 또한 1990년대 말 제주도 소재의 시내 78개 아파트 단지 중 69군데가 이를 지키지 않는다고 밝힘(연합뉴스 1998.5.2.)으로써 제도적 실효성에 대한 의문을 제시하기도 하였다. 그럼에도 불구하고 대다수 아파트가 관련법을 어기고 있지만 그동안 한 번도 벌금을 부과하지 않았으며, 입주자등의 경제적 부담과 기존 무자격 관리소장의 해고가 쉽지 않음을 감안할 때 벌금부과 등의 행정처분을 내리기가 어려운 형편이라는 반론도 제시되었다.

| 그림 6.10 "공동주택관리 문제 많다"

大田 공동住宅관리 문제많다
大田市·주택관리協 103개단지 조사분석
전문관리사 채용 18%불과
업무차질 집단민원 잇따라

출처: 매일경제 1992.8.29.

현장에서의 어려움과 민원 발생으로 인해, 입주자등의 부담을 고려하기 위한 의무관리대상 공동주택의 범위를 완화하고자 하는 논의가 진행되기도 하였다. 이에 따라 승강기가 설치되어 있고 중앙집중식 난방을 하고 있는 공동주택이라도 3백 가구 미만의 규모이면 주택관리사를 채용하지 않아도 되는 등 소형아파트 단지 입주민의 부담을 덜어주기 위한 주택관리사 고용의무 예외 범위의 확대를 (구)공동주택관리령 개정을 통해 시행하고자 하였다. 이러한 완화 규정은 이들 소규모 공동주택 대부분이 승강기와 난방 관리를 전문업체에 별도로 맡기는 등 주택관리사가 없는 공동주택과 비교할 때 차별성이 없다는 정부의 판단에 따른 것(경향신문 1996.2.22)으로 보고되었다.

III 주택관리사 업무영역

1. 관련법에서 정하고 있는 주택관리사의 업무

초기의 주택관리사등의 업무는 공동주택을 안전하고 효율적으로 관리하여 공동주택의 입주자 권익을 보호하기 위한 업무로 규정하고 있었으며, 각 업무는 유지관리와 관리비 등 관리업무, 기타 업무로만 크게 구분하여 제시되어 있었다. 이를 구체적으로 살펴보면, 1987년 12월에 신설된 (구)주택건설촉진법 제39조의3에서 주택관리사등의 업무 등에 대해 규정하고 있었는데, 공동주택의 관리주체는 관리책임자로서 주택관리사등을 두어야 한다고 하며, 주택관리사등의 업무로 다음과 같이 크게 세 가지로 제시하였고, 이러한 업무를 수행하는 주택관리사등은 선량한 관리자의 주의로써 그 직무를 수행할 것을 강제규정으로 두었다.

(구)주택건설촉진법 제39조의3(주택관리사등의 업무등)

① 제38조 제4항의 규정에 의한 공동주택의 관리주체는 관리책임자로서 대통령령이 정하는 바에 따라 제39조의4의 규정에 의한 주택관리사 또는 주택관리사보(이하 "주택관리사등" 이라 한다)를 두어야 한다.

② 제1항의 규정에 의한 주택관리사등은 공동주택을 안전하고 효율적으로 관리하여 공동주택의 입주자의 권익을 보호하기 위하여 다음 각호의 업무를 행한다.

1. 공동주택의 운영・관리・유지・보수・대체 및 개량에 관한 업무
2. 제1호의 업무를 행하기 위한 분담금 기타 경비의 청구・수령・지출・관리업무
3. 기타 공동주택의 관리에 관하여 건설부령이 정하는 업무
③ 주택관리사등은 선량한 관리자의 주의로써 그 직무를 수행하여야 한다.
[본조신설 1987・12・4]

이후 업무에 대한 규정은 주택관리사등의 업무로 규정되기보다는 관리주체 혹은 관리사무소장의 업무로 제시되었다. 자격자의 업무로 규정된 불합리한 점을 바로잡아 현재 공동주택 단지의 관리책임을 맡고 있는 관리주체와 관리사무소장의 업무로 구체화함으로써 업무영역과 역할 범위, 책임소재 등을 더욱 명확히 하고자 했음을 알 수 있다.

관리주체의 업무는 현재 주택법 제42조 제1항에서 정하고 있는데, 관리주체는 '공동주택(부대시설과 복리시설을 포함)을 이 법 또는 이 법에 따른 명령에 따라 관리하여야 한다' 라고 규정되어 있다. 관리주체는 위탁관리냐 혹은 자치관리냐에 따라 달라지지만 주택관리업자(위탁관리회사)나 자치관리기구 모두 주택법등에서 정하는 바에 따라 관리할 것을 의무화 하고 있다. 보다 구체적인 업무의 제시는 동령 제55조 제1항과 동규칙 제25조에서 나타난다. 그 골자는 공용부분의 유지관리와 안전관리, 위생관리, 관리비 등과 장기수선충당금의 징수 등, 관리규약으로 정한 사항 및 입주자대표회의에서 의결한 사항의 집행, 업무의 공개・홍보, 공동시설물 사용 등에 대한 내용으로 구성되어 있다. 관리주체의 업무범위는 공동주택단지 안이며, 공용부분에 대한 관리와 공동의 비용 등에 대한 관리책임의 범위를 볼 수 있다.

주택법시행령 제55조(관리주체의 업무 등)
① 법 제43조 제8항의 규정에 의하여 관리주체는 다음 각호의 업무를 행한다. 이 경우 필요한 범위 안에서 공동주택의 공용부분을 사용할 수 있다. 〈개정 2008. 2.29, 2013.3.23, 2014.4.24〉
1. 공동주택의 공용부분의 유지・보수 및 안전관리
2. 공동주택단지안의 경비・청소・소독 및 쓰레기수거
3. 관리비 및 사용료의 징수와 공과금 등의 납부대행
4. 장기수선충당금의 징수・적립 및 관리
5. 관리규약으로 정한 사항의 집행

6. 입주자대표회의에서 의결한 사항의 집행
7. 그 밖에 국토교통부령이 정하는 사항

주택법시행규칙 제25조(관리주체의 업무)

영 제55조 제1항 제7호에서 "국토교통부령이 정하는 사항"이라 함은 다음 각호의 사항을 말한다. 〈개정 2008.3.14, 2013.3.23〉

1. 공동주택관리업무의 공개·홍보 및 공동시설물의 사용방법에 관한 지도·계몽
2. 입주자등의 공동사용에 제공되고 있는 공동주택단지안의 토지·부대시설 및 복리시설에 대한 무단 점유행위의 방지 및 위반행위시의 조치
3. 공동주택단지안에서 발생한 안전사고 및 도난사고 등에 대한 대응조치

관리사무소장의 업무 등에 대해서는 동법 제55조 제2항에서 제시하고 있다. 동조 동항의 제1호에서는 관리사무소장은 공동주택의 운영·관리·유지·보수·교체·개량 및 리모델링에 관한 업무와 본 업무를 집행하기 위한 관리비·장기수선충당금이나 그 밖의 경비의 청구·수령·지출 및 그 금원을 관리하는 업무 등에 대해 입주자대표회의에서 의결하는 사항을 집행하도록 규정하고 있다. 또한 제2호에서는 하자의 발견 및 하자보수의 청구, 장기수선계획의 조정, 시설물 안전관리계획의 수립 및 건축물의 안전점검에 관한 업무를 집행하도록 하고 있으며, 제3호에서는 관리주체 업무 지휘·총괄 업무로 규정하고 있다. 또한 동시행규칙 제32조 제1항에서는 동령에서 정하고 있는 관리사무소장의 업무 및 동규칙에서 정하고 있는 관리주체의 업무를 지휘·총괄하는 업무와 안전관리계획의 조정 업무를 제시하고 있다.

주택법 제55조(관리사무소장의 업무 등)

② 관리사무소장은 공동주택을 안전하고 효율적으로 관리하여 공동주택의 입주자 및 사용자의 권익을 보호하기 위하여 다음 각 호의 업무를 집행한다. 〈개정 2009.2.3, 2013.3.23, 2013.6.4, 2013.12.24〉

1. 입주자대표회의에서 의결하는 다음 각 목의 업무
   가. 공동주택의 운영·관리·유지·보수·교체·개량 및 리모델링에 관한 업무
   나. 가목의 업무를 집행하기 위한 관리비·장기수선충당금이나 그 밖의 경비의 청구·수령·지출 및 그 금원을 관리하는 업무
2. 하자의 발견 및 하자보수의 청구, 장기수선계획의 조정, 시설물 안전관리계획의 수립 및 건축물의 안전점검에 관한 업무. 다만, 비용지출을 수반하는 사항

에 대하여는 입주자대표회의의 의결을 거쳐야 한다.

3. 제43조 제8항제3호에 따른 관리주체의 업무를 지휘・총괄
4. 그 밖에 공동주택관리에 관하여 국토교통부령으로 정하는 업무

주택법시행규칙 제32조(관리사무소장의 업무 등)

① 법 제55조 제2항제3호에서 "국토교통부령이 정하는 업무" 라 함은 다음 각호의 업무를 말한다. 〈개정 2008.3.14, 2013.3.23〉

1. 영 제55조 제1항 각호 및 이 규칙 제25조 각호의 업무를 지휘・총괄하는 업무
2. 법 제49조 제1항의 규정에 의한 안전관리계획의 조정. 이 경우 3년마다 조정하되, 관리여건상 필요하여 당해 공동주택의 관리사무소장이 입주자대표회의 구성원 과반수의 서면동의를 얻은 경우에는 3년이 경과하기 전에 조정할 수 있다.

이처럼 주택법등[4]에서 규정하고 있는 관리주체의 업무와 관리사무소장의 업무는 그 업무범위의 구분이 모호하기는 하지만 크게 보면 내용상의 차이를 볼 수 있다. 관리주체의 업무는 보다 넓은 범위에서 수행해야 하는 관리업무의 전반에 대한 내용으로 구성되어 있는 반면, 관리사무소장의 업무는 관리주체의 실질적인 집행자로서 보다 구체적인 업무가 제시되어 있다. 예를 들어 하자의 발견 및 하자보수를 청구하는 업무와 시설물 안전관리계획의 수립 및 각종 계획(장기수선계획, 안전관리계획)의 조정 업무와 건축물의 안전점검에 관한 업무가 관리사무소장에게 주어져 있다. 이러한 각종 계획안을 수립하고 조정하는 업무는 관리사무소 현장에서 근무하는 관리사무소장이 각 단지의 특성을 잘 파악하여 반영할 수 있을 것이다. 위탁관리냐 혹은 자치관리냐 하는 관리방식에 따라 관리사무소장의 지위는 조금 달라지지만 관리방식에 상관없이 관리사무소장이 실질적인 관리주체의 업무까지 수행하고 있는 것이다. 이러한 점을 반영하여 동법 제55조 제2항 제3호와 동시행규칙 제32조 제1항 제1호에서는 관리사무소장의 업무뿐 아니라 관리주체의 업무까지도 지휘・총괄하는 업무를 관리사무소장에게 부여하고 있다.

4) 주택법등이란 주택법, 주택법시행령, 주택법시행규칙을 말함.

2. 직업 현장에서 소개되는 관리사무소장의 수행 업무 등

관련법에서 정하고 있는 관리사무소장의 업무와 달리, 자격증의 하나로서 직업적인 특성이 어떻게 소개되고 있는가 하는 것은 직업 현장에서의 관리사무소장 업무의 난이도와 중요성 인식을 간접적으로 보여주는 단서가 되기도 한다.

한국직업사전(2010년도)에 의하면 관리사무소장의 수행직무를 이렇게 설명하고 있다. 관리사무소장은 공동주택의 관리 업무 계획과 시행 실태를 확인・지도・감독한다. 공동주택의 관리 현황 및 각종 시설물을 확인하고 안전 상태를 점검하고, 보수가 필요한 시설물에 대한 보수 계획을 수립하며, 보수 자재의 구매와 사용실태를 점검한다. 정기적으로 입주자 대표와 입주자들의 민원사항을 협의・조정하고 문제점을 해결하며, 직원들의 지도와 교육을 기획하고 시행한다. 관리비 및 공과금 납부 대행을 계획할 뿐 아니라 관리사무소 수입과 지출사항 등의 각종 회계업무를 수행, 감독한다라고 표현되고 있다. 정규교육은 9년 초과 12년 이하(고졸 정도), 숙련기간은 1년 초과 2년 이하이고, 작업강도는 아주 가벼운 작업에 속하며, 관련 직업으로는 아파트 관리사무소장, 연립주택 관리사무소장, 빌딩 관리사무소장, 상가건물 관리사무소장, 오피스텔 관리사무소장으로 소개되고 있다.

한국직업정보시스템(www.work.go.kr)에 의하면, 주택관리사는 공동주택의 시설 및 환경을 관리하고 관리비 징수, 공과금 납부 등의 회계처리를 하며, 공유시설과 복리시설의 안전관리와 입주, 퇴거에 관한 업무를 수행한다라고 소개하고 있다. 임금, 직업만족도, 전망, 성격 등의 경우, 임금은 하위(25%) 2,900만원, 평균(50%) 3,200만원, 상위(25%) 4,000만원이며,[5] 직업만족도는 50%이고 일자리 전망은 증가(27%), 현상유지(43%), 감소(30%)라고 밝혔다. 업무수행능력으로는 인적자원관리, 재정관리, 물적자원관리, 행동조정, 서비스 지향적이며, 필요한 지식으로는 인사, 건축 및 설계, 경제와 회계, 안전과 보안, 법으로 소개되고 있다. 업무환경에 대해서는 결과에 대한 책임이 있고, 역할이 모호, 역할 갈등, 건강 및 안전에 대한 책임, 불쾌하거나 화난 사람 대하기라고 기술되어 있다. 주택관리사에게 요구되는 성격은 인내, 자기통제, 정직성, 사회성, 리더십이라고 표현되어 있다(은난순, 2013).

관련법에서 정하는 아파트 관리사무소장의 업무에 대해 잘 모르는 일반인에게 위와 같은 직업적 소개가 된다면, 위에서 표현된 바와 같이 작업강도가 아주 가벼운 작

5) 직업당 평균 30명의 재직자를 대상으로 실시한 설문조사 결과임(www.work.go.kr)

업을 하는 단순 업무자이며 그 역할이 모호하고 역할 갈등을 겪는 비전문직 종사자와 같은 이미지로 받아들일 수도 있을 것이다. 관리사무소장이 국가전문자격을 가진 전문가로 인식되기 위해서는 전문가적 역할과 책임에 대한 사회적 인식을 만들어 나가는 것이 필요한 과제라 하겠다.

Ⅳ 주택관리사 자질과 역량강화

1. 주택관리사 역량과 자격 가치에 대한 사회적 관심

주택관리사 제도 초기, 아파트 관리 책임자로 유자격자인 전문가를 고용함으로써 경제적 부담을 더하게 된 주민 입장에서는 시험에 의해 배출된 주택관리사(보)에 의한 관리 성과에 대해 문제를 제기하기도 하였다. 당시 분위기를 살펴보면, 아파트 관리에 관한 전문 교육을 받지 못하고 실무경험 마저 갖추지 않은 전문가들에 대한 주민들의 불만이 나타나기도 하였다. 실제 서울시에서는 1991년 42명의 무자격 관리소장을 적발해 유자격자로 바꾸도록 시정지시를 내렸으나 임용권을 가진 입주자대표회의에서 연령이 낮고 실무경력이 없다는 이유로 주택관리사(보)를 외면해 거의 효과를 거두지 못했다는 사례가 소개(한겨레 1992.2.23.)되기도 하였다. 불이행에 대한 처벌규

| 그림 6.11 "아파트 주민들, 실무경력 없다 채용 기피"

주택관리사 갈데 없다

아파트주민들 "실무경력 없다" 채용 기피

전문교육등 정부쪽 제도정착 노력도 미흡

출처: 한겨레 1992.2.23.

정이 없는 데다 유자격자 채용 후 효과에 대한 기대와 공감대가 형성되지 않는 가운데 주택관리사 제도의 유명무실화 비판이 이어졌고, 이러한 논란의 중심에는 주택관리사 배출 방식의 문제점과 자질에 대한 회의가 자리 잡고 있었으며, 아파트 관리를 전문화하여 주민들이 보다 질 좋은 서비스를 받을 수 있도록 하겠다는 정부의 취지에 근본적인 약점이 있다는 지적도 이어졌다.

당시 주택관리사(보)에 대해 전문교육을 실시하도록 규정((구)주택건설촉진법 제39조의6)되어 있었지만 첫 배출 후 취업한 40여명에 대해서만 일주일 가량 형식적인 교육을 하는 데 그쳤으며 이들이 실무경험을 쌓는 데 대한 정부의 지원이 전혀 없었음이 지적(한겨레, 1992.2.23.)되기도 하였다. 이러한 분위기는 주택관리사(보) 의무배치가 시행된 이후 효과성에 대한 지적으로 이어져 주택관리사 제도의 불안정한 모습을 나타내었다.

(구)주택건설촉진법 제39조의6(주택관리사등의 교육)

① 주택관리사등은 건설부령이 정하는 바에 따라 건설부장관이 실시하는 주택관리에 관한 교육을 받아야 한다.

② 건설부장관은 제1항의 규정에 의한 교육을 주택관리에 관한 교육능력이 있는 기관 또는 단체에 위탁하여 실시할 수 있다.

[본조신설 1987.12.4]

90년대 후반 유망직종에 대한 보고서에 의하면(진미석 외, 1998), 건축·토목 분야에서는 건축사 등과 함께 주택관리사가 유망직종으로 소개되기도 하였다. 동 보고서에 의하면 주택관리사가 하는 일은 대규모 공동 주택의 각종 시설물의 유지·보수·관리를 위해서 관리비 및 사용료를 받고 공과금 납부를 대행하고, 공동시설관리 및 보수와 관련된 각종 회계업무를 수행한다고 기술되어 있었다. 또한 필요한 능력으로는 입주자들의 안전을 보장하기 위하여 세밀한 성격이 필요하며 아파트의 시설 전반에 대한 지식과 정확한 계산력이 필요하다고 하였다. 주택관리사 또는 주택관리사보 자격시험에 합격해야 하며, 당시 자격취득자는 대부분 기존 아파트 관리사무소 소장이나 관리자로 활동하고 있다고 하였고, 아파트와 같은 공동주택의 건설은 앞으로도 지속될 것이므로 주택관리사의 수요도 더 커질 것이라고 전망하고 있었다.

또 다른 연구인 면허형 국가자격에 대한 자격별 가치 평가 결과(김미숙, 2012)에 의하면, 자격증과 동일한 직업을 가진 자격 취득자가 90.9%에 달해 자격증의 활용도가 상당히 높으며 직무관련성 또한 평균 3.64점(5점 척도)으로 직무와의 관련성이 높다고 보고하였다. 하지만 전체 146개 자격 중 주택관리사 자격은 5점 만점의 평가에서 2.5점에 그쳐, 그 가치 평가 순위가 100번째에 해당하는 것으로 나타나 국가자격으로써의 가치에 대해 그다지 긍정적이지 않음을 확인할 수 있다.

2. 주택관리사(보)의 역량강화를 위한 교육 의무화

전문적이고 체계적인 관리를 위해서는 관리책임자인 주택관리사(보)의 역량이 무엇보다 중요하며, 이들의 역량강화를 위한 실효성 있는 교육이 필요하다는 주장은 오래 전부터 주장되어 왔다. 제도적으로는 1987년 12월 (구)주택건설촉진법 개정시 처음으로 주택관리사등이 의무적으로 교육을 받도록 한 조항이 신설되었으며((구)주택건설촉진법 제39조의 6), 2003년 5월 주택법으로 전부 개정시에도 주택법 제58조에 주택관리업자와 관리사무소장은 (구)건설교통부령이 정하는 바에 의하여 시・도지사로부터 주택관리에 관한 교육을 받아야 한다(주택법 제58조)라고 규정되면서 교육을 시・도지사가 관할하도록 하였다.

당시 관리책임의 당사자인 관리사무소장들도 관리사무소장의 재교육과 교육과정의 필요성에 공감을 하고 있었다. 관리사무소장을 대상으로 한 연구(은난순, 2003)에 의하면, 당시 관리사무소장은 공동주택관리와 관련된 정보와 노하우를 제공받기 위한 방안으로, 관할구청이 주관하는 세미나 혹은 교육프로그램이 필요하다는 의견이 46.6%로 가장 많았다. 하지만 관리사무소장의 재교육 필요성에 대해서는 응답자의 70.2%가 공감하고 있었던 반면 위 공동주택관리 관련 정보제공 방안 중 정기적인 관리사무소장 교육프로그램의 필요성에 대해서는 4.6%로 매우 낮은 의견을 보이고 있었다. 재교육이 필요하기는 하지만 정기적인 교육은 부담스럽다는 것을 보여주는 결과라 할 수 있다. 가장 필요한 교육내용으로는 유지관리지식 부분이 가장 높았으며, 다음으로 주민 공동체 활성화 부분, 관련법 개정 부분순인 것으로 나타났다([표 6.3]).

이후 주택법등의 개정을 통해 의무교육 뿐 아니라 휴면자격자 보수교육, 주택관리사보 사전교육 등 교육 대상이 구체화되는 변화를 보여 왔다.

관리사무소장을 대상으로 한 교육내용으로 가장 필요한 것이 무엇이냐 하는 것은

| 표 6.3 관리 정보 제공 및 교육, 관리인 양성방법에 대한 의견

변 인		빈도	%
공동주택관리 관련 정보 · 노하우 제공 방안	정기적인 관리사무소장 교육프로그램	7	4.6
	관리정보센터의 설립을 통해 정보지원	18	11.9
	공동주택관리 전문잡지나 간행물	27	17.9
	관할구청 주관 세미나 · 프로그램	70	46.4
	공동주택관리 전문 인터넷 사이트	29	19.2
	계	151	100.0
관리소장 재교육의 필요성	필요 없음	10	6.8
	보통	34	23.0
	필요함	104	70.2
	계	150	100.0
가장 필요한 교육 내용	관련법 개정 부분	14	14.4
	유지관리 지식 부분	51	52.6
	용역 및 입찰 부분	2	2.1
	주민 공동체 활성화 부분	21	21.6
	기타	9	9.3
	계	97	100.0
교육과정을 통한 주택관리사 양성방안	반대	34	23.0
	보통	40	27.0
	찬성	74	50.0
	계	148	100.0

출처: 은난순 외, 2003.

관리사무소장에게 요구되는 자질과 역량이 무엇이냐 하는 것과 관계된다고 볼 수 있다. 주택관리 관련 전문가들을 대상으로 한 연구(곽도 외, 2008)에 의하면, 관리사무소장 교육내용으로 대주민 서비스와 주민과의 의사소통능력이 무엇보다 필요하다는 의견을 보였다. 주민과의 관계에 대한 견해는 앞에서 지적된 바와 같이 전문가로서 갖추어야 할 자질 중의 하나로써 교육내용에 필히 포함되어야 하는 것으로 나타났다. 대주민 서비스는 주민의 공동생활상의 갈등 해결을 포함해 주민 간 커뮤니티 형성, 복지적 차원에서의 관리 서비스, 주민의견 수렴 등 다양한 기술을 포괄하는 개념이라 하겠다([표 6.4]).

관리사무소장의 교육에서 주택관리사와 주택관리사보를 구분하지 않고 시행하는 것에 대해서도 문제점이 지적되었다((구)국토해양부, 2010). 공동주택관리에 대한 일정

| 표 6.4 관리사무소장 대상 교육내용 중 필요한 것(조사대상; 관련 전문가)

구 분	1순위		2순위		3순위		합계
	N	(%)	N	(%)	N	(%)	
대주민 서비스	8	(40)	4	(20)	3	(15)	15
주민과의 의사소통능력	6	(30)	9	(55)	1	(5)	16
조경 및 친환경공간 관리	·		1	(5)	4	(20)	5
리더십	·		4	(20)	4	(20)	8
아파트관련 통계분석	·		·		1	(5)	1
첨단시설 관련	1	(5)	1	(5)	·		2
아파트 자산관리	4	(20)	1	(5)	3	(15)	8
주민단합을 위한 프로그램	·		·		4	(20)	4
기타(관리자로서의 전문가의식)	1	(5)	·		·		1
계	20	(100)	20	(100)	20	(100)	·

출처: 곽도 외, 2008.

경력을 지닌 주택관리사와 신규자인 주택관리사보의 보수교육을 통합·시행함에 따라 교육의 효율성이 저하된다고 보았다. 따라서 보수교육을 구분하여 차별적으로 시행함으로써 주택관리사에 대한 경력과 전문성을 인정한 맞춤형 보수교육이 이루어져야 하며, 이를 통해 효율적인 주택관리에 기여할 수 있을 것으로 보았다.

이러한 교육 개선에 대한 주장이 다양하게 제기되었고, 교육을 진행해 온 (사)대한주택관리사협회에서는 주택관리사와 주택관리사보 두 자격증 간의 교육내용상의 차이를 두고 시행하게 되었다. 관리사무소장으로서 경험이 많지 않은 다수의 주택관리사보를 대상으로는 공동주택관리정책, 주택법, 공동주택관리규약을 비롯해 노무관리, 회계관리, 시설물관리 등 관련법과 관리실무상 기본이라 할 수 있는 내용으로 구성되어 있으며, 5년 이상이 관리 경력을 갖고 있는 주택관리사를 대상으로는 보다 전문성을 띄는 내용들, 예를 들어 법적 분쟁, 하자관리, 재난 및 안전관리 등에 관한 내용도 포함되어 있음을 알 수 있다([표 6.5]). 그럼에도 불구하고 1회 교육을 통해서는 시대적 변화와 전문화에 대한 요구를 충족하기에 부족함이 많다

이에 2013년 12월 주택법 개정에서는 공동주택 관리 관련자의 윤리성과 전문성을 제고하기 위하여 관리사무소장으로 배치 받아 근무 중인 주택관리사는 위 의무교

| 표 6.5 주택관리사(보)의 주택관리 관련 교육 내용

주택관리사보 강의 내용	주택관리사 강의 내용
- 공동주택 관리동향 - 주택법과 관리규약 - 채용에서 퇴직까지 일반노무관리 - 회계관리실무 - 시설물관리실무 - 보험관리실무 - 계약관리실무 - 하자관리실무 - 관리행정실무 - 공동주택관리정책 - 공동주택의 개인정보보호 - 공동체 활성화(커뮤니케이션)	- 입주자대표회의 운영실무 - 법적 분쟁의 이해 - 하자관리실무 - 조경관리실무 - 노무관리실무 - 공동주택 재난 및 안전관리 - 인간관계론 및 갈등관리 - 공동주택관리정책 - 직장 내 성희롱 예방법

출처: 은난순, 2013.

육을 받은 후 3년마다 보수교육을 받도록 하는 조항이 신설되었다(주택법 제58조 제3항). 이러한 교육 강화 정책으로 정기적인 보수교육을 통해 급속한 변화를 보이는 공동주택의 특성과 주민 요구에 발빠르게 대응할 수 있는 전문가적 역량을 갖출 수 있는 계기가 되리라 기대하고 있다.

주택법 제58조(주택관리업자 등의 교육)

③ 공동주택의 관리사무소장으로 배치받아 근무 중인 주택관리사는 제1항 또는 제2항에 따른 교육을 받은 후 3년마다 국토교통부령으로 정하는 바에 따라 주택관리에 관한 교육을 받아야 한다.

〈신설 2013.12.24〉

[시행일: 2014.6.25]

하지만 한국직업능력개발원에서는 면허형 국가자격 분류에서 주택관리사를 '의무배치형'으로 소개하면서, 주택관리사, 청소년상담사 등 6개의 자격은 벌칙조항이 있음에도 불구하고 면제조항이 없어서 문제가 있다라고 지적하였다. 보수교육에 대한 의무규정을 두고 그에 따른 벌칙조항을 두어 강제성을 부과하였다면 동시에 면제조항도 함께 규정해야 할 것이라고 하면서, 아울러 과태료에 있어서도 자격에 따라 금액의 차이가 나는데, 합리적인 기준이 존재하지 않아 이에 대한 기준 마련이 필요하다(김미숙, 2012)고 제안하고 있다.

3. 주택관리사(보)의 지위와 처우

2003년도 한 연구(은난순 외, 2003)에 의하면 우리나라 주택관리사(보)은 국가공인자격으로 아파트 관리의 책임자로서 근무할 수 있지만, 실제로 관리업무 수행현장에서는 주택관리사(보)의 전문성에 문제점이 제기되고 있을 뿐 아니라 분양아파트의 경우 관리서비스를 받는 입주자등이 관리소장 및 직원들을 고용하는 사용자의 위치에 있기 때문에 아파트 관리소장으로서 그 역량을 펼치기 어려운 상황이라고 지적하고 있었다. 예를 들어 관리소장 임명방식을 보면 자치관리의 경우는 입주자대표회의에서 직접 관리인을 채용하고, 위탁관리의 경우 주택관리업자와 위탁관리계약만 체결하고 관리소장 등의 임명 등은 모두 관리업자에게 위임하도록 규정되어 있다. 그러나 관리현장에서는 입주자대표회의에서 관리소장의 교체를 요구하면 주택관리업자의 입장에서는 계속적으로 그 단지의 관리를 수주하기 위해 입주자대표회의의 의견대로 따르는 사례가 빈번하게 발생하고 있는 실정이었다. 이는 곧 주택관리사의 고용불안으로 이어지기 때문에 전문가로서 소신껏 주택관리업무를 수행함에 있어 장애요인이 되고 있음이 거론되었다. 이러한 상황은 10년이 지난 지금도 별반 달라지지 않았음을 알 수 있다.

임금수준과 관련해서 2000년대 말 노동부에서 발표한 주택관리사 평균연봉은 2,771만원(월평균 231만원)이었으며, 관리사무소장의 월평균 급여에 대해 조사한 연구(곽도 외, 2008)에서는 2008년도 기준으로 평균 247만원[6]으로 당시 도시근로자가구의 가구주 소득(월평균 250만원, 2007년 1/4분기 가계조사연보, 통계청)과 비슷한 것으로 나타났다. 구간별로는 201~250만원 이하가 44.9%로 가장 많았으며, 251~300만원 이하인 응답자는 31.4%로 나타나 200만원 초반대의 임금수준을 보여주고 있었다. 한 위탁관리회사의 435개 사업장(분양아파트)을 대상으로 한 조사(2008년 1월 급여대장 기준)에서도, 관리사무소장의 월평균 급여는 약 252.8만원(연봉 약 3,000만원)이었으며 세대수가 많을수록 급여 평균이 높은 것으로 나타났다. (사)대한주택관리사협회 자료(2013년도)에 의하면, 아파트 단지의 세대수와 수도권·지방 여부에 따라 급여의 차이가 있음을 볼 수 있다. 그밖에 주택관리사(보) 업무 경력 및 기타 자격증 등의 여건에 따라 관리사무소장의 급여 편차가 큰 것으로 나타났다([표 6.6]).

6) 2008년도 전국 아파트 관리사무소장 459명 대상으로 한 조사

| 표 6.6 주택관리사(보) 월평균 급여수준(단위: 원)

세대수 구분	수도권	지방
300세대 이상	~ 2,000,000	1,800,000
300~500세대	2,320,000	2,088,000
500~2000세대	2,810,000	2,529,000
2000세대 이상	3,500,000	3,150,000

출처: (사)대한주택관리사협회, 2013[7)]

| 표 6.7 관련 자격증과의 월평균소득(2012년도) 비교

직 업	월평균소득 (단위: 만원)
주택관리사	279.7
공인중개사	284.0
건축사	317.4
감정평가사	437.5

출처: 한국고용정보원 직업정보검색(www.work.go.kr/jobMain.do), 김미숙, 2012 자료를 참고하여 재구성함

이러한 편차는 타자격증과의 비교에서도 나타난다. 한국고용정보원 직업정보에 의하면 주택관리사 월평균 소득은 279.7만원(2012년도)으로 보고하고 있으며, 이와 관련하여 타자격증과의 월평균소득을 비교해보면 [표 6.7]에서와 같다. 임금 적정성에 대한 견해에 대해서는 국가공인자격증인 주택관리사 자격을 가진 관리사무소장이 타 자격증을 소지한 직종(예를 들면 공인중개사, 건축사 등)과 비교할 때 임금 면에서 적절하지 않다는 의견이 매우 높게 나타났다. 또한 현재 임금에 대한 만족도 역시 낮은 것으로 나타났는데, 응답자의 61.1%가 임금수준에 대해 불만족하는 것으로 나타났다. 이에 반해 임금수준에 대해 만족하는 경우는 6.8%로 매우 낮은 것으로 나타났다(김미숙, 2012).

관리사무소장의 임금결정에 영향을 미치는 비교임금으로는 인근 단지 관리사무소장의 임금과 비교하여 결정되는 경우가 가장 높았으며(63%), 그 다음 영향 요인으로는 현 근무단지의 전 관리사무소장 임금에 따라 결정되는 것으로 나타났다. 이에

7) 2013년 주택관리사(보) 교육생을 대상으로 조사함

| **그림 6.12** 관리사무소장의 임금 결정에 영향을 미치는 비교임금(곽도 외, 2008)

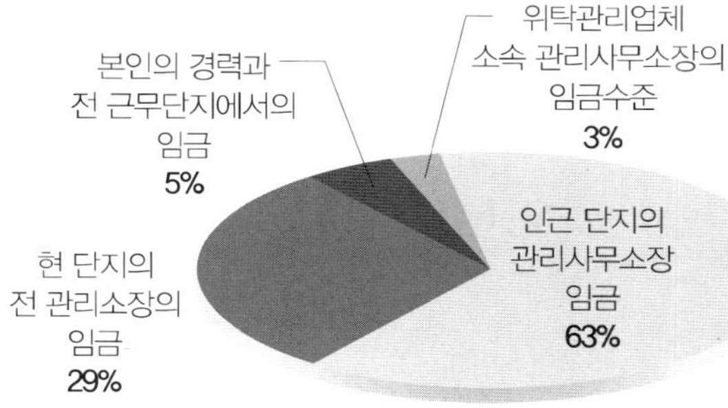

비해 관리소장 본인의 경력이나 전 근무단지에서의 임금이 반영되는 경우는 5% 정도로 매우 낮은 것으로 나타났다(곽도 외, 2008).

관리사무소장의 임금결정시 고려되어야 할 사항에 대한 관리사무소장의 의견을 조사한 결과(곽도 외, 2008), 주택관리사와 주택관리사보 자격증이라는 응답이 가장 높았고(52.7%), 그 다음으로는 관리사무소장 경력이었으며, 업무처리능력 및 주민과의 친화력 순으로 높게 나타났다. 관련 전문가들 의견 역시, 관리사무소장의 임금 결정시 고려되어야 할 사항은 주택관리사 또는 주택관리사보 자격증의 유무라고 하였다. 또한 경력에 따라 임금에 차등 적용되어야 할 필요가 있는데, 그 경력을 판단하는 객관적 기준 중 하나로 설정될 수 있는 요소이기 때문이다.

주택관리소장의 근무의욕과 직업만족도에 미치는 영향요인 분석(유병선 외, 2003)에서는 아파트 관리사무소장의 일반적 특성, 근무환경 등의 특성에 따라 관리업무 수행의욕과 직업만족도에 차이가 있음을 밝혔다. 당시 관리사무소장의 직업만족도는 매우 낮았으며, 직업만족도는 관리사무실의 근무환경의 만족정도, 관리소장의 현재업무량, 타 직업의 임금과 비교시 적정여부, 임금 만족도, 고용안정성과 상관관계가 있는 것으로 나타났다. 관리사무소장은 근무환경을 좋게 인식하지 않는 것으로 나타났으며, 근무환경 개선을 위해서는 업무환경, 고용환경, 임금환경 등 모든 근무조건에 대한 개선이 이루어져야 한다고 주장하였다. 업무에 필요한 각종 프로그램이나 매뉴얼 등이 각 특성에 맞게 다양하게 지원되어야 하며, 관리사무소장의 자질향상과 의식개선교육 등이 함께 이루어져야 한다고 보았다. 위탁관리회사에서의 고용안정이나 업무지원 등 위탁관리방식이 제대로 정립될 수 있는 방안이 강구되어야 하며, 무엇보다도 관리사무소장 스스로 주택관리를 전문분야로 인식하고 주택관리의 사회적 의미와 중요성에 공감하는 것이 필요하다고 하였다.

현재 주택관리사 업무에 대한 불만족 이유로는 첫째, 주택관리사란 전문직으로서의 신분보장이 미비하다는 점이 가장 많이 지적되었다. 관리사무소장의 잦은 이동 원인은 입주자대표회의와의 불화가 가장 큰 것으로 나타나고 있으며, 낮은 임금과 아파트에서의 위탁관리업체 변경 등도 원인 중의 하나로 나타났다. 둘째, 과다한 책임에 비해 권한은 적다는 점이다. 관계법에 의해 주택관리사의 권한과 의무가 정해져 있음에도 불구하고 불합리한 민원업무의 과다, 입주자 및 입주자대표회의의 지나친 간섭 등으로 업무 수행에 있어 수동적이 되거나 의사결정이 지연되고 소신있는 업무처리가 제한 당하는 경우가 많기 때문으로 보았다. 셋째, 고용 안정성이 낮아 불안하다는 점이다. 최저근속보장이 되지 않고 장기근속에 따른 고연봉을 기대할 수 없을 뿐더러 대책 없는 권고사직 등으로 잦은 이직 등 신분보장이 안 된다는 것이다. 이로 인한 업무의 지속성이 부족해지는 등 악순환이 될 수 있다는 지적이 있었다. 넷째, 급여가 낮고 근무조건이 열악하며, 복리혜택이 부족한 점이 거론되었다.

관리사무소장의 고용안정을 위하여 우선적으로 개선되어야 할 사항에 대해 전문가들은 '위탁관리회사의 관리사무소장 고용안정 보장방안이 강구'되어야 한다는 의견을 제시하였다. 위탁관리회사의 역할 중 가장 중요한 것으로는 관리노하우를 제공하는 것이며 다음으로 관리직원의 고용안정을 위한 역할이 필요하다는 지적이었지만, 위탁관리회사의 경쟁력 강화란 과제가 여전히 남아 있는 실정이다. 또한 '관리사무소장의 임기제도 도입' 안도 제시되었지만, 고용안정에 대한 제도적 보완이 필요하기는 하나 고용의무기간이 여러 분야에서 없어지는 추세이기 때문에 계약기간의 명시는 고려하더라도 법으로 의무연한을 정하는 것은 맞지 않는다는 반론도 제기되었다. 기타 프리랜서 제도 도입을 통한 자율경쟁체제 유도해야 한다는 의견과 관리자에 대한 평가 체제를 구축하여 평가결과에 따라 보장, 감봉, 이직권고 등이 이루어져야 한다는 다양한 의견도 제시되었다(곽도 외, 2008).

관리자 측면에서 보면, 다양화되고 있는 거주자의 서비스 요구에 대응하기 위해서는 관리자들이 직면하고 있는 작업적 상황을 파악하고 대응 방안을 강구함이 요구된다. 불안정한 업무수행 조건과 잦은 이직률로 인한 직업적 불안정성, 근무상황에 대한 불만족 등이 누적된 상황에서 보다 나은 관리서비스를 기대한다는 것은 분명 한계가 있다. 이에 대해 주택관리사의 처우개선과 경쟁력 강화를 위한 논의(은난순, 2013)는 계속되어 졌는데, 전문가들은 주택관리사등이 스스로 능력을 개발하고 자질을 개선하는 것이 무엇보다 중요하다는 의견과 함께 경력에 따라 임금에 차등 적용이 필요하며, '경력 평가지표' 개발을 통해 임금 협상시 근거자료로 활용될 필요가 있음을 지적하기도 하였다. 또한 근로기준법상 실질적인 사용자가 입주자대표회의가 되는 상황에서 관리직원의 처우개선은 한계가 있으므로 이에 대한 대책이 필요하며, 주택관리전문회사(주택관리업자)의 정상화 역시 주택관리사의 처우개선과도 매우 밀접한 관계에 있을 뿐 아니라 본사 차원에서의 임금 책정 및 위탁관리기간 등안의 임기보장 등이 과제로 남아 있음을 시사하고 있다.

V 주택관리사 전문성 강화와 시대적 변화 대응

1. 공동주택을 둘러싼 다양한 변화

정부의 주택공급 정책의 결과 총 주택 재고는 1,467만 7,000가구(2010년 11월 기준)로 주택보급률 101.9%에 이르렀으며, 이 중 아파트 거주 가구는 818만 5,000가구로 전체 가구의 59%를 차지하는 것으로 나타났다(인구주택총조사, 2010). 그만큼 아파트가 차지하는 비율은 매우 급속하게 증가하였고 이에 따라 아파트 디자인과 시설·설비, 공간, 도입기술, 공동생활양식 등도 다양해지고 있다. 아파트를 둘러싼 다양한 변화는 첨단시설과 커뮤니티 센터의 도입, 환경친화 기술과 설비의 도입, 임대아파트 공급 확대와 주거복지 강화, 아파트 공동체 활성화의 필요성 강조, 거주자의 변화와 새로운 요구들 등으로 분류할 수 있다(은난순, 2013).

예를 들어 1990년대 후반부터는 컴퓨터와 인터넷을 이용한 공동주거의 정보 네트워크가 발전하고 있었으며, 초고속 정보통신 건물 인증제도(1999년 도입), 공동주택 단지가 하나의 서버를 중심으로 LAN으로 네트워킹되고 그 서버를 통해서 외부와 통신하는 LAN 기반의 사이버 아파트가 선을 보이고 이후 유·무선 인터넷을 통해 냉장고 에어컨, TV 등 주요 가전제품을 제어하고 기기 간에 콘텐츠를 공유할 수 있는 홈 네트워크 시스템을 갖춘 지능형 홈 네트워크 아파트가 등장하기도 하였다. 2005년 초에는 언제 어디서나 가정 내 홈 네트워크와 정보를 주고 받는 것을 강조한 유비쿼터스 아파트가 소개되기도 하였다. 하지만 건설사들의 마케팅 전략과 맞물려 첨단 아파트의 경쟁이 심화되면서 완성도가 떨어지는 기술을 적용하여 오작동을 불러일으킨다거나, 사용자의 편의성을 고려하지 않아 시간이 지나면서 애물단지로 전락하기도 하고, 유지・관리적인 측면의 비용이 부담으로 전가되는 부작용도 발생하게 되었으며, 아울러 이러한 시설・설비의 관리를 책임지는 관리자의 대응능력도 중요하게 지적되어 왔다(공동주거관리연구회, 2008). 공동주택 관리자 스스로가 빠른 속도로 발전하고 있는 정보통신 인프라 및 홈 네트워크 시스템에 대해 관심과 이해를 갖고 자기계발과 학습을 통해 전문 관리자로서의 역량을 길러 나가야 한다고 요구되고 있는 것이다.

친환경 주거단지 조성에 대한 관심 역시 주목받고 있는 패러다임의 하나로, 아파트 단지에 친수공간, 생태연못, 태양광 집열판 등의 형태로 친환경 시설이 적극적으로 도입되고 있다. 하지만 실제 운영에 있어서 유지관리와 비용문제, 이용도 저하에 따른 문제 등이 당면문제로 대두되고 있으며, 설계시부터 관리에 대한 배려를 하여 관리자를 위한 운영・유지관리 매뉴얼 및 지침의 필요성이 제기(강순주, 2006)되기도 하였다. 입주자에게도 입주 전부터 친환경 아파트에 대한 충분한 홍보가 필요하며 친환경 공동주택단지 실현을 위해 주민 참여를 유도하고 이를 전문적으로 관리하는 업체도 필요하다(공동주거관리연구회, 2008)는 제안도 있었다.

| 그림 6.13 주택시장 여건 변화

인구 및 가구구조 변화	○ 인구・가구수는 증가하고 있으나, 증가속도는 둔화 ○ 1~2인 가구의 급속한 증가 ○ 고령가구 비중 증가 가속화
사회경제 변화	○ 안정성장 시대로 진입(향후 잠재성장률은 3% 내외로 전망) ○ 베이비 부머('10년 약 713만명) 은퇴 ○ 핵심소비계층 감소, 가계부채 증가 등으로 주택구매력 감소
도시공간 이용방식 변화	○ 도시화율 정체 및 외연적 확산 한계 * 도시화율 ('70) 50.1% → ('10) 90.9% ○ 도심선호 증가와 주거지 재생사업 확대 ○ 재고주택 관리의 중요성 대두
주거문화 변화	○ 친환경 및 커뮤니티 중심의 거주가치 중시 ○ IT 및 에너지절감기술 등이 접목된 주택보급 활성화 ○ 주거의 다양성 추구(아파트 중심→다양한 주택형태, 다품종 소량공급) ○ 다양한 주거양식(다지역 거주, 가족간 근거리 거주, 재택근무 등) 대두

출처: 국토교통부, 2013.

정부의 주택정책 패러다임 역시 주택시장의 여건변화를 직시하고 이에 따른 정책 패러다임의 전환 의지를 보이고 있다. 재고주택 관리의 중요성이 부각되고 있으며, 주거문화의 변화에도 주목하게 되었는데 그 변화는 [그림 6.13]에서와 같이 친환경 및 커뮤니티 중심의 거주가치 중시, IT 및 에너지절감기술 등이 접목된 주택보급 활성화, 주거의 다양성 추구(아파트 중심 → 다양한 주택형태, 다품종 소량공급), 다양한 주거양식(다지역 거주, 가족 간 근거리 거주, 재택근무 등) 대두로 보고 있다. 주거복지정책에 대한 기대가 증가하고 있으며, 커뮤니티를 중시하고 주거환경에 대한 관심이 증가하며, 친환경·에너지 절감형 주택에 대한 관심 등이 그 변화로 파악하고 있다. 공동주택의 공급이 꾸준히 증가해 왔고 이에 대한 소비자의 선호도 이어져 현재의 아파트 중심 문화가 형성되고 있는 상황에서 관리자의 역할은 무엇보다 중요할 것이다.

그림 6.14 여건 변화에 따른 정책 패러다임 전환

지금까지	현황 및 여건 변화와 해외사례	앞으로
일부 무주택, 저소득층 주택중심	• 국민들의 주거복지정책에 대한 기대 증가 • 1~2인 가구 증가 및 고령화 심화 • 수요 맞춤형 주거지원 필요성 증가 • 가구특성별 주거 욕구 다양화	전 국민 가구중심
물리적 환경 중시 단순개념(사는집) 신규공급중시 주택의 양적 확대	• 커뮤니티 중시 및 주거환경에 대한 관심 증가 • 주택의 생활공간 역할 강화 및 첨단복합 공간 진화 • 개보수 수요 증가 및 선진국의 재고관리 중시 사례 • 도시 공간이용 패턴 변화에 따른 주거지 재생 확대 • 新주택보급률 100% 초과 등 양적 부족 문제 완화 • 친환경·에너지 절감형 주택에 대한 높은 관심	물리적+사회적 환경 고려 복합개념(생활권) 건설+재고관리 중시 주택의 질적 향상
공급자 중심 직접규제·사후대응 중심	• 주택 선호 다양화 및 다양한 주거양식 대두 • 국지적 수급불일치에 따른 주택시장 불안 • 주택시장의 주기적 등락 및 임차시장 불안 • 선진국 사례와 같은 간접규제 중심 시장 안정 추구	수요자 중심 시장기능 정상화, 사전대응 중심

출처: 국토교통부, 2013.

정부 정책에서도 보여지듯이 주택 중심에서 가구 중심으로, 공급자 중심에서 수요자 중심으로, 주택의 양적 확대에서 질적 향상으로 정책의 패러다임이 바뀌어 가는 지금, 공동주택의 관리자 역시 수요자의 요구에 대응하며 질적으로 우수한 관리서비스를 제공하는 전문가로서의 시대적 요구를 피할 수 없게 되었다.

2. 주택관리사 전문성 향상과 시대적 변화 대응

주택관리사가 전문성을 획득하기 위해서는 무엇보다도 많은 교육과 경험이 필요하다. 5과목의 필답시험에 합격하면 주택관리사보 자격이 주어지고 자격 취득 후 일정한 관리경험을 쌓으면 주택관리사 자격을 주는 배출방식은 관리에 대한 눈높이가 높아진 주민들에게 차별화된 전문성을 호소하기엔 객관적인 결함을 가지고 있다. 또한 주택관리사보가 일정기간 관리경험을 주택관리사 밑에서 받는 것이 아니라 일정규모(500세대) 이하 공동주택을 직접 관리함으로써 얻어지는 시행착오를 통해 현장경험을 쌓아가기 때문에 입주자등의 요구를 제대로 충족시키기 어려우며, 사후 교육과정을 이수하거나 대학과정에서 전공 관련 정규과정을 밟은 것이 아니기 때문에 전문인이 되는 데는 그만큼 오랜 시간과 경험이 요구된다고 한 연구에서는 지적(은난순 외, 2002)하고 있었다. 그럼에도 불구하고 이러한 배출과정에 대한 문제점을 해소하기 위한 제도적 개선은 여전히 이루어지고 있지 않다.

이와 관련하여 영국의 경우 1986년도에 55,000명의 주거관리직 종사인 가운데 2,500명 이하만이 전문직으로서의 영역에 속하는 일을 하고 있는 것이 주거관리의 사회적 구축을 어렵게 만드는 이유로 이미 지적되었고, 전문적 자질을 갖춘 직원의 비율이 적은 것과 주거관리 직원들의 교육수준이 일반적으로 낮은 것이 문제점으로 지적되었다. 따라서 임대주택관리 역사가 100년이 넘은 영국에서도 주택관리사(Housing Manager)는 어떤 관리적 지식과 기술을 가진 전문가(professionals)라기 보다는 단순한 관리자(manager)로 보여진다(Clapham, 1998, 은난순 외, 2003)고 지적되었으며 이러한 한계는 관리자의 근무의욕과 처우에 영향을 미치는 요인으로 작용할 수 있다. 따라서 주택관리사의 전문성에 대해 끊임없는 논의와 담론이 다양한 각도로 이루어질 필요가 있다.

2000년대 초반만 하더라도 관리사무소장 스스로가 직업에 대해 전문직종이란 인식이 낮았다(은난순 외, 2003). 전문직종으로 인정받기 위해서는 공동주택관리 중요성에 대한 사회적 인식 확산이 가장 중요하며, 관련제도의 정비 및 정책의 수립, 주택관리사 등의 고용안정 및 처우개선, 관리업무에 대한 지속적인 개발과 연구가 필요하다고 제안되었다. 한편 조사대상 관리사무소장은 공동주택관리와 관련된 개정 법률, 기타 정보를 아파트 관련 신문을 통해서 얻는다는 응답이 가장 많았다(42.2%). 반면 관련 서적을 통해 정보를 얻는다는 응답은 매우 낮아서(6.8%) 전문서적의 개발과 산학연구지원 등을 통해 학술적 연구물과 정보의 축적도 많이 이루어져야 함을 시사하고 있다. 또한 다른 관리 전문화 방안으로는 앞에서 논의된 바와 같이 관리정보와 노하우 제공, 관리사무소장의 재교육, 필요한 교육내용, 교육과정을 통한 주택관리사 양성 방안의 필요성 등이 제시되었다. 그 후 10여년이 지난 현재 주택관리사(보)의 의무교육으로 인해 개정된 법령 등의 정보를 얻을 기회가 마련되었다. 하지만 여전히 관리자가 아닌 전문가로서의 역량강화를 위한 방안이 다양하게 모색될 필요가 있다.

전문가들은 공동주택관리 분야가 전문적인 자질을 가진 전문관리인이 요구되는 분야이며, 주택관리사(보) 자격을 취득한 관리사무소장은 전문직종의 종사자라는 데 의견을 같이하고 있다(곽도 외, 2008). 공동주택관리 분야는 일반 사무나 단순한 기술을 요하는 업무가 아니며, 전문적인 자질을 가진 전문인이 요구되는 분야이다. 다만, 현재의 관리사무소장 자질 등을 평가해 볼 때 부족한 부분이 있으며 이에 대한 대책이 필요하다고 주장되고 있다. 관리사무소장이 전문직종의 종사자라는 데 동의하는 데 비해, 현재의 관리사무소장의 전문적 자질에 대해서는 다소 부정적인 견해를 보이고 있어, 이 부분에 대한 방안이 강구될 필요가 있음을 시사한다. 관리사무소장이 전문가로서 갖추어야 할 자질 및 노력은 크게 업무에 필요한 전문적인 지식(업무에 필요한 시설, 설비분야 관리, 행정 및 회계처리, 자산관리, 관련 법령의 숙지 등), 대주민서비스(인적관리, 주생활에 대한 지식, 복지 서비스 능력, 주민과의 친화능력, 주민에 대한 이해, 주민의견 수렴, 공동체 활성화 등), 리더로서의 역량과 전문지식을 교육을 통해 습득하고자 하는 자발적 노력 등을 들 수 있다. 리더로서의 관리사무소장은 희생과 봉사 정신을 전제로 이타주의와 솔선수범하는 모범을 보여야 하며, 적극적인 추진력과 전문직 종사자로서의 관리 철학과 소신이 무엇보다 요구된다.

또한 우리나라의 부동산관리 시장이 급격한 변화를 보이고 있는 상황에서 주거자산관리에 대한 관심도 높아지고 있다. 우리나라 부동산 관리시장은 분양공동주택 관리, 공공임대주택 관리, 도심의 오피스 관리, 오피스텔 관리 등으로 관리대상이 나누어진다. 특히 주거용 오피스텔 시장의 성장은 자산관리의 역량을 갖춘 관리사를 요구하고 있으며(홍형옥 외, 2011), 고령자 주택, 독신자 주거 등 주거유형의 다양화됨에 따라 다양한 분야에서 다양한 역량을 갖춘 전문가가 필요로 하게 될 것이다.

| 표 6.8 관리사무소장이 갖추어야 할 전문가적 자질과 노력

응답자No.	내 용
1	기본적으로 갖추어야 할 업무능력으로 시설・설비분야의 안전성 여부를 점검할 수 있는 실무경험과 예산의 합리적인 집행 및 관리를 할 수 있는 행정 및 회계실무 처리
3	자산관리에 관련한 지식, 주생활에 대한 지식, 시설설비에 대한 지식
4	행정 능력, 기술관리 능력, 복지서비스 능력 특히 희생・봉사 정신을 전제로 한 이타적인 생활신조와 솔선수범
5	적극적인 추진력과 리더십, 전문직 종사자로서 관리 철학 및 소신
6	시설물관리 측면: 시설물관리이론(총론)부족, 시설물 관리에 관한 각론 휴먼서비스 측면: 커뮤니티 리더로서의 역량과 자질 제도운용 측면: 노동관계법령에 대한 소양
8	자기 직종에 관한 전문지식, 주민과의 친화능력, 공동주택관리에 필요한 기술
9	공동주택 관리 관련 각종 법령의 숙지, 정기적인 교육을 통한 지식 습득
10	공동주택에 관한 법률적 지식, 공동주택 주민에 대한 이해, 공동주택의 물리적 특성과 보수유지에 대한 식견
12	자격증을 갖고 있다고 해서 실제 전문성을 갖고 있다고 보기 어려움. 협회 등의 기관에서 전문성 제고할 수 있는 실질적 교육이 필요함
14	각계각층의 의견을 수렴해 조정하는 능력 기술적 관리를 위한 각종 자격취득을 위한 노력
15	아파트 관리는 기술적 관리뿐만 아니라 인적 관리도 중요함. 현재 주택관리사보 자격 취득 시험에서는 관리책임자의 자질과 관련 기술적인 측면이 지나치게 강조되고 있음. 인적 관리 특히 아파트 공동체 활성화(입주민간 커뮤니케이션 방법론, 공동체 우수사례 및 분쟁 해결방안 연구 등)를 위한 보다 많은 준비가 필요함.
17	주택관련 법령의 이해, 정기적인 교육훈련, 워크숍 참여
18	지속적인 교육을 통한 관련 지식 습득, 아파트 관리 관련 신문이나 홈페이지 등을 통한 정보습득, 능력개발을 위한 자발적인 노력

출처: 곽도 외, 2008.

참 고 문 헌

강순주, "친환경인증 공동주택의 거주 후 평가-S아파트 단지를 중심으로", 「대한건축학회논문집 계획계」, 22(9), 2006, pp.91-99.

곽도 · 은난순, 『주택관리사의 근무환경 및 처우개선을 위한 기초 연구』, 2008.

경향신문, "현 아파트관리소장 경과조치", 1988.8.30.

경향신문, "주택관리사보 시험", 1989.6.16.

경향신문, 1990.2.3. "주택관리사 아니라도 아파트 관리소장 가능"

경향신문, "주택관리사 고용의무 완화", 1996.2.22.

공동주거관리연구회, 『공동주거관리이론』, 교문사, 2008.

김미숙, "면허형 국가자격 특성과 보수교육 실태", 한국직업능력개발원, 「THE HRD REVIEW」 15(5), 2012.

김해동 외, "공동주택관리사양성 및 제도화에 관한 연구", 서울대학교행정대학원 부설 행정조사 연구원, 1983.

동아일보 1967.1.9. "날림 공사 응암 아파트와 단전, 단수 등 공동생활 문제"

동아일보 1968.9.4. "문화촌 아파트 오물 마구 흘러"

동아일보, 1987.3.12. "아파트의 주먹구구식 관리 많다"

매일경제, "주택관리인 면허기준", 1979.7.30.

매일경제, 1982.10.26. "주택관리사 제도 도입 추진"

매일경제, 1988.4.14. "공동주택관리사 시행 앞두고 관리소장들 반발"

매일경제, 1992.8.29. "공동주택관리 문제 많다"

박인, "주택관리사 제도 입법내용", 법제처, 1989.

연합뉴스, 1998.5.2. "아파트 주택관리사 제도 유명무실"

유병선 · 은난순 · 홍형옥, "주택관리소장의 근무의욕과 직업만족도에 미치는 영향요인 분석", 『주택연구』, 11(2), 한국주택학회, 2003, pp.51-75.

은난순 · 홍형옥, "주거관리의 맥락과 한국 공동주택관리 연구의 변천과 쟁점-사회구성주의 관점으로", 『주택연구』, 10(1), 한국주택학회, 2002, pp.107-134.

은난순 · 유병선 · 홍형옥, "공동주택관리사의 전문직화를 위한 탐색적 연구", 『한국가정관리학회지』, 21(3), 2003, pp.109-121.

은난순, "주택관리사의 자격제도 개선을 통한 전문성 강화 방안", 『주택관리 제도개선 특별세미나 자료집』, 2013, pp.13-28.

조선일보 1963.11.2. "공동생활에 불편은 없는가"

조선일보 1970.4.9. "와우 시민아파트 붕괴 현장"

진미석 · 손유미 · 정윤경 · 이지연, 『유망직 찾아보기』, 한국직업능력개발원, 1998, 연구자료 98-9, p.87
한겨레 신문, 1988.8.31. "주택관리사 제도 11월 시행"
한겨례, 1992.2.23. "주택관리사 갈 데 없다. 아파트 주민들 실무경력 없다 채용 기피"
홍형옥 · 은난순 · 유병선 · 김정인, 『주거관리』, KNOU, 2011.
www.census.go.kr
www.hrdkorea.or.kr
www.law.go.kr
www.Q-net.or.kr

제 7 장 거주자 및 근로자의 안전관리

김성중(인천대학교)

I 공동주택 거주자의 주택 내에서의 안전관리

1. 가정 내에서의 안전관리

1) 가정 내 연도별 안전사고 현황

한국소비자원 소비자위해감시시스템(CISS)에 수집된 가정 내 안전사고는 2010년 20,402건, 2011년 27,869건, 2012년 33,981건으로 매년 지속적으로 증가하는 추세이다. 특히, 올해 8월말까지는 27,727건으로 전년 동기 대비 21.5%가 증가하였다.

| 표 7.1 연도별 가정 내 안전사고 현황

구분	2010년	2011년	2012년	2012년 8월	2013년 8월
발생건수	20,402	27,869	33,981	22,821	27,727
증가율(%)	-	36.6	21.9	-	21.5

출처: 한국소비자보호원

2) 가정 내 위해내용별 현황

가정사고 내용 및 원인으로는 먼저 베란다에서의 추락, 계단에서의 넘어짐, 화장실에서의 미끄러짐 등이 있으며 날카롭고 삐죽한 가구, 장난감 모서리에 부딪히는 충

| 그림 7.1 가정사고 위해내용별 사고

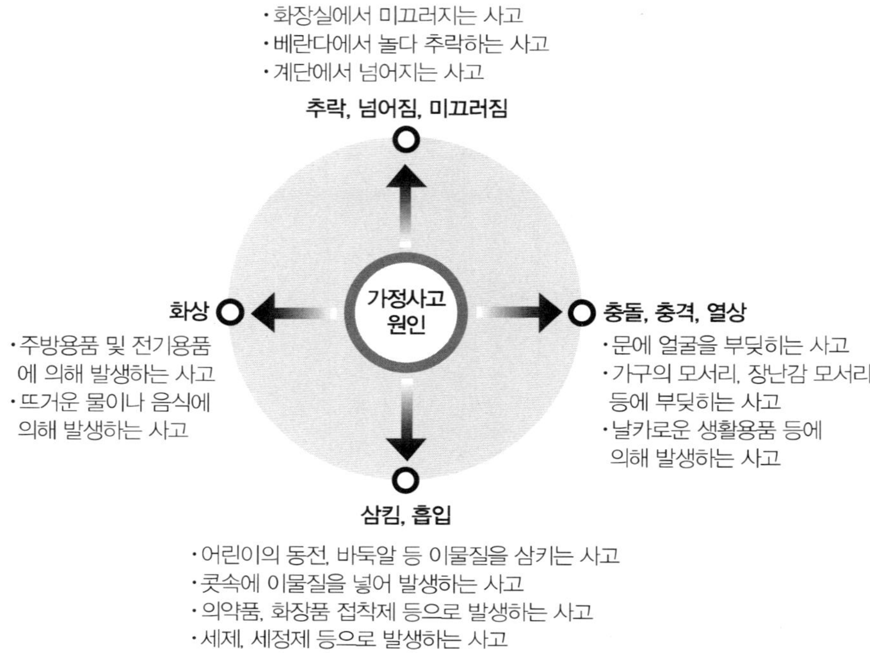

출처: 2012년 5월 안전생활 길잡이(안전행정부)

돌, 충격 또는 뜨거운 물이나 음식에 의해 발생하는 화상사고가 있다. 어린이의 경우 의약품, 화장품, 바둑알 등의 삼킴, 흡입으로 인한 가정사고가 주로 발생한다.

올해 8월말까지 접수된 안전사고 27,727건의 위해내용을 보면, '추락/넘어짐/미끄

| 표 7.2 가정 내 위해사고 내용별 현황

구분	추락/넘어짐/미끄러짐	이물질	충돌로 인한 둔상	긁힘/베임/찢어짐	화학적 영향	고온영향
발생건수	7,289	4,905	4,016	2,970	2,714	1,519
비율(%)	26.3	17.7	14.5	10.7	10.0	5.5
구분	압궤(눌림/끼임)	화학적 부식	기계적 결함	물림/쏘임	기타	합계
발생건수	907	619	603	437	1,748	27,727
비율(%)	3.2	2.2	2.1	1.5	6.3	100.0

출처: 한국소비자보호원

러짐'이 26.3%로 가장 많이 발생했고, 다음으로 '이물질 삼킴'이 17.7%, '충돌로 인한 둔상'이 14.5%, '긁힘/베임/찢어짐이 10.7% 등으로 많았다.

3) 가정 내 장소별 사고

안전사고 발생 장소별로 보면, '침실/방'에서 발생한 사고가 21.1%로 가장 많았고, '주방'이 15.8%, '거실'이 16.7%, '화장실 및 욕실'이 7.2% 등으로 그 뒤를 이었다.

| 표 7.3 가정 내 사고 발생장소별 현황

구분	침실/방	주방	거실	화장실 및 욕실	계단	베란다 (발코니)	기타	합계
발생 건수	5,849	4,375	4,625	1,988	193	229	10,468	27,727
비율 (%)	21.1	15.8	16.7	7.2	0.7	0.8	37.7	100.0

출처: 한국소비자보호원

4) 주요 사고사례

사례 1 2013년 8월 김○○(여, 70세), 화장실 가다 넘어져 위팔뼈 몸통에 골절을 입음.

사례 2 2013년 8월 김○○(남, 71세), 화장실에서 앞으로 미끄러져 목척추뼈에 골절을 입음.

사례 3 2013년 4월 신○○(남, 86세), 침대에서 떨어지며 하배부 및 골반의 타박상을 입음.

사례 4 2013년 3월 강○○(남, 86세), 주방에서 미끄러지며 쓰레기통에 부딪혀 눈 주위 열상을 입음.

사례 5 2013년 1월 한○○(남, 83세), 휠체어 타고 가다 계단에서 굴러 머리에 열상을 입음.

5) 가정사고 발생장소 및 예방대책

(1) 방과 거실

방과 거실은 모서리가 뾰족하고 크기가 큰 가구 및 가전제품들이 배치되어 있는 장소이며 또한 가정 내에서 가장 많은 시간을 보내며 위해사고가 가장 많이 발생하는 장소이다. 노출되어 있는 시간과 많은 가구들이 배치되어 있다 보니 예방대책을 철저히 세워야 한다.

◇ 예방대책 ◇

① 크기가 크고 무거운 책장은 벽에 붙여 두고, 높은 곳에 아이들의 시선을 끄는 물건을 올려놓지 않는다.
② 벽에 무거운 물건을 걸지 않는다. 특히 어린이의 손이 닿는 곳에는 걸지 않는다.
③ 테이블이나 선반위에 쉽게 움직일 수 있는 가구나 가전기구는 위에 놓지 않는다.
④ 텔레비전의 뒷부분을 만지지 않도록 설치하고, 라디오, 레코드 등은 아이들의 손이 닿지 않는 곳에 두며 깨질 수 있는 물건도 아이들의 손이 닿지 않는 곳에 둔다.
⑤ 모서리가 뾰족한 가구는 안전보호대를 씌워 사고를 미연에 방지한다.
⑥ 침대의 난간은 아이들의 손이 끼이지 않도록 강한 걸쇠로 단단히 매어 준다. 침대를 구입할 경우 안전난간 사이의 폭은 5~6cm 정도를 넘지 않는 것이 좋다.

(2) 욕실

욕실바닥은 물, 비누, 샴푸 등에 의해서 매우 미끄럽고 넘어질 확률이 높다. 욕실의 온수는 치명적인 화상을 일으킬 수 있다. 특히 아이들이 수도 손잡이를 마음대로 조작해서 갑자기 뜨거운 물이 쏟아지는 경우도 많다. 욕실에 전기제품을 두는 경우, 젖은 상태에서 전기 스위치를 켜거나 전기제품을 사용할 때, 전기로 인한 쇼크와 감전이 발생할 수 있다. 욕실에 의약품, 구강세척제, 알코올, 수면제 등의 약품을 보관하거나, 샴푸나 청결제, 화장품 등 아이들의 손이 닿는 곳에 유해할 수 있는 제품을 보관하는 경우에 사고가 발생한다.

◇ 예방대책 ◇

① 욕실 바닥은 물기가 없도록 청소하여 어린이와 고령자의 미끄러짐 사고를 예방한다.
② 세제, 화학약품 등은 어린이의 손이 닿지 않는 곳에 보관한다.
③ 바닥에는 고무매트나 안전발판 같은 미끄럼방지 도구를 깐다.
④ 노약자가 있는 경우 욕실의 벽이나 욕조 바로 옆에 손잡이 봉을 부착하여 미끄러질 때 잡을 수 있도록 한다.
⑤ 욕실문에 부착된 유리는 일반유리 대신 안전유리 또는 플라스틱으로, 슬리퍼는 미끄러지지 않는 재질로 된 것을 사용한다.

(3) 주방

주방에서 주방기기나 주방용품, 주방용 가구 등을 사용하다 다치는 사고임, 찢어짐, 찔림에 의한 사고가 가장 많으며, 그 다음으로 고온영향으로 컵이나 접시의 깨진 부분에 베이는 사고가 대부분을 차지한다. 싱크대는 고온영향에 의한 상해가 가장 많다. 주방의 가스레인지나 전자레인지 사고는 불에 화상을 입거나, 전자레인지에서의 음식물의 폭발이나 스파크 발생 등의 상해가 가장 많이 발생하고 있다.

◇ 예방대책 ◇

① 가스 불이나 뜨거운 주방기기, 물, 증기나 기름 등에 주의한다.
② 칼 보관 장소는 어린이들이 있는 경우 주방싱크대 문 뒤에 보관하지 않는다.
③ 어린이는 안전의식이 취약하므로 주방 내 사고위험에 대하여 수시로 교육을 시킨다.
④ 접시나 유리잔 같은 깨지기 쉬운 기구들은 아이들의 손이 닿지 않는 곳에 둔다.
⑤ 제품 사용설명서를 잘 읽고, 안전 주의사항을 지킨다.
⑥ 전기제품의 부속을 교체하거나 청소할 때, 사용하지 않을 때에는 전원을 차단하며 물이 튀기지 않도록 한다.

(4) 계단

어린이의 추락사고의 20% 이상이 계단에서 발생하며 노약자 또한 계단에서 많은 사고가 발생한다는 사실을 고려할 때 계단에서 더욱 안전사고에 주의하여야 한다. 계단에 카펫이나 매트를 깔아 미끄러져서 낙상사고를 일으키는 원인이 될 수 있고 복도계단에 쌓아 놓은 박스나 장식용 가구는 통행하는데 장애를 주며 화재 발생 시 매우 위험할 수 있다.

◇ 예방대책 ◇

① 계단에 확실하게 고정되지 않은 카펫을 깔거나 계단 상단 부위에 소형매트를 놓는 것은 낙상 사고를 일으키는 원인이 될 수 있으므로, 카펫이 확실하게 밀착되도록 고정시키거나 소형 매트는 다른 장소로 옮겨 놓는 것이 좋다.
② 계단에 쌓아 놓은 박스나 장식용 가구는 통행하는데 장애가 될 수 있으며, 특히 화재 발생 시 위험할 수 있으므로 계단에는 물건을 올려놓지 않도록 한다.

③ 계단 각 발판의 폭과 높이는 계단의 경사에 따라 조절되어야 한다. 일반적으로 한 발판의 높이는 약 20cm, 그 폭은 적어도 25cm는 되어야 한다.
④ 계단 난간의 높이가 아이들의 중심보다 낮으면 추락의 위험이 있으므로 이상적인 난간의 높이를 120cm 이상이 되도록 한다. 난간 막대 사이의 간격은 10cm 이상을 초과하지 않게 한다.
⑤ 계단에 미끄럼 방지 테이프 등을 부착하여 미끄럼 사고를 방지한다.
⑥ 복도, 계단, 현관에는 밝은 조명을 설치하여 보행 시 불편을 주지 않도록 한다.

(5) 창문, 베란다

베란다에서 주로 어린이 추락사고 및 끼임 사고가 많이 발생하며 청소중 바닥이 미끄러워 넘어짐 사고 또한 많이 발생한다. 최근 아파트 실내 구조 변경 등으로 베란다를 없애는 경우 거실 창문을 통해 바로 추락할 수 있는 위험 또한 높다.

◇ 예방대책 ◇

① 창틀 위에 어린이용품을 올려놓지 않는다. 아이들이 이것을 꺼내기 위해 기어 올라가 사고가 날 수 있다.
② 창문의 모양에 따라 안전 고리를 설치하고 2층의 창문에는 반드시 안전망이나 난간을 설치한다.
③ 어린이가 창문 밖으로 상체를 내밀거나 베란다 난간에 기대어 서지 않도록 한다.
④ 영아도 닫힌 창문이나 문을 열 수 있으므로 문이나 창문에는 잠금장치를 하여 어린아이가 함부로 창문을 열 수 없게 한다.
⑤ 환기를 위해 창문을 열 경우에는 반드시 위에서부터 열도록 한다. 아래쪽의 창문을 열어야 할 경우에는 밑에서부터 10~13cm 정도만 열리게 하고 안전장치를 한다.

2. 가정 내에서 화재관련 안전사고

1) 연도별 화재관련 안전사고 현황

한국소비자원 소비자위해감시시스템(CISS)에 수집된 공산품관련 화재사고는 2010년 2,344건, 2011년 2,060건, 2012년 2,498건으로 매년 접수되고 있으며 특히, 2013년 10월말 현재 2,446건으로 전년 동기(2,110건) 대비 15.9%가 증가한 것으로 나타났다.

표 7.4 연도별 화재관련 안전사고 현황

구분	2010년	2011년	2012년	2012년 8월	2013년 8월
발생건수	2,344	2,060	2,498	2,110	2,446
증감율(%)	-	12.1↓	21.3↑	-	15.9↑

출처: 한국소비자보호원

2) 가정 내 화재관련 위해기구별 현황

2012년 1월부터 2013년 10월까지 접수된 화재관련 안전사고 중 가정 내에서 발생한 사고는 총 2,241건임. 이 중 화재사고가 많이 발생한 상위 10대 품목을 살펴보면 '전기장판 · 매트'가 413건으로 가장 많았고, 다음으로 '가정용 세탁기' 150건, '화목보일러' 134건, 가정용 냉장고 88건, 형광등 71건, 전기보일러와 김치냉장고 각 67건, 선풍기 60건, 텔레비전 56건, 리셉터클 54건의 순으로 화재가 많이 발생하였다.

| 표 7.5 가정 내 화재관련 위해기구별 현황

품목명	건수	구성비(%)
전기장판 · 매트	413	18.4
가정용 세탁기	150	6.7
화목보일러	134	6.0
가정용 냉장고	88	3.9
형광등	74	3.2
전기보일러	67	3.0
김치냉장고	67	3.0
선풍기	60	2.7
텔레비전	56	2.5
리셉터클(소켓)	54	2.4

출처: 한국소비자보호원

3) 가정 내 화재사고 발생장소별 현황

가정 내 화재사고를 발생장소별로 분석한 결과, '침실 · 방'에서의 사고가 523건으로 가장 많았고, 주방 345건, 보일러실 263건, 거실 178건 등의 순으로 나타났다.

| 표 7.6 가정 내 화재사고 발생장소별 현황

구분	침실/방	주방	보일러실	거실	화장실 및 욕실	베란다 (발코니)	기타	합계
발생 건수	523	345	263	178	81	45	806	2,241
비율 (%)	23.3	15.4	11.7	7.9	3.6	2.1	36.0	100.0

출처: 한국소비자보호원

4) 주요 사고사례

사례 1 2013년 5월 권○○(여, 31세), 전기장판 온도조절기 과열로 인해 집에 화재 발생

사례 2 2013년 5월 오○○(여, 50세), 식기세척기 장시간 사용으로 인해 전선피복 등에 불이 붙어 화재 발생

사례 3 2013년 5월 채○○(여, 47세), 빨래건조기 히터 과열로 인한 복사열에 의해 건조실에 화재 발생

사례 4 2013년 5월 고○○(남, 54세), 화목보일러 과열로 인해 화재 발생

사례 5 2012년 2월 박○○(남, 19세), 기름보일러 내 절연열화에 의해 단락된 전기배선에서 화재 발생

5) 가정 내 화재사고 원인

최근 한국소비자원에서 가정 내 안전관리실태를 조사한 결과 TV 및 냉장고, 전자렌지 등 에너지소비율이 높은 가전제품 임에도 한 개의 콘센트에 문어발식으로 많은 제품들을 사용하고 있는 경우가 많았으며 사용하지 않는 기구일 경우 플러그를 뽑아두어야 하는데 그렇지 못한 경우가 많은 것으로 조사되었다. 콘센트 또한 접지가 되지 않는 오래되고 배선은 꼬인 상태로 사용하는 경우가 많았고 욕실과 같이 습기가 많은 곳이나 통풍이 되지 않는 곳에서 세탁기를 사용하는 경우 또한 많은 것으로 조사되었다. 전기장판의 경우 두꺼운 이불이나 요, 라텍스 재질의 침대 매트리스와 사용하여 화재의 위험성을 더욱 높였다.

6) 주의사항

① 전기기구나 전선은 규격품을 사용하고 배선은 꼬이거나 꺾이지 않도록 하고 한 개의 콘센트에 문어발식으로 사용하지 않는다.

② 모든 가전제품은 습기와 먼지가 많은 곳에 설치하지 않고 사용하지 않는 전열기구는 반드시 플러그를 뽑아두고 콘센트에서 플러그를 뽑을 때에는 플러그 전체를 잡고 뽑는다.

③ 전기장판을 사용할 때는 두꺼운 이불이나 요, 라텍스 재질의 침대 매트리스와 함께 사용하지 않는다.

④ 전기난로 및 가스기구 등은 충분한 거리를 유지하여 설치하고, 주변의 인화성 물질을 제거하며 석유난로는 불이 붙어 있는 상태에서 주유하거나 이동하지 않도록 한다.

⑤ 난로 주위에는 절대로 세탁물을 말리지 않도록 하고, 특히 커튼이나 가연물질이 난로에 닿지 않도록 각별히 주의한다.

⑥ 가스 불 위에 요리를 올려두고 내버려둔 채 주방을 장시간 비우지 않는다.

⑦ 가스를 사용할 때에는 창문 등을 열어 환기를 충분히 시켜야 하며, 가스가 새는지 비눗물 등으로 수시 점검한다.

⑧ 가스 누설 점검기(자동차단기)는 적정 위치에 설치하고 정상 작동 여부를 주기적으로 확인한다.

Ⅱ 공동주택 주변에서 주거자의 안전관리

1. 어린이놀이터에서의 안전관리

1) 놀이터 안전사고 현황

한국소비자원이 2008년부터 2010년 3월까지 소비자위해감시시스템(CISS)에 접수된 어린이 놀이시설 위해사례 2,063건 중 놀이기구명이 미상인 429건을 제외한 1,634건을 놀이기구별로 분석한 결과, 미끄럼틀에서 발생한 사고가 가장 많았다. 이어서 "그네" 22.7%, 정글짐과 같은 "기어오르는 놀이기구" 9.7%, "시소"가 8.6%의 순으로 나타났다.

| 표 7.7 놀이터 놀이기구별 안전사고 현황

구분	미끄럼틀	그네	기어오르기	시소	일반시설물	철봉	회전놀이	기타	합계
발생건수	734	371	159	141	131	49	31	18	1,634
비율(%)	44.9	22.7	9.7	8.6	8.0	3.0	2.0	1.1	100.0

출처: 한국소비자보호원

2) 놀이터 위해사고 내용별 현황

위해내용별로는 '추락'이 36.2%로 가장 많았으며, '베인 상처・열상' 33.6%, '넘어짐' 14.5%, '골절' 3.1%, '미끄러짐' 3.0% 등의 순이었다.

| 표 7.8 놀이터 위해사고 내용별 현황

구분	건수(%)	구분	건수(%)
추락	747(36.2)	삠/염좌/긴장	16(0.8)
베인 상처/열상	694(33.6)	찔린상처	7(0.3)
넘어짐	299(14.5)	치아손상	6(0.3)
골절	63(3.1)	이물질	2(0.1)
미끄러짐	62(3.0)	철관송상/출혈/혈종	2(0.1)
타박상/좌상/부종	47(2.3)	내부기관손상	1(0.0)
압궤손상	40(1.9)	탈구	1(0.0)
찰과상	32(1.6)	미상/기타	21(1.0)
뇌진탕	23(1.1)	계	2,063(100.0)

출처: 한국소비자보호원

3) 놀이터 위해사고 부위별 현황

위해부위별로는 눈・코・이마 등 "얼굴"부위가 30.3%로 가장 많았으며, "머리"가 26.2%, "팔・손"이 23.7%, "발・다리・무릎"이 8.0%, "허리・골반"이 3.6% 등의 순이었다.

| 표 7.9 놀이터 위해사고 부위별 현황

구분	건수(%)	구분	건수(%)
얼굴	626(30.3)	가슴/배/등	26(1.3)
머리	240(26.2)	내부기관	16(0.8)
팔/손	488(23.7)	전신	16(0.8)
다리/발/무릎	166(8.0)	생식기	4(0.2)
허리/골반	75(3.6)	기타	31(1.5)
치아	47(2.3)	합계	2,063(100.0)
목/어깨	28(1.4)		

출처: 한국소비자보호원

4) 위해사례

사례 1 2010. 11 경기도 고양시 덕양구 허○○의 자녀(여, 6세)는 철봉에서 안전매트가 없는 시멘트 바닥으로 떨어져 팔 골절상을 입음.

사례 2 2010. 11월 경기도 고양시 김○○의 자녀(남, 5세)가 놀이터의 조립형 미끄럼틀이 무너지면서 인중을 부딪쳐 상해를 입음.

사례 3 2010. 11월 울산시 동구 방어동 김○○의 자녀(남, 7세)는 놀이터 놀이기구에 오른쪽 무릎아래가 끼어 상해를 입음.

5) 놀이터 위해사고 원인 및 분석

한국소비자원이 서울시내 36개 어린이 놀이시설에 대한 안전실태를 조사한 결과, 72.2%의 놀이터 바닥이 파이는 등 훼손되어 있었다. 바닥 모래가 굳은 상태, 또는 깨진 유리병이나 돌멩이 등 이물질이 방치되어 있는 경우도 있었다.

47.2%의 놀이시설은 쇠로 된 놀이기구가 녹이 슬거나 부식되어 있었으며, 나무로 된 놀이시설 19곳 중 68.4%가 나무의 훼손이 발생해 문제점으로 지적됐다.

또한 회전놀이기구의 경우 노후화로 인해 회전축이 탈락된 사례도 있었다. '놀이시설 안전수칙 및 설치검사' 내용을 이용자들에게 알려주는 게시판이 파손되어 이용자들이 제대로 볼 수 없거나, 표지판을 제대로 설치하지 않은 곳도 있었다.

한편, 10세 이하의 어린이들이 이용하는 놀이터에서 어른들의 음주・흡연・노숙 등이 이루어지고 있어 어린이들이 편안하고 즐겁게 이용할 수 있는 안전한 놀이터 환경조성 마련이 시급한 것으로 지적됐다.

6) 주의사항

① 놀이기구에 게시된 안내사항 및 주의사항을 숙지한 후 이용한다.

② 어린이가 떨어질 위험이 있다고 생각되거나 낡은 놀이기구는 이용하지 않는다.

③ 그네 · 미끄럼틀 등 놀이기구에서 일어서거나 이탈하는 행동은 하지 못하게 한다.

④ 갈라지거나 손상된 바닥에 추락 시 다칠 수 있으므로 바닥의 상태를 확인한다.

2. 승강기에서의 안전관리

1) 승강기 종류별 고장 및 사고 통계

한국승강기안전관리원에 통계된 2008년부터 2013년까지 승강기 고장현황을 조사한 결과로는 총 9,013건 중 공동주택에서 발생한 사고가 6,026건으로 총 66.9%를 차지한 것으로 가장 고장이 많이 발생한 것을 알 수 있다.

또한 2008년부터 2013년까지 조사된 승강기 사고로는 총 701건 중 공동주택에서 발생한 사고가 51건으로 총 7.3%를 차지한 것으로 나타났고 가장 사고가 많이 나타

표 7.10 승강기 종류별 고장 현황

연도	공동 주택	제2종 근린 생활 시설	문화 및 집화 시설	판매 및 영업 시설	의료 시설	교육 연구 및 복지 시설	업무 시설	숙박 시설	공장	기타	계 (건)
2008년	1,035	84	10	61	19	11	5	45	12	109	1,391
2009년	521	36	7	36	5	5	6	11	1	70	698
2010년	1,247	266	13	73	45	10	16	21	11	105	1,807
2011년	1,447	362	28	75	55	24	17	39	12	152	2,211
2012년	1,109	324	17	72	27	28	22	38	13	119	1,769
2013년	667	178	11	63	27	18	11	21	6	135	1,137
계	6,026	1,250	86	380	178	96	77	175	55	690	9,013
비율 (%)	66.9	13.9	0.9	4.2	1.9	1.0	0.9	1.9	0.7	7.7	100.0

출처: 한국승강기안전관리원

| 표 7.11 승강기 종류별 사고 현황

연도	공동 주택	제2종 근린 생활 시설	문화 및 잡화 시설	판매 및 영업 시설	의료 시설	교육 연구 및 복지 시설	업무 시설	숙박 시설	공장	기타	계 (건)
2008년	10	14	5	107	2	2	6	0	5	3	154
2009년	5	13	1	82	4	1	1	1	4	3	115
2010년	8	7	3	100	3	0	4	0	4	0	129
2011년	8	0	0	76	4	3	2	0	1	2	96
2012년	8	11	0	104	2	1	4	0	2	1	133
2013년	12	6	1	50	1	0	1	2	1	0	74
계	51	51	10	519	16	7	18	3	17	9	701
비율 (%)	7.3	7.3	1.4	74	2.3	1.0	2.6	0.4	2.4	1.3	100.0

출처: 한국승강기안전관리원.

나는 곳은 판매 및 영업시설로 519건 74%를 차지했다.

2) 승강기 사고 원인별 현황

한국승강기안전관리원에 2008년부터 2013년까지 접수된 승강기 사고 원인별 현

| 표 7.12 승강기 사고 원인별 현황

연도	이용자과실	작업자과실	관리자부실	보수부실	제조불량	기타	계(건)
2008년	96	6	9	1	0	42	154
2009년	76	1	10	1	0	27	115
2010년	110	1	11	3	2	2	129
2011년	84	2	8	2	1	0	97
2012년	113	1	6	10	3	0	133
2013년	61	1	5	8	1	1	77
계	540	12	49	25	7	72	705
비율(%)	76.6	1.7	6.9	3.5	1.0	10.3	100.0

출처: 한국승강기안전관리원

황으로는 총 705건을 조사한 결과 이용자 과실이 540건으로 76.6%, 관리자부실이 49건으로 6.9%, 보수부실이 25건으로 3.5%, 기타 72건으로 10.3%로 이용자 과실이 가장 큰 것으로 조사되었다.

3) 주요 사고사례

사례 1 2013. 8월 강원 속초시 중상 1명, 유아인 피해자와 보호자가 엘리베이터를 1층에서 탑승하여 피해자가 닫히는 카도어에 발이 끼이며 발생한 사고

사례 2 2013. 8월 부산 해운대구 사망 1명, 병원 환자인 피해자가 7층에서 엘리베이터에 탑승하여 내려오던 중 5층과 6층 사이에서 엘리베이터가 정지하여 갇힘. 병원 간호사가 유지관리업체에 신고하여 피해자를 구조하려 하였으나 피해자가 문을 열고 탈출을 하던 중 피트로 추락하며 발생한 사고

사례 3 2013. 8월 경기 의정부시 중상 1명, 피해자가 건물주와 함께 엘리베이터에 탑승하여 내려가던 중 2층과 1층 사이에 카가 정지하여 발생한 사고

사례 4 2013. 5월 서울 강북구 사망 1명, 남녀가 승객용엘리베이터 1층 승강장 앞에서 다투다 남성이 피해자를 밀어 1층 승강장 문에 피해자과 남성이 충돌하며 문이 이탈되며 피해자가 지하 2층 피트로 추락하여 발생한 사고

사례 5 2013. 2월 부산 해운대구 사망 1명, 피해자가 8층 승강장 문을 강제로 개방하려던 중 문이 열리지 않자 어깨로 문에 충격을 가해 문이 이탈되며 피트로 추락하여 발생한 사고

사례 6 2013. 2월 서울 광진구 경상 1명, 피해자가 12층에서 엘리베이터에 탑승한 직후 갇히고, 진동과 함께 카가 상승하여 14층에서 멈춘 사고

4) 승강기 안전사고 현황

승강기관련 기계류의 사고원인은 이용자과실, 관리부실, 보수부실, 작업자과실, 제조불량, 개문출발로 크게 6가지로 구분된다. 승강기, 회전문, 에스컬레이터 사고의 원인은 실제 사례를 통하여 살펴본 결과 승강기 개폐 및 오작동의 문제가 대다수였다. 승강기관련 기계류의 이용자 입장에서 살펴본 구체적인 사고 원인은 비상키로 승강장 문을 열고 탑승하다 추락한 사고, 탈출 및 구출 과정에서 발생한 사고, 승강기 비전문가가 직접 고장수리를 시도하다 발생한 사고, 작업 중 안전수칙 미준수로 인한 이용자 사고, 이용자의 부주의 또는 난폭한 행동에 의한 사고 등이 있다.

관리자나 작업자 입장에서 살펴본 사고 원인은 작업 중 안전수칙 미준수로 인한 작업자 사고, 부품 불량에 의한 사고, 기타 유지관리 부실에 의한 사고 등이 있다.

5) 주의사항

① 승강기 내에 부착된 유의 사항을 숙지하고 꼭 지켜야 하며 탑승 이후 불필요한 버튼 조작이나, 내부에서 뛰는 행동을 삼간다.

② 승강기 출입문을 손으로 흔들거나 밀지 말아야 하며, 절대 문에 기대지 말아야 하며 승강기 문턱 틈이나 문 사이에 이물질(성냥 개비, 껌, 종잇조각 등)을 버리지 않는다.

③ 규정된 무게 이상의 탑승이나 화물은 싣지 않는다.

④ 어린이나 노약자는 될 수 있으면 보호자와 함께 탑승하도록 하고 애완동물은 안고 탑승한다.

⑤ 승강기 안에서 위험을 느낄 때에는 비상벨을 누르고 인터폰으로 연락한다.

⑥ 비상정지 시나 불안전한 정지 시에는 억지로 문을 열면 안 되고, 침착하게 119나 관리사무소에 연락하여 상황을 알리고 기다려야 한다.

⑦ 비상환기구는 탈출구가 아니므로 열면 안 된다.

⑧ 화재가 났을 때는 승강기를 타지 말고 반드시 계단을 이용하여 대피한다.

III 공동주택 근로자의 안전관리

공동주택은 다수의 사람들이 여러 가지 설비 및 시설을 공동으로 사용하는 곳이기 때문에 무엇보다 시설관리가 중요하다. 따라서 관리자의 형식적인 시설물 관리로 문제를 발견하지 못하고 사고가 일어나도록 방치해서는 안 될 것이다. 또한 공동시설을 사용하는 거주자 및 관리자들은 시설물 사용 및 관리 시 안전수칙을 따라야 하며 시설물에 대해 안전사고를 예방하기 위하여 아파트 관리주체는 소방시설, 승강기 및 인양기, 주차장, 경로당 또는 어린이놀이터에 설치된 시설 등에 관한 안전관리계획을 세우고, 이에 따라 시설물별로 안전관리자 및 안전관리책임자를 선정하여 이를 시행해야 한다.

1. 근로자의 시설물 안전관리

1) 관련 법규

아파트 경비업무에 종사하는 자와 시설물 안전관리책임자로 선정된 자는 아파트단지의 각종 안전사고의 예방과 방범을 위하여 시장・군수・구청장이 실시하는 방범교육 및 안전교육을 받아야 한다(「주택법」 제49조 제2항 및 「주택법 시행규칙」 제28조 제1항).

위반시 「주택법」 제49조에 따른 안전관리계획을 수립 및 시행하지 않거나 교육을 받지 않은 자는 150만원 이하의 과태료를 부과받는다(「주택법」 제101조 제3항 제11호, 「주택법 시행령」 제122조 제1항 및 별표 13).

2) 안전관리 시설물 종류

1. 보일러 및 펌프설비
2. 변전 설비
3. 소방 설비
4. 승강기
5. 급수펌프장 설비
6. 부대 시설

| 그림 7.2 '12년 건물 관리업 종사 근로자의 장소별 재해건수

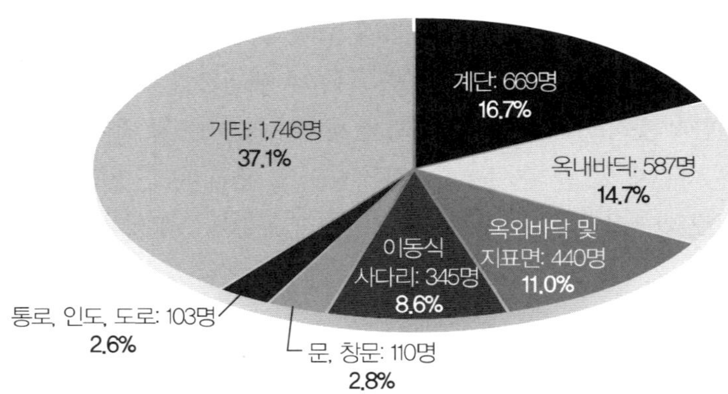

출처: 안전보건공단 '건물 관리업 근로자의 안전과 건강'

| 표 7.13 주택관리 관련 법령 및 주요내용

법 명	주요내용
주택법	법 제50조(안전점검) 반기마다 관리주체가 실시. 16층 이상은 기술이 인정된자 또는 교육을 이수한 관리사무소장 또는 직원 시행령 제48조(주택관리업자 등에 의한 의무관리대상 공동주택 범위) 시행령 제52조(관리방법의 결정 등)입주자대표회의의결 또는 전체 입주자등의 10분위 1 제안 관반수 찬성 시행령 제72조(관리사무소장의 배치)
시설물의 안전관리에 관한 특별법	시행령 제2조(시설물의 범위) 16층 이상의 공등주택은 2종시설물 시행령 제6조 안전점검 반기 1회이상 실시(공동주택은 주택법시행령의 안전점검으로 갈음) 법 제18조(시설물의 유지관리의 방법)시설물은 관리주체가 직업유지하거나 유지관리업자로 하여금 유지관리 하게 함. 단, 의무관리대상단지는 주택법령에 따라 유지하므로 대상에서 제외됨 시설물정보관리종합시스템에 보고
소방시설 설치·유지 및 안전관리에 관한 법률	시행령 제22조(소방안전관리자를 두어야 하는 특정소방대상물) 아파트는 2급 소방안전관리대상물로 소방안전관리자 선임(대행 가능)
수도법	법 제33조(위생상의 조치) 공동주택 관리자의 의무
수도시설의 청소 및 위생관리 등에 관한 규칙	제6조 6개월마다 1회 이상 청소 별표 3에 따라 월 1회 이상의 위생상태 점검
하수도법	제39조(개인하수처리시설의 운영관리)/시행규칙 제33조(개인하수처리시설의 관리기준)에 의해 내부청소를 연 1회 이상 실시
전기사업법	법 제73조(전기안전관리자의 선임 등) 전기수용설비 1000kw미만, 비상용예비발전설비 500kw미만의 경우 대행 가능(전압크기, 설비용량에 따라 자격기준 상이)
도시가스사업법	제29조(안전관리자) 안전관리자 선임(사업장마다 안전관리 부총괄자 1명, 안전관리 책임자 1명이상, 가스안전시설 안전관리업무 대행
고압가스 안전관리법	법 제15조(안전관리자) 안전관리총괄자, 책임자 시설의 저장능력/냉동능력에 따라 상이
승강기시설 안전관리법	법 제17조(승강기의 자체점검) 월 1회 자체점검 실시 및 점검기록 보존(과태료 500만원)

출처: 김정인, '3000만 공동주택 거주자의 주거 및 생활 안전을 위한 주택관리사의 역할'

3) 주요 사고사례

사례 1 2012년 10월 광주광역시, 아파트 경비원(65세, 남) 아파트 단지 내에서 순찰을 돌던 도중 계단에서 넘어지면서 머리를 다쳐 병원에서 치료를 받던 중 사망.

사례 2 2011년 7월 서울, 아파트 근로자가 아파트 지하 전기실에 폭우로 지하실에 내부에 물이 차오른 걸 모르고 들어갔다가 감전사.

사례 3 2013년 7월 충북, 관리직원 A씨 등 2명이 B아파트 지하 2층 배수 펌프실을 순찰하던 중 폭발하는 사고가 발생해 2도 화상을 입었다고 최근 밝힘.

사례 4 2012년 3월 경기도 소재의 A아파트 옥내 계단에서 작업자가 뒷걸음으로 내려오면서 대걸레질을 하다가 중심을 잃고 뒤로 넘어지면서 계단 바닥에 머리를 부딪쳐 사망.

사례 5 2013년 4월 부산 사상구 괘법동 한 아파트 지하 7m깊이에서 정화조 청소작업을 하던 세 사람이 일산화탄소 같은 독성가스에 질식해 의식을 잃고 쓰러져 1명이 사망.

표 7.14 건물 관리업 종사 근로자의 재해 현황

구분	2008년	2009년	2010년	2011년	2012년
사업장수	64,722	69,589	74,928	80,485	85,407
근로자수	504,034	523,121	553,970	582,662	616,654
재해자수	4,012	3,957	4,347	4,000	3,802
재해율	0.80	0.76	0.78	0.69	0.62
사망자수	77	46	49	62	69
사망만인율	1.53	0.88	0.88	1.06	1.12

출처: 김정인, '3000만 공동주택 거주자의 주거 및 생활 안전을 위한 주택관리사의 역할'

우리나라는 아파트 거주인구의 수가 전체 주택거주인구의 50%이상을 차지하고 있고 그러한 거주자들의 안전을 위해서는 공동주택 시설 근로자의 안전 근로 환경 확보가 우선적으로 이루어져야 한다. 하지만 산업안전보건공단에서 조사한 위 표('08~'12 3년간 건물 관리업 종사 근로자의 재해)에 따르면 사망재해 3대 다발업종 중에는 건물관리 종사자가 포함되어 있고 사망자 수는 매년 증가하고 있는 추세이다.

4) 근로자 관리 시설물별 안전수칙

(1) 보일러 및 펌프설비

기름보일러나 가스보일러는 화기의 접근을 금해야 한다. 특히 겨울철 가스보일러

에서 유출되는 일산화탄소는 색도 냄새도 없기 때문에 초기에는 누출을 파악하기 어렵다는 단점이 있다. 또한 일산화탄소 중독의 경우 심각한 후유증을 낳을 수도 있는 위험한 사고이다.

◇ 예방대책 ◇

① 근무 중 취침, 음주, 이석 및 관계자외의 출입 일절 금지.
② 보일러의 무면허자 또는 무인 운전 금지.
③ 보일러의 운전 또는 기타 작업 시에는 반드시 보호 장구 착용.
④ 각종 기기 이상 발견 시, 즉시 보고하여 지시를 받아 처리.
⑤ 소화기 사용법을 숙지 및 항시 사용 가능하도록 정위치 배치.
⑥ 인화물질 실내반입 일절 금지.
⑦ 근무자는 주임 및 비번자의 비상연락망을 숙지.
⑧ 근무 교대 시 근무사항 철저히 인계인수.

(2) 변전설비

변전설비는 비교적 고장과 수리의 빈도가 높은 설비 중에 하나이다. 안전장비 미착용으로 인한 감전사고가 빈번하게 발생하며 전력소모가 많은 겨울철이나 여름철에는 과열로 인한 화재가 발생하기도 한다.

◇ 예방대책 ◇

① 근무 중 취침 음주 이석 및 관계자 이외의 출입 일절 금지.
② 각종 기기 이상 발견 시, 즉시 보고하여 지시를 받아 처리.
③ 운전조작은 2인 이상이 실시하는 것을 원칙으로 하며 1인은 사고방지를 위하여 오조작이 없도록 감시하여야 한다.
④ 작업 시에는 반드시 보호 장구를 착용하여야 하며 미사용 장비는 정비를 철저히 한다.
⑤ 현장에는 관계도면 및 계통도를 비치하고 근무자 전원을 이를 숙지하여야 한다.
⑥ 근무 교대 시는 근무사항을 철저히 인계인수 한다.

(3) 소방설비

공동주택 거주자와 근로자를 위하여 필수적으로 관리되어야 하는 설비이며, 매 시기마다 정기적으로 시설의 작동 유무를 검사하며 공동주택 근로자는 소방설비의 작동법을 숙지하여야 한다.

◇ 예방대책 ◇

① 각종 소화기 및 소화전의 위치를 숙지하고 있어야 하며, 이상 유무를 항상 점검 하여야 한다.
② 각종 소화기는 피난 및 통행에 지장이 없어야 하고 사용할 때에는 반출이 쉽도록 설치 또는 비치하여야 한다.

(4) 승강기(엘리베이터)

공동주택 근로자는 승강기에 탑승객이 초과해서 탈 수 없도록 경보음장치를 매월 1회 이상 검사하여야 하며, 마찬가지로 인양기의 볼트 상태도 점검한다.

◇ 예방대책 ◇

① 수리 작업 시에는 승강기의 작동이 완전하게 정지하였는지 확인하고 탑승자에게 표지판 등으로 정지사실을 알린다.
② 출입문이 완전히 열린 후 하차 및 승차하여야 하며, 이때에는 신중하게 행동하여야 한다.
③ 화물의운반시 다소 불편하더라도 여러 번에 나누어 안전하게 운행토록 한다.
④ 기계 연결부위를 수리 시에는 항상 끼임 사고에 대비한다.

(5) 급수펌프장 설비

급수 펌프장은 타인의 출입을 엄격하게 금해야 하며 작업장을 항상 밝게 유지하여야한다.

◇ 예방대책 ◇

① 근무 중 취침, 음주 및 관계자 이외의 출입을 금한다.
② 모터 및 펌프 배관의 소음 등 이상을 발견 시 즉시 가동을 중지하고 원인을 분석 후 조치하여 가동하거나 상사에게 보고하여 지시를 받는다.
③ 맨홀 등 출입구에는 시건장치를 한다.
④ 펌프장 내부를 항상 청결히 한다.

(6) 부대시설

어린이 놀이터나, 정원 관리 중에 추락이나, 충격, 끼임 사고가 발생할 확률이 높다.

◇ 예방대책 ◇

① 각 놀이시설의 작동부분에는 손을 대지 않아야 한다.
② 정원 관리 시 사다리는 항상 2인 1조로 작업하여야 한다.
③ 무거운 물건을 운반 시 2인 1조로 작업하거나 수레를 이용한다.
④ 주차선 작업 중에는 차량의 진입을 통제하는 표지판을 설치한다.

2. 근로자 작업 시 안전관리

공동주택 근로자의 경우 재해발생 형태별로 전도, 추락, 충돌, 협착(감김 · 끼임), 낙하 · 비래 등 5대 재래형 재해가 매년 80% 이상을 차지하는 추세이다.

대부분의 공동주택 근로자는 고령이거나 교대제 근로자여서 갑작스럽게 발생하는 사고에 대해 반응하는 속도가 일반 근로자에 비해 떨어져 재허 위험이 크므로 이에 대한 예방대책 수립이 필요하다. 근로자들의 불안전한 환경과 행동으르 발생하는 안전사고를 철저한 안전의식을 통해 예방할 수 있도록 하는 것이 목적이다

재해사고 중 가장 많았던 유형은 넘어짐으로 여름철 빗물과 겨울철 빙판길 등에 미끄러져 넘어지는 사고가 많았고 장소로는 계단이나 맨홀 등의 접지력이 약한 부분에서 빈번하게 넘어짐이 많았다. 이러한 사고는 건물관리 근로자의 연령대가 대부분 고령자이기 때문에 상대적으로 순발력이나 주의 경계력이 일반인들보다 브족하므로 더욱 더 위험하다.

| 표 7.15 건물관리업 근로자의 재해 발생 형태

재해유형	합계	넘어짐	추락	충돌	뇌심혈관계 질환 등	감김·끼임	절단	낙하·비래	교통사고	기타
재해자수	3,957	1,945	583	253	240	198	195	153	42	348
점유율(%)	100	49.2	14.7	6.4	6.1	5.0	4.9	3.9	1.0	8.8

출처: 산업안전보건공단, 건물관리업 「안전!넘버원」 매거진.

| 표 7.16 연령대별 건물관리업 재해자수

구분	30대 미만	30대	40대	50대	60대 이상	계
재해자수	57	178	358	1,026	2,183	3,802
비율(%)	1.5	4.7	9.4	27.0	57.4	100.0

출처: 김정인, '3000만 공동주택 거주자의 주거 및 생활 안전을 위한 주택관리사의 역할'

1) 위험요소와 예방대책

(1) 끼임

가. 사고사례

① 경비원이 아파트 자동출입문을 임의로 수리하던 중 자동문에 손가락이 끼임

② 청소작업을 위한 사다리, 작업대의 이동시 작업자의 협착

③ 회전하는 기계·기구의 유지 보수시 전원을 끄지 않은 상태에서 오조작에 의한 기어, 벨트, 체인 등에 협착

④ 기계식 주차설비 내에 설치된 조작실에서 승용차의 주차를 위하여 주차용 파렛트에 입차된 승용차를 주차위치로 이동시키고 다음 승용차의 주차를 위한 공 파렛트를 내리던 중 하강하는 리프트의 프레임과 바닥 사이에 협착하여 사망

나. 예방대책

① 현관유리, 회전문 청소 시 사람의 통행 금지

② 회전하는 기계·기구에는 안전덮개 설치

③ 사다리의 미끄럼방지장치, 벌림 방지장치 손상 시 반드시 수리 후 사용

④ 위험구역 내 작업자 출입금지

- 기계장치의 동작으로 협착 및 충돌 위험이 있는 장소에는 작업자의 출입을 금지시킴

⑤ 안전통의 확보 및 방호조치 실시

- 위험구역 내 작업자 상주시 작업장 내 안전통로 설치
- 충돌 및 협착의 위험이 있는 부분에는 작업자가 접근 시 이를 감지하여 기계의 동작을 즉시 정지시킬 수 있는 방호조치 실시

(2) 낙하

가. 사고사례

① 급정지장치의 고장 또는 오조작으로 인한 낙하

② 자동 현관문 점검 중에 상판 덮개 등이 떨어져 얼굴 등어 부상

나. 예방대책

① 비상정지스위치를 끈 상태에서 화물 적재 시 안전장치 기능제거에 다라 불시에 하강할 우려가 있으므로 항시 안전장치 기능을 정상적으로 유지

② 전지작업 시에는 안전한 작업위치를 확보하고 절단된 나뭇가지 혹은 전지가위가 얼굴 등에 직접 낙하하지 않도록 주의하고 안전모 등 개인보호구를 착용

(3) 비래

가. 사고사례

① 수목 전지작업 중 절단 가지에 얼굴 맞음

② 예초기로 제초작업 중 돌과 모래가 얼굴에 튀어 부상

나. 예방대책

① 예방대책예초기를 사용한 제초작업 시에는 보안경, 보안면, 안전화, 정강이 보호구 등의 개인보호구를 착용하여야 함.

(4) 넘어짐(전도)

가. 사고사례

① 주차장 순찰중 바닥에 있는 맨홀 위를 밟던 중 미끄러지면서 넘어짐.

② 주차타워에 차량을 주차시키고 내리던 중 주차 팔레트 턱에 걸려 전도됨.

③ 화장실 바닥을 물청소 작업하던 중 미끄러운 바닥 및 물 호스에 걸려 넘어짐.

나. 예방대책

① 슬리퍼 착용 규제 및 미끄럼방지 기능의 신발(안전화 등) 착용

- 밑창이 닳은 불량한 슬리퍼 착용으로 바닥에 물기가 있을시 불안전한 동작 또는 중심을 잃어 계단에서 실족할 위험이 있을 수 있으므로 근무 중에는 슬리퍼 착용을 규제하고, 미끄럼방지 기능의 신발(안전화 등)을 착용하도록 관리해야 함.

② 야간순찰로 상 적치물 방치를 금하고 고광도 손전등 지급 및 사용

③ 청소도구, 호스 등이 통행에 방해되지 않도록 유의해 작업 실시

(5) 베임, 찔림

가. 사고사례

① 전기톱을 이용해 나뭇가지를 제거하던 중 톱날에 베임.

② 건물 내에서 발생하는 폐품 등의 정리 작업 시 날카로운 내용 물질에 의한 손·발 부위의 베임, 찔림 재해 발생

③ 조명기구 청소 및 점검 작업 중 조명기구 갓에 손을 베임.

④ 소화전 앵글밸브를 잠그려고 밸브를 조작하던 중 날카로운 부분에 베여 손목 인대가 절단되는 상해

⑤ 단지 내 지하 펌프실에서 급수펌프의 고장난 체크밸브와 커플링을 교체하기 위해 부품의 볼트를 풀려고 했으나 풀림이 용이치 않자 볼트를 잡은 렌치에 파이프를 연결해 동시에 힘을 가하던 중 갑작스럽게 가하는 동료 작업자의 힘에 밀리면서 손가락 끝이 절단되는 사고

나. 예방대책

① 화단청소 및 미화작업 시 안전장갑, 안전화, 보안경 등 보호구를 반드시 착용한 후 작업을 실시

② 쓰레기 운반 및 분리수거작업을 하는 경우 안전화와 안전장갑 착용. 쓰레기 분리수거 시 무리한 힘을 줘 쓰레기봉투를 누르는 행위 금지

③ 소화전함 재질 특성상 사고가 날 가능성이 많기 때문에 관리자는 소화전함의 날카로운 부분을 제거하고 베임주의 경고표지를 부착

④ 직원들에게는 보호장갑 착용 후 작업토록 반복적인 안전교육을 실시

⑤ 작업 전에는 작업자간 작업 내용과 절차를 충분히 공유하고 공동 작업 시에는 구령으로 호흡을 맞춰 침착하게 작업을 수행

(6) 추락

가. 사고사례

① 단지 옥상에서 물탱크 청소를 마치고 사다리를 이용해 5층으로 내려오던 중 몸의 균형을 잃고 미끄러져 약 5m 아래인 4층 계단으로 추락해 사망

② 복도형 아파트 복도에서 관리직원이 A형 사다리 위에 올라가 복도 조명등의 센서 안정기 교체작업 중 위에서 몸의 균형을 잃고 복도 밖으로 약 28m 아래

화단에 추락해 현장에서 사망

③ 파고라 지붕 위에 있는 낙엽 등 쓰레기를 치우기 위해 사다리에서 작업하던중 바닥으로 추락해 사망

나. 예방대책

① 사다리의 발판과 벽의 거리는 15cm 이상의 간격을 유지하고, 사다리 상단은 끝단에서도 잡을 수 있도록 걸쳐놓은 지점으로부터 60cm 이상 올라가도록 설치. 천장 윗면의 개구부 덮개에 경첩 등을 설치하고 경량 재질로 변형해 여닫을 때 무리한 동작 유발을 제거, 위험을 줄임

② 추락하거나 넘어질 위험이 있는 장소에서 작업을 할 때는 안전한 작업발판이 있는 작업대를 비치·사용해 안전하게 작업을 수행

③ A자형 사다리는 사용방법에 맞게 다리를 벌려 미끄럼 방지장치가 바닥에 견고히 지지된 것을 확인한 후 사용

④ 추락위험이 있는 장소에서는 안전모, 안전대(벨트) 등 보호구를 착용한 상태에서 작업 실시

⑤ 사다리가 넘어지지 않도록 작업자 외에 다른 한명이 사다리를 잡아줄 것

(7) 감전

가. 사고사례

① 근로자가 기관실 온수탱크 위에서 게이트 밸브를 교체하기 위해 벨브를 고정한 볼트를 휴대용 연삭기로 절단하던 중 누전으로 인해 감전돼 사망

② 수중펌프를 이용하여 바닥의 물을 펴내던 중 수중펌프의 전선 이음매에서 누전이 발생

③ 이동식 진공청소기를 이용하여 6개소의 수세조 중 3개소의 수세조 청소를 마치고 다음 장소로 청소기를 이동시키던 중 누전되는 진공청소기 외함에 감전되어 사망

나. 예방대책

① 전원선을 연결할 때는 피복 손상이 없도록 정확히 연결해 절연할 것

- 알루미늄 케이스 제품보다는 누전되도 감전 위험이 없는 이중 절연구조의 휴대용 연삭기 사용

② 외함접지 및 누전차단기 사용

- 습윤한 장소에서 이동식 전기기구를 사용할 때에는 외함접지를 반드시 실시하

고, 적절한 감전방지용 누전차단기 사용

③ 전선 중간 접속점 처리방법 개선

- 전선 중간 접속은 수분이 침투할 수 없도록 절연처리

(8) 기타

가. 화학물질 노출 및 중독

① 사고사례

냉매, 가스, 불활성 가스 누출로 인한 질식

② 예방대책

냉매, 가스 등으로 인한 산소 결핍 위험이 있는 매체는 누설 즉시 긴급 차단 될 수 있도록 연동장치 설치

나. 교통사고

① 사고사례

단지 내 도로 주차선을 긋던 중 진입하는 차량에 의해 부상

② 예방대책

단지 내 작업 중에는 항상 주위를 경계하고 사각지대에는 작업 시 표지판을 설치하여 청소중임을 차량에 알린다.

3. 결 론

안전은 건강하고 행복한 삶을 누리고 싶어 하는 인간의 기본적은 욕구를 충족시키기 위한 전제조건이며 사전적 의미로는 '마음이 편안하고 몸이 온전한 상태를, 일반적인 의미로는 '사고의 위험성을 감소시키기 위하여 인간의 행동을 수정하거나 물리적으로 안전한 환경을 조성한 조건이나 상태'를 말한다. 불특정 다수가 생활하며 거주자들이 선호하는 고층화, 과밀화 및 복잡한 설비를 통한 첨단화에 따른 공동주택의 특성상 거주자 및 근로자들의 안전사고가 증가하고 있다. 이에 따라 거주자와 관리자의 안전을 보호하기 위한 시스템이 요구되고 있으며 상호보완적인 안전관리가 실행되어야 한다.

먼저 거주자의 안전관리는 첫 번째, 관리자가 주도하는 안전관리에 적극적 참여이다. 대부분의 거주자들은 안전관리에 대해 중요성을 알지 못하고 관리자에게 협조하지 않는다. 전문가인 관리자의 충고를 듣고 그에 다른 안전관리를 추구해야 한다.

두 번째, 자발적인 안전관리이다. 공동주택의 외부, 내부 시설물 등은 관리자에 의해 점검되지만 각 가정 내에서는 거주자 스스로 안전관리를 실행해야 한다. 가스점검, 전기코드 및 시설물 점검, 보일러, 수도등 각 가정 내에서는 거주자 스스로 안전관리를 실행해야 하며 방과 거실, 욕실, 주방, 창문, 베란다 등 가정내 사고발생장소에서의 위해내용별 원인을 파악하고 분석하여 그에 맞는 안전대책을 마련하여야 한다.

세 번째, 안전불감증 및 안전의식 확산방안이다. 안전불감증은 사고의 중요한 요인이다. 자신에게는 사고가 발생하지 않는다는 안일한 생각이 아닌 적극적으로 안전교육에 참석하고 안전수칙에 잘 따라야 한다.

네 번째, 시설물 이용 시 안전수칙준수이다. 사고의 원인을 살펴보면 고장에 의한 사고보다는 이용자들의 실수와 잘못된 사용방법에서 사고들이 발생하고 있다. 규정을 준수하고 안전수칙을 잘 따라서 갑작스런 사고를 예방해야 하며 이상이 있을시 즉시 알리고 대처해야 한다.

다음으로 관리자의 안전관리를 살펴보면 첫 번째, 제도적 환경 구축을 통한 안전관리이다. 관리자는 공동주택을 관리하는데 있어 너무 방대한 양의 일을 담당하고 있다. 시설, 인적, 물적, 방호대책 등 공동주택의 모든 안전관리를 실시하다 보니 제대로 된 관리가 이루어지지 않고 있다. 관리자의 제도적 환경을 구축하여 안전관리에 보다 집중할 수 있게 해야 한다.

두 번째, 법적 권한 강화를 통한 안전관리이다. 실질적으로 관리자에게 거주자를 지시할 수 있는 권한이 약하다. 위반사항이 있어도 거주자는 나몰라 하는 실정이다. 또한 의무적으로 안전교육을 받도로 하여 안전의식을 계속적으로 인식시켜 주어야 한다.

세 번째, 전문성 강화를 통한 안전관리다. 주택관리사의 경우 시험만 통과하여 바로 자격을 얻기보다는 전기, 화학, 기계, 구조, 환경 등 많은 분야의 안전관리를 배우고 실제 경험해 보다 실질적이고 전문성을 갖춘 공동주택관리자가 필요하다. 또한 근로자들의 실제적인 작업시의 위험요소인 끼임, 추락, 베임, 넘어짐 등 사고에 대한 분석을 통해 안전대책을 수립하여 거주자뿐만 아닌 근로자들의 안전에 대해서도 대비하여야 한다.

네 번째, 보다 체계적이고 실질적인 안전관리이다. 형식적이 아닌 바람직한 관리자의 활동과 업무는 적극적이면서 주도적이어야 할 것이다. 단지, 급여에 의한 행동이 아닌 책임을 확실하게 부여하여 확실한 환경이 조성되어져 근로자 스스로 직업의식을 갖고 역량을 발휘해야 한다.

마지막으로 거주자 및 근로자들 간의 상호적인 안전관리가 필요하다. 거주자 및 근로자들은 서로 정보를 공유하고 네트워크를 활성화하여 보다 안전관리 참여 및 교육, 관리에 있어 서로 소통이 되어야 할 것이다. 이에 따른 공동주택 거주자 및 근로자들은 서로서로 안전관리에 관심을 가지고 서로 도우며 안전관리에 힘써야 한다.

참고문헌

김정인, 『3000만 공동주택 거주자의 주거 및 생활안전을 위한 주택관리사의 역할』, 한국주택관리연구원 세미나 자료집, 2013.

안전행정부, 『안전생활 길잡이』, 2012

한국산업안전보건공단, 『건물관리업 근로자의 안전과 건강』, 2012.

한국산업안전보건공단, 『공동주택 경비근로자의 관리업무 보조작업 시 안전에 관한 기술지침』, 2012.

한국소비자원, 『놀이시설(놀이터), 안전사고 해마다 급증』, 2011.

한국소비자원, 『최근 3년간 가정 내 안전사고 꾸준히 증가』, 2013.

한국소비자원, 『최근 3년간 화재관련 안전사고 꾸준히 증가』, 2013.

guide.kosha.or.kr

www.kesi.or.kr

제 8 장 입주자 참여와 커뮤니티 활성화

박경옥(충북대학교)

공동주택에서 법 제도상 입주자 참여의 의무와 권리를 설명하고 입주자 참여가 부족하여 나타나는 문제점과 보완책을 제시한다. 협의의 입주자 참여를 넘어선 커뮤니티 활성화의 기능, 활성화 요소와 최근에 활발하게 나타나고 있는 다양한 커뮤니티 활동과 진행방법을 소개한다. 개별 단지의 커뮤니티 활성화가 지역전체로 전개되어 커뮤니티 네트워크를 형성하여 협력하는 발전적인 방향을 제안한다.

I 공동주택의 입주자참여

1. 주택법상에 규정된 입주자참여

사회전반적으로 도시생활에서도 커뮤니티 활성화, 공동체의식 고양이 강조되고 있다. 도시화, 산업화에 따른 효율성, 생산성을 중시하는 사회전반의 흐름으로 개인주의가 심화되어 인간관계의 타자화, 가족해체의 가속화 등의 부정적인 현상들에 대한 반성으로 공동체의식을 가진 협력적인 인간관계에 대한 필요성이 높아졌기 때문이다. 지자체도 마을만들기, 마을공동체활성화사업을 시행하면서 단독주거지와 마찬가지로 우리나라 전체 주거형태의 50%이상을 차지하는 공동주택단지에도 사업을 적용하고 있다. 이러한 사업은 주민참여를 기본전제로 하고 있으나 많은 연구결과는 공동주택 거주자의 공동체의식이 낮아서 단지에 관련된 일에 무관심하며 주민참여도 부족한 실정이라고 보고하고 있다.

공동주택이 고밀도 주거형태로 개인생활의 프라이버시가 중시되도록 계획되어 이웃과의 교류가 적더라도 공동의 관리체계를 택하고 있으므로 제도적 관리시스템 안에서 입주자가 관리에 참여하도록 되어 있다. 관리의 출발은 의결기구인 입주자대표회의를 구성하는 것부터 시작한다. 주택법 시행령 제50조의 2에 의해 입주자등(입주자와 사용자 즉 세입자)은 입주자대표회의의 회장과 감사 및 동별 대표자를 민주적이고 공정하게 선출하기 위하여 자체적으로 선거관리위원회를 구성하여야 한다. 동에 거주하는 입주자 중에서 책임의식이 있는 동별 대표가 입후보해야 하며 선거구의 과반수 이상의 입주자등은 투표에 참여해야 한다. 그러나 현실적으로는 동대표 입후보자도 드물며 투표를 하기 전에 후보자에 대한 정보를 검토하여 투표를 하는 경우는 더욱 적은 것이 현실이다.

입주자가 공동주택단지에 거주하면서 관리상 입주자참여를 하여야 하는 사항은 다수이다. 주택법 제44조에 의해 주거생활의 질서를 위해 입주자와 사용자는 관리규약의 준칙을 참조하여 관리규약을 정해야 하고, 제52조에 의해 관리방법의 결정과 변경에서는 전체 입주자등의 10분의 1 이상이 관리방법을 제안하고, 전체 입주자등의 과반수가 찬성해야 한다. 공동주택관리 전반에 관심을 가지고 정보를 얻고자 한다면 주택법 시행령 제57조 ①항에 의해 입주자대표회의 또는 관리주체가 작성·보관하는 자료에 대해 입주자등이 열람을 청구하거나 자기의 비용으로 복사를 요구할 수 있는 것으로 규정되어 있다.

공동주택 입주자가 주택법에서 규정된 관리에 대한 의무와 권리를 인식하며 주민참여를 하는 것은 관리를 투명하게 하며 단지 내 거주생활에 만족도를 높일 수 있는 장점이 있으며 정보획득, 신뢰, 통제, 이해조정의 기능을 할 수 있다. 주민이 입주자대표회의 및 관리주체의 의결 및 집행계획에 대한 정보를 얻게 되므로 주민 내부의 불만과 저항을 줄이면서 입주자대표회의 업무처리에 대한 이해와 신뢰를 구할 수 있고 주민들은 이들을 감독하고 통제할 수 있으며 주민들 간에는 상호이해의 관계가 깊어져 갈등을 조정할 수 있게 되는 것이다. 주민이 단지 운영에 대해 관심을 갖고 참여함으로써 각종 비리와 회계사고, 주민간 불화, 관리소홀 등의 문제를 줄여서 관리업무의 투명성을 증진시킬 수 있다(은난순, 2008).

2. 입주자참여 부족의 문제점

공동주택관리에서 주민참여의 시작은 단지에 대한 관심, 이웃에 대한 인식과 상호작용이다. 커뮤니티시설이 법적인 기준보다 높고 민간언론기관에서 우수아파트단지로 선정된 수도권 중산층 거주 분양아파트에 대한 조사(박경옥, 2008)에 의하면 이웃에 대한 의미는 같은 단지 내에 살면서 인사하는 정도로 생각하는 경우가 70%정도로 왕래가 없는 가장 낮은 단계의 친밀감을 갖고 있다. 아파트에서 실시하는 행사나 의식에 평균이하로 참여하며 단지 내 비정기적으로 일어나는 행사의 참여 경험은 없는 경우가 61.5%여서 상당수의 거주자가 단지 내 활동에 참여하지 않고 있었다. 공동생활 참여도는 낮으나 참여의향 중 자치규약 준수가 가장 높게 나타났다는 것이 단지 내 주민간의 마찰을 줄여 커뮤니티의 유지를 위한 방법으로 자치규약을 활용하는 것이 중요하다는 것을 보여준다.

공동주택에서 주민참여가 낮은 주민측의 이유는 주민의 개인주의나 무관심, 공동체의식 부족, 관리에 대한 의타심 등의 이유이다. 주민참여 부족으로 주민상호 간의 문제와 관리상의 문제가 발생되고 있다. 주민간의 생활상의 문제로 가장 크게 부각되는 것은 층간소음에 대한 문제이다. 층간소음 문제가 발생했을 때 이웃 상호간의 대화와 조정보다는 공격적인 태도로 대응하여 불행한 사태에 이르는 결과가 자주 매스콤에 보도되고 있다. 공동주택의 소음문제를 해결하기 위하여 제도적으로 보완책이 마련되어 있다. 층간소음으로 인한 이웃 간 갈등과 분쟁을 해소하기 위하여 국가소음정보시스템[1]에 '층간소음 이웃사이센터'를 설치하고 전화상담서비스, 현장진단・측정서비스를 제공하고 있다. 그러나 소음상황에 대한 진위, 책임소재를 따지기보다는 주민 상호간의 일상생활에 대한 주의를 우선적으로 권장하고 있다. 입주민들 스스로 층간소음관리위원회를 구성하고 층간소음 분쟁을 최소화하기 위해 일상생활에 있어서 기본적으로 지켜야 할 규율을 정하도록 유도하는 것이다. 층간소음 예방 및 주민협약을 제정하고 층간소음 운영규칙을 제정하는 데 층간소음 운영규칙에는 소음을 일으키는 행위들에 대해 시간을 정해 이웃을 배려하며 소음 유발이나 규정을 어겼을 경우에는 봉사 또는 벌과금 등의 제재조치가 수반되도록 하였다. 이러한 내용들은 제도보다 주민이 이웃을 배려하고 관심을 갖는 커뮤니티의식 형성이 기본이 되어야 한다는 것을 보여주고 있다.

1) www.noiseinfo.or.kr

주민들의 입주자대표회의의 참여의사가 낮기 때문에 실제 입주자대표회의의 구성원이 되어도 회의와 관리에 대한 전문성이 낮아 관리사무소장에게 의지하는 형식을 취하는 경우가 많다. 이런 상황에서 입주자대표회의 회장과 관리주체가 윤리의식이 부족하면 운영비리로 이어져서 입주자와 불신의 관계가 지속되는 경우가 나타난다. 입주자대표회의의 전문지식을 높이는 방법에 대해서는 2010년 7월 주택법 시행령 제50조의 3에 의해 시장 · 군수 또는 구청장은 동별 대표자에게 매년 입주자대표회의의 운영과 관련하여 필요한 교육 및 윤리교육[2]을 의무화하도록 보완되었다. 그러나 집단적인 교육으로는 교육효과를 높일 수 없으므로 단지별 맞춤식 교육이 이뤄질 수 있는 교육시스템을 구축하고 내용면에서도 입주자대표회의의 감사의 역할과 업무를 위한 지침 제공 등에 대한 보완필요성이 제시되고 있다.

공동주택 관리에 대해 행정적으로 지원하는 기관이 지자체별로 개설되기도 하고 공동주택 상담실을 운영하여 공동주택 관련 법령과 규약에 관한 사항, 입주민 간 또는 관리주체와 입주민 간의 갈등 상담, 아파트단지 커뮤니티사업 발굴, 지역사회 네트워크 지원도 한다.[3] 그러나 제도적, 행정적 보완만으로는 공동주택의 문제를 해결할 수 없으며 주민참여의 광의의 개념인 커뮤니티활성화를 통해 이웃관계를 회복하여 이웃에 대한 관심과 배려로 공동체 의식을 갖게 하여 주거만족도를 높임으로써 삶의 질을 높이는 공동주택 단지로 만들어가는 것이 필요하다.

II 커뮤니티 활성화 요소

1. 커뮤니티의 의미와 기능

커뮤니티는 지역성으로서의 지리적 영역특성과 근린관계성으로 파악할 수 있다. 즉 지역적인 범주를 한정하여 특정장소를 공유하게 하는 물리적 환경의 지역성을 기반으로 한 친숙함과, 사람들 간의 공동체의식, 사회 · 문화 · 심리차원의 사회적 환경

2) 주택법 시행령 제50조의3 (입주자대표회의의 운영 및 윤리교육) ① 시장 · 군수 또는 구청장은 제50조 제1항에 따라 선출된 동별 대표자에게 매년 입주자대표회의의 운영과 관련하여 필요한 교육 및 윤리교육을 실시하여야 한다.[개정 2010.7.6]

3) 한국아파트신문 2013년 3월 20일자, 「용산구, 아파트 등 공동주택 상담실 설치 · 운영」

으로서의 근린관계성을 근거로 나타나게 된다. 공동주택에서 커뮤니티는 공동주택 단지라는 한정된 영역을 기반으로 거주하면서 일상적인 접촉과 이웃관계를 통해 친숙함을 갖게 되어 공유공간을 함께 사용・관리하고 공동의 문제를 해결해 나가면서 단지에 소속과 애착을 갖게 되는 거주자 집단의 심리적 공동의식이다.

공동주택에서는 단지라는 지역성을 기반으로 거주자의 다양한 활동과 심리특성과 같은 근린관계성을 통해 커뮤니티문제에 대한 접근이 가능하며, 커뮤니티란 물리적 환경과 사회적 환경이 함께 구축되었을 때 자연스럽게 나타나는 것으로 서로 상보적인 역할을 통해 안정된 커뮤니티를 형성할 수 있다(조성희, 이경희, 이영석, 박경옥, 2007). 거주지에서 커뮤니티 형성의 장점은 첨단과학기술이 주는 생활의 편리함보다 더욱 중요한 심리적 차원의 만족을 얻게 되어 주거만족도가 높아지며, 궁극적으로는 삶의 질 향상이라는 긍정적인 측면으로 연결되는 것이다.

2. 커뮤니티 활성화 요소

커뮤니티의식의 형성은 일정한 지역 내에서 같이 살고 있는 주민들 간의 상호작용관계를 일으키는 표면적 접촉관계를 활발히 해주는 것이 가장 중요한 조건이다. 심리적으로 이웃에 대한 동질성과 만족감을 느끼고, 사회적으로 이웃 간의 사적 교류나 공통적으로 직면하는 문제에 대한 협동활동을 하며, 물리적 환경을 우리공간으로 인지하는 장소성이 있어야 한다.

공동주택은 건설 당시 입지적 조건과 단위세대의 면적에 의해 거주자의 사회인구학적 요소의 유사성이 어느 정도 전제되며 단지계획에 의해 동・공용건물의 배치, 외부공간의 조성에 의해 이웃과의 만남의 유도, 영역성을 얻을 수 있다. 단지 계획적 요소는 건설 당시 반영되는 것이므로 입주후에는 주민의 심리적, 사회적 환경에 중점을 두면서 물리적 환경을 보완해 나가는 것이 중요하다.

커뮤니티의 구성요소나 정의의 관점에서 본다면 공동주택에서의 커뮤니티는 단지라는 공간적 장소를 공유하면서 거주자의 자연스러운 만남과 공동활동에 참여하므로써 형성되는 심리적 공동의식이다. 따라서 커뮤니티가 활성화되기 위해서는 공동주택 단지 내부적 요소로는 주체로서 공동체의식의 필요성을 갖고 추진하려는 단체, 다수 주민의 호응을 얻을 수 있는 프로그램과 비용, 프로그램이 진행될 수 있는 공간 등의 3요소가 기본적인 요소이며, 이러한 기본적 요소를 지원하는 외부적 요소로 제도적 측면이 정비되어 있어서 행정적으로 적극적으로 시행하고 지원되어야 한다. 제도적 측면은 주체, 프로그램, 공간에 대해 구속력을 가지기도 하며 이들을 촉진하면서 지원하는 기능을 갖는다.

1) 주체 및 역할

커뮤니티활성화를 위한 주체는 입주자대표회의, 자생단체, 관리주체, 공동체활성화단체, 커뮤니티전문가(Community Planner)가 있으며 상호 연계하여 협조해야 한다.

○ 입주자대표회의: 공동주택 단지 내의 법정단체인 입주자대표회의는 단지의 주요 현안을 결정하고 감독하는 조직이며 입주자대표회의의 활동 방향에 따라 단지의 공동체활성화 방향이 적극적으로 이루어질 수 있는 동력을 갖게 된다. 커뮤니티활성화의 첫 단계로 입주자대표회의가 커뮤니티활성화의 의지를 가지고 프로그램을 결정하여 관리주체와 더불어 활동하는 것이 바람직하다. 주민들의 화합을 위하여 소식지 발행이나 축제를 열어서 공동체활성화의 시발점 역할을 할 수 있고 프로그램도 일회성이 아닌 분기별, 월별, 계절별 등 정기적인 일정으로 진행할 수 있다.

커뮤니티활동의 다양성을 위하여 리더를 발굴하여 공동체활성화단체를 구성하도록 촉진하는 단계로 이행하는 것이 바람직하다. 입주자대표회의가 공동체지원이사를 선임하여 단지 내 커뮤니티활성화 활동을 지원하고, 필요시 잡수입에서 사업비를 지원하며 계획에 의해 적정하게 커뮤니티 사업이 이루어지는지 관련 보고를 검토하여야 한다.

○ 자생단체: 자생단체로는 현재 거의 모든 아파트단지에 부녀회가 있으며 경로당이 있으므로 노인회, 그밖에 각종 동호회가 있다. 기존 자생단체가 커뮤니티 활동에 적극적일 때는 단체의 성격에 맞는 활동을 하도록 지원한다.

○ 공동체활성화단체: 자생단체가 단지 내에서 단체를 결성하여 성격에 맞는 다양한 활동을 하는 모임의 총칭이라면 공동체활성화단체는 공동체 활성화를 위한 자생단체를 칭한다. 서울시 공동관리규약준칙에서는 주민 간 커뮤니티 사업을 추진하기 위하여 기존 자생단체(부녀회, 노인회 등)나 주민 중 커뮤니티 활동을 주도적으로 이끌 활동가, 리더들이 입주민 10인 이상으로 단체를 구성하고 커뮤니티 전문가, 관리주체의 지원과 입주자대표회의의 승인을 받아 활동하게 되어 있다.

공동체활성화단체는 단지의 주민특성, 커뮤니티시설의 정도, 공동체의식 수준 등을 파악하고 주민들의 의견을 수렴하여 프로그램을 기획, 제안한다. 입주자대표회의로부터 사업비지원을 받아서 입주민의 참여를 높이기 위해 입주민 자원봉사를 유도하고 투명하게 사업비 및 활동비를 지출하고 입주자대표회의에 보고하는 절차를 거치도록 한다.

○ 관리주체: 관리소장이 단지에 대한 관리 적극성이 높으면 지자체의 행정적인 지원, 사업에 대한 정보에 대해서도 적극적이다. 관리주체는 입주자대표회의나 공동체활성화단체에게 지자체가 시행하고 있는 커뮤니티활성화에 도움이 되는 공동주택 단지 내의 물리적 환경 개선에 대한 지원, 공유공간의 용도변경에 대한 주택법에 명시된 사항 등의 정보를 제공하고 행정적인 지원 역할을 하여야 한다. 공동체활성화단체에게 주민 특성 및 아파트 공유공간에 대한 정보를 제공하며 활동비지출 및 물품, 공간활용, 지역자원 연계를 위한 협조공문 협의, 커뮤니티활동에 대한 단지 내 방송 및 홍보물 부착 등 행사홍보에 대한 행정적 지원을 한다.

○ 커뮤니티 플래너(Community Planner): 커뮤니티 활동을 전문적으로 계획, 지원하는 활동가이다. 2011년부터 서울시에서 육성하였으며 구청에 소속되어 있다. 입주자대표회의의 요청을 받아 단지 내에서 활동할 수 있게 되었을 때 입주자대표회의, 관리주체, 자생단체 등과 협의하여 조정 및 중재자 역할을 하여 입주민 중에 커뮤니티 활성화를 위해 활동할 리더를 발굴하고 공동체활성화단체를 구성하도록 하여 활동

| **그림 8.1** 커뮤니티활성화 주체와 역할

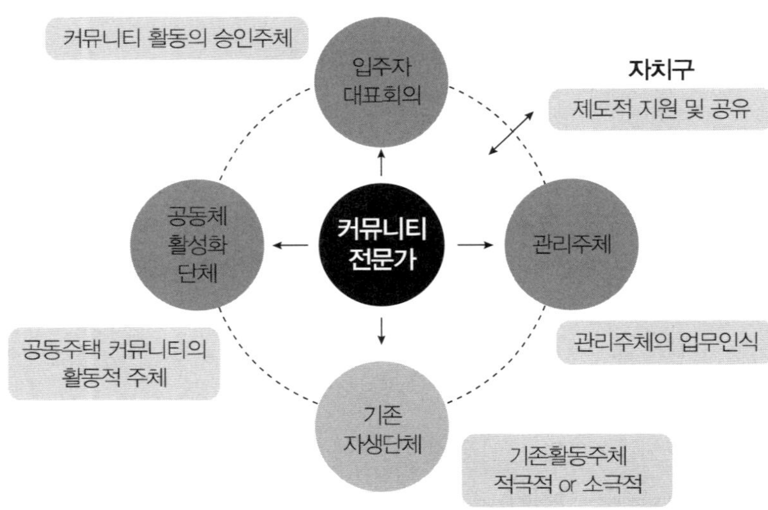

출처: 서울특별시(2013). 아파트에서 희망을 찾다. p.176.

할 수 있도록 지원하는 역할을 한다.

전문지식을 가지고 단지의 현황 및 특성을 파악하여 다양한 커뮤니티 프로그램을 제안하기도 한다. 커뮤니티 활동에 필요한 전문적 정보를 제공하고 사업에 수반되는 각종 행정적 과정이나 법적 절차, 각 지역별로 가능한 재정적인 지원협조와 지역사회에 협력가능한 기관과 연계를 모색하면서 커뮤니티 활동에 전반적인 운영을 지원한다. 주민간의 의견을 조정하며, 주민참여와 주민들의 역량을 이끌어 내는 역할을 한다. 지속적인 운영을 위한 평가 및 분석을 한다.

2) 활동프로그램

커뮤니티 프로그램은 대상의 범위(주민 전체/소그룹), 사회인구학적 특성(유아, 청소년, 노인, 주부/가족생활주기별 가족/남녀), 활동에 대한 내용(주민화합, 주거환경개선, 친환경, 취미활동, 봉사 등) 등으로 분류할 수 있으며 이러한 분류의 조합에 의해 다양성의 폭이 넓어진다. 주민연령대별 조합에 따라 아동과 부모가 함께 하는 내용, 노인과 중년층이 함께 하면서 생활경험 또는 기술이 능숙한 연령대가 그렇지 못한 연령대에게 도움을 주는 방식의 프로그램도 가능하다.

표 8.1 프로그램 내용별 분류

주제	프로그램 종류
정보 · 소통	소식지발행 · 홈페이지 운영
주민화합	전면유도주차 캠페인, 이웃간에 인사하기 캠페인, 야외영화상영, 음악회, 송년모임, 풍물놀이, 도농자매결연으로 직거래 장터와 자매결연지 방문교류활동, 벼룩시장, 어린이 사생대회 · 백일장, 주민 화합축제 등
주거환경개선	단지 내 녹화, 담장 벽화, 공동시설 개조로 카페 운영, 작은도서관 만들기 등
친환경 · 재활용 · 에너지 절약	폐식용유 수거, 폐식용유 이용 재활용비누만들기, EM(유용미생물)만들기, 공동공간 에너지 절약, 소등행사, 탄소포인트 적립제도, 친환경 농산물 직거래장터, 아나바다 장터, 어린이 환경교육 등
생활필요	공동육아, 매주 녹색장터, 텃밭가꾸기 등
여가 · 취미활동, 문화강좌	합창단, 서예, 스포츠 댄스, 요가, 탁구, 등산, 족구, 헬스, 낚시, 골프 동호회, 쿠킹교실 등
봉사, 나눔	이웃돕기를 위한 성금모금이나 먹거리장터, 자원봉사, 경로당봉사, 노인이발, 단지내 자원봉사 청소, 입주민 재능기부 등

| **그림 8.2** 운영대상과 참여정도에 따른 프로그램

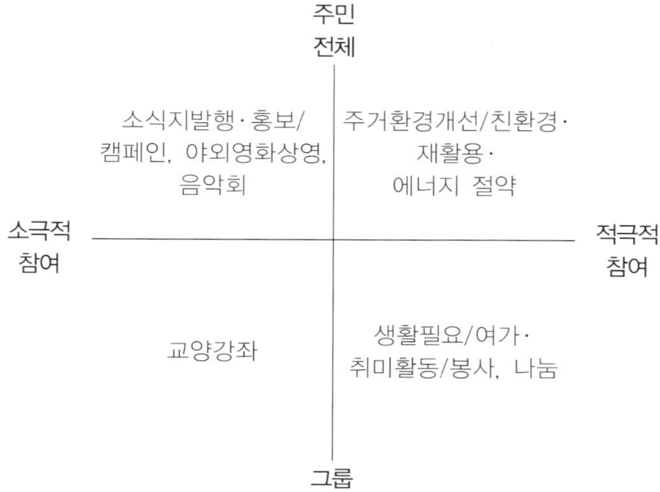

공동체활성화사업을 통해 성과를 냈던 프로그램[4]을 내용주제별로 분류하고 운영대상과 주민참여정도의 다소에 따라 분류해보면 4개의 유형으로 나눌 수 있다. 공동체의식을 만들어가는 초기 단계에 할 수 있는 프로그램은 소극적인 참여로 가능한 것부터 시작한다. 주민 전체를 대상으로 하면서 주민의 소속감을 높이는 소식지 발행·홍보, 캠페인, 야외 영화상영, 음악회 등을 하거나, 단지 내에 전체 입주자 또는 다수를 차지하는 그룹에 대해 특정 주제에 대한 교양강좌를 진행하는 것이다. 공동체의식이 높아지면 주민 전체의 적극적인 참여가 필요한 주거환경개선, 친환경·재활용·에너지 절약 등의 활동을 하고 단지 내 세대의 경제적인 이익이 있는 탄소포인트 적립제도[5]활동을 시도해본다. 그룹의 적극적인 활동으로 진행할 수 있는 프로그램은 생활필요, 여가·취미활동, 봉사, 나눔 등의 활동이 있다.

겨울철 제설 작업에 공동으로 참여하는 것을 프로그램으로 넣는 것도 필요하다. 대부분의 지자체가 「자연재해대책법」 제27조 제2항에서 위임된 건축물관리자 등의 제설·제빙 책임 및 지원에 관한 조례를 정하고 있다. 이 조례는 건축물관리자의 구체적인 제설·제빙 책임범위 등을 규정함으로써 단지 주변의 보도, 이면도로 및 보행

4) 서울특별시 공동주택 커뮤니티 활성화 사례집 2011년, 2012년(http://openapt.seoul.go.kr)
5) 환경부가 총괄하며 한국환경공단이 운영지원한다. 각 가정에서 사용하는 난방, 전기, 수도를 절약하여 적립된 금액을 매달 정해진 통장으로 적립해주는 제도

| **그림 8.3** 다양한 커뮤니티활동과 유휴공간 활용

옥상 텃밭 / 지하주차장의 주민탁구대회 / 어린이체조교실 / 폐전화부스 활용 양심도서관 / 마을축제 / 기타교실 / 지하공간개조

출처: 다양한 커뮤니티활동. [e-book] 아파트 이웃이 행복이다(2013. 2). 옥상 텃밭 p.40, 마을축제 p.58, 지하주차장의 주민탁구대회 p.60, 기타교실 p.76, 폐전화부스를 활용한 양심도서관 p.101, 아나바다장터 p.105, 지하공간개조 p.122, 어린이체조교실 p.130

자 전용도로에 통행하는 시민의 생활불편 및 통행불편을 최소화하는데 목적이 있다.[6] 관리주체가 단지 내부 및 외부의 제설을 하기에는 인력부족으로 인해 현실적으로 어

6) 자연재해대책법

[시행 2013.4.23.] [법률 제11495호, 2012.10.22., 일부개정]

제27조(건축물관리자의 제설 책임) ① 건축물의 소유자·점유자 또는 관리자로서 그 건축물에 대한 관리 책임이 있는 자(이하 "건축물관리자"라 한다)는 관리하고 있는 건축물 주변의 보도(步道), 이면도로 및 보행자 전용도로에 대한 제설·제빙 작업을 하여야 한다

② 건축물관리자의 구체적 제설·제빙 책임 범위 등에 관하여 필요한 사항은 해당 지방자치단체의 조례로 정한다. [전문개정 2011.3.7]

청주시 건축물관리자 등의 제설·제빙 책임 및 지원에 관한 조례(www.elis.go.kr)

려운 일이며 주민참여의식과 주민의 의무로 규정을 만들어 두거나 청소년 봉사활동으로 인정해주는 방법을 사용하여 주민공동으로 하도록 하는 것이 공동체의식 형성에서도 의미 있는 일이다.

3) 공 간

○ 주민공동시설

커뮤니티활동에 이용할 수 있는 공동주택 단지의 공간은 부대복리시설, 조경을 포함한 외부공간이 있다. 주택법 제2조, 주택건설기준 등에 관한 규정 제4장에 의하면 공동주택의 부대시설로 주차장·관리사무소·담장 및 주택단지 안의 도로, 조경시설 등이 있으며, 복리시설로는 어린이놀이터·근린생활시설·유치원·주민운동시설 및 경로당, 그 밖에 입주자 등의 생활복리를 위하여 대통령령으로 정하는 공동시설 등이 있다. 부대시설중 관리사무소는 현재 커뮤니티지원실 또는 생활지원실이라는 명칭을 사용하여 주민들을 위한 서비스 제공의 개념이 강화되었고 주민이 이용하는 공동시설과 함께 배치되는 경향이다.

2013년 이전에 건설한 아파트는 '주택건설기준 등에 관한 규정'에 의해 세대수에 따라 각 시설별 설치면적이 대통령령으로 규정돼 전국 공통의 기준을 적용하였고, 2013년 12월 이후 건설된 공동주택은 동일 규정에서 조례로 위임한 '아파트 주민공동시설 설치 총량제 설치기준과 필수 주민공동시설 세부면적기준'에 따라 사업계획승인권자가 총량면적 범위에서 지역 특성, 입주자의 구성 등 다양한 수요에 따라 필수시설인 어린이집, 도서관, 경로당 이외의 주민공동시설의 종류와 면적을 조정할 수 있도록 했다. 이러한 아파트는 앞으로 주민의 사회인구학적 특성, 주민요구의 변화에 따라 주민공동시설의 개조가 더욱 수월해졌다.

주택건설기준 등에 관한 규정 제5장 복리시설 제55조의 2(주민공동시설)

① 100세대 이상의 주택을 건설하는 주택단지에는 다음 각 호에 따라 산정한 면적 이상의 주민공동시설을 설치하여야 한다. 다만, 지역 특성, 주택 유형 등을 고려하여 특별시·광역시·특별자치도·시 또는 군의 조례로 주민공동시설의 설치면적을 그 기준의 4분의 1 범위에서 강화하거나 완화하여 정할 수 있다.

1. 100세대 이상 1,000세대 미만: 세대당 2.5제곱미터를 더한 면적
2. 1,000세대 이상: 500제곱미터에 세대당 2제곱미터를 더한 면적

④ 제3항에서 규정한 시설 외에 필수적으로 설치해야 하는 세대수별 주민공동시설의 종류에 대해서는 특별시·광역시·특별자치도·시 또는 군의 지역별 여건 등을 고려하여 조례로 따로 정할 수 있다.[본조신설 2013.6.17] [시행일 2013.12.18]]

| 표 8.2 복리시설 필수설치기준(2013. 12. 이후 적용기준)

	150세대이상	300세대이상	500세대이상	비고
어린이 놀이터	○	○	○	
어린이집		○	○	
경로당	○	○	○	
주민 운동시설			○	실외체육시설 반드시 포함
작은 도서관			○	도서관법 시행령 별표1 도서관의 종류별 시설 및 도서관자료의 기준[제3조 관련] 1. 공공도서관 다. 작은도서관 건물면적 33제곱미터 이상, 열람석 6석 이상, 도서관자료 1,000권 이상

주민공동시설은 주민 요구와 이용특성에 맞도록 설치하면 주민의 이용이 높아져서 주민상호간의 대면 기회가 많아지므로 커뮤니티활성화에 긍정적으로 작용한다. 2000년대 이후에 건설회사의 마케팅수법의 일환으로 법적인 기준을 넘어서는 주민공동시설이나 외부공간의 산책로, 분수 등의 조성을 한 단지가 증가하였으나 시설의 이용도가 높지 않고 시설운영에 비용이 들어 이용을 중단하는 예도 상당수 있다. 공동편의시설에 대해 이용과 관련지어 관리비 분배를 공평하게 부과할 수 있는 부과기준과 이용료에 대한 합당한 기준을 만드는 것이 이용도를 높일 수 있는 방법이다.

세대수가 적으면 주민이 공동으로 이용할 수 있는 시설과 공간도 적으므로 활용도를 높이기 위해 복합적으로 사용할 수 있는 방안으로 보완책을 마련하는 것도 필요하다. 주차장을 시간대별 이용시간을 정해 일부구역을 낮 시간대에 아동의 놀이공간, 벼룩시장 등의 일상적 활용을 하는 방법이 있다. 아파트 내 유휴공간인 옥상, 지하공간, 필로티공간, 공터, 사용하지 않는 경비실, 사용빈도가 낮은 공간 등도 새로운 활용방안을 모색하고 용도변경을 할 수도 있다. 필로티공간에 체육시설 설치, 탁자와 의자 배치, 사용하지 않는 경비실에 무인택배시설을 설치하거나 지자체의 지원을 받아 옥상을 텃밭으로 활용한 예가 좋은 사례이다.

○ 용도변경과 절차

공동주택의 물리적인 환경이나 주민공동시설은 단지계획 당시 결정되므로 실제 주민들이 생활하면서 생애주기의 변화로 요구가 달라질 수 있고 의도했던 것과 달리 사용도나 사용상 만족도가 낮아질 수 있다. 주민요구를 반영하여 적극적으로 용도변경을 하는 것이 필요하다. 단지계획시 관리사무소와 주민공동이용시설을 단지 주출입구, 중앙, 안쪽 등에 위치시키는 것에 따라 주민의 이용접근성이 차이가 있으며 주출입구 가까운 장소에 시설이 설치되어 있으면 주민의 보행동선과 일치하여 이용도가 높은 것으로 보고되고 있다. 이러한 결과를 반영하여 위치에 따른 시설의 사용용도를 변경하는 것도 필요하다.

주택법 제42조 2항에 부대복리시설을 용도변경하고자 할 때에는 '주택건설기준 등에 관한 규정'에서 정한 부대복리시설의 설치기준에 적합한 범위 안에서 생활편익시설 외의 시설(영리를 목적으로 하지 않는 시설)로 용도변경하고자 하는 경우에 해당한다. 전체 입주자 2/3이상의 동의를 얻은 후 관할구청에 허가 및 신고하도록 하고 있다. 공동주택의 지하층은 주택법시행령 제47조와 「주택건설기준 등에 관한 규정」 제11조의 규정에 의해 대피시설로 사용하는데 지장이 없도록 이를 유지·관리하면서 주민공동시설로 활용할 수 있다.

이용도가 낮은 관리사무소의 공간 일부나 입주자대표실을 독서실로 개조한 경우, 단지 내에 야외영화관을 설치하여 스포츠 중계 관람 등의 용도로 사용하는 사례가 있다. 개조 시 주민 중 관련 업종 종사자가 실비로 저렴하게 공사하거나 공사에 참여하는 방식도 주민참여를 이끌어내는 방법이다.

주택법 시행령 제47조(행위허가 등의 기준 등)

① 법 제42조 제2항 각호의 행위에 대한 허가 또는 신고의 기준은 별표 3과 같다.

⑤ 공동주택의 지하층은 「주택건설기준 등에 관한 규정」 제11조의 규정에 의한 주민공동시설로 활용할 수 있다. 이 경우 관리주체는 대피시설로 사용하는데 지장이 없도록 이를 유지 · 관리하여야 한다. [개정 2006.2.24]

별표 3 공동주택의 행위허가 또는 신고의 기준 [개정 2014.4.24]

그림 8.4 입구에 설치되어 접근성이 좋은 경비실(전면), 택배실(후면)

그림 8.5 관리사무소(좌)와 복합된 커뮤니티시설

그림 8.6 필로티에 설치한 휴식공간

그림 8.7 로비의 주민이용공간

그림 8.8 산책로와 연결된 체육시설

그림 8.9 단지 중정의 수공간

그림 8.10 놀이터에 병행 설치된 부모 모임공간

그림 8.11 자전거 수리공간과 병행설치된 모임공간

○ 사이버 공간

아파트 단지에 관한 정보를 제공하고 주민간의 소통을 위한 온라인상의 공간으로 단지의 홈페이지가 구축되어 있으나 전문적이고 지속적인 운영이 되지 않아 이용율이 낮고 활성화되어 있지 않다. 일상생활에서 개인의 소통은 대면보다 온라인상의 소셜 네트워크 서비스(Social Network Service)가 일반화되어 있으므로 홈페이지 활용을 위한 방안을 모색해야 한다. 국토교통부의 공동주택관리정보시스템[7]과 서울특별시 공동주택통합정보마당[8]에 아파트단지별 관리비 부과 내역과 관리에 관한 정보, 상담 기능이 구축되어 있으므로 관리주체가 개별 아파트 단지와 연계하여 이용할 수 있도록 정보화업체와 계약을 통해 세대별 관리비부과, 공지사항 알림, 입주자대표회의 영상공개, 입주민 설문조사, 입주자대표 선거의 인터넷 투표 기능 등을 위해 홈페이지를 활용하고 공동체활성화단체가 이용할 수 있는 시스템을 구축해야 한다.[9]

3. 제도적 지원과 지원단체

○ 공동체활성화사업

커뮤니티활성화에 대해 법규 규정이 있거나 지자체에서 예산지원을 하면 커뮤니티활동 시작에 유리한 자극제가 된다. 현재는 서울시, 부산시를 비롯한 많은 지자체가 공동체활성화사업을 하고 있다. 서울시는 제도를 정비하고 전담운영조직을 갖추어 사업을 진행하므로써 선도적 역할을 하고 있다. 법 규정이 구축되어 있으면 공동체활성화를 위한 목적에 체계적으로 접근할 수 있다. 서울시의 사례를 중점적으로 살펴보기로 한다.

서울시는 2010년 8월 공동관리규약준칙을 개정하여 공동체활성화를 위한 내용을 신설하였다.[10] 제4장 공동체활성화를 위한 자생단체 및 활동 등 제33조 2~6 공동주택 활성화 단체 구성 및 활동지원, 공동체 활성화 단체의 기능, 필요비용의 지원, 공동체 활성화 단체의 활동제한, 봉사활동을 위한 전담운영자 지정 등의 항목을 두고 제도적으로 지원하고 있다. 서울시 구청에는 커뮤니티활성화를 지원하는 커뮤니티 전문가

---

7) www.k-apt.go.kr

8) openapt.seoul.go.kr

9) 한국아파트신문 2013년 8월 28일자, 「관리주체와 입주민 간 정보소통 채널 필요하다.」

10) 서울시 보도자료 2011년 5월 6일자, 「서울아파트 91.9% 관리규약 '주민중심'으로 투명하게 전환」 (www.seoul.go.kr)

가 있어서 공동주택단지에서 공동체활성화단체가 프로그램을 운영하는데 조력하여 성과를 올리고 있다.

| 표 8.3 서울시 공동체활성화 관련 제도 및 지원사업

제 도	내 용
공동관리규약준칙 제4장 공동체 활성화를 위한 자생단체 및 활동	제33조 2 공동주택 활성화 단체 구성 및 활동지원, 3 공동체 활성화 단체의 기능, 4 필요비용의 지원, 5 공동체 활성화 단체의 활동제한, 6 봉사활동을 위한 전담운영자 지정
2012. 8. 서울시 마을공동체 종합지원센터	상담, 교육활동, 현장교육, 주민역량강화를 위한 마을공동체 강좌, 마을활동가 촉진자교육, 마을리더교육
2011. 마을공동체활성화사업	- 3인 이상 주민 및 단체가 신청 - 모임, 프로그램, 공간, 마을생협, 마을기업 지원
2012.10.30 서울특별시 공유(共有)촉진조례 시장방침 제337호 공유도시 서울 추진계획	- 사용하지 않는 물건이나 시간, 정보, 공간 등을 공유하여 도시 문제를 해결함. 마을 내에서 주차장, 책, 기술과 공구 및 물품, 빈방, 주거공간 등을 공유. 민관공유촉진위원회 설치 - 2013년 공동주택 공동체활성화 지정사업공모로 아파트밥상 공동체, 공유서가, 아파트 빈방공유 지원
2013. 3. 맑은 아파트만들기 사업 -아파트관리 혁신방안	아파트의 관리비 거품을 빼고 갈등을 줄이는 사업으로 관리비 절감, 정보공개를 통한 관리 투명화, 공동체 활성화 등을 추진 공동주택관리지원센터, 아파트관리주민학교, 마을공동체활성화 사업 시행 대상중 공동주택 공동체 활성화 우수사례 경연대회 개최 등
2013 아파트관리 주민학교	주민, 관리사무소장 등을 대상으로 아파트관리 관계법령·제도, 공동체 활성화 및 관리비 절감방안, 공사·사업자 선정절차, 장기수선제도, 층간소음 해결방안 등을 교육
2013. 10. 공동주택관리지원센터	민원이 접수된 단지 대상 아파트관리 실태조사 실시, 관리비 적정여부, 장기수선계획 기술지원, 건축·토목·설비·조경 등에 대한 표준공사비 산정 컨설팅, 공동주택관리 관련 정책수립 및 교육·홍보, 통합정보마당 운영

2011년부터 마을공동체활성화사업을 시작하였고 아파트단지도 마을로 보아 사업대상이 된다. 2012.9.부터 2017.9.까지 서울시 5개년 마을공동체 기본계획을 세우고 공모사업을 확대 실시하였다. 공모사업에 3인 이상 주민 및 단체가 신청할 수 있으며 커뮤니티활성화에 필요한 요소인 모임, 프로그램(마을축제, 마을문화 활동, 공동육아, 마을

텃밭, 마을장터, 에너지 절약 등), 공간(북카페, 예술창작소, 마을카페 등)뿐만 아니라 안전한 먹거리를 위한 마을생협, 일자리를 만드는 마을기업을 지원한다.

서울시 공동관리규약준칙(개정 2013. 3.9)

제4장 공동체 활성화를 위한 자생단체 및 활동 등

제33조의2【공동주택 활성화 단체 구성 및 활동지원】 ① 단지 내 입주자등은(필요시 전문가, 시민단체 구성원을 예외적으로 포함할 수 있다) 10명 이상으로 구성된 공동체 활성화 단체를 구성할 수 있으며, 구성된 단체는 공동체 활성화 사업을 추진하고, 구성 일시, 대표자, 구성원 등이 포함된 신고서를 입주자대표회의에 제출해야 한다.

제33조의3【공동체 활성화 단체의 기능】 단지 내 공동체 활성화 단체는 공동주택단지 내 · 외 주민 간 공동체 활성화 사업을 추진하고 공동보육시설 운영, 자원봉사 프로그램 등 자체 운영프로그램 개발과 입주자등의 참여를 위하여 노력하여야 한다.

제33조의4【필요비용의 지원】 ① 입주자대표회의는 공동체 활성화 단체가 추진하는 사업에 필요한 비용을 제59조의 규정에 따른 잡수입의 100분의 40(예시) 범위 내에서 사업계획 및 추진실적 등에 따라 매년 또는 매분기 집행할 수 있다.

제33조의5【공동체 활성화 단체의 활동제한】

제33조의6【봉사활동을 위한 전담운영자】

2012년 8월에는 '서울시 마을공동체 종합지원센터'[11]를 설치하고 상담, 교육활동을 하고 있다. 마을공동체에 대한 이해가 부족하거나 지원 사업을 신청 · 운영하는데 어려움이 있을 때 상담을 신청하면 상담원이 마을로 직접 찾아가고, 주민 등의 역량 강화를 위해 성장과정별로 기본적인 마을공동체강좌, 마을 활동가를 키우는 촉진자 교육, 주민자치를 견인하는 마을리더교육 등을 하고 있다.

2013년 10월에는 서울시청 주택정책실 내에 '공동주택관리지원센터'를 개소하고 '맑은 아파트만들기'사업을 시작하였으며 공동주택 공동체활성화 우수사례 경연대회를 개최하였다. 사업의 일환으로 '아파트관리 주민학교'를 개설 · 운영하고 있는데 주민, 관리사무소장 등을 대상으로 아파트관리 관계법령 · 제도, 공동체활성화 및 관리비 절감방안, 공사 · 사업자 선정절차, 장기수선제도, 층간소음 해결방안 등을 교육하

11) 서울시 마을공동체 종합지원센터(www.seoulmaeul.org) 자료실에 반포본동 아파트의 옥상 텃밭 만들기, 노원구 중계동 청구3차 아파트에서 커뮤니티실 문화활동을 하여 입주자대표회의실을 독서실로 개조, 입주자대표회의의 마을기업 설립, 음식물쓰레기와 EM으로 텃밭가꾸기 사례가 제시되어 있다.

여 역량을 높이도록 하는 것이다. 공동체활성화가 이루어지면 생활전반에 공유개념 형성이 가능하게 된다. 2012년 10월에는 공유(共有) 촉진 조례를 제정하고, 아파트 단지 내 입주민들이 갖고 있는 시간, 공간, 재능, 물건, 정보 등을 함께 나눠 활용함으로써 자산과 자원의 사회적, 경제적, 환경적 가치를 높이는 공동주택 공동체활성화 지정사업공모[12]를 하였다.

부산시도 '아파트 한가족운동'과 '살기 좋은 아파트만들기운동'을 하고 있다. 서울시의 사례를 참고로 하여 타 지자체도 구체적이고 효과적인 방법에 대한 시도가 필요하다. 많은 지자체에서 공동체활성화라는 명칭을 전면에 내세우지 않더라도 지역단위의 마을만들기사업이나 공동육아, 자원봉사, 재능기부 등 다수의 사람들이 모여서 할 수 있는 활동을 지원하고 있고 지역의 NGO조직들도 이와 유사한 활동에 참여하고 있다. NGO활동도 부산, 광주, 대구광역시, 대전 중구, 강원도 강릉시, 충북 청주 등에 지자체 조례에 의해 시민단체의 교육・상담활동 및 교류협력의 장이 되는 NGO센터가 설치되어 있어서 활동이 체계적으로 이루어지고 있다. 충북NGO센터[13]는 충북도내에서 마을만들기 네트워크를 조직하여 도시, 농촌마을 등의 우수한 마을만들기 사례지역을 연결하고 새로운 마을들을 육성, 확산하는 활동을 하고 있다.

○ 우수단지시상제도

1990년대 후반부터 공공부문, 비영리부문, 민간부분에서 20여개 이상의 우수공동주택단지에 대한 시상제도가 있었다. 지자체는 근거조례를 만들어 포상에서 인증제를 부여하는 간접방식으로 운영되었으며 평가항목은 유지관리, 운영관리분야를 기본으로 하고 생활관리분야에 주민의 여가 및 편익증진, 주민화합 및 사회봉사활동 항목에 프로그램실시 정도를 평가하거나 공동체활성화 항목을 별도로 두어 평가하는 것이 일반적이었다.[14] 2010년 7월, 주택법 시행령 제82조의2에 공동주택 우수관리단지 선정에 대한 조항이 신설되었으며 평가분야는 일반관리분야, 시설 유지관리분야, 공동체활성화분야, 에너지절감분야이다. 이중 공동체활성화분야의 항목은 공동체 생활에 필수적인 주민 화합을 위한 행사, 주민 자율성과 참여의식, 여가생활을 위한 편익증진 시설운영 현황, 다양한 주거환경 개선활동을 통한 살기 좋은 단지 조성 등이다. 일반관리분야나 에너지절감분야에도 주민참여에 의해 평가할 수 있는 항목이 있어서 우수관리

12) 서울특별시 공동주택 커뮤니티 활성화 사례집 2011년(http://open.seoul.go.kr)
13) www.cbngo.org/main.php
14) 이현정(2008). 우수 아파트관리 시상제도 현황분석 및 우수단지 사례조사. 대한건축학회논문집 계획계, 24(1), 63-70.

단지는 주민의 참여도가 높아야 선정될 수 있도록 하였다.

주택법 시행령 제82조의2 (공동주택 우수관리단지 선정)

① 시 · 도지사는 공동주택단지를 모범적으로 관리한 사례를 발굴 · 전파하기 위하여 매년 공동주택 모범관리단지를 선정할 수 있다.

② 국토교통부장관은 제1항에 따라 시 · 도지사가 선정한 공동주택 모범관리단지 중에서 공동주택 우수관리단지를 선정하여 표창하고, 공동주택 관리 관련 강의 · 상담 등의 지원을 할 수 있다.

③ 공동주택 모범관리단지와 공동주택 우수관리단지의 선정 등에 필요한 사항은 국토교통부장관이 정하여 고시한다. [개정 2013.3.23 제24443호(국토교통부와 그 소속기관 직제)] [본조신설 2010.7.6]

공동주택 우수관리단지 선정지침 국토해양부 고시 제2010-414호(제정 2010. 6. 27.) 제5조(평가분야 및 항목)[15] 국토해양부장관은 우수관리단지 선정을 위한 평가분야 및 세부평가항목은 다음 각 호를 고려하여 정할 수 있다. 3. 공동체 활성화 분야

가. 공동체 생활에 필수적인 주민 화합을 위한 행사

나. 주민 자율성과 참여의식

다. 여가생활을 위한 편익증진 시설운영 현황

라. 다양한 주거환경 개선활동을 통한 살기 좋은 단지 조성도

마. 그 밖의 공동주택 공동체 활성화에 필요한 사항

○ 공동주택지원조례

공동체활성화를 위한 지원으로는 지자체별로 주택법 제43조 ⑧항[16]에 근거하여 공동주택지원조례가 있으며 공동체활성화를 위한 시설, 프로그램 지원과 공용시설물의 유지관리를 위한 지원을 하고 있다. 최근에는 공동주택에 지원을 한 대상 중에서 우수단지를 선정하여 인증하는 방법을 병행하는 지자체가 다수이다.[17]

---

15) 국토교통부 공동주택 우수관리단지 선정지침(www.molit.go.kr)

16) 주택법 제43조 ⑧지방자치단체의 장은 그 지방자치단체의 조례로 정하는 바에 따라 제7항에 따른 관리주체가 공동주택의 관리업무를 수행하기 위하여 필요한 비용의 일부를 지원할 수 있다.

17) 한국건축신문 2014년 1월 13일자 「'2014년 저탄소 에코아파트 만들기 사업' 추진」.

III 커뮤니티활성화 활동 진행

1. 진행 절차

공동주택 단지의 조건이 다른 상황에서 커뮤니티활성화의 첫 단계를 어떻게 시작하는 것이 좋은지 구체적인 진행방법이 필요하다.

아파트 주민이 친밀감을 느끼는 것은 자신이 사는 곳에 대해 아는 것부터 시작한다. 관리주체가 아파트관리업무에 대해 알리는 정도를 넘어서 단지 내 소식과 지역정보를 정기적으로 제공하는 것부터 시작하는 것이 첫 출발점이 될 수 있다. 주민은 정보를 이용하여 생활에 도움이 된다고 인식하게 되면 소식지 이용을 적극적으로 하게 되고 발간에 대한 요구가 발생한다. 대부분의 아파트단지에 있는 자생단체인 부녀회를 통해 인적 자원을 발굴하여 아파트 소식지를 만드는 모임을 만들어 지원하는 방식으로 발전할 수 있다. 매체를 통해 아파트 소식을 알리고 관리주체에 의해 아파트와 지역정보를 전달받는 것이 아니라 주민들이 소식지를 만드는 과정을 통해 소수 그룹의 만남과 소통이 시작되고 생활에 필요한 정보를 얻고 실제적인 도움이 되는 상황을 겪으면서 거주하는 단지에 대한 관심과 소속감, 애착이 생기며 '우리 아파트'라는 의식이 확산되어 갈 수 있다.

주민들 사이에 아파트단지에 대한 관심이 생기면 다양한 목적을 가진 모임들이 구성될 수 있다. 커뮤니티활성화에 대한 적극적인 지원을 하고 있는 서울시는 커뮤니티활성화 매뉴얼과 사례집[18]을 발간하였으므로 타 지자체에서도 이를 참고로 하여 적용할 수 있다.

주민들 스스로 또는 주민들의 자발적인 활동이 없다면 관리주체나 입주자대표회의, 자생단체인 부녀회가 주민들 중 커뮤니티활동을 주도적으로 이끌 리더나 활동가를 발굴하여 공동체활성화 단체를 구성하도록 조력자 역할을 한다. 리더는 함께 할 회원을 모으고 다방면으로 단지특성을 이해하는 방법을 모색하여야 한다. 관리주체로부터 주민의 세대별 특성에 대한 자료를 얻고 설문조사나 면담을 통해 주민의 요구가 높은 커뮤니티프로그램을 선정한다.

---

18) 서울특별시(2011). 살아있는 우리아파트 이야기 아파트에서 희망을 찾다; 서울시 주택본부(2011). 서울시 열린 아파트사업 추진을 위한 아파트커뮤니티활성화매뉴얼 아파트주민용.

| 그림 8.12 커뮤니티활성화 프로세스

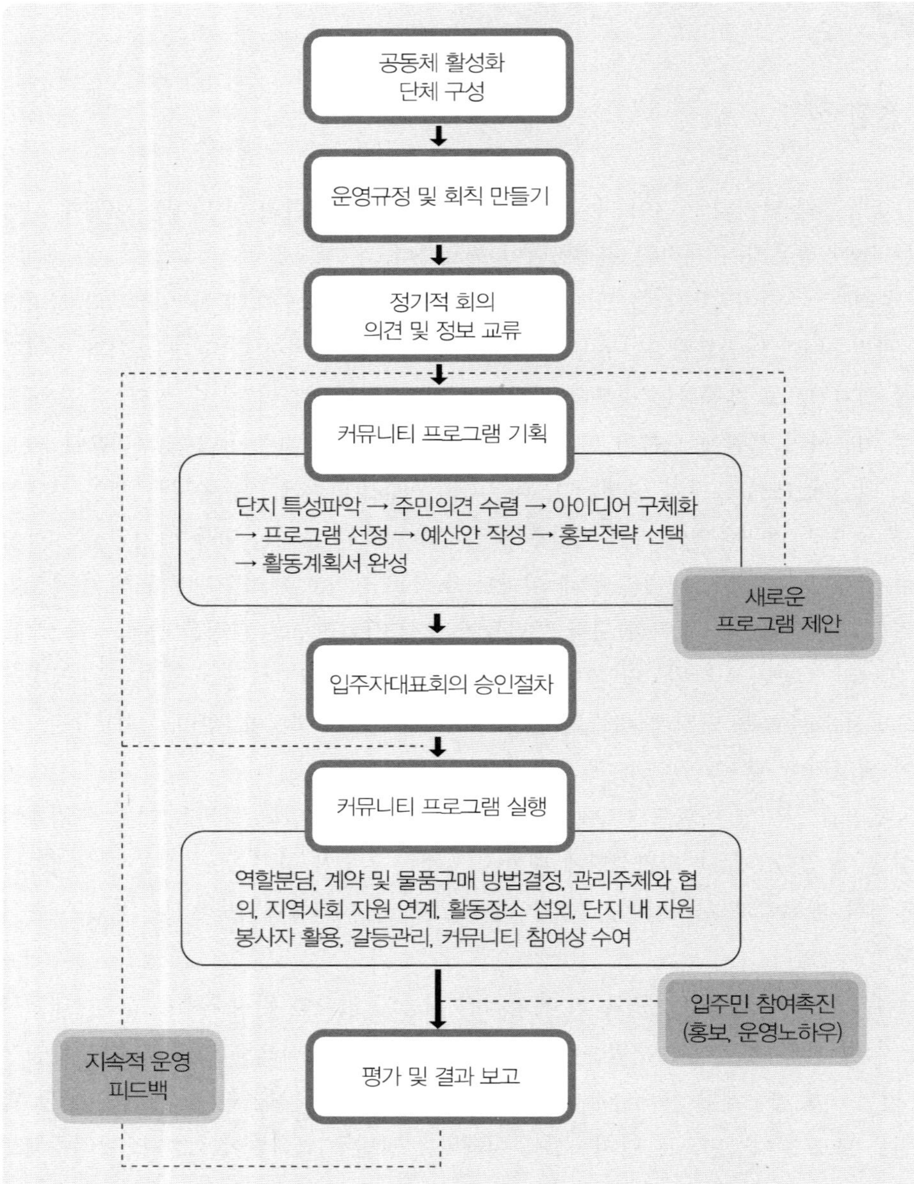

출처: 서울특별시(2013). 아파트에서 희망을 찾다. p.163.

프로그램에 맞는 활동계획서 및 예산안을 작성하여 입주자대표회의와 의사소통을 하여 승인을 받는다. 프로그램을 실행하기 위하여 참여를 위한 홍보, 입주민 자원봉사자 모집 등의 치밀한 진행준비를 하고 실행 후에는 입주자대표회의에 결산보고를 하고 평가를 통하여 피드백 과정을 거쳐 다음 활동에 반영한다.

2. 커뮤니티프로그램 운영의 영향요소

커뮤니티활성화 활동을 기획하기 위하여 활동주체는 단지특성을 파악하는 것이 우선되어야 한다. 활동주체는 단지 특성을 체계적으로 파악하는 것이 어려우므로 커뮤니티전문가의 도움을 받는 것이 좋다.

단지특성을 구성하는 요소는 인적 환경과 물리적 환경으로 나누어지는데, 인적환경은 주민, 입주자대표회의, 관리주체, 기존 자생단체의 특성이며 물리적 환경은 단지와 단지외부환경의 조건이다. [표 8.4]와 같이 이러한 주요 환경에 내재된 속성들을 정확히 파악하는 것이 단지에 맞는 프로그램 기획으로 연결되며 프로그램이 실행된 이후에 주민의 만족도를 높일 수 있고 지속될 수 있으며 느슨한 단계의 공동체의식으로부터 결속력 높은 공동체의식으로 발전할 수 있다.

인적환경 중에서는 주민의 가족생활주기를 분석하는 것이 가장 중요하다. 가족생활주기에 따라 생활에 대한 요구가 다르며 외부공간 이용도도 차이가 있다. 맞벌이부부 비율, 아동비율, 고령자비율, 독신자비율, 외국인비율, 장애인수, 소유 및 임차인 거주비율, 장기거주자 비율 등을 분석하여 주민의 의식, 행동, 요구의 일반적인 특성을 파악하고 입주민의 기존 단지 내 행사 시 참여정도, 단지 홈페이지 이용도 등으로 커뮤니티수준을 설정해야 한다.

물리적 환경에서 단지규모에 따라 시설별 설치기준과 규모, 용도, 주민의 참여인원수가 다르므로 프로그램 목표와 주제 선정, 운영방법이 달라진다.

입주자를 위한 사회적 환경의 구축을 위해서 분양아파트는 입주초기에 건설회사(사업주체관리 단계)가 적극적으로 입주자간에 알 수 있는 기회를 제공해주는 것이 차후 입주자의 커뮤니티의식에 긍정적인 영향을 미친다. 건설회사는 전체가 모일 수 있는 기회를 통해 단지생활 매뉴얼에 대한 설명, 동호회 결성을 유도하여야 한다. 현재 대부분의 아파트에는 전입자의 적응을 도와주고 이사 초기에 주민 간에 만날 수 있는 기회를 제공하는 조직이 없으므로 입주자대표회의에서 자생단체로 위원회를 정식적

표 8.4 단지 특성에 영향을 주는 요소

대상		요소
인적환경	주민	연령대별 분포, 맞벌이부부 비율, 아동비율, 고령자비율, 독신자비율, 외국인비율, 장애인수, 소유 및 임차인 거주비율, 장기거주자 비율, 기존단지 내 행사 시 주민참여정도, 단지홈페이지 이용도 등
	입주자 대표회의	입주자대표회의 구성원의 특성, 회장특성, 연령 및 직업, 동별대표자 경력, 주민간의 분쟁유무, 관리사무소와의 관계
	관리주체	관리사무소장의 활성화 의식수준, 커뮤니티활성화 추진경력, 관리업체지원 유무
	기존 자생단체	부녀회 등 기존자생단체의 유무와 활동범위, 입주자대표회의와의 관계
물리적환경	단지구성	평형 분포, 동구성의 복도식・계단식 여부, 분양과 임대주택 여부, 건축경과년수, 단지 내 주민공용공간 종류와 특성
	단지 주변지역	동사무소・주민자치센터・지역복지관과의 관계(거리, 교류정도 등), 교육기관(초・중・고등학교, 대학 등), 스포츠센터, 산책로 혹은 조깅코스, 지역공공도서관, 해당지역에서의 주민축제유무, 지역 내 주택특징(아파트단지 위주, 단독주택과 혼합, 다세대・다가구주택과의 혼재, 재개발지역, 불량주거지 유무), 상업지역・공장 및 업무지역과의 관계, 학원가 형성 정도, 공원 등 오픈스페이스 유무 등

출처: 서울시 주택본부(2011.1). 서울시 열린 아파트사업 추진을 위한 아파트커뮤니티활성화매뉴얼 아파트주민용. p.29을 일부 수정함

으로 설치하는 것이 필요하다. 거주단계에서는 입주자간에 상호 친밀한 관계로 발전하기 위해서 부정적인 마찰이 일어나지 않도록 미연에 방지할 수 있도록 자치규약에 주민상호마찰을 일으키는 항목, 규칙을 위반했을 때 취하는 조치 등을 명시한다.

3. 지역사회 커뮤니티 네트워크

공동주택에서 형성된 커뮤니티활동은 활동 내용에 따라 단지 내부의 활동에 머무르지 않고 단지 외부의 지역사회로 확장될 수 있다. 주민 편의와 서비스를 연계해 제공할 수 있는 대표적인 곳으로는 보건소, 소방서, 동사무소, 주민자치센터, 건강가정지원센터, 대학, 학교, 복지관, 시민단체, 행정단체 등이 있다. 프로그램 중복방지와 자원절약을 위해 지역사회와 네트워크화가 필요하며 관리자는 이러한 기관과 단체의 활동을 파악하여 단지 내 커뮤니티활동을 하는 단체에게 정보를 제공하는 역할을 해야 한

다. 규모가 작은 아파트는 지역사회와 네트워크하여 프로그램을 연계하는 것이 프로그램의 다양성이 있으며 저렴한 비용의 활동들을 할 수 있다(은난순, 2008). 지역자원과 연계하여 자원봉사활동으로 전개됨으로써 지역 내 자립적 복지의 효과도 이루어질 수 있다.

IV 공공임대아파트의 주민참여

1. 현 황

e-나라지표 2012년 자료에 의하면 공공임대아파트(10년 이상)는 74만 여호로 저소득층의 주거안정을 위해 공급되므로 건물의 유지관리와 재정에 관련되어 중점적으로 관리가 이루어지고 있다. 관리는 대한토지주택공사(LH공사)와 지자체가 자체관리하거나 자회사가 관리하고 있다. 본부와 현장관리사무소로 나누어져 본부는 입주자・시설관리 계획의 수립, 관리지침 마련, 관리사무소 지도감독 및 평가 업무를 담당하고, 단지 관리사무소는 직원이 현장 상주하며 관리사무소가 일상적 관리를 하고 있다(채혜원 외, 2008).

「임대주택법」 제29조 제3항에 따라 임대사업자는 관리규약의 제정 및 개정, 관리비, 임대주택의 공용부분・부대시설 및 복리시설의 유지・보수 등에 대해 임차인대표회의와 사전에 협의하여야 하는 것(개정 2012.12.18)으로 개정되어 임차인의 역할이 강화되었다고는 하지만 현실적인 적용은 미미하다. 임차자대표회의의 구성비율이 낮고 그들이 역할을 할 수 있도록 하는 관리주체의 개방성도 낮은 편이다. 이로 인해 전기・수도요금 등의 과다 부과, 각종 공사 및 용역업체 선정, 잡수입 지출 등 아파트 관리업무에 임차자가 배제되고 있어서 관리사무소와 분쟁이 발생하고 있다. 잡수입의 지출 거부로 자생단체의 활동위축 등의 문제도 있다.

장기 공공임대주택의 조사에 의하면 임차자의 특성에 맞는 시설과 프로그램이 마련되어야 하지만 현실적으로 규정이 없기 때문에 임대사업자나 관리사무소에 의해 개별적으로 이루어지고 있다. 단지에는 방뇨, 쓰레기 무단 폐기, 상호간의 충돌 다툼 등 반사회적 행동이 나타나고 있으므로 단지에 대한 소속감을 높임으로써 이를 예방하고 물적 자산의 장기적인 유지를 목적으로 하는 내용이 다수이다. 관리사무소는 주민에 대한 복지적 서비스를 기획하여 제공하는 형태가 대부분이다. 건강의료관련 서비스로는 주민운동시설이 있으나 고령가구의 거주비율이 40%정도로 높은 편이므로 건강검진지원, 주간보호나 일상생활지원이 높다. 커뮤니티활성화를 위하여 사회복지관의 적극적 프로그램 운영, 재정적 지원, 자율방범대, 노인회, 임차인대표회의 등의 구성이 필요하다. 생애주기별로 가구형성기에는 영유아 보육시설과 야간 보육서비스, 자녀보육기에는 방과후 공부방이나 독서실에 대한 요구가 높다. 주거안전망 구축을 위하여 경제적인 안정성을 위하여 일자리 관련 정보, 상담, 직업훈련 등에 대한 서비스가 제공되어야 한다. 이러한 시설은 단일 임대단지가 아닌 생활권단위의 몇 개 단지를 통합하여 제공하는 것이 효과적이다(천현숙, 2011).

2. 지원방향

30년 이상 임대할 목적의 임대주택에 대해서는 2010년 1월부터 '장기공공임대주택입주자 삶의 질 향상지원법'이 시행되었으며 제3조(삶의 질 향상을 위한 국가 등의 지원)에 의해 국가 및 지방자치단체는 입주자의 삶의 질 향상을 위하여 입주자의 커뮤니티활성화를 위한 프로그램 개발 및 재정지원, 시설 유지보수 지원뿐만 아니라 입주자의 주거복지증진을 위하여 필요한 사업지원을 하여야 한다.

관리주체는 의식전환을 하여 임차인대표회의를 구성하도록 절차상의 준비와 정보지원을 하여야 한다. 임차인대표회의가 활동할 수 있도록 공간, 비품, 회의경비지원을 하여 동대표들의 참여의지를 높이도록 하여야 한다. 공공주택이 발달한 영국을 참고로 임차인의 관리 참여를 확대하는 방안도 고려해야 한다.

영국은 1994년부터 지방정부의 임차인이 임차인 관리조직(Tenent Management Organizations: TMOs)을 설립하여 거주단지에 법적인 관리권을 가지고 관리위원회를 선출하여 일상의 관리, 임대차관리, 입주자관리, 청소, 임대료 징수의 업무를 하고 있다. 2000년부터는 지방정부가 가치극대화(Best Value)제도를 도입하여 서비스개선 시 사용자의 의견을 수렴하도록 하였다. 임차인 참여협정(Tenant Participation Compact) 정책은 지방정부와 임차인간에 계약을 통해 임차인이 자신의 요구를 반영한 주택정책 및 주거서비스를 결정할 수 있는 기회를 얻는 것이다. 2002년부터는 중앙정부 차원에서 임차인자문회의(Tenant Sounding Board for Housing: TSB)를 운영하고 있는데 다양한 공공주택의 임차인과 공공임대주택관리를 하는 임차인 등 12명이 거주자에게 영향을 미치는 주택문제, 정책 토론을 하고 각종 정책에 임차인의 의견을 제안하도록 하고 있다.

미국은 지역차원에서 커뮤니티센터를 설치하고 사회서비스(social service), 경제서비스(economic service), 경력・고용창출서비스(career・employment service)를 제공한다. 사회서비스는 청소년・성인・노인의 가정・개인 문제 상담, 지역사회 내의 저소득층을 위한 청소년의 교육 및 취업 프로그램, 가정폭력 상담과 임시보호소 제공, 건강증진 및 여가활동서비스를 연계하는 것이다. 경제서비스는 경제적 위급상황에 있는 저소득층 가정의 월세, 전기・가스 요금 지불과 같은 긴급원조, 센터 내 음식물 저장고와 의류를 비치하여 요구자에게 제공하는 것이다. 경력・고용창출서비스는 취업기술교육과 지역사회업체와 연결시키는 일을 하는 것이다(채혜원 외, 2008).

국내에서도 임차자의 관리참여와 경제적 자립의 이중효과를 위해 단지 내 고령자를 채용하여 단지 내 환경개선을 하는 방법이 실현되고 있다.[19] 주거복지의 포괄적인 활동을 위하여 단지내 상가를 리모델링하여 커뮤니티센터를 개소하고 위기가정에 대한 사례관리를 통해 문제 예방과 해결, 입주민의 사회참여와 역량강화를 위한 교육, 입주민의 공동체의식 강화 등의 활동을 함으로써 지역주민들의 소통과 교류증진을 위한 기능을 하고 있다.[20] 커뮤니티센터를 만들 수 없는 경우는 500세대 이상의 아파트에 필수시설인 '작은도서관'을 입주민을 위한 커뮤니티공간으로 활용하여 프로그램을 운영하는 것도 가능하다. 프로그램은 임차자에게 경제적으로 실질적인 도움이 되는 내용으로 하는 것이 권장할 만하다.

관리사무소, 임차인대표회의가 협력하여 단지만으로 해결할 수 없는 문제들을 지방자치단체, 복지관련 단체 등 다양한 민관협력 네트워크를 통해 '주거복지 거버넌스'를 구축하여 해결해 나가야 한다. 2002~2005년에 지역사회발전센터를 만들고 공공임대주택 주민의 임파워먼트를 강화하고 지역복지네트워크를 구축하여 성과를 올렸다. 지역별로 고용노동부 지역고용센터와 업무협약을 체결하고 정부의 취업지원 프로그램 이동상담실을 유치하여 경제적인 자립지원을 하며 지역내 정신건강상담센터와 연계하여 알코올 의존자, 정신질환 조기 발견과 치료 등의 사업을 진행하였다.

공공임대주택을 주변지역과 융합할 수 있는 커뮤니티로 재성시키고, 입주민들의

19) 한국아파트신문 2012년 6월 20일자, 「꿈과 사랑이 샘솟는 다솜 도서관 개관」.
20) 한국아파트신문 2012년 8월 29일자, 「광주 북구, 취약계층 위한 커뮤니티센터 개소」.

자족적 생활이 가능한 주거환경 조성을 목적으로 하는 재생프로그램의 도입이 필요하다. 예를 들어 미국에서 1990년대 공공임대주택단지 재생을 위해 도입하였던 HOPE VI 프로그램과 같은 성격의 프로그램 도입을 검토할 수 있다. 미국의 Family Self-Sufficiency Program, Individual Development Account 등과 같이 공공임대거주자들이 임대주택에 거주하는 동안 자산을 형성하여 임대주택에서 벗어날 수 있도록 지원하는 프로그램을 도입할 필요가 있다.

지역특성이나 자원을 활용할 수 있는 사업 내용을 찾아 이를 사업화할 수 있도록 해주는 전문 컨설팅과 코디네이터가 필요하다. 외부 전문가나 단체가 하향식으로 주도하는 방식은 한계가 있으므로 외부지원에 의존하지 않는 자생력을 가진 사업모델이 필요하다. 현재 서울시에서 시행중인 주거복지상담사 제도를 벤치마킹하여 일자리, 기타 주거안전망 요소에 관련된 정보를 제공하고 상담해주는 기능의 주거복지 코디네이터제도를 검토할 수 있다. 지방정부나 중앙의 재원을 이용하고 관리사무소나 주택관리공단을 활용하고 이를 적절히 연계시켜주는 코디네이터가 투입되어 사회서비스 정책을 설계하는 것이 좋을 것으로 생각된다. 보육, 건강 등은 관련 시설의 제공만으로는 충분한 서비스 공급이 어려우며 관련 프로그램과 시설이 유기적으로 연계되어야 한다. 주민이 필요한 서비스에 따른 맞춤형 주거안전망 구축을 위해서도 프로그램 운영이 필수적이다(천현숙, 2011).

V 제도적 지원의 지속성과 확대

커뮤니티활성화가 되어 아파트단지가 도시 속 마을로서 자리잡기 위해서는 행정적인 측면에서 지자체 인식의 확대 및 실천을 위한 지원방향의 변화가 모색되어야 한다.

지방자치단체가 공동주택에 대한 감독, 지원을 체계적이며 지속적으로 진행해야 한다. 입주자대표회의 운영 및 윤리교육에 대한 지원 사항을 강화하고 커뮤니티활성화 활동이 진행될 수 있도록 구체적인 정보를 제공해야 한다. 커뮤니티활성화 프로그램과 공간 마련 등을 위해서는 공동주택관리지원조례에 의한 지원을 확대하여 지원자금에 추가적인 단지의 비용부담으로 공간을 개조하여 활용할 수 있도록 하여야 한다.

아파트단지 주민, 관리주체, 입주자대표회의의 의식변화를 유도하고 커뮤니티활성화의 장점을 홍보하는 것으로 지속적으로 커뮤니티활성화 방향을 유지하는 것은 한계가 있다. 공동주택 단지가 갖고 있는 다양한 특성에 맞는 방법을 모색하고 효과를 높이기 위해서는 서울시에서 시행하고 있는 커뮤니티계획전문가와 같은 전문직업군을 지자체에서 양성하는 것이 필요하다. 대학의 주거학, 건축학, 지역개발학, 도시계획학 분야 등은 교과과정에 커뮤니티계획 관련 과목이 개설되어 있으므로 전공자들은 커뮤니티활성화에 대한 물적, 인적프로그램에 대한 기본지식을 습득하고 있다. 이들에게 추가적으로 상담, 관리, 법규에 대한 전문지식을 교육하여 커뮤니티전문가로 양성하는 것을 적극적으로 시도해야 한다.

정보화시대에 맞게 온라인상에서 커뮤니티활성화의 다양한 프로그램과 전략, 운영, 지원, 전문가 자문 및 파견 등에 대한 정보를 얻을 수 있는 통합된 정보공유채널이 필요하다. 국토해양부의 '공동주택관리정보시스템'이 온라인상에 구축되어 있으므로 지자체가 공동체활성화사업을 위해 구축되어 있는 서울특별시 '공동주택통합정보마당', '마을공동체지원센터' 등의 사이트를 연결하여 일원화된 정보망을 구축하여 일반 주민을 비롯한 커뮤니티활동 주체들이 실제적으로 이용할 수 있는 창구를 만드는 것도 하나의 방법이다.

지자체가 커뮤니티공동체 활동에 대한 지원을 할 때, 커뮤니티활동이 소규모단지, 분양과 임대주택 혼합단지에서 실시되기 어려운 점을 고려하고, 단지 내 활동으로 한정되지 않고 주변 지역사회와 연결되기 위하여 이러한 아파트단지를 우선적으로 지원하고 인센티브를 주는 방법도 커뮤니티의 사회적 혼합, 지역적 확대를 위하여 추진되어야 할 것이다.

참 고 문 헌

공동주거관리연구회, 『공동주거관리이론』, 파주: 교문사, 2008.

김기호 외 11인, 『우리, 마을 만들기』, 고양: 나무도시, 2012.

박경옥, "공동주택 커뮤니티활성화를 위한 사회적 환경 구축", 『한국주거학회논문집』, 21(1), 2010, pp.141-150.

서울특별시, 『살아있는 우리아파트 이야기 아파트에서 희망을 찾다』, 2011.

서울특별시, 『아파트에서 희망을 찾다』, 2013.

은난순, "아파트 커뮤니티 활성화 현황-서울시 커뮤니티 지원프로그램을 중심으로", 『한국주거학회지』, 6(2), 2011, pp.5-10.

은난순, "지역사회 복원을 위한 제도적 과제-커뮤니티활성화를 위한 지원", 주거복지 컨퍼런스 자료집, 2011, pp.368-377.

이현정, "우수 아파트관리 시상제도 현황분석 및 우수단지 사례조사", 『대한건축학회논문집 계획계』, 24(1), 2008, pp.63-70.

조성희, 이경희, 이영석, 박경옥, 『공동주택 주거문화 제고방안 연구』, 건설교통부·한국주거학회, 2007.

채혜원·은난순·지은영, "공공임대주택의 입주자관리서비스", 『도시정보』, 320호, 2008, pp.66-74.

천현숙, "주거안전망 구축방안연구 장기공공임대 입주자 삶의 질 향상을 위한 정책방향", 주거복지 컨퍼런스 자료집, 2011, pp.355-367.

openapt.seoul.go.kr

www.architecturenews.kr

www.cbngo.org

www.elis.go.kr

www.seoul.go.kr

www.seoulmaeul.org

www.hapt.co.kr

제 3 부

주요 선진국의 공동주택관리

제 9 장

서유럽의 공동주택관리

하세정(한국조세재정연구원)

서유럽에서 기존의 전근대적인 주택들을 철거하고, 토지비용을 절약하여 저렴한 주택을 공급하려던 시도의 결과로서 저층의 공동주택이 등장하기 시작한 시점은 1800년대 말이다. 1950년대에서부터 1970년대까지 건축기술이 빠르게 발전하면서 1, 2차 세계 대전의 폭격과 도시인구 증가에 의한 주택난을 해결하고, 고효율의 미래지향적 주택을 공급하기 위해 본격적으로 고층의 공동주택이 건설됐다. 이후 단독주택이나 저층의 빌라형 주택을 선호하는 유럽에서 고층의 공동주택이 신축되는 것은 보기 어려워졌고, 공동주택은 저렴하지만, 질 낮고, 낡은 주택으로 인식되어 해체의 대상이 되고 있다. 비록 유럽에서 공동주택의 미래가 밝은 것은 아니지만, 오랜 기간 공동주택을 보유했던 경험을 바탕으로 공동주택관리의 이론과 실무, 제도를 발전시켜 온 만큼 아직 배울 점이 많이 남아 있다. 본 장에서는 서유럽의 주요국인 영국, 프랑스, 독일의 공동주택 관리제도가 한국에 줄 수 있는 교훈과 시사점을 찾아보기로 한다.

I 영국의 공동주택 관리제도

1. 영국 공동주택의 특징

유럽연합(EU)의 2011년도 주택통계에 따르면, 플랏(flat)이라고 불리는 영국의 공동주택은 전체 주택재고량의 14%정도를 차지하고 있다. 유럽연합 회원국 중에서는 공동주택의 비율이 낮은 편에 속한다. 공동주택의 비율이 현저히 낮은 이유는 정원이 있는 단독주택을 선호하는 영국의 전통에서 비롯된 것으로 보인다. 또한, 런던 도심의 상업용 건물들마저 오래전에 지어진 저층건물들이 주를 이룰 정도로 고층 건물에 대한 선호가 떨어지는 영국에서 한국식 아파트와 같은 고층의 주거용 건물을 찾기란 더욱 쉽지 않다. 고층건물을 짓기 위한 건축기술이 충분히 확보됐음에도 불구하고, 영국에서 대단지의 공동주택이 지어지기 시작한 시점은 대략 1960년대이며, 런던이나 대도시의 높은 지대 때문에 낮은 비용으로 임대주택을 공급하기 위한 차선책으로 건설됐다.

공동주택이 지어진 주된 이유가 지대가 높은 도심에 저소득층을 위해 저렴한 주택을 공급하려는 의도에서 비롯되다 보니, 정원을 선호하는 영국의 문화와 맞물려 공동주택을 질 낮은 주택으로 보는 인식이 강하다. 영국내의 대표적인 주택관련 조사인 '잉글랜드 주택조사(Survey of English Housing)'의 2007년도 조사 결과에 따르면, 공동주택의 점유형태별로 자가소유주택이 28.5%, 공공임대주택이 48%, 민간임대주택이 23.5%로 공공임대주택이 다수를 차지하고 있다. 자가소유한 공동주택도 절반 정도가 1980년 대처정부가 시행한 임대주택 구매권(Right to Buy) 정책을 통해 공공임대주택을 불하받은 것으로 나타난다. 즉, 영국 공동주택의 60% 이상이 공공임대주택 용도로 지어진 셈이다. 전통적으로 민간부문은 공동주택 건설에 적극적이지 않았는데, 민간자본에 의해 소유용 또는 임대용 공동주택이 시장에 공급된 것은 상대적으로 최근의 경향이다. 민간부문이 소유나 임대하는 공동주택 중 2000년 이후에 지어진 주택이 52%인 반면, 공공부문의 공동주택은 21%에 불과하다. 공공부문의 낮은 수치는 정부가 공공임대주택을 직접 공급하는 정책을 포기한 것도 한 요인으로 짐작된다.

공동주택이라 하더라도 한국의 아파트와 비교했을 때 규모면에서 상당히 작은 편이다. 건물의 규모를 층수로 가늠해 볼 때, 공공부문의 공동주택이라 하더라도 80% 이상의 주택이 2~4층 건물에, 7.5%는 5~9층 규모의 건물에, 7%만이 10층 이상의 건물에 속해있다. 민간부문의 공동주택은 평균 층수가 더욱 낮아져, 10층 이상의 건물에 속한 주택은 1.25%에 불과하다. 높은 건물이 많지 않은 관계로 승강기가 설치된 건물에 거주하는 가구의 비율은 20%정도이다. 영국에서는 개별주택의 크기를 평수와 같은 수치보다는 침실의 수로 인식하는 경우가 많은데, 이 기준을 적용할 때, 공동주택의 주택들은 대부분 작은 주택들이다. 크기 면에서 소형 주택에 속하는 침실 수가

1~2개인 가구가 90% 가까이 차지하고, 중형 정도에 해당하는 3개는 9%, 4개 이상은 1% 미만으로 나타났다.

이상에서 본 바와 같이 단독주택들에 비해 공동주택은 주거시설로서 열악한 면모를 가지고 있고, 인식 또한 좋지 않은 탓에 공동주택 거주자들의 주거만족도는 단독주택 거주자들에 비해 떨어지는 것으로 조사됐다. 만족도를 5개 등급으로 나누었을 때, 공동주택 거주자의 '매우 만족'의 비율은 50%로, 단독주택의 65%에 뒤져 있다. '매우 불만족' 역시 5%로 단독주택의 1%와 차이를 보였다. 공동주택 자체에 대한 만족감이 낮을 뿐만 아니라 입주지역에 대한 만족감 역시 낮게 나타나고 있다. 주변지역에 대해 '매우 만족'이라고 답한 공동주택과 단독주택 거주자들의 비율은 각각 44%와 51%였다. 거주자의 인구학적, 사회경제적 특성 중 가구 형태를 살펴보면, 공동주택에 미혼, 사별, 이혼 등의 이유로 1인 가정이 집중되어 있음을 알 수 있다. 수입면에서도 공동주택 거주가구들의 1인당 평균 소득이 비교적 낮은 것으로 나타난다.

결론적으로, 영국의 공동주택은 규모면에서 단층, 점유형태면에서는 임대주택이 주를 이루고 있고, 특히 지방정부와 주택조합 등 공공부문의 기관, 단체가 소유주인 경우가 많다. 또한, 공공임대주택은 대부분 저소득층, 저학력, 이혼가구와 같은 사회적 취약계층들에게 배당됨을 알 수 있다. 결과적으로, 주택과 주변환경에 대한 만족도가 떨어지는 등 주거편리성, 쾌적성 등을 갖춘 덕분으로 양질의 주택으로 인식되는 한국의 아파트와 다른 면모를 보여준다.

2. 주택관리법령과 관련행정조직

영국의 공동주택은 상당수 공공임대주택이기 때문에, 공공임대주택 관리제도를 보면, 공동주택 관리제도의 주요한 특징을 파악할 수 있다. 또한, 공동주택의 관리에 대한 필요성이 공공임대주택 단지가 생기면서 비롯됐기 때문에, 민간의 개인이나 단체가 소유하거나 임대하는 공동주택들 역시 그 관리 방식은 공공임대주택 관리제도와 유사하거나 비롯된 것이 많을 수밖에 없다. 따라서, 영국의 공동주택 관리제도는 공공부문의 임대용 공동주택을 중심으로 살펴보기로 한다.

공동주택관리에 관련된 주요 법률은 주택과 관련된 제반 규정을 포함하고 있는 주택법(Housing Act)이다. 영국의 주택법은 주택의 관리의무를 기본적으로 주택소유자나 임대사업자에게 맡기고 있다. 뿐만 아니라 공공임대주택의 경우 지방정부(local authority)나 주택조합(housing association)이 공급뿐만 아니라 사후 관리와 개선까지 책임지도록 명시하고 있다. 1980년에 개정된 주택법은 공공임대주택의 '등록된 사회주택주(registered social landlords)'뿐만 아니라 민간임대주택 사업자의 유지관리의무를 강화시켰다. 여기에 1985년 임대인 및 임차인법은 주택의 구조 및 외관 유지, 용수, 가스, 전기 공급, 난방 등에서 임대인에게 수선과 유지의 우선적인 책임이 있음을 명시하고 있다(건설교통부, 2006).

주택법의 집행을 담당하는 중앙정부 부처는 '지역 및 지방정부부(Department for Communities and Local Government)'이며, 지방정부와 주택조합들이 공공임대주택의 공급, 배정, 관리 등의 업무를 실제로 담당하고 있다. 중앙정부 차원에서는 지방자치단체를 재정적으로 지원하고, 감독하는 지역 및 지방정부부가 전국단위의 주택정책을 마련하고, 지자체의 주택부서(housing office)가 따라야 하는 가이드를 제공한다. 지방자치단체가 공공임대주택을 직접 공급하거나 재정지원으로 주택조합을 통해 간접적으로 공급하고 있다. 영국에서 주택의 유지관리는 법적으로 주택소유주주 또는 임대자가 책임지기 때문에 공급 후의 유지, 관리, 보수 업무도 지방자치단체나 주택협회에서 직간접적으로 담당하고 있다.

3. 공동주택 관리제도와 관련주체들의 역할

영국의 공동주택 관리에는 중앙정부, 지방정부, 사회주택주, 임차인, 주택관리사 등 여러 주체가 개입하고 있다. 중앙정부는 공공임대주택 공급과 유지, 관리를 위한 정책수립자로서의 역할뿐만 아니라 제도 도입 초기에는 공급까지 직접 담당했다. 공급, 관리 책임을 지방정부와 주택조합 등에 이관한 후 관련법 제정과 수정, 예산 책정 및 지원 등 큰 틀의 정책을 운영하며, 간접적으로 지원하는 역할을 맡고 있다. 공동주택의 관리와 관련하여, 중앙정부의 주된 역할은 보조금 지급을 통해서 이뤄지고 있다. 중앙정부는 사회주택주나 임대인들이 공공주택을 유지관리하는 비용을 주택세입계정보조금으로 일부 지원하고 있으며, 목적과 대상에 따라 여러 종류의 보조금이 존재한다(건설교통부, 2006). 대표적으로, 개축보조금(Renovation Grants)은 주택 안팎의 일반적인 개축과 수선을 위해 신청할 수 있다. 가정 내에 장애인이 있을 경우, 장애인 주거 복지를 위한 개선, 수선에 대해서는 장애인 시설 보조금이 존재한다. 공동주택의 경우, 건물 전체의 외관수리나 구조적 보강 작업에 대해서 집단수선계획(Group Repair

Schemes)을 신청하고, 보조금을 지원받을 수 있다. 소득지원(income support)나 실업급여(job seeker's allowance)와 같이 다른 복지급여를 수령하고 있을 시에 가정수선보조금(Home Repair Assistance)도 추가적으로 신청, 수령할 수 있다(건설교통부, 2006).

지방정부는 주택관리제도의 실질적인 책임자라고 할 수 있다. 중앙정부의 예산지원을 받아 공공임대주택을 건설하고, 그 관리까지 맡고 있다. 공급 및 관리 책임과 관리에 대한 전권을 받은 초기에는 직접 개입하였으나, 민영화의 흐름 속에 상당 부분의 업무를 주택조합에게 이관하여, 나누어 맡는 추세이다. 1985년 주택법은 주택소유주로서 지방정부와 주택조합이 매년 주택 상태를 점검하여, 필요한 유지, 보수 조치를 취해야 한다고 명시하고 있다. 또한, 지방판사, 교구, 지방의회도 불량주택에 대해 주택조사관에게 신고할 수 있으며, 신고를 접수한 주택조사관은 조사 후 그 결과를 지방정부에 보고할 의무를 진다(김승혜, 2006).

1996년 주택보조금 · 건설 · 재생법에 따르면, 주택조사관의 조사결과를 바탕으로 지방정부가 직접 임대하는 공공주택의 경우, 문제 주택을 수선, 폐쇄, 철거하거나, 주택조합이 관리하는 주택에 대해서는 일종의 시정명령인 유예행동통지(Deferred Action Notice: DAN)를 하게 된다. 이 통지에는 주택의 하자여부, 하자를 보수하기 위한 필요작업, 보수명령을 불이행하거나 조치가 부족할 시, 가해지는 제재나 조치가 명시되어 있다. 지방정부는 통지의 내용이 이행되었는지 살펴보고, 2년마다 점검해야한다. 시정명령과 관련된 행정비용과 기타비용을 주택소유주에게 부과할 수 있다(건설교통부, 2006). 영국 정부는 물리적인 유지, 보수뿐만 아니라, 임차인들로 하여금 지역사회 활동에 참여 및 이바지할 수 있도록 지원하고 있다. 1986년 주택 및 도시계획법에 따라 '임차인 능력제고 보조금 프로그램(Tenant Empowerment Grant Programme: TEGP)'를 통해 임차인의 지역 활동을 독려하고, 촉진되도록 재정적 지원을 제공하고 있다. 지역에서 진행되는 다양한 사회활동 프로그램을 홍보하고, 그 참여방식과 참여에 필요한 지식과 기술을 습득할 수 있는 기회를 제공한다(건설교통부, 2006).

공공임대주택의 임차인 역시 주택관리에 있어 중요한 주체 중 하나이다. 임차인도 주택을 잘 유지하여야 할 의무가 있으며, 임대인의 동의를 얻어 자비로 주택을 수선할 수 있고, 주택에 물리적 손상을 가했을 경우, 배상 의무를 지거나, 심할 경우 강제로 퇴거당할 수 있다. 임차인은 주로 청결상태 유지나, 소모품 교체 등 일상에서의 주택관리를 책임진다. 또한, 임대인이 제공한 가재도구(가구, 세탁기, 냉장고 등)를 깨끗이 사용하고, 임대계약 종료시 원상태로 반납해야 할 의무를 진다. 영국의 임대인들은 퇴거시 전문업체를 동원해 주택에 포함된 물품검사(inventory check)를 꼼꼼하게 하는 편으로, 임차인은 부실한 관리에 대해서는 보증금을 삭감, 행정비용 지불 등의 불이익을 당할 수 있다. 단, 보일러 수리나, 천정 누수 공사와 같이 전문 서비스를 필요로 하는 관리는 주택소유주가 책임진다. 임차인의 유지, 보수 의무는 공동주택내의 개별 주택에도 적용되지만, 공동구역(복도, 정원, 세탁장, 주차장 등)과 건물 전체와 관련된 대규모의 유지보수는 임대인이 담당하게 된다. 임차인은 또한 일상에서 수선이 필요한 부분을 발견할 시 임대인에게 통보하고, 수선을 요청을 해야 하는 의무를 계약서 상에 명시하는 것이 일반적이다. 임대인이 정당한 수선요청을 거부할 경우, 임차인은 사법제도를 통해 수선 명령을 받아낼 수 있다(천윤욱, 2009).

공공임대운영초기에는 지방정부들이 공공주택의 유지관리를 전담하는 부서를 직접 운영하는 경우가 대부분이었으나, 최근에는 관리업무를 준민영화하거나 전문민간기업에 전적으로 위탁하기도 한다. 지자체들은 출자를 통해 ALMO(arms length management organisation)라고 불리는 주택관리 회사를 만들어 관리업무를 지자체의 직접적인 업무 영역에서 제외하고, 전문가들에게 맡겨 효율성을 추구하고 있다. 대표적으로 영국 동북부의 대도시 뉴카슬 지방정부는 Your Newcastle Homes라는 회사를 설립해, 13개의 지역주택사무소와 3곳의 서비스 센터를 두고 뉴카슬 시의 임대주택 3만채를 관리하고 있다. 이런 회사들은 지자체나 주택협회를 대신해 공실주택 관리, 주택 개선, 주택 임대, 임대료 징수, 주택 수리, 주택단지와 근린지역 내의 반사회적 행위 방지, 입주민 불만접수 및 처리, 주거 제반에 대한 상담 및 지원 서비스를 제공한다. 이 회사는 임대주택관리에서 얻은 경험과 전문성으로 공적 영역 외의 공동주택에도 동일 서비스를 제공하고, 수익을 창출하고 있다. MITIE와 같은 대형민간회사는 주택관리 산업에서 주요한 서비스 제공자인데, 전국적으로 약 100여 개의 공공, 민간 주택소유주와 임대사업자들을 고객으로 확보하고 있다. 민간기업으로서 경쟁, 기술혁신, 규모의 경제를 통한 높은 효율성과 비용절감 등을 강점으로 내세워 홍보하고 있다.

4. 주택관리인의 역할

이상에서 본 바와 같이 영국에서는 여러 주체들이 각자 고유한 역할과 다른 크기의 책임을 가지고, 공동주택관리에 참여하고 있다. 공공부문에서는 주택관리의 직접적인 책임은 지방정부와 주택조합들에, 민간에서는 주택소유주에 있지만, 이들은 보통 주택관리사들을 직접적으로 고용하거나 다수의 주택관리사들을 고용하는 전문회사를 통해 주택을 관리한다. 따라서, 영국의 주택관리 제도의 핵심에는 주택관리사 제도가 자리잡고 있다. 영국의 주택관리사 제도는 특별히 자격, 경력 등을 명시한 고용조건이 법이나 규정으로 정해져 있지는 않으나 지방정부나 주택관리회사들의 대부분은 법적으로 인정되는 교육과정에서 주택관리에 대한 이론 교육과 실습을 거친 후 관련시험을 통과하고, 자격증을 발급받은 전문 관리인을 채용하고 있다.

영국 정부가 운영하는 국가직업서비스(National Careers Service)에 따르면, 주택관리인은 [표 9.1]에 보여지는 바와 같이 세 가지 분야의 업무를 담당하고 있다. 첫째, 주택소유주를 위해 임대료 관련 업무를 처리한다. 여기에는 임대료를 책정, 수금하는 업무에서부터 미납시의 해결까지 포함된다. 또한, 임대계약의 세부내용을 임차인이 준수하는지 점검하고, 위반시 소송을 포함한 대응책을 준비하는 것도 업무에 포함되어 있다. 둘째, 주택소유주와 임차인 사이 또는 다른 관련 그룹 간의 가교역할을 한다.

표 9.1 영국 주택관리사의 주요 업무

1. 임대계약 준수여부 감독 및 임대료 수신, 관리 업무
(1) 임대료 책정, 임대료 수금, 임대료 미납 해결책 및 방지책 개발
(2) 임대계약 위반 처리
(3) 임대계약 위반 관련 소송 준비 및 법원심리 참석
(4) 주택신청 및 기존 세입자 이주 문제 처리

2. 주택소유주와 임차인 관리
(1) 임차인 면담, 임차인과 소유주 간의 연락담당
(2) 임차인의 임차주택구매에 대한 조언
(3) 주택 개량, 수선에 대한 신청 처리, 결과에 대해 임차인에 통보 및 요청시 상담 제공
(4) 임차인, 지방정부, 부동산 전문가, 주택관련 복지단체 간의 연락담당
(5) 임차인, 거주자 그룹 지원 및 관련 모임 참석

3. 주택 및 근린지역 관리
(1) 주택 상태 점검
(2) 주택개량 차입금 운용, 수선 및 보수 프로그램 관리
(3) 소란행위 대처, 소란행위에 대한 정보와 사례를 지역 경찰에 통보
(4) 빈집관리, 무단 또는 불법 점유자 처리
(5) 관리인, 경비원, 청소부, 보수인력 간의 연락담당
(6) 슬럼가 정리 계획 및 실행, 비사용 건물 철거, 기록 보고서 작성

출처: 영국 국가직업서비스(www.nationalcareersservice.direct.gov.uk)

또한, 임차인의 주택수선민원을 처리하거나, 임차인 그룹의 미팅을 주선하는 등의 업무가 대표적이다. 셋째, 공동주택과 근린지역에 대한 관리이다. 주택관리에는 주택의 상태를 점검하고, 수선과 보수를 위한 자금과 프로그램을 관리하는 업무가 있고, 근린지역 관리에는 빈집관리, 슬럼가 정리, 반사회적 행위 대처 등이 포함된다.

5. 주택관리인 선발제도

영국의 주택관리사 선발시험은 한국처럼 하나의 창구로 통일되어 있지 않다. 주택관리업무를 수행할 수 있도록 관련 교육과 자격시험을 제공하는 다수의 민간단체가 존재한다. 대표적으로 왕실공인적산사협회(Royal Institution of Chartered Surveyors, 이하 공인적산사협회)와 공인주택협회(CIH)를 꼽을 수 있다. 공인적산사협회는 영국에서 시작된 적산사(surveyor)들이 만든 협회로 영국 적산사들의 업무는 매우 광범위하여 한국의 감정평가, 적산, 감리 등의 업무를 포함한다. 적산사들의 조사대상은 주택뿐만 아니라 상업용 건물 등 모든 건축물을 포함한다. 따라서, 주택에 전문화된 적산사가 되는 시험의 난이도 역시 높은 수준이고, 3차에 걸쳐 다양한 과목을 평가받는다. 시험과목은 [표 9.2]와 같다(주택산업연구원, 2005).

공인적산사협회보다 한국의 주택관리사 시험제도와 비교할 만한 교육과 시험을 제공하는 곳은 공인주택협회라고 볼 수 있다. 공인주택협회는 영국의 대표적인 주택관리 전문인 조직으로 약 21,000명의 회원을 대표하고 있다. 공인주택협회의 주요 업무에는 회원들에게 서비스를 제공, 교육, 훈련, 출판, 학술대회 및 세미나 개최, 주택

표 9.2 왕실공인적산사협회 주택관련부문 시험과목

차수	시험과목
1차	측량, 구적법, 건축구조(Ⅰ), 제도, 부기, 중앙・지방행정, 토지법(Ⅰ), 경제학(Ⅰ), 계약 및 민사소송법
2차	관리(역사 및 원리), 평가, 도시 및 지역계획법제, 토지법(Ⅱ, Ⅲ), 건축구조(Ⅱ), 배수 및 위생, 주택 등의 관리, 시가지 단지의 기록 및 회계
3차	관리실무, 주택재정, 건축주의 업무 측정, 조정 및 보상, 보고서 작성, 지방행정 및 공중위생법, 도로 및 주택법, 지방세 및 국세, 강제 매수 및 보상법, 단지개발 및 단지계획

출처: 주택산업연구원(2005).

관련 자격증 개발 등이 있다. 협회의 기원은 1900년대 초 옥타비아 힐(Octavia Hill) 여사가 일단의 여성들이 임대료 징수, 주택수선, 세입자 복지 문제 처리 등의 주택관리 업무를 할 수 있도록 교육시킨 시점까지 올라간다. 이후 주택관리업무에 종사하는 여성 근로자들이 늘어나면서 1916년에는 '여성 주택업 종사자 연합(Association of Women Housing Workers)'이 결성됐다. 이후 남성들 역시 관리인으로 진출하면서, 이들의 가입을 받아들이고, 1948년에는 주택관리인모임(Society of Housing Manager)으로 개명했다. 한편 1931년에는 영국 웨스트 미들랜드 지역에서 여러 지방정부 산하의 주택부서 주택관리관들이 연합해 주택협회(Institute of Housing)를 세우고 주택관리 업무 전문화를 위한 자격증 제도를 출범시켰다. 주택관리라는 공통분모를 가졌던 두 단체는 1965년 주택관리사협회(Institue of Housing Managers)라는 하나의 기관으로 통합되었고, 1974년에는 주택협회(Institute of Housing)로 다시 개명한다. 1984년에는 왕실의 공인을 받아 왕실공인주택협회(Chartered Institute of Housing)가 된다. 1999년에는 임대사정관협회(Institute of Rent Officers)와 통합하여, 현재에 이르고 있다.

공인주택협회는 주택 전반과 관련된 직무에 대한 교육, 훈련, 시험을 실시하고, 자격증을 발급한다. 주택관리사로 근무하기 위해 필요한 자격증뿐만 아니라 '주택소유주 자격증(Certificate for Landlord)'과 같이 일반인을 상대로한 소양교육 수료를 증빙하는 자격증도 존재한다. 주택협회가 마지막 명칭 변경시 '관리사'라는 단어를 삭제한 이유도 관리사 외에도 다양한 그룹들에 교육을 제공하고 있기 때문이다. 하지만, 여기서는 협회가 제공하는 주택관리사 관련 교육 프로그램을 중심으로 소개하기로 한다. 공인주택협회가 제공하는 각 자격증 과정은 수준별로 구성되어 있다. 레벨 2 수준의 프로그램을 제공하고 있으며, 레벨 2를 취득한 후 3, 4로 올라가는 방식이다. 레벨 2는 중학교 수준, 3은 고등학교와 전문대학, 4는 대학교 학사 수준의 교육 과정이다. 협회가 발급하는 주택관리 자격증의 종류와 주요 교과 내용은 [표 9.3]과 같다.

| 표 9.3 영국 공인주택협회 제공 자격증 과정

과목명	수준	교과 내용
주택유지보수 (Certificate in Housing Maintenance)	2~3	• 주택건설 • 주택제공과 주택관련 기관 • 주택유지보수 시스템 • 주택분야 종사를 위한 기술개발
주택실습 (Certificate in Housing Practice)	2~4	• 주택소요, 수요와 공급 • 주택정책 • 주택서비스 제공 • 인사관리 • 주택경제 및 금융 • 주택법
주택전문가 (Certificate for the Housing Profession)	4	• 주택관리서비스 • 주택법 • 주택소요, 수요와 공급 • 주택정책 • 주택경제 및 금융 • 인사관리
주택서비스 (Certificate in Housing Services)	3	• 주택 관련 반사회적 행위 대처 • 지역사회 개발 • 근린지역 관리 • 임대료 연체 방지와 관리 • 주택서비스 사용자와의 유대 • 점유, 점유형태, 임대 • 수선, 유지관리 • 주택법 체계 • 재개발과 재건축 • 지속가능한 지역사회 • 주택재건축 계획 • 주택의 사회적 의미

출처: 영국 공인주택협회 홈페이지(www.cih.org) 발췌

6. 공동주택 관리제도의 문제점

공공임대주택의 배정대상이 주로 편부모 가정, 실업 가정 등 사회적, 경제적 약자인 경우가 많아 주택유지, 보수에 투자할 경제적 여건이 약한 가구가 많다. 공공임대주택의 임차가구들은 대부분 자가소유와 다름없이 주택 사용권에 대해 거의 무한정한 기간을 보장받고 있음에도 불구하고, 주택에 대한 법적 소유권은 없어, 주택의 매매가

불가능하고, 매매에서 오는 이익 또한 없기 때문에, 주택관리에 대한 의지와 책임감이 매우 낮은 편이다. 공공주택 소유와 관련된 정책이 바뀌면서 새로 떠오른 관리상의 허점도 있다. 영국은 1980년대 마가렛 대처 정권이 자산소유 민주주의(property-owning democracy)를 표방하면서, 대량의 공공임대주택을 할인된 가격으로 임차인들에게 양도하자, 동일 공동주택단지 내에 임대주택과 자가주택이 혼재하는 결과를 낳게 되었다. 이에 따라 주택 개보수를 위해 임대가구, 자가가구, 임대사업자 간의 의견 조정이 어려워지는 등, 관리상 문제점이 생겨났다.

Ⅱ 프랑스의 공동주택 관리제도

1. 프랑스 공동주택의 특징

유럽연합의 2011년 주택통계에 따르면, 프랑스의 공동주택은 전체 주택의 30%를 차지한다. 영국에 비해 두 배 가량 높은 수치이다. 프랑스에서도 영국과 마찬가지로 공동주택은 토지가 비싼 도심에서 저소득층 가구의 주택문제 해결을 위해 공급되었기 때문에, 공공이 소유하고, 임대하는 주택인 경우가 많다. 1950년대부터 주택난 해결을 위해 건설한 대규모 공동주택단지들은 주로 도시 외곽에 의치하고 있는 반면, 18~19세기에 지어진 5층 정도의 단층 공동주택들은 수도 파리와 같은 대도시 중심에 분포해 있다.

프랑스에서는 1945년부터 1975년까지 공동주택 형태의 공공임대주택이 약 8만호 정도 공급됐는데, 동기간 공급된 전체 주택량의 10%에 해당되는 수치이다(장한두 · 제해성, 2010). 1957년 '공공임대주택건설에 대한 법령'을 제정함으로써 프랑스 중앙정부가 공급의 책임자가 되었고, 1970년대까지 대규모의 공공임대 주택단지를 직접 건설하여 임대했다. 이 기간 동안 프랑스 정부가 건설한 공동주택건물들은 보통 15층 이상, 350m에 이르는 높고, 횡으로 긴 형태를 띄었다. 이런 종류의 건물군들이 프랑스 전체에 약 300개 정도 조성됐다(장한두 · 제해성, 2010). 주택난이 어느 정도 해결되고, 임대주택사업이 중앙정부의 재정상태를 압박함에 따라, 대규모 단지(500세대 이상)의 건설이 1973년부터 중단됐고, 대신 1977년부터 임차인의 주거비를 보조하는 차등적 주거비 보조금 정책이 시행됐다.

재정 악화로 중앙정부가 대단지형 공공임대공급을 중단한 시점과 때를 같이 하여 1970년대 중반부터 공공임대주택 단지의 문제들도 속속 드러나기 시작했다. 공급에만 치중하다 보니, 사후적인 관리를 제대로 수행하지 못했기 때문이다. 상당수 단지들이 근처의 필수생활시설과 지리적으로 단절되고, 거주민들도 사회적으로 소외됐다. 런던의 중심에서도 공동주택단지들을 심심치 않게 찾아볼 수 있는 영국과 달리, 프랑스의 공공임대단지들은 파리와 같은 대도시 외곽지역에 집중되어 있어, 상업지구, 업무지구 등 도시중심시설과 지리적으로 단절되어 있다. 더군다나 지하철, 버스 등 공공교통수단 부족으로 도심과의 연결도 취약한 편이다. 도시중심시설과 지리적으로 단절된 대신 단지 내에 교육, 상업 시설 등이 운영된다는 점이 영국과 차별되는 특징이다. 주변과의 물리적인 단절때문에 도입 초기에 양호하면서도 저렴하다는 이미지가 퇴색되고, 거주민들과 일반 대중들 사이에서 부정적인 인식이 확산되면서, 이탈이 증가하게 됐다. 공공임대주택의 입주 주요조건 중 하나가 경제적으로 취약한 계층이다 보니, 거주가구의 70% 정도가 프랑스 평균 소득의 60% 이하 소득을 벌고 있고, 55%가 차등적 주거급여를 받고 있다(장한두 · 제해성, 2010). 낮은 임대료 때문에 이주율은 매우 낮은 편으로 약 10%의 가구만이 매년 교체되고 있다. 다만, 외국이민자 가구가 많고, 범죄율이 높은 특정 주거단지는 프랑스 내국인들에게 외면받고 있어, 이주율과 공실율이 높은 편이다.

2. 공동주택 관리체계와 관리주체

전반적인 주택정책은 전통적으로 중앙정부가 맡아왔으나, 주택의 지역성을 고려해 점차 지방정부와 공동으로 책임지는 추세로 가고 있다. 하지만, 예전에는 중앙정부가 공공임대주택의 공급을 전적으로 맡은 적도 있었다. 2차 세계대전 이후로 민간의 주택공급이 활발하지 않고, 주택난이 급속도로 가중되었기 때문이다. 1973년 이후 중앙정부는 대규모 공동주택단지를 직접 공급하는 역할을 맡고 있지 않는 대신, 저렴주택(HLM)을 공급, 관리하는 기관들을 세제혜택과 재정보조를 통해 간접지원만 하고 있다. 영국과 다른 점은 공공임대주택의 공급, 관리 주체가 중앙이나 지방 정부가 아닌 영국의 주택조합과 성격이 비슷한 HLM기구라는 점이다. 이 기구는 특정조직의 고유한 이름이 아닌 공공임대주택과 관련된 다양한 형태의 조직을 포괄할 수 있는 보통명사이다(김영태, 2004). HLM은 전국적으로 1,200개의 조직이 존재하는데, 이중 70% 이상이 HLM이라 불리는 저소득층을 위한 임대아파트 관리 업체들이고, 나머지는 혼합형 부동산 개발 업체이다. 저소득층 대상 임대아파트를 관리하는 업체에는 주식회사, 조합회사, 지역공사 등 공공기관뿐만 아니라 민간업체인 경우도 있다. 영국과 비교해볼 때, 좀 더 다양한 조직형태를 갖는 주체들이 관리사업에 참여하고 있음을 알 수 있다(장한두 · 제해성, 2010).

재정적 부담이 가중되는 공급일변도의 정책에서 벗어나 기존에 지어진 공동주택을 개선하는 주거환경개선사업과 주거 및 사회생활사업이 1977년부터 시행된다. 하지만, 개선사업 후에도 얼마 지나지 않아 건물이 다시 노후화되는 현상을 겪으면서, 개선 작업 후의 유지관리 과정에 거주민 참여를 유도하고 이를 제도화 했다. 노후화가 다시 빠르게 진행된 원인에는 거주민들의 의견이 무시되고, 유지에 관심을 끌어내지 못했기 때문이다. 1993년부터는 정부의 사회주택 개선기금을 받는 사업의 경우, 개선과정에서 주민과의 협의를 의무화시켰다. 1999년에는 협의에 관한 부분을 강화시켜, 지방정부, 임대주택 관리기관, 개선사업 시공사, 거주민이 참여하는 운영위원회가 만들어지고, 운영비용을 지원하기 시작했다. 주민의사취득시스템을 이용하여, 거주민들의 만족도와 의견을 주기적으로 조사하고, 향후 개선사업에 활용했다. 이르 인해, 주민들의 주택관리에 대한 관심과 참여가 사업 후 유지관리 단계까지 이어져 노후화를 방지, 지연시키는 성과를 거두었다(장한두 · 제해성, 2010).

1965년에 제정된 '건축부동산의 구분소유 내규를 확정하기 위한 법률'에 따르면, 민간소유의 공동주택건물은 구분소유자가 소유하는 전유부분과 소유자 전원이 집합적으로 소유하는 공용부분으로 나뉜다. 동일법에 따라 건물이 구분소유될 경우, 건물관리를 위해 각 구분소유자들은 법인의 성격을 가진 조합을 결성해야 한다. 공동주택조합은 의결기관의 성격을 가진 총회, 총회의 결정 사항을 집행하는 관리자, 집행의 결과를 감독하는 조합이사회로 구성된다(기민자, 2004). 실제로 건물관리를 책임지는 조합의 관리인 선출은 총회에서 과반수의 찬성이 있을 경우 선임될 수 있다. 관리인의 주요 업무는 공동주택 관리에 관한 모든 활동뿐만 아니라 총회의 의결사항 집행도 포함한다. 또한, 법적으로 조합을 대리할 수 있는 권한도 가진다(기민자, 2004).

III 독일의 주택관리제도

1. 독일의 공동주택 현황

독일의 전체 주택재고량 중 공동주택은 약 52% 정도를 차지하며, 유럽연합 국가들 중에서는 상대적으로 높은 비율을 기록하고 있다. 1800년대 말에서 1900년대 초까지 4~5층 규모의 저층 아파트가 지어졌고, 두 번의 세계대전을 거치면서, 주택난이 가중되자, 1960~70년대에는 주로 고층의 공동주택이 지어졌다. 당시 고층의 공동주택은 새로운 건축기술이 적용되어 산뜻하고, 효율적인 주거공간을 각광받았지만, 이후 대대적인 개보수나 재건축이 이뤄지지 않는 동시에 새로운 주택들이 보급되면서, 낡고, 유행지난 거주시설로 인식되기 시작했다. 게다가 주변과 조화를 이루지 못하는 고층건물은 도시미관을 해치고, 주변을 슬럼화시킨다는 이유로 비판받기 시작했다. 이런 이유로 최근에는 폭파 작업을 통해 많은 고층아파트 단지들이 해체되고 있다. 특히, 구동독지역에서는 장기간 관리가 제대로 되지 않은 공동주택이 많아, 1990년 통일 이후로 모두 20만 채의 공동주택이 철거됐다.

자가소유율이 높은 회원국이 많은 유럽연합 내에서 독일은 유독 자가소유율이 낮은 편이다. 오랜 기간 자가소유율이 30%대에 머무는 등 임대중심의 주택시장이 형성되어 왔다. 최근에서야 자가소유를 권장하는 정책에 힘입어, 40%를 가까스로 넘겼다 (김영일, 2007). 자가소유된 주택은 대부분 단독주택이고, 공동주택은 주로 공공 또는 민간임대주택으로 운영되고 있다. 영국, 프랑스와 다르게 임대용 주택에서 공공임대주택이 차지하는 비율은 30%정도 밖에 되지 않는다. 공동주택을 소유하고, 임대업을 하는 민간사업자나 회사가 많다는 의미이다.

2. 공동주택관리 제도와 관리주체의 역할

공동주택의 공급과 관리에서 독일 중앙정부는 주로 재정지원을 담당한다. 특히, 공공임대주택의 공급과 관리는 중앙정부가 전적인 재정지원을 담당하고, 지방정부가 실질적인 책임자로서 공급과 관리를 맡고 있다. 민간부문 역시 공동주택의 상당수가 임대주택인데, 주택수당, 저리융자와 같은 정부의 간접지원을 받아 임대주택을 공급,

유지하고 있다. 하지만, 지원을 받는 대신 임대료 인상 등에서 제한을 받고, 중앙정부는 이를 통해서 임대료를 안정적으로 관리한다. 이는 전후의 주택난을 양질의 임대주택을 낮은 임대료에 공급함으로써 해결하려던 정책기조가 아직까지 유지되고 있기 때문이다. 민간임대사업자는 공동주택의 대규모 보수시 정부의 보조금을 신청할 수 있는 대신, 추가적으로 임대료 인상 제한을 받는다.

임대주택들의 관리책임은 주택소유주로서 공공부문에서는 지방정부에, 민간부문에서는 민간임대사업자 또는 구분소유주들에게 있다. 다른 유럽국가들과 비슷하게 주택의 실질적인 관리는 전문적인 주택관리회사에 맡는 경우가 일반적이다. 전체적인 자가주택소유율이 낮은 독일에서 공동주택을 자가소유하는 비율은 높지 않지만, 구분소유주들은 조합을 결성하고, 주택관리인을 선임하여, 관리를 일임해야 한다. 공동주택 구분소유주는 건물 개보수를 위한 건물예비비(building reserve fund)를 매달 납부

표 9.4 독일 주택관리회사의 업무

1. 계약 관련 업무
(1) 주택검사 및 임대
(2) 임대계약 협상, 세부내용 작성
(3) 임대 및 건물 관련 기타계약서(보험 등) 작성

2. 임대료 관련 업무
(1) 초기 임대료 설정, 정기적으로 인상율 결정
(2) 임대료 징수, 관리 및 지급

3. 편의 서비스 관리
(1) 쓰레기 수거, 전기, 수도, 가스 공급 서비스 관리
(2) 서비스 비용 산정 및 납부

4. 계획 및 보고 관련 업무
(1) 세입자용 주거지침서 작성, 배부
(2) 예산 계획, 집행, 보고
(3) 사업계획서 작성, 평가

5. 유지, 개보수 업무
(1) 유지보수업무 실행, 관리
(2) 건물 내 승강기, 난방기 등의 장비 관리
(3) 청소, 조경 서비스 제공자 관리, 감독
(4) 현대화, 개보수 작업

출처: de.wikipedia.org/wiki/Hausverwaltung

해야 하는데, 보통 제곱미터당 0.75~1.5유로가 적용된다.[1] 단, 건물 전체를 소유한 주택소유주는 해당되지 않는다. 건물 전체를 소유한 임대사업자들은 직접 주택관리인을 고용하거나 주택관리 전문회사에 하청을 주는 방식으로 관리책임을 진다.

독일의 주택관리업은 부동산 중개업에서 분화되었는데, 과거에는 부동산 중개업소들이 임대료를 대신 징수해주고, 간단한 유지, 보수업무를 수행했다. 하지만, 1970년대부터 종합 부동산 관리회사들이 등장하면서, 주택관리 서비스도 전문화된 회사의 업무영역으로 편입됐다. 이들 중에는 민간임대업을 하면서, 쌓은 관리 기술과 경험을 바탕으로 제 3자의 주택까지 관리하며, 관리업체로 성장하게 된 경우가 많다. 작지만, 경쟁력이 강한 중소기업이 많은 독일답게 전국단위의 주택관리회사보다는 지역 주택시장에 기반을 둔 중소형 업체들이 많다. 한 예로, 베를린 지역에서 30년간 활동해온 소규모 관리회사는 15명의 주택관리사가 회사소유의 720채의 공동주택과, 2,700채의 위탁관리 주택, 150채의 상업용 부동산을 관리하고 있다. 하지만, 이 경우 주택관리사는 관리자급이며, 일선의 기술적인 관리업무(청소, 간단한 보수 등)는 하도급을 주는 편이다. 주택관리회사들의 업무영역이 법적으로 정해진 것은 아니지만, 공통적으로 [표 9.4]에 보여지는 대로 계약협상, 임대료 관리, 편의서비스 관리, 임대사업 계획 및 시행, 유지 및 보수 업무를 수행한다.

3. 주택관리사 제도

독일에서 주택관리사로 번역될 수 있는 단어는 Hausverwaltungen와 Hausmeister가 있다. 전자는 부동산 자산관리사로 번역될 수 있는데, 주로 공동주택 건물의 총체적인 관리 책임을 지는 관리사이다. 반면에 후자는 전자의 직원이나 하도급업체로 일선에서 건물의 청소, 수선 등의 업무를 맡고 있다. 따라서, 종합적인 의미에서 독일의 주택관리자는 전자를 지칭한다고 볼 수 있다. 독일의 주택관리사는 법적인 자격요건을 갖출 필요는 없다. 실제로 많은 주택관리사들이 다양한 교육, 훈련, 경험상의 배경을 가지고 있다. 주택관리업무가 회계, 법률, 주택수리 등 다양한 능력과 기술을 요구하기 때문이다. 대학이나 기술학교에서 전공을 통해 기본적인 소양을 쌓은 후 부동산 관리회사 등에 입사하여 기술과 경험을 축적함으로써 주택관리사로 성장해 가는 것이 일반적인 방법이다.

1) www.properties24.org/faq_en.html#P1

IV 요약 및 평가

서유럽 국가들은 이론과 실제에서 주택관리에 있어 선도국의 위치를 점해 왔다. 영국은 1900년대 초에 이미 주택관리를 위한 전문적인 기술의 필요성을 인지하고, 주택관리 인력양성에 관한 경험을 축적했다. 중앙과 지방정부 역시 공공임대주택의 공급과 관리에 관여하면서, 필요한 법률적인 테두리와 제도를 안착시켰고, 재정적인 지원도 제공했다. 초기에는 공공임대주택 관리에서 비롯됐지만, 관리사 단체를 만들고, 교육, 시험, 자격증 제도를 정립함으로써 후에 관리의 기술과 경험이 민간부문으로 이식될 수 있는 발판을 마련했다. 결국 국가의 개입없이도 주택관리라는 새로운 산업을 탄생시키고, 주택관리사를 전문직종으로 안착시켰다. 현재 주택관리 업무는 대부분 공공부문에서 독립하여, 준민간 기관이나 완전민간기업에게 이관된 상태이며, 경쟁력과 효율성을 증대시킨 민간기업들이 공공부문에까지 관리서비스를 제공하고 있다. 프랑스의 공동주택 관리제도 역시 영국과 비슷한 방향으로 발전되어 왔다고 평가할 수 있다.

독일의 경우, 공동주택의 점유형태는 민간 임대가 상당 부분을 차지한다. 관리제도와 산업은 처음부터 민간의 손에 맡겨져 발전해 왔다. 부동산 중개업 종사자나 민간임대사업자들이 간단한 관리를 해주며, 쌓은 경험을 바탕으로 관리업으로 진출한 경우가 많았다. 자연적으로 형성된 직업군이다 보니 업계에 종사하기 위한 별도의 자격증이 요구되지 않는다. 최근에는 전통적인 주택유지, 관리를 넘어, 자산으로서 공동주택의 가치 상승을 위한 컨설팅까지 서비스 영역을 고급화, 전문화시키고 있다.

주택관리제도의 발전과 수요는 대부분 공동주택에 기반을 둘 수밖에 없다. 소유주 개인이 관리할 수 있는 단독주택과 달리 전문적인 관리기술을 필요로 하기 때문이다. 이런 점에서 유럽의 주택관리제도나 관련산업의 미래가 밝다고만은 할 수 없다. 유럽인들이 일반적으로 공동주택을 선호하지 않기 때문이다. 추가적인 건설도 미미한 편이고, 기존의 고층 공동주택들도 도시미관을 고려해 헐리고 있는 실정이다. 외부적인 환경이 우호적이지 않는 상황에서도, 유럽의 주택관리사들은 주택관리제도의 핵심 주체로서 주택관리에서 창조성을 발휘하여 새로운 분야를 개척하고, 서비스를 고급화시켜 나감으로써 새로운 가치를 창출하려는 노력을 하고 있어, 그 귀추가 주목된다.

참 고 문 헌

기민자, "우리나라 공동주택의 효율적 관리방안에 관한 연구 - 관리비 절감을 중심으로", 인하대학교 석사학위논문, 2004.

김영태, "프랑스의 공공주택 공급·관리기구에 대한 고찰", 『주택도시』, 제80호, 2004.

장한두·제해성, "프랑스 공공임대 주거단지 재생 사례연구", 『국토계획』, 제45권, 2010.

주택산업연구원, 『주택관리사제도 발전방향에 관한 연구』, 2005.

김영일, "공공임대주택의 공급 및 관리제도 개선방안에 관한 연구", 동국대학교 석사학위논문, 2007.

건설교통부, 『임대주택 체계개편 연구』, 2006.

천윤욱, "공동주택관리 정책과제 연구", 한국정책분석평가학회 동계학술대회, 2009.

de.wikipedia.org/wiki/Hausverwaltung

www.properties24.org/faq_en.html#P1

www.nationalcareersservice.direct.gov.uk

www.cih.org

제10장

미국의 공동주택관리

김영주(중앙대학교)

I 미국 공동주택의 유형

우리나라와 달리 미국에서 공동주택을 구분하는 기준은 단순히 건물의 집합형태에 따르는 것이 아니라 공유공간의 존재 유무에 따라 구분한다. 즉 하나의 주거지개발 프로젝트에 의해 주거단지가 개발될 경우 단지 내 오픈 스페이스와 주택소유자 전원이 공유하는 시설을 가진다면 비록 주택유형상 단독주택이라도 분양공동주택의 범주에 포함된다. 이에 따라 미국의 분양공동주택의 유형은 단독주택에서 저층아파트, 고층아파트에 이르기까지 다양하다(박경옥, 2006).

미국의 분양공동주택은 법적 소유형태에 따라 조합주택(Housing Cooperative 또는 co-ops), 콘도미니엄(Condominium), 계획단위개발(Planned Unit Development: PUD)의 세 가지 유형으로 구분된다. 이러한 유형의 공동주택은 주민 공동으로 소유하는 공유개념을 강조함에 따라 이들 공동주택 소유자들의 조직은 지역공동체협회(community association)라고 불리운다(홍형옥 · 유병선, 2003; 공동주거관리연구회, 2008).

미국 주택의 구분소유관계를 비롯하여 공동주택에 관한 제반사항을 규정하는 법률은 콘도미니엄법(Condominium Act)이다. 1977년에 제정된 이 법은 늘어가는 공동주택의 구분소유를 규정하기 위해서 제정되었으며, 이후 1980년 개정되어 현재는 통일콘도미니엄법(Uniform Condominium Act)으로 불리운다(윤일진, 2012).

1. 조합주택

조합주택(Housing Cooperative 또는 co-ops)은 하나 이상의 주거용 건물로 구성된 주거단지 형태로, 단독주택, 콘도미니엄, 임대주택 형식과는 구분되는 독특한 주택소유형태이다. 조합이라는 단어는 조합조직(단체)이 소유한 한 주택의 공동자원을 공유하고 침실을 사용할 권리를 획득한 조합회원들의 비공유자산 co-op 모델을 설명하는데 사용되기도 한다. 조합은 회원제를 기반으로 하는데, 회원 자격은 조합에서 일정지분을 구매하는 방식을 통해 주어진다. 지분을 소유한 각 주주(회원)는 하나의 주거유닛(아파트)을 소유할 권리를 갖게 된다. 다시 말해 조합주택의 소유권은 공동 소유권의 한 형태로서 조합주택의 소유자가 되기 위해서는 주식회사로부터 지분인 주식을 구입해야 한다. 이 경우 회사가 부동산 소유권을 갖는 반면, 지분 소유자는 해당 아파트를 사용할 수 있는 권리를 갖는다. 이들을 조합원 또는 임대주주라고 하고, 조합회원만이 임대권이 있는 지분을 사고 팔 수 있으며, 조합원은 이사회의 승인없이 지분을 사고 팔 수 없다. 조합주택의 주택 형태는 일반적으로 타운하우스라고 불리우는 집합주택이 많다. 조합주택의 가장 큰 이점은 다른 회원들의 자산을 공유할 수 있다는 것으로, 조합내 회원들의 구매력이 높아질 경우 개별 회원이 지불해야 하는 주택소유와 관련된 모든 서비스와 제품의 비용이 절감되는 효과를 갖는다. 조합주택은 일반적인 주택소유자가 부담해야 하는 일상적인 유지관리의 수고없이도 주택소유의 특권을 누릴 수 있다. 조합은 법인회사의 개념이기 때문에 소유한 주식 수에 비례하여 주호의 몫이 할당된다(홍형옥 · 유병선, 2003).

조합주택의 또 다른 특성은 회원들이 선출한 대표자를 통해 자신의 조합에 거주하게 될 사람을 선별하여 고른다는 점이다. 조합주택은 일반회사의 운영방법과 같이 이사회가 운영하고, 조합원들은 이사를 선출하며, 이사회에서는 건물 보존과 유지관리 및 개별주호 매매에 관한 사항을 결정한다. 조합주택은 조합원 단독으로 주택에 대한 매매권한을 행사할 수 없기 때문에 주택을 팔려고 할 경우 구매예정자는 이사회가 정한 자격조건에 맞아야 한다. 또한 이사회는 조합원인 거주자가 주호를 처분하고 싶어할 때 거주자 의사와 상관없이 매매가격이나 임대료를 결정할 권리도 갖고 있다.

2. 콘도미니엄

콘도미니엄(Condominium)은 우리나라의 아파트와 같이 전용부분의 배타적인 권리와 함께 공용부분의 지분을 가진 형태로 단독주택처럼 주호를 팔거나 임대할 수 있는 권한이 있다. 즉 전용부분을 단독으로 거래하는데 많은 제한이 있는 조합주택과 달리 콘도미니엄은 완전히 독립된 개별적인 소유권을 갖는 형태로서 자유로이 거래를 할 수 있다. 일반적으로 도시지역에서는 고층 아파트 형태로 공급되고 있으나 교외지역의 콘도미니엄은 공유녹지 주위에 건설된 저층 아파트 형태가 많다.

콘도미니엄의 또 다른 특징은 전용부분 소유권과 공용부분의 지분이 결합된 권리형태를 갖는다는 점이다. 즉 각 전용부분(unit)에 대해서는 완전한 소유권을 갖는 한편, 건물의 공용부분 및 대지에 관한 지분을 갖는 벽을 공동으로 사용함으로써 건축비가 절감되어 같은 크기의 단독주택에 비해 가격이 10~30% 저렴하다(홍형옥 · 유병선, 2003).

콘도미니엄의 관리는 구분소유자에 의해 구성되는 구분소유자단체(unit owner's association)가 당연 구성되어 관리업무의 주체가 된다. 다만 그 성격을 영리 또는 비영리단체로 할 것인지 또는 조합으로 할 것인지에 대해서는 각 주(州)의 사정을 감안하여 선택하도록 하고 있다. 한편 구분건물을 매수한 구분소유자를 보호하기 위하여 구분건물의 하자에 대한 담보책임규정을 두고 있다(윤일진, 2012).

3. 계획단위개발

계획단위개발(Planned Unit Development: PUD)은 개발자의 무분별한 토지이용과 개발방지를 위하여 클러스터(cluster) 방식의 주택배치방법을 활용하여 주거시설과 녹지 및 위락공간을 확보한 주거단지 개발기법이다. 주택들을 클러스터 방식으로 배치하고 공유시설을 설치하는 형태로, 주택형식은 단독주택 또는 타운하우스와 같은 저층주택이 일반적이다.

| 표 10.1 미국 분양공동주택의 유형과 특성

유형	특성
조합주택	• 법인회사의 개념으로 소유한 주식수에 비례하여 주호의 몫이 할당된다. • 이사회를 구성하여 건물보존과 유지관리 및 개별주호 매매를 결정하고 매매가격, 임대료, 구매예정자의 자격조건에 관한 사항을 결정한다. • 저층 타운하우스의 집합주택이 일반적이다.
콘도미니엄	• 우리나라의 분양아파트와 같은 개념으로 고층, 저층 아파트 형태가 일반적이다.
계획단위 개발	• 개발자의 무분별한 토지이용과 개발방지를 위하여 클러스터(cluster) 방식의 주택배치 방법으로 주거와 녹지 및 위락공간을 확보한 주거단지 개발기법이다. • 단독주택 또는 저층 타운하우스 형태가 일반적이다.

II 미국 공동주택관리의 배경과 특성

1. 미국 주택정책의 특징

미국 주택정책의 특징은 원칙적으로 시장원리를 중심으로 하는 민간주택 중심형으로, 중고소득층의 자가정책에 중점을 두고 이다. 민간의 자유로운 투자활동을 정부가 측면에서 지원하는 형태에 따른 정책의 근본 방식은 중고소득계층의 자가 취득에 용이하도록 주택금융정책을 추진하는 것으로, 이들 계층이 신규주택으로 이사가면서 남겨진 빈 집에 저소득계층이 거주할 수 있도록 하는 필터링 효과(filtering effect)를 통해 전반적인 주거수준의 향상을 꾀한다는 것이다. 미국은 토지사정이 어렵지 않으며 주택에 투자할 자금이 풍부하다는 점을 감안할 때 이러한 주택정책 유형이 가능하다고 하겠다(강순주, 2000). 그러나 사실상 이같은 주거수준 향상이라는 하향적 파급효과는 제대로 이루어지지 않고 있는 실정으로, 저소득층에서 발생하는 주거문제에 한해서는 정부가 선택적으로 개입하는 방식을 취하고 있다(강순주, 2000; 홍형옥 · 유병선, 2006).

2. 공동주택 관련법

미국은 신지방분권화 추세와 레이그노믹스에 따라 연방정부가 관장하고 있던 정책들 중의 일부를 주정부와 지방자치단체로 이양하였다. 이 중에 주택정책도 포함되어, 1980년대 많은 주택관련 결정권이 지방으로 이양되기에 이르렀다. 또한 1980년대는 '민영화시대(decade of privatization)'라고 일컬어질 정도로 공공부문에서 하던 업무가 민간부문과의 협조에 의해 수행되든지 혹은 민간부문으로 이양되었다. 이러한 시대적 배경에 따라 미국의 주택정책은 연방정부보다는 주정부와 지방자치단체에서 더 많은 관심을 가지게 되었고 동시에 시장메커니즘에 따라 움직이는 경향을 보였다. 미국의 공동주택관리제도는 모든 지역에서 일률적이고 단일화된 시스템을 갖추고 있는 것이 아니라 연방제 국가의 특성의 의하여 주(州)에 따라 다양하게 나타나고 있다(임재현・한상삼, 2009).

미국에서 주택의 구분소유를 규정하는 법으로는 '콘도미니엄법'을 들 수 있다. 콘도미니엄에 관한 법률의 선례가 된 것은 미국의 자치령인 푸에르토리코에서 만들어진 '수평적 부동산법(Horizontal Property Act of 1958)'으로, 이 법률은 푸에르토리코의 인구 증가와 주택부족 문제를 해결하기 위해 주택건설을 촉진시키기 위한 정책을 실시하게 된 배경이 되었다. 이같은 '수평적 부동산법'을 기본으로 하여 1962년에 미국 연방주택청(Federal Housing Administration)이 '모델 콘도미니엄법(Model Condominium Statute)'을 제정하였다. 이 모델법을 도입하여 미국의 각 주(州)에서는 1968년경까지 콘도미니엄의 사용승인, 건설, 운영에 관한 법률이 제정되었다. 이전에는 토지만 소유권의 대상으로 인정되던 것이 콘도미니엄법의 제정으로 인해 비로소 토지 의에 있는 공동주택 전용부분까지 소유권의 대상으로 인정되기 시작한 것이다. 그러나 이러한 법의 내용이 주(州)마다 다르고 입주자의 권리가 약하다는 비판을 받게 되자, 1970년 이후 각 주의 법률 전반을 통일할 목적으로 변호사를 중심으로 한 전국 통일모델법 심의회의(ULC: The National Conference of Commissioners on Uniform State Law)[1]가 개최되어 콘도미니엄 형식의 주택에 관한 각 주의 법률상 차이를 조정하고 관련된 문제점을 해결하기 위한 움직임이 일어났다(강혜경, 2006). 이를 토대로 1977년에 '통일 콘도미니엄법(Uniform Condominium Act)'이 제정되어 1980년에 체계적 개정을 하였다(김남근, 2010). 이후 1994년에 '통일공용부분소유법(Uniform Common Interest Ownership

1) 집합건물법은 주민의 생활에 관한 법률이어서 각 주의 입법대상이다. 미국은 각주의 입법의 통일성을 기하기 위하여 연방차원에서 각주의 입법에 모범이 될 통일모델법을 제정하고 있는데, ULC는 이러한 통일모델법을 만들기 위한 전국적 차원의 전문위원들의 회의이다. 통일모델 집합건물법(UCA), 통일모델 공동권리소유권법(UCIOA) 등도 이러한 각주의 입법이 전범으로서의 통일모델로 만든 것이다(김남근, 2010, p.100).

Act)' 등이 제정되어 현재에 이르고 있다(조순광, 2004; 김민주, 2011). 그 후 이 법은 미국의 모든 주에서 통용되고 있다. 한편 '통일콘도미니엄법(Uniform Condominium Act)' 제3장(management of the condominium)에는 콘도미니엄의 관리를 위한 소유자조합의 조직과 책임관계, 관리규약, 집회에 관한 규정이 있다(윤일진, 2012).

미국의 콘도미니엄법(Condominium Act)에서 관리조직의 기본구조는 전용부분 소유자 등에 의한 자주관리가 원칙으로 되어있지만 관리인 선임 규정은 없다. 그러나 개발업자가 정한 원시규약에 상당하는 선언 또는 개발업자에 의한 관리계약의 효력 승계, 관리비의 체납자에 대한 관리단의 징수방법 또는 전용부분 소유자의 담보권과 관리단의 권한과의 관계, 공용부분의 훼손 등에 관한 수선을 쉽게 하기 위하여 수선비의 적립 이외에 보험강제를 요구하는 등 자주관리를 보다 쉽게 실천적으로 하기 위한 주변규정이 상세하게 규정되어 있는 것이 특징이다. 관리단의 법인화의 강제는 대부분의 주에서는 아직 실행되고 있지 않다. 그러나 이사・임원회의의 관리책임은 개발업자인 선언자 또는 그들로부터 지명받은 자가 이사회를 구성하는 경우와 전용부분 소유자만 선임에 따른 이사회를 구성하는 경우가 서로 크게 다르고 후자에 관하여는 합리적인 범위에서 이루어진 직무집행에 관한 면책규정이 있다. 전용부분 소유자 간의 이용제한에 관해서는 당사자의 사적 자치를 존중하여 주법상의 공서의 원칙에 반하지 않는 한, 단체의 합의가 존중된다. 따라서 각 전용부분 소유자가 가지는 이용권은 다양한 금지약관(Restrict of ○○ Covenant)의 형식으로 특약되어 있고 그 내용을 선언에 명기하거나 또는 접수, 등록함으로써 강제력을 가지게 된다(김민주, 2011).

3. 공동주택 관리체제와 조직

1) 관리체제

미국은 시장메커니즘을 중시하여 반드시 정부가 개입해야 하는 부분이 아니면 주택관련 문제는 시장논리에 따라 움직이도록 함을 원칙으로 삼음에 따라 공동주택관리도 자치관리가 중심이 되어 왔으나, 점차 공동주택관리에 있어 전문성의 중요성을 인식하면서 위탁관리가 확대되는 추세이다.

미국의 공동주택 관리체제는 크게 민간임대 공동주택을 관리하는 주거자산관리와 분양아파트 관리 및 공공임대주택의 관리로 구분되는데, 그중에서도 미국 주거관리의 가장 큰 특징은 시장경제원리에 입각하여 수익을 낼 수 있도록 임대자산의 관리를 전문적으로 수행한다는 점이다. 따라서 전문주택관리는 위탁받은 주택을 양질의 상태로 유지·보전하고 개선하여 주택에 대한 가치와 이익을 창출하는 것을 목적으로 하고 있다(홍형옥·유병선, 2006).

미국의 공동주택은 개별주택과 달리 시설을 공유한다는 점에서 다른 소유자의 건강, 행복, 안정, 프라이버시 등을 보장하기 위하여 이를 위협하거나 위해할 가능성이 있는 자 혹은 이같은 행위에 대해서는 소유권 및 사용의 제한이 가능하다는 논리의 바탕 위에 있다. 따라서 미국에서는 공동주택에 입주하고자 할 때 일반적으로 우리나라의 관리규약과 비슷한 선언문(declaration)을 작성하고 동의해야 한다. 이 선언문은 공동주택은 개별주택과는 달리 시설을 공유하기 때문에 개인의 자유 못지않게 공동의 안녕이 중요하다는 인식에서 다른 소유자의 건강, 행복, 안정, 프라이버시 등의 사용 제한이 가해져야 한다는 논리에 기반을 두고 규제를 하고 있다. 이 선언문은 토지와 건물의 계획과정, 전용 및 공용부분과 관련된 내용, 지분이나 의결권 등의 사항을 포함하는데, 입주자의 공동의사나 안전에 저해가 된다면 소유권 또는 임대를 제한하거나, 사용을 제한할 수 있을 정도로 상당한 정도의 규제 항목으로 구성된다(한국건설산업연구원, 2008).

미국의 공동주택 관리시스템의 내용을 정리하면 다음과 같이 열거할 수 있다. 첫째, 공동주택관리시스템은 의결기관과 집행기관으로 구성된다. 의결기관은 출자자 전원이 구성원인 관리조합회의로서, 관리조합회의는 공동주택관리와 관련된 사항들을 결정한다. 우리나라처럼 관리회사에 전적으로 위탁하는 것이 아니라 관리회사로부터 관리사, 수위, 청소원을 추천받는 정도이며 고용계약은 이사회가 직접 체결하는 형태를 취한다. 둘째, 공동주택관리의 목적은 주택의 노후화를 예방하면서 동시에 투자된 자본에 대하여 가능한 한 최대의 이익을 보장하는 것에 중점을 두고 있다. 셋째, 우리나라와 같이 장기수선계획에 입각한 수선적립금제도는 없으나 입주자가 그 비용을 분담하지 않을 경우 퇴거조치를 취할 수 있다. 관리인은 관리비와 수선 등에 필요한 금액을 징수해야 하며, 입주자가 관리비 또는 수선비를 연체할 경우에는 재판에 회부할 수 있다. 넷째, 미국의 공동주택관리는 공동체의 규범을 통해 적절한 유지관리가 이루어지고 있다(문영기·방경식, 2008).

콘도미니엄의 관리주체는 우리나라의 구분소유자단체(관리단)와 마찬가지로 전용부분 소유자의 단체로, 콘도미니엄법에는 주택개발업자가 최초의 전용부분을 분양하기 이전에 형식상 조직되어 있어야 한다고 규정되어 있다. 이는 선언문(declaration)을 만들고 등록하기 위해서는 개발업자 스스로가 선언자가 되어 관념적, 형식적으로 전용부분 소유자단체를 구성해야 하기 때문이다. 이러한 관리단체는 모델법인 통일콘도미니엄법은 물론 대부분의 주법에서도 법인화가 강제되어 있지는 않다(김민주, 2011).

2) 공동주택관리회사의 조직

대규모의 공동주택관리회사의 지역관리자(regional manager)는 일반적으로 몇 개 도시의 사무실을 관장하고 그 밑의 하급관리자들을 감독하는 역할을 한다. 공동주택관리기능은 경영기능(executive function)과 행정기능(administrative function)으로 대별할 수 있는데, 경영기능은 상급관리자가 행하는 기능을, 행정기능은 하급관리자가 행하는 기능을 일컫는다. 지역관리자는 이같은 경영기능을 수행하는 대표적인 사람으로 예산의 편성, 공동주택관리 포트폴리오 구성, 광고프로그램의 개발, 소유자와의 접촉, 하급관리자들에 대한 지휘, 감독과 같은 고급기능을 수행한다.

지역관리자 또는 간부관리자가 되기 위해서는 반드시 CPM(Certified Property Manager)과 같은 높은 수준의 자격증을 소지하고 있어야 한다. 사무실관리자(office manager)는 당해 사무실의 총책임자로서 회계관리자(accounting manager)와 더불어 업무를 조정하고 감독하는 역할을 한다. 사무실관리자가 경영기능을 부분적으로 수행하기도 한다. 사무실관리자 밑의 여러 관리자들은 각각의 업무분담에 따라 주어진 행정기능을 수행한다(안정근, 2000; 윤일진, 2012).

3) 콘도미니엄 관리제도의 기본 구조(기능/업무)

미국 공동주택의 관리는 조합의 성격을 갖는 '관리조합회의(국내의 입주자대표회의와 유사)'가 의결기관으로서 기능하고, 집행기관은 이사회(국내의 자치관리기구와 유사)가 맡게 되어 있다. 이사회가 관리회사와 계약을 통해 운영하지만, 관리회사에 전적으로 위탁하는 것이 아니라 관리회사로부터 관리인(manager), 수위, 청소원을 추천받는 정도이며 고용계약은 이사회가 직접 체결하는 형태로 구성되어 있다. 관리인(manager)은 독자적인 권한을 가지지는 않으나, 전문성과 계약내용에 입각한 관리활동이 보장된다. 관리인의 자격은 주택관리협회의 정규교육과정을 마쳐야 되며, 5년 이상의 실무경험이 있어야 한다. 관리인의 주된 업무는 주택관리에 대한 장·단기 계획수립과 계획의 실행을 위한 적절한 구매활동, 각종 용역계약 등과 주택가치에 대한 평가 등이다.

미국 공동주택관리의 주요 특징으로는, 첫째, 주택의 노후화를 예방하면서 투자된 자본에 대하여 가능한 한 최대의 이익을 보장하는 것에 중점을 둔다는 점, 둘째, 장기수선계획에 입각한 수선적립금제도는 없으나, 입주자가 그 비용을 분담하지 않을 경우 퇴거조치가 가능하다는 점, 셋째, 관리인은 관리비 및 수선 등에 필요한 금액을 징수해야 하며, 입주자가 관리비 또는 수선비 연체시 소송을 당할 수도 있다는 점, 넷째, 공동체 규범을 통해 적절한 유지관리가 잘 이루어지고 있다는 점 등을 들 수 있다(한국건설산업연구원, 2008).

Ⅲ 미국 공동주택관리의 유형

1. 분양공동주택관리

분양공동주택의 관리는 앞서 살펴본 콘도미니엄법 제3장 주거관리(management of the condominium)에 관한 규정에 언급되어 있는데, 주요 내용은 구분 소유자 단체의 조직과 책임관계, 관리규정, 어린이나 애완동물 세척, 집회 등을 포함하고 있다. 분양공동주택의 소유와 이용[2]은 일반주택과 다르며, 관리에 있어서 다음과 같은 몇가지 특징을 갖고 있다. 첫째, 콘도미니엄의 개별 소유자들은 자동적으로 주택소유자조합의 회원이 되며, 이 협회가 관리의 주체가 된다. 다만 그 성격을 영리 또는 비영리사단으로 할 것인지에 대해서는 각 주의 사정을 감안하여 선택하도록 하고 있다.

둘째, 분양 아파트 소유자는 자신의 주호 관리 및 유지의 책임이 있으며, 규약에 의해 소유자 상호간의 의무가 규정된다.

---

2) ① 콘도미니엄의 개별소유자들은 자동적으로 소유자협회의 회원이 되며, 이 협회가 관리의 주체가 된다. 다만 그 성격을 영리 또는 비영리사단으로 할 것인지에 대해서는 각 주의 사정을 감안하여 선택하도록 하고 있다.
② 분양아파트 소유자는 자신의 주호관리 및 유지의 책임이 있으며 규약에 의해 소유자 상호 간의 의무가 규정된다.
③ 관리비와 같은 부담금은 소유자가 균등하게 부담하고, 그 비용은 관리조직의 운영에 사용된다.
④ 소유자는 공동소유 주거단지의 재산권을 공유한다는 공통적인 특징을 갖기 때문에 분양아파트를 팔려고 할 때 주택소유자협회가 거부권을 행사할 수도 있고, 임대할 경우에는 해당 아파트의 규정을 준수할 임차인을 스스로 구해야 하는 불편함도 있다.

셋째, 관리비와 같은 부담금은 소유자가 균등하게 부담하고, 그 비용은 관리조직의 운영에 사용된다.

넷째, 소유자는 공동소유 주거단지의 재산권을 공유한다는 공통적인 특징을 갖기 때문에 분양 아파트를 팔려고 할 때 주택소유자조합이 거부권을 행사할 수도 있고, 임대할 경우에는 해당 아파트의 규정을 준수할 임차인을 스스로 구해야 하는 불편함도 있다.

미국 공동주택의 관리조직으로 주택소유자조합(homeowners association: HOA), 커뮤니티조합(community association), 자산소유자조합(property owners association), 콘도미니엄조합(condominium association), 조합・공동이익 커뮤니티(cooperative, common interest community), 공동소유자협의회(council of co-owners) 등의 다양한 명칭이 있으나 이들 모두 동일한 내용을 다루고 있는 조합이다(박경옥, 2006). 주택소유자조합은 공동소유권과 오픈 스페이스의 유지에 대한 권한을 갖는 것이 기본인데 영국의 하워드(Ebenezer Howard)가 제안한 전원도시에 대한 이상과는 달리 개인사업의 결과물이었다. 건설업자와 개발업자들은 주거지 개발에 주택소유자조합을 적용하는 것이 더 투자가치가 있다고 보았는데, 이는 시나 카운티(county)에 대해 과도한 공공사업의 지출을 요구하지 않고 사전에 개발되지 않은 구역을 거대하게 개발할 수 있기 때문이다.

주택소유자조합은 1960년대 후반 이후 본격적으로 보급되었는데, 여기에는 계획단위개발과 약관보급의 영향이 컸다. 즉 계획단위개발 주거지는 하나의 커뮤니티 형성을 전제로 한 다양한 공용시설이 있는데 이를 관리하기 위해서는 주택소유자조합 제도가 필요하였다. 간혹 주택소유자조합은 카운티가 해야 하는 공공서비스(도로의 유지관리, 조명, 가로수의 관리, 청소, 쓰레기 처리 등)를 떠맡는 것을 개발허가 조건으로 하는 경우도 있다. 미국 주택소유자조합의 성립은 주거지의 특성에 기인한다. 주택의 평가가 기본적으로 토지가격에 의해 결정되는 것이 아니라 주거지의 주거환경과 주택의 유지관리의 상태에 따라 영향이 크므로 주거지의 부동산 가치의 유지 및 향상에는 관리의 공동화와 전문화가 반드시 필요하다(박경옥, 2006).

미국의 콘도미니엄이나 타운하우스는 개인 소유이긴 하지만 전체 건물과 단지는 주민 전체가 공동으로 관리해야 한다. 이에 따라 소유자들은 주택을 구입함과 동시에 주택소유자조합의 회원이 된다. 미국 전역에는 이같은 주택소유자조합이 24만 여개 있으며 1,920만개의 타운하우스나 콘도미니엄 유닛이 주택소유자조합에 가입되어 있다. 주택소유자조합이 있는 콘도미니엄이나 타운하우스에 살고 있는 입주자는 무려 5천만 명에 달한다(국회의원 강길부, 2009).

1) 관리조직

분양공동주택의 소유자들은 자동적으로 관리협회를 구성하게 되는데 이 조직이 앞서 설명한 주택소유자조합(homeowners association) 또는 주민공동체조직(community association institute)으로, 주택소유자(조합원 또는 입주자)들이 모두 모여 공동의 재산을 관리하기 위한 모임이라고 볼 수 있다. 분양공동주택의 관리조직[3]은 이사회(운영위원회, board of directors)와 상임위원회[4]로 구분된다. 주택소유자조합은 의사결정기관으로서 원칙적으로 매년 조합 모임에서 조합원(이하 입주자)들의 선거를 통해 이러한 관리조직의 임원을 선출하여 관리업무를 수행할 집행기관에 해당하는 이사회를 구성한다. 단지규모에 따라서 다르긴 하지만 일반적으로 이사회는 3~9명 정도로 구성되며, 보통 회장, 부회장, 감사, 회계 등의 임원이 포함된다. 이사회 임원은 주택소유자조합의 회원이라면 누구든지 출마할 수 있지만 회원이 된지 1년 혹은 2년 정도가 된

---

3) 분양공동주택의 단위주택과 토지 구입자는 의무적으로 주택소유자조합에 가입해야 하며 선언(declaration)에 의해 2차 소유자의 가입 역시 의무적으로 이루어진다. 분양공동주택의 관리조직은 크게 이사회와 위원회로 구성되는데, 전 거주자가 참여하는 총회를 년 1회 이상 개최해야 한다. 이때 총회의 우선적인 목적은 이사회 임원을 선출, 구성하는 것이다(박경옥, 2006).

4) 관리조직 이외에 입주자의 관리참가를 유도하는 의미로 콘도미니엄에는 각종 상임위원회(standing committee)를 구성하는 경우도 많다(홍형옥 · 유병선, 2003). 상임위원회의 설치는 이사회의 임원이 아닌 주민도 자연스럽게 관리에 참가할 수 있는 시스템을 구축할 수 있는 장점을 가지고 있다. 이들의 역할은 소유자조합 및 이사회의 업무를 지원하고 감독한다. 150~300세대 정도의 콘도미니엄에서는 대략 약 10개 정도의 상임위원회가 있다. 전형적인 상임위원회의 구성의 예는 다음과 같다.

- 건축위원회(architectural control committee): 위법한 건축행위를 감시하거나 건축행의에 대한 허가업무를 담당
- 조경위원회(landscape and grounds committee): 관리비 중 많은 부분을 조경에 사용, 보통 조경은 관리회사에 위탁하며 위원회의 업무는 위탁업무에 대한 확인, 작업과 단지 내의 나무나 잔디 등을 직접 정리하기도 함
- 커뮤니티 위원회(community committee): 커뮤니티에 대한 일상적인 업무를 담당하고 있으며, 새로운 입주자 환영 파티 준비, 우편함 문패 설치, 근린 경비 등의 업무를 주로 담당
- 홍보위원회(newsletter committee): 월 1회 정도의 단지 뉴스를 정리하여 소식지를 발행
- 예산 및 재정위원회(budget and finance committee)
- 보험위원회(insurance committee)
- 유지관리위원회(maintenance committee)
- 법률위원회(rules and regulations committee)

입주자에 한해 출마자격을 부여하는 곳도 있다.

무보수 임기제로 운영되는 이사회는 입주자들의 대표로서, 이사회가 수행하는 업무는 단지를 관리하기 위한 예산 책정, 적립금 결정, 부과액 징수, 관리인의 채용과 해고, 수선유지 계약체결, 입주자 규약(declaration) · 세칙 · 법률 · 규칙의 홍보 및 시행, 회계업무 등으로, 공유시설(주차장, 게이트, 쓰레기장, 통로, 화단, 지붕 등)에 대한 관리를 책임진다. 특히 예산과 관련하여 월 관리비를 비롯해 공동예산인 예비비를 관리하며 이를 어디에 어떻게 쓸 것인지 결정을 내리기도 하지만 대개 현금을 직접 다루지는 않고 전문 부동산 관리회사에게 용역을 준다. 이처럼 이사회는 관리와 운영에 대한 책임과 함께 여러 가지 권한을 갖고 있는데 대부분의 경우 공사나 관리비 인상 등의 안건들을 결정할 수 있다. 그러나 외부 페인팅과 같이 큰 공사로 인해 매달 지불하는 할당금(관리비) 외의 추가 경비를 지불해야 할 때에는 전체 입주자들의 투표를 통해 과반수의 찬성을 받아야 하는 등 이사회가 임의로 결정할 수 없는 안건들도 있다.

이사회는 이러한 모든 책임과 권한이 항상 주택소유자조합의 운영을 관장하는 주 규정인 'CC&R(Covenants, Conditions, Restrictions)'과 조합마다 자체적으로 정하는 내부 규정(bylaw)에서 벗어나지 않도록 주의를 기울여야 한다. CC&R은 콘도미니엄이나 타운하우스를 구입한 모든 입주자들도 이를 꼼꼼히 검토하여 입주자들의 책임과 권리는 무엇인지, 운영위원회가 규정을 벗어난 행동을 하지는 않는지 확인하는 것이 중요하다(강길부 국회의원, 2009).

이사회의 결정사항 중에 가장 중요한 것은 관리방식의 선택으로, 단지의 특성에 부합되는 관리방식을 선택하게 된다. 예를 들어 관리업무를 관리전문회사에 위탁하지 않고 스스로 자치관리할 수도 있으며, 전문적 관리가 필요한 부분에 한해서만 위탁관리계약을 체결하거나, 관리업무 전체를 전적으로 관리회사에 위탁할 수도 있다(공동주거관리연구회, 2008). 이상과 같은 분양공동주택 관리조직의 구성과 업무를 구체적으로 살펴보면 다음과 같다.

(1) 이사회

이사회는 회장, 부회장, 비서, 경리로 구성되며, 최소 월 1회 회의를 개최한다. 이사회는 단지의 입주자를 대리하여 모든 결정을 내릴 수 있는 권한이 있으며 단지관리계획을 세워야 한다. 구체적으로 이사회는 관리방법 선택, 예산책정, 기부금의 강제할당, 직원의 고용과 해고, 수리를 위한 계약의 승인, 고지 · 내규 · 규칙 · 규제의 시행, 장부 보관 등의 일을 한다. 그밖에 이사회는 입주자들 중 자원봉사자들로 구성된 상임위원회가 추천한 사항에 대해 최종 결정을 내린다(박경옥, 2006).

(2) 상임위원회

관리조직 이외에 입주자의 관리참여를 유도하는 의미로 분양공동주택에는 각종 상임위원회를 구성하는 경우도 많다. 이들의 역할은 주택소유자조합 및 이사회의 업무를 지원하고 감독하는 것이다. 규모가 150~300 세대 정도의 콘도미니엄에는 대략 약 10개 정도의 상임위원회가 존재하는 것이 일반적이다. 가장 전형적인 상임위원회로는 건축조정 · 검토위원회, 조경 · 토지위원회, 예산 및 재정위원회, 보험위원회, 유지관리위원회, 법률위원회, 커뮤니티위원회, 신문홍보위원회 등이 있다.

모든 위원회는 약관에 의해 만들어지며 입주자들 중 자원봉사자를 중심으로 위원회가 설치되고 이사회에서 최종 결정한다. 각 위원회의 목적은 이사회의 업무를 지원하기 위하여 해당업무를 보고하고 추천하는 일이다. 일반적으로 건축조정 · 검토위원회는 독자적으로 사안을 결정할 수 있으며 다른 위원회는 조언하는 정도의 역할을 한다. 각 위원회의 역할은 다음과 같다(박경옥, 2006).

가. 건축조정·검토위원회

가장 활발하게 활동하는 위원회이며, 이 위원회의 기능은 건축적 가이드라인을 개발하고 시행하며 부동산에 대해 제시된 변화가 커뮤니티의 규정과 미적 기준에 일치하는지를 결정하는 것이다. 계약조항과 디자인표준을 끊임없이 적용함으로써 커뮤니티의 건축적 미학의 통일성을 보존, 보완, 확인한다. 규정에 부동산의 외부에 어떤 물리적 변경이 이루어지는 것이 좋은지에 대한 한계와 관련된 토지사용규정을 정한다. 만일 주택과 조경을 포함한 부동산의 외관에 변화를 주려면 서류상의 승인이 필요하다. 대부분의 주택소유자조합에는 이러한 승인과정에 필요한 표준 서식(건축적 변화나 변경요구라 불림)이 있으며 소유자가 이곳에 기입하고 필요하면 이를 관리사무실에 제출하면 된다. 관리사무실에서는 이런 요청들을 건축조정, 검토위원회에 보내고, 위원회는 정기적인 일정에 따라 회의를 열어 제안을 검토하고 논의한다. 요청이 접수되면 정식적인 요청처리과정을 거쳐 가급적이면 이사회에서 변경요구에 대해 토론한다. 물리적 변경에 대한 요구는 커뮤니티에서 제정된 기준과 갈등이 없으면 승인된다. 일반적인 변경요청 사항은 지붕우수 홈통의 설치, 데크(deck)나 파티오(patio)의 설치, 주택의 페인트 색채 변경, 수영장의 건축이나 아동 놀이시설 · 화단의 설치나 별도의 조경요구 등이다. 주택소유자조합에 이와 같은 변경에 대해 승인을 요구하는 것이 다른 소유자에게 문제가 될 경우 건축가이드 라인의 집행을 법정에서 판단하기도 한다.

모든 이사회 회의와 건축조정・검토위원회의 회의는 공개적으로 공고되며 주택소유자조합 구성원이 회의에 참석할 수 있다.

나. 유지위원회

주택소유자조합의 토지에 있는 구조물을 수리, 보존, 향상시키는 일을 한다. 이 위원회는 수영장과 오락시설의 사용, 가동에 대한 규칙과 과정을 확립한다. 클럽하우스 예약에 대한 일정을 관리하고 실내장식, 장비 교체 및 기타 필요한 수리를 추천한다. 이 위원회는 이사회에 수선필요사항을 추천하는 것 외에 시설을 위한 유지관리 일정을 개발하고 실행하는 책임이 있다.

다. 커뮤니티 관계 위원회

지방정부의 활동을 보고하고, 커뮤니티의 일반적인 복지에 영향을 주는 커뮤니티를 둘러싼 환경에서 일어나는 중요한 일이나 사건, 프로젝트를 이사회에 보고한다.

라. 커뮤니케이션 위원회

이사회와 다른 위원회에서 일어나는 일들에 대해 구성원들에게 정보를 제공한다. 이에 따라 뉴스레터, 전단지, 웹사이트, 기타 일반적인 출판물을 제작・관리한다.

마. 재정위원회

기초적인 예산을 이사회에 제시하고, 매달 제출된 재정적인 보고서를 감독한다. 주택소유자조합의 재정적인 거래를 확인하는 것은 회계원리에 따라 정해진 시기에 한다. 예산을 실행하는 것을 감독하고 보유된 자금을 유지하고, 일년 회계감사보고 과정을 지원한다.

바. 환대위원회

커뮤니티로 이사오는 새 구성원들을 초기 몇 달 내에 새로운 주택소유자조합원으로 맞이하는 일을 한다. 이사오는 사람을 처음으로 접촉하여 커뮤니티에 대한 제반 사항을 알려준다.

사. 조경・토지위원회

구성원들의 요청에 의한 조경관련 조절사항을 주택소유자조합의 내규, 규칙에 따라 결정한다. 오픈 스페이스, 오솔길, 연못, 도로, 입구 등의 공용공간에 위치한 잔디, 나무, 식물, 꽃, 운동장의 상태를 유지하고 향상시킨다. 유지계약을 개발하고, 계절적인 유지활동을 감독한다.

아. 사회교류위원회

창고세일, 할로윈 파티, 독립기념일 수영장 파티, 크리스마스 파티, 커뮤니티 장식과 사교클럽 운영과 같은 커뮤니티의 폭넓은 활동을 통해 커뮤니티를 활성화한다.

자. 방범・이웃관계망 감시위원회

공용자산을 보호하고 건물을 훼손하는 파괴행위를 줄이기 위하여 커뮤니티의 시각적인 존재감을 부각시키는 프로그램을 개발한다. 크리스마스 시즌, 여름휴가철, 커뮤니티에 행사가 있을 때와 같이 추가적인 방범이 필요한 기간에 이사회에 방범 및 서비스 방안에 대해 추천한다.

그밖에 선거위원회와 법규위원회가 있다. 선거위원회는 이사회를 선출할 때 회원들에게 후보자 명부를 제시한다. 이 위원회는 선거가 주법과 주택소유자조합 운영규정에 따라 개최되는 지를 확인하기 위한 특별한 목적으로 규정된 약관에 의해 설치된다. 법규위원회는 규칙위반에 대한 최종적인 결정을 한다. 또한 이사회에 현재 개정이 필요한 규정에 대한 요구나 추가적인 규칙과 규정사항을 이사회에 추천한다.

2) 관리기능

주택소유자조합은 공익서비스의 제공과 건축허가, 과세의 권한과 의무를 갖는 자치적인 기능을 가지고, 주민이 직접 참가하여 관리하는 조직이다, 많은 주택소유자조합은 시와 카운티에 의해 재정지원을 받고, 행정적으로 처리된 서비스를 입주자에게 공급한다. 서비스의 내용으로는 커뮤니티공원・수영장・커뮤니티센터의 건설과 유지, 울타리 설치와 조경, 방범, 도로상태 유지와 조명, 쓰레기처리 등을 포함한다. 다시 말해 주택소유자조합은 분양공동주택 단지내 공용공간과 공용시설의 소유 및 관리주체이고 약관의 운영주체이다. 이같은 주택소유자조합의 관리기능은 크게 5가지로 정리할 수 있다(齊藤光子, 2002, 박경옥, 2006에서 재인용).

첫째는 공간관리기능이다. 주거지 내의 공용공간과 커뮤니티시설을 공동으로 관리하는 것이다. 공용공간, 공유물의 소유와 유지관리, 생활상 필요불가결한 시설, 예를 들면 하수도, 오수처리시설의 유지관리, 편리시설(예: 케이블 TV, 커뮤니티시설)의 유지관리, 쓰레기처리, 지역 내 청소, 공동공간의 식재관리 등을 담당한다.

둘째는 이해조정기능이다. 각각의 주택・택지 내의 시설이라도 개별 거주자에게 맡기면 적절히 관리하지 않는 주택도 생기게 되므로, 관리를 공동화하여 질높은 주거환경을 만들어야 한다. 이에 따라 주택소유자조합 소유의 부동산과 구역 내의 주거환경관리를 위한 '제한약관의 선언'을 제정하여 건축의 증개축, 건설의 승인과 감독, 벽면후퇴, 공지확보, 소음 등 지구 내 사용상의 주의, 부과금 부담방법 등을 규정한다.

그밖에 건축을 위한 지침이 있어서 사회적 상황을 고려하여 내용을 수정하며 거주자는 이 건축지침에 따라 정원이나 지붕을 수선할 경우 주택소유자조합의 허가를 얻은 후 시에 건축신청을 한다.

셋째는 '행정과의 협동기능'이다. 주택소유자조합은 시의 소유부분과 관리의 경계를 시와 협상하여 설정하는 것이 가능하고, 거주지의 도로와 공원 등의 공익시설의 이관을 행정부와 협의, 결정한다. 주택소유자조합이 어느 정도의 공익시설의 관리를 하는가에 따라 개인이 지불하는 세금이 달라진다. 개인은 주택소유자조합을 통해 시에 세금을 납부한다. 거주자는 관리비를 재산(고정자산평가액)에 대응하여 부담한다. 고정자산세 및 거주지의 관리비를 연간 정해진 횟수에 따라 나누어서 주택소유자조합에 지불하고, 주택소유자조합이 여기에서 시에 세금을 지불한다. 관리비는 세금의 50%까지의 범위에서 관리비지불에 주택소유자조합이 선취득권을 갖는다.

넷째는 '생활관리기능'으로 거주자를 위한 지역서비스로 정보·문화·교육의 장을 제공하는 것이다. 특히 여름과 겨울방학에 아동들을 대상으로 하는 다양한 레크리에이션 프로그램을 실시한다.

다섯째 '편리성 향상기능'으로, 이는 전용부분의 공동관리에 대한 것이다.

2. 공공임대주택관리

미국의 공공임대주택은 정부가 용역을 주어 관리하는 형태를 취해 왔으나, 임대료 징수율이 낮아지고 시설물에 대한 훼손이 심각하며, 단지가 마약이나 탈선의 온상이 됨에 따라 이같은 용역관리는 한계에 봉착하게 되었다. 이러한 행태를 바로 잡으려고 중앙정부는 임차인대표회의를 구성하도록 하여 관리에 관한 일체의 권한을 부여하고 이들이 스스로 해결하게 하는 대안을 만들고 실험을 하였다. 그 결과는 매우 성공적인 것으로 평가되고 있으며, 임대료 징수, 시설물의 유지보수, 청소년 선도, 장학사업들을 자체에서 수행해내고 있다.

이와 관련된 실증적 사례로 The National Tenant Management Demonstration 프로그램이 있다. 1975년 공공임대주택에 거주하는 입주자들이 스스로 관리를 통한 잠재적 이익을 실험하기 위한 노력의 일환으로 시도된 이 모델은 미주리, 세인트루이스에서 적용되었다. 당시 이곳은 극심한 임대료 분쟁을 겪었던 곳으로 임차인 스스로 공공주택의 발전 등 관리의 책임에 관한 권한을 부여한 결과 공가율 하락, 임대료 징수율 개선, 범죄율 하락, 그리고 도덕심과 임차인들의 자긍심이 높아지는 효과를 보였다. 이러한 프로그램의 성공 이후 공공주택에서의 문제를 완화하는 데 이러한 접근방식이 관심을 끌게 되었다(홍형옥 · 유병선, 2003).

임대주택의 임차인대표회의(the board of directors of a nonprofit tenant management corporation)의 구성원은 임차인들이 선출한 사람들로 구성되며 이들은 조직적으로 부동산관리의 원칙에 입각하여 훈련을 받는다. 임차인대표회의에서는 정책을 입안하고 규정과 지침을 결정하며 관리정책결정과 입주자 참여를 유도하는 역할을 수행한다. 일상적인 관리업무는 입주자 중에서 선발되어 고용된 직원에 의해 수행되고, 입주자는 관리인(resident manager)을 선택하는 권한을 갖는다.

임차인과 주택당국자간의 구체적 협력관계(partnership)는 계약서에 명시되어 있는데, 주택 당국에서는 특정 정책과 관리책임에 관한 사항을 임차인대표회의에 위임하고 있다. 일반적으로 주택당국자는 전반적인 방향을 제시하고 임차인대표회의의 활동 영역(performance criteria)을 정하며, 임차인대표회의는 일상 관리업무를 직접 지시하고 실행한다. 주택 당국은 재산권을 그대로 유지하면서 궁극적으로는 탈전적으로 모든 법규와 규정을 정비한다.

3. 주거자산관리

1) 주거자산관리의 개념

주거자산관리(residential property management)는 미국 주거관리의 가장 큰 특징으로, 임대수익을 최대한 많이 낼 수 있는 방식으로 임대주택을 관리하는 것을 의미한다. 자산관리산업 분야에서 부동산에 투자한다는 것은 곧 개인의 재정적인 목표를 달성하기 위한 것으로 간주된다. 개인이 투자한 주택이라는 자산을 관리하는 전문관리업자는 주택을 가장 양질의 상태로 오랫동안 보전하고 투자된 자본에 대하여 가능한 최대의 순이익을 보장하는 것을 목표로 한다. 따라서 이를 달성하고자 하는 전문적인 주택관리업자는 장 · 단기 임대차계약을 수립하고 관리에 필요한 인원을 고용하여 각종 업무를 수행하게 되는 것이다.

2) 주거자산관리의 변천과정

주거자산관리가 미국에서 발달하게 된 배경을 살펴보면 19세기 말부터 진행된 산업의 발달에서 기원을 찾아볼 수 있다. 산업화에 따른 급속한 도시화가 진행되는 가운데 시카고, 뉴욕 등의 대도시에 많은 노동자들이 모여들게 되자 민간건설업자들은 노동자들이 살 수 있는 임대주택을 짓기 시작하였다. 당시의 건물 소유자는 주택을 건설한 후 아무런 관리를 하지 않아도 충분한 임대수익을 올릴 수 있었다. 그러나 이후 불어 닥친 대공황으로 인해 많은 주택소유자들이 주택을 건설하기 위해 빌린 은행대출금을 갚지 못하게 되면서 주택의 소유권이 은행이나 보험회사로 넘어가게 됨에 따라 자체적으로 주택관리 부서를 두거나 외부의 관리회사와 계약을 하여 주택관리를 위탁하게 되었다. 이 시기의 임대주택관리자의 업무는 주로 임대료를 수급하는 정도였으며, 유지관리에는 최소한의 비용만 지출했다(홍형옥 · 유병선, 2003).

1950년대 이후 교외에는 가든 아파트단지, 도심에는 고층아파트가 많이 보급되었는데 고층으로 대규모화된 아파트단지가 증가하면서 복잡한 주택설비와 시설에 전문적인 관리가 요구되기 시작했다. 한편으로는 자가주택 소유에 대한 열망으로 임대아파트(rental units)가 콘도미니엄으로 전환되는 사례도 많이 발생하였다.

보다 전문적인 주거자산관리는 고급아파트에서부터 시작되었다. 1980년대에 들어서면서 관리자에 대한 수요가 증가하게 되었는데 그 배경은 1980년대 중반의 낮은 이자율, 세금혜택 등으로 인하여 임대아파트 건설이 폭발적으로 이루어진 데 기인한다. 이어 시장의 수요량보다 많은 주택이 건설됨으로써 임대를 잘 하고 공가를 줄일 수 있는 기술을 가진 전문가에 대한 수요가 증가하였다. 또한 당시에는 오랫동안 임대주택사업을 하는 경우 주택에 세금을 물리지 않는 정책이 시행되었는데, 관리자는 정책의 내용을 잘 이해하여 투자가치를 창조하는 능력이 필수적으로 요구되었다. 1990년대 들어서 리츠(REITs)가 시행되고 주거용 리츠 개발이 시작되면서 임대주택에 많은 투자를 하게 되었다. 이후 임대차관리, 인적자원관리, 예산작성 및 투자물의 가치를 증가시키는데 필요한 기술을 잘 알고 훈련받은 주거자산관리 전문가에 대한 수요가 지속적으로 증가하고 있다.

주택단지의 소유자는 자신의 주택을 전문적으로 관리할 수 있는 관리업자나 관리회사를 선정하여 업무를 맡기게 되는데 양자 간에는 권한과 의무관계를 명확히 하는 관리승인서를 교환하게 된다. 관리승인서를 교환하는 이유는 상호 간의 오해로 인한 분쟁을 제거하고 정해진 기간동안 관리업자가 소신껏 업무에 종사할 수 있도록 하기 위한 것이다. 이처럼 소유자의 주택자산을 대행하여 관리하는 사람은 주거자산관리사(residential property manager)라고 불리는데, 이러한 관리자들은 단지의 규모나 성격에 따라서 고용되기도 한다(공동주거관리연구회, 2008).

3) 주거자산관리사

대개 주택단지의 소유자는 자신의 주택을 전문적으로 관리할 수 있는 관리업자나 관리회사를 선정하여 업무를 맡기게 되는데 주택 소유자는 관리자나 관리회사에 관리를 위탁할 때 양자간에는 권한과 의무관계를 명확히 하는 관리승인서를 교환하게 된다. 관리승인서를 교환하는 이유는 상호간의 오해로 인한 분쟁을 제거하고 정해진 기간 동안 관리업자가 소신껏 업무에 종사할 수 있도록 하기 위한 것이다.

이러한 소유자의 주택자산을 대행하여 관리하는 관리자는 주거자산관리사(residential property manager)라고 명명되며, 그 역할에 따라서 다음과 같이 여러가지 유형으로 세분된다.

(1) 중역자산관리사

단지의 운영 업무를 맡은 다른 자산관리사를 지시하고 감독하는 중역자산관리사(executive property manager)는 직접적으로 주택관리업무를 하기보다는 주택관리사업을 운영하는 역할을 하고 있다.

(2) 재산관리사

주택단지를 관리하는 책임자로서 직접적으로 특정 아파트단지를 관리하는 책임있는 개인을 일컫는다. 대부분의 단지에서 관리업무를 수행하는 가장 보편적인 관리사가 재산관리사(property manager)인데, 구체적인 업무에는 재정계획, 임대료 적정하기, 마케팅과 유지보수 절차 수립, 단지관리사 감독하기, 소유자와 상관에게 연락하고 보고하기 등의 책임을 맡고 있다.

(3) 단지관리사

일상적인 관리업무와 거주자들을 상대하고, 주택을 임대하고 임대료를 모집하며, 유지관리를 감독하는 사람으로 최일선에 있는 관리사(영국은 scheme manager)를 의미한다.

(4) 자산관리사

최근 리츠 등의 시행으로 자산관리(property management) 분야에서 새로이 등장한 관리사로서 자산관리사(asset manager)는 투자 부동산의 재정 편성, 분석, 계획, 최적의 포트폴리오 구성 등의 섬세한 자산관리기술을 수행할 수 있는 관리자이다.

Ⅳ 공동주택 관리방식

미국 분양공동주택의 관리방법에는 자치관리, 관리인 고용관리, 위탁관리(또는 완전대행관리), 혼합관리 등이 있는데(Kelly, 2004), 커뮤니티의 크기, 필요한 서비스의 수준, 공용공간의 규모에 따라 이사회는 적절한 관리방법을 결정하게 된다. 각 관리방법의 특성을 살펴보면 다음과 같다.

1. 자치관리

자치관리(volunteer/self-management)는 주택소유자조합의 이사회 회장이나 다른 입주자가 관리자가 되는 형태로서, 유급관리인이나 별도의 관리회사가 존재하지 않는 형식이다. 모든 관리업무가 조합의 이사회에 의해 처리되므로 기본적으로 유급관리인이나 별도의 관리회사는 없다. 이러한 방식은 관리서비스에 대한 별도의 외부 계약을 하지 않기 때문에 비용이 절약되는 장점이 있지만, 관리자의 지식과 경험 수준에 따라 장부정리, 행정 및 법적 처리의 미숙함 등으로 인한 보이지 않는 비용이 들어갈 수 있다는 단점이 있다. 실제적으로 책임을 맡은 관리자의 부담이 커서 교체율이 높다.

입주자들에 의해 직접 관리가 수행되는 형태인 만큼 자치관리는 주택소유자조합이 정관을 정하고 관리업무를 실행하게 된다. 구체적으로 조합의 이사회는 관리자를 정하고 회비를 징수하며, 청구서를 지불해야 하며, 시나 카운티에 세금을 지불하고 세금 돌려받기(tax refund), 매월 유지관리비의 지불, 보험의 적용, 단지 내 건물의 건축적 · 미적 통합성 유지, 유치권 또는 담보권 행사, 24시간 응급에 대한 대처를 해야 하며, 눈치우기, 공용공간의 잔디관리, 나무의 가지치기, 콘크리트와 아스팔트 수리, 페인트칠 프로그램 기획 수립, 구조적 수리, 지붕 갈기 등의 관리업무를 직접 해야 한다. 따라서 이러한 방식은 단지의 규모가 50호 이하로 소규모이면서 복잡한 물리적 설비가 적은 단지에 적합한 관리유형이다. 자치관리의 최대의 장점은 관리회사에 위탁을 하지 않기 때문에 입주자의 관리비 부담이 적어 경제적이라는 점이다. 또한 입주자들의 자율적인 봉사에 의존하는 관리 형태로서 주민들이 조합의 관리운영과정에 참여할 수 있는 기회가 많아짐에 따라 주민들 사이의 교류가 활발하고 자연스럽게 커뮤니티 의식이 형성될 수 있다는 점이다. 반면 단점으로는 개인적 봉사의지에 따라 이사회의 임원은 보수없이 관리업무의 운영에 많은 시간을 투자해야 하므로 이로 인한 경제적·시간적 피해를 입는 경우가 많이 발생할 수 있다. 또한 관리자의 전문적 지식이 결여되어 있기 쉽다는 점이다. 즉 이사회 운영에 필요한 적당한 인재가 나타나지 않을 수 있으며, 일정 수준 이상의 전문지식을 요하는 회계나 재무처리를 담당할 사람이 단지 내에 거주하지 않거나, 담당을 기피하는 문제가 생기면 해결이 곤란하고, 극소수의 임원이 이사회 전체를 장악하여 독단적으로 운영하는 경우도 발생할 수 있다. 그밖에 이사회는 결정한 내용에 대한 법적 책임을 져야 한다는 부담이 있다(박경옥, 2006; 공동주거관리연구회, 2008; 홍형옥·유병선, 2003).

2. 관리인 고용관리

관리인 고용관리(association-employed or on-site management)는 이사회에서 자산관리회사에 속하지 않은 전문 관리직원을 별도로 고용하여 업무를 처리하는 형태로, 서비스 및 쾌적한 환경(amenity)을 위한 시설이 충분하고 숙련된 관리자를 고용할 수 있을 만큼의 경제력이 있는 대규모의 복합개발단지에 적합한 방식이다. 이러한 대규모의 아파트 단지에서는 호텔 서비스(도어보이, 안내인, 경비 등)에 필적하는 높은 수준의 관리 서비스를 제공받을 수 있는데, 지역적으로 플로리다주, 남서부지역, 하와이 등에 많이 보급되어 있다.

이사회가 전일직(full-time) 또는 시간직(part-time)으로 고용한 유급 관리인으로서의 단지관리자(on-site manager)는 계약서에 명시된 업무를 수행한다. 이 방식의 장점은 이사회에서 관리자를 강력하게 통제할 수 있다는 점과 이사회에서 관리업무처리 방침을 결정할 수 있다는 점이다. 즉 주택소유자조합이 일상적인 의사결정과정에 지속적으로 관여함에 따라 입주자들의 요구를 세심하게 배려하고 반영할 수 있다. 반면 관리인 고용관리는 다음과 같은 단점들이 있다. 첫째, 이는 비용이 가장 많이 드는 방법으로, 고용된 관리직원들에 대한 모든 비용은 주택소유자조합의 자금에서 나간다. 둘째, 주거단지 내에서 발생하는 다양한 관리업무를 수행하기 위해서는 관리자의 광범위한 능력(물적인 설비의 일상점검과 수리수선 업무뿐만 아니라 경영업무, 재무처리 등)이 요구되지만, 현실적으로 그러한 능력을 겸비한 인재를 채용하기 어려울 수 있다는 점을 들 수 있다. 셋째, 관리자의 교체율이 높다는 점이다. 즉 단지 규모가 큰 경우가 많은 만큼 관리자의 지속적인 상주를 필요로 하는데, 관리자의 사정상 일을 그만두게 되어 다른 사람으로 교체하는 과정에서 업무에 공백이 생기는 문제가 발생할 수 있다. 넷째, 빈번한 관리자 교체나 관리자에 대한 이사회의 처우가 일관성을 갖지 못할 경우 관리자가 관리의욕을 상실하는 상황도 발생할 수 있다.

이같은 문제점들을 고려하여 많은 경우 중요한 관리서비스에 대해서만 계약을 체결하기도 하는데, 특히 전문성이 요구되는 재정관리를 의뢰하는 경우가 많다. 재정관리 전문가는 주택소유자조합에 회계와 부가서비스를 제공하며, 수금과 자산평가 및 다른 수입의 기록, 모든 지불가능한 지출 등의 업무를 담당한다(박경옥, 2006).

3. 위탁관리(완전대행관리)

위탁관리 또는 완전대행관리(full agency management)는 전문적으로 훈련을 받은 숙련된 관리책임자를 제공하는 자산관리회사를 활용하는 방법이다(박경옥, 2006). 100세대 이상의 콘도미니엄에서는 보통 비용을 지불하고 모든 관리업무를 수행할 수 있는 관리 서비스를 이용한다. 주택소유자조합이 관리회사와 관리 서비스 위탁계약을 맺으면 관리회사는 업무처리에 필요한 관리직원을 현지에 배치하고 장비를 갖추어 관리에 임하게 된다. 관리회사의 계약기간은 대부분 1년 정도의 단기계약이 많으며, 간혹 2년이나 3년 계약을 맺고 있는 단지도 있다. 그러나 3년을 넘는 계약기간은 관리규약으로 금지되어 있다.

위탁관리회사는 시설설비의 일상적인 점검과 유지보수 업무, 경비업무와 청소업무, 사무업무 등과 같은 일상의 단순업무 처리를 비롯하여 다양한 관리 서비스를 제공하게 된다. 구체적인 서비스의 내용으로는 면허가 있는 전문기술자에 의한 기본배관검사, 조사 자료의 보관, 예방 및 유지관리 프로그램 운영, 포괄적인 관리 소프트웨어 운영, 행정계약, 뉴스레터 발행, 24시간 긴급대응팀 운영, 커뮤니티활동 보조, 장기계획 수립 등을 들 수 있다. 한편 수영장이 있는 단지에서는 여름에 담당 직원을 별도로 두고 식재관리는 위탁하기도 한다.

위탁관리회사는 재정적, 물리적, 행정적 책임을 져야 한다. 재정적 책임이란 위탁관리회사가 이사회에 예산운영에 대해 준비하고 조언하는 것을 말한다. 물리적 책임은 이사회가 정한 관리기준이 맞는지 위탁관리회사가 검토하고 수행하는 것이다. 따라서 위탁관리회사는 관리를 위한 운영계획을 세우고 주 단위, 월 단위 또는 다른 기준에 의해 일정을 잡아서 수선을 해야 한다. 이를 위해 위탁관리회사는 추가적인 직원을 고용할 수도 있으며 관리회사의 직원을 활용할 수 있다. 또한 위탁관리회사는 관리서비스계약의 준비와 계약자의 일을 도와줄 수 있으며, 자산에 대해 규칙적으로 정해진 검사를 해야 한다. 행정적인 책임은 위탁관리회사가 보고서를 준비하거나 주택소유자조합 회의에 정기적으로 참석하여 조합의 지출에 대해 책임을 지는 것이다. 그밖의 의무로는 회의 통보, 회의록과 거주자 명부를 주택소유자조합에 제출하는 것 등이 포함된다(박경옥, 2006).

관리업무를 대행하는 위탁관리회사는 이사회로부터 정식 승인을 얻지 않고 예산 내에서 지출할 수 있는 권한이 있는데, 일반적으로 고정적인 예산상의 지출 이외에 사용할 수 있는 액수는 500~2000불이다. 이와 같이 위탁관리(완전대행관리) 방식은 대부분의 관리업무를 관리회사가 담당하기 때문에 관리회사에 대한 의존도가 높아지는 경향이 있다.5)

단지에 따른 차이가 있기는 하지만 위탁관리회사의 업무에는 대개 [표 10.2]와 같은 내용이 포함된다(공동주거관리연구회, 2007).

| **표 10.2** 위탁관리회사의 업무

구 분	내 용
재무관리	회계(accounting)와 부기업무(bookkeeping)만을 전문가에게 맡기는 방식이다. 구체적인 주업무는 수납업무와 자산평가 및 다른 수입의 기록, 기타 수입에 대한 업무도 포함된다. 재무관리직원은 이사회의 승인을 얻기 위해 예산안의 작성, 재무보고서의 작성, 감사업무 지원, 급여 지불용 수표의 준비, 소득세나 직원 보험 등 인가관련업무의 처리, 금전출납, 수입의 기록, 승인이 이루어진 지출의 지불, 은행계좌의 관리업무, 재무관련 업무를 수행한다.
유지관리	유지관리에 필요한 인원모집, 채용, 교육, 감독, 해고, 외부용역업자의 조정 감리업무, 수선이나 보수작업의 수행, 가구.비품.부품 등의 재고관리, 각종 용역계약 및 유지관리 기록관리, 물리적 설비의 정기적 검사, 승인된 서비스나 수리수선 등의 업무를 수행한다. 관리자는 필요하면 추가적으로 직원을 고용하거나 관리회사의 직원들을 활용할 수 있다.
운영관리	운영업무에는 보험증권・보험의 지불처리, 의견서・투표용지・위임장 등 회의에 필요한 사항들의 준비 발송, 이사회가 요구하는 보고서의 작성 제출, 관리관련 문서와 기록보관 업무 등을 수행한다. 관리자는 소유자협회 모임에 참석하거나 보고서를 준비하는 것과 같이 소유자협회를 대신하거나 또는 소유자협회와 반반씩 책임이 있다.

5) 간혹 이사회가 가져야 할 의사결정권까지 관리회사에 일임하는 단지도 있다.

4. 혼합관리

혼합관리(combined management)란 단지의 특성이나 주민의 요구에 따라 다양한 관리방식을 혼합한 형태이다. 전문관리회사에 위탁하면서 특정한 업무에 대해서 전문관리인을 고용하여 원하는 부분에 고도의 서비스를 받는 방법이다. 이러한 방식은 주민이 부담해야 하는 관리비용이 증가하는 문제점이 있긴 하지만 입주자가 원하는 정도의 수준높은 서비스를 받을 수 있으므로, 주민의 주거만족도를 높이는 적극적인 관리방식에 해당한다(박경옥, 2006; 공동주거관리연구회, 2007).

참 고 문 헌

강순주 · 김상희, 『현대주거학』, 교문사, 2000.

강혜경, "한국과 미국의 공동주택 관리제도 비교", 『한국생활과학회지』, 제15권 5호, 2006, pp.867-878.

공동주거관리연구회, 『공동주거관리이론』, 교문사, 2008.

김남근, "집합건물의 관리에 관한 법제의 개선방안", 한국집합건물법학회, 2010.

김민주, "집합건물의 관리에 관한 연구", 아주대학교 석사학위논문, 2011.

문영기 · 방경식, 『공동주택관리론』, 부연사, 2008.

민규식, "부동산자산관리의 구조 및 기능", 『부동산학연구』, 제7집 제1호, 한국부동산분석학회, 2001, pp.157-175.

박경옥, "거주지관리제도 도입을 위한 미국 주택소유자조합의 기능과 관리방식에 관한 연구", 『한국생활과학회지』, 제15권 4호, 2006, pp.691-701.

신윤석 · 조훈희 · 강경인, "국내 공공임대주택의 자산관리 도입 방안", 『한국건축시공학회 논문집』, 제9권 2호, 2009, pp.103-113.

안정근, 『현대부동산학』, 서울: 박영사, 2000.

윤일진, "공동주택관리제도 개선에 관한 연구-공동주택관리업체를 중심으로-", 중앙대학교 석사학위논문, 2012.

인택환, 『공동주택 관리체계의 문제점과 개선방안』, 한국학술정보(주), 2007.

임재현 · 한상삼, 『최신 공동주택관리론』, 부연사, 2009.

한국건설산업연구원, 『공동주택 관리체계 발전방안 연구』, 2008.

홍형옥 · 유병선, 『주거관리론』, 교문사, 2003.

Kelly, E.N., *Practical Apartment Management*, Chicago: Institute of Real Estate Management, 2004.

제11장

일본의 공동주택(맨션)[1] 관리

박신영(한국도시연구소)

I 들어가며

일본도 한국처럼 가용택지에 비해 인구가 많아 공동주택이 많은 것을 알 수 있다. 2013년 주택토지통계조사 속보집계에 근거하여, 전체주택 대비 공동주택[2]의 비율을 살펴보면 공가를 제외한 주택 5,210만호(전체주택 수 6,063만호) 대비 공동주택은 2,209만호로 그 비율이 42.4%나 되는 것[3]을 알 수 있기 때문이다. 한국의 전체주택

1) 맨션에 대한 법적 정의는 2000년 12월 제정, 2001년 7월 시행된 맨션관리의 적정화추진에 관한 법률에 규정되어 있는데, 동법에서는 맨션은 2인 이상이 소유한 주거용으로 제공된 건물과 토지, 부속시설이 있는 것으로 매우 포괄적으로 정의하고 있다. 하지만 일본의 국토교통성이 별도로 제공하는 맨션에 대한 통계는 이와 달리, 3층이상의 철골조 또는 철근 콘크리트로 건설된 분양공동주택으로 칭하고 있다(www.mlit.go.jp/ jutakukentiku/house/torikumi/tenpu/H24stock.pdf의 맨션에 대한 정의 참고).

2) 주택토지통계조사에서 정의한 공동주택이란 한 동의 건물에 2호 이상의 주택이 있으며, 복도, 계단 등을 공용으로 하거나, 2호 이상의 주택이 중첩되어 건설된 것을 칭한다. 1층에 상점이 있고 2층에 2호 이상의 주택이 있는 경우도 공동주택이다.

3) 해당비율은 일본에서 공동주택을 정의한 비율을 소개한 것으로 長屋(나가야)의 비율은 제외된 것이다. 長屋(나가야)란 2 호이상의 주택을 1동에 나란히 배치한 것으로 각 주택이 벽을 공통으로 하되, 각각 별도의 출입구를 가진 주택을 칭한다. 테라스 하우스도 나가야에 포함된다. 2013년 조사에서 나가야는 128만호가 있는 것으로 조사되었으며, 전체주택 대비 나가야의 비율은 2.5%이다(www.stat.go.jp/data/jyutaku/2013/pdf/giy02.pdf). 우리나라의 공동주택 기준으로 볼 때 나가야는 벽을 이웃세대와 함께 하는 점에서 공동주택에 포함될 수 있다. 나가야를 공동주택으로 본다면 전체주택 대비 공동주택의 비율은 44.9%가 된다.

대비 공동주택의 비율은 2010년 기준으로 71.0%이다.4)

그런데 일본의 공동주택은 건설 때부터 임대용으로 건설된 주택이 분양을 목적으로 건설된 주택보다 훨씬 많다. 공동주택의 소유관계를 보면, 공동주택은 자가의 비율이 22.6%에 불과할 정도로 임대용 공동주택이 많은 것을 알 수 있기 때문이다. 임대용 공동주택은 공공기관(현재는 도시재생기구라 불리는 주택공단, 지방정부, 지방주택공사)이나 개인 또는 법인 등이 소유하고 있으며, 주택관리는 임대사업자 책임으로 행해지는 점에서 관리업무에 대해서는 2011년 9월 30일 도입된 임대주택관리업등록제도5) 외에는 별도의 제도가 규정되어 있지 않다.

표 11.1 사용되는 통계의 내용 및 특성

	조사시기 및 조사주체	조사결과
주택토지 통계조사	- 1948년 첫 조사 이루어진 이래 14회째인 2013년 조사까지 이루어짐. 조사주기는 5년 - 조사주체는 총무청 통계국으로 도도부현·시구정촌을 통해서 실시하며 주택 및 주택 이외에 사람이 거주하는 건물에 관한 실태 및 거주세대에 관한 조사로 조사지를 사전 배포, 조사세대가 기입하도록 한 후 조사원이 조사지 수집 및 조사내용에 대해 청취하는 방식으로 조사 - 2013년 경우 약 350만 세대 조사(50만세대는 더 상세한 조사)	- 주택수, 주택종류 및 설비, 세대의 주거 상황, 토지의 보유관계 - 2008년 조사부터는 ① 내진진단유무나 내진성확보상황 ② 자동화재감지설비의 설치장소③ 리폼유무와 리폼장소 ④ 공동주택의 승강기내 방범설비상황 등 주택의 질에 관한 조사 보완
맨션종합 조사	- 1980년 첫 조사가 실시된 이후 1987년, 1993년, 1999년, 2003년, 2008년, 2013년 조사가 이루어졌음. 조사주기는 원칙으로 5년임 - 국토교통성이 조사주체이나, 구체적인 조사는 맨션관리업협회와 맨션관리센터를 통해 이루어짐. 조사방법은 우편조사로 위탁관리형인 경우 맨션관리업협회 회원사를 통해서 배포하고 자주관리형인 경우는 맨션관리센터 등록관리조합 명부에 의해 무작위추출로 배포함. 조사대상자는 관리조합의 조합장과 구분소유자 개인임	- 2013년 조사 회수율은 관리조합 대상 조사는 63.8%, 구분소유자 대상 조사는 65.9%로 2008년 조사 회수율 47.9%, 49.3%와 비교하면 매우 높아졌음. 참고로 2003년 조사 응답율은 42.3%, 38.4%였음 - 조사내용은 맨션거주자 상황, 맨션관리와 관리사무위탁 상황, 건물·설비의 유지관리 상황

4) 2010년 인구주택총조사결과에 따르면 우리나라의 전체주택 대비 아파트간의 비율은 58.3%이다(http://kosis.kr/statisticsList/statisticsList_01List.jsp?vwcd=MT_TITLE&parentId=H)

5) 임대주택을 관리하는 업체는 국토교통성에 등록하도록 한 제도로서 임대주택관리업등록규정(2011.9.30 제정, 2011.12.1 시행)을 제정함으로써 도입된 제도이다. 우리나라와 달리 일본의 임대관리인등록제도는 강행규정은 아니다.

하지만 다수의 소유자가 대지 및 건물의 벽·복도·계단·기타설비 등의 전부 또는 일부를 공동으로 사용하는 분양 공동주택은 공유시설이나 설비를 누가 어떻게 관리해야 할 것인지를 규정할 필요가 있다. 이는 소유자가 다수인 점에서 이를 규정하지 않는다면 적절한 관리가 이루어지지 않을 수 있기 때문이다. 특히, 3층 이상의 철골조 또는 철근 콘크리트로 건설된 맨션의 경우, 소유자의 수가 많으며, 복잡한 시설이나 설비가 포함되어 있기 때문에 주택관리가 더욱 필요하다.

이러한 점에서 우리나라가 의무관리대상 공동주택을 규정하고, 공동주택의 제반 관리업무를 상세하게 규정한 것[6]처럼 일본도 맨션에 대해서는 여러 가지 제도를 도입하여 관리가 잘 이루어질 수 있도록 하고 있다.

다음에서는 일본의 분양공동주택, 즉 맨션관리의 필요성이 제기된 배경, 맨션관리와 관련된 제도의 내용과 변화, 맨션 관리의 특성이 무엇인지를 살펴보고자 한다.

이 글을 위해 사용되는 통계는 통계청의 주택토지조사와 국토교통성이 시행하는 맨션총합조사 등의 자료를 활용하였다.

II 맨션관리제도 도입배경과 연혁

1. 맨션관리제도 도입배경

일본 최초의 분양맨션은 동경도가 1953년 5월에 준공한 渋谷(시부야)의 宮益坂(미야마스자카) 맨션이다. 동 맨션은 1층이 상점(20호), 2층부터 4층까지가 사무소(36호), 5층부터 11층까지가 주택(70호)으로 건설된 것으로 우리나라의 개념으로는 주상복합아파트라고 할 수 있다. 민간이 건설한 최초의 분양맨션은 1956년 四谷(요쓰야)에 건설된 요츠야 코프라스로, 5층 28호의 비교적 소규모였다. 1955년 설립된 주택공단이 대도시 교외에 맨션을 분양하면서 단지형 맨션이 공급되었으며, 고도경제성장이 이어진 1965년 이후 맨션공급이 활성화되었다.

[그림 11.1]을 보면 알 수 있듯이 1968년 5만 3천호에 불과한 맨션이 2012년

6) 우리나라의 주택호수나 설비에 따라 지켜야 할 주택관리 업무의 내용에 대해서는 대한주택관리사협회(2013: 13~14) 참고

| 그림 11.1 전국의 맨션재고와 매년 신축호수(1968~2012) (단위: 만호)

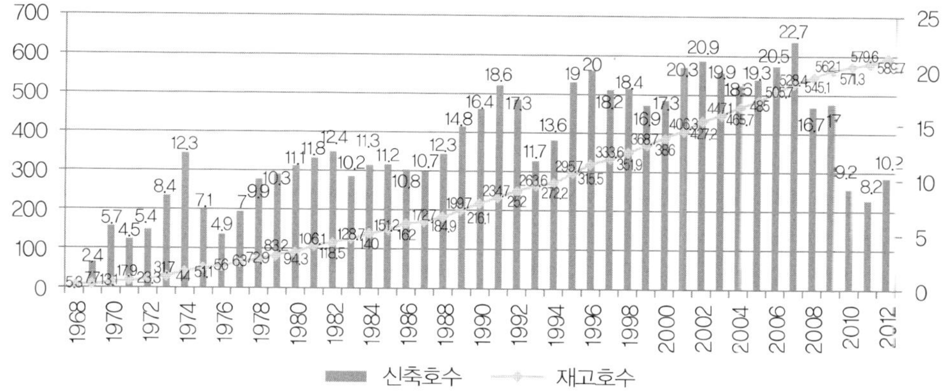

출처: 일본 국토교통성 주택건축통계중 2012년 맨션 통계.

589만 7천호로 크게 증가하였다. 이렇게 맨션이 많이 늘어난 것은 1979년 이후 2010년, 2011년을 제외하고는 매년 10만호 이상 맨션이 공급되었기 때문이다. 맨션이 가장 많이 건설된 해는 2007년으로 22만 7천호가 공급되었다. 2012년 현재 맨션에는 전체인구 1억 2,751만 5천명[7]의 11.4%인 1,450만명이 거주하고 있다.

맨션관리는 구민법 208조[8]에 의해 이루어졌으나, 1962년 민법의 특별법으로 「구분소유법」(건물의 구분소유등에 관한 법률, 1962.4.4 제정)이 제정되면서 관리의 기본원칙이 마련되었다. 구분소유법의 주된 내용은 ① 1동의 건물을 전유부분과 공용부분으로 구분하고, 전유부분의 소유권을 구분소유권으로, 공용부분은 구분소유자전원의 공유로 한다. ② 공용부분의 변경은 구분소유자 전원의 합의에 의하고, 관리는 지분의 과반수의 결로 할 수 있다. ③ 건물・부지 또는 부속설비의 관리・사용에 관한 규약의 설정, 변경 또는 폐지는 구분소유자 전원의 서면에 의한 합의로 하지 않으면 안된다. ④ 집회의 의결권은 지분의 비율 — 공용부분의 지분비율 — 즉, 이 비율은 전유부분의 연면적의 비율로 정하는 것으로 한다는 것이 핵심이었다.

그러나 구분소유법이 제정되었다고 해도 1980년대 이전까지는 맨션을 민간이 아닌 주택공단이 주로 공급하였기 때문에 맨션관리는 공단의 문제라는 인식이 지배적이

7) 2012년 10월 1일 인구는 일본정부통계홈페이지인 www.e-stat.go.jp 참고.

8) 1동의 건물이 몇 개로 구분되고 각각 독립성을 가진 소유권이 성립하는 경우 ① 공용부분은 구분소유자의 공유에 속하는 것으로 추정하며, ② 수선비 등의 부담은 각자 소유부분의 가격에 따라 분담해야만 한다는 것이었다.

었다. 하지만 맨션재고의 지속적인 증가, 초기에 공급된 맨션의 대규모 수선이 원활하게 추진되지 않으면서 맨션관리의 필요성이 거론되었으며 특히, 1979년 3월 행정관리청(통계청의 전신)이 맨션의 관리실태를 파악하고, 이를 토대로 건설성에 맨션관리에 관심을 기울일 것을 권고하면서 사회적 관심을 끌기 시작하였다.

1980년대 이후 맨션관리와 관련된 여러 제도가 만들어지기 시작하였다. 맨션관리제도가 만들어진 배경을 1982년 최초로 만들어진 건설성의 중고층공동주택표준관리규약 작성 배경을 통해 살펴보면, 첫째는 택지난, 직주근접 욕구와 더불어 주택구입자금대출제도가 정비됨에 따라 1970년대 후반이후 중고층 분양주택, 즉 맨션이 대도시권을 중심으로 비약적으로 증가할 것으로 예상되기 때문이라는 것이다. 둘째는 맨션은 그 구조가 1동의 건물을 구분소유하고 있기 때문에 권리관계가 복잡하나, 당시 공동주택을 위한 기준이 마련되어 있지 않아 관리와 관련된 여러 가지 갈등과 분쟁이 발생하고 있기 때문에 이를 조정하기 위한 원칙이 필요하다는 것이었다.

이처럼 일본에서 맨션관리제도가 만들어진 것은 앞으로 맨션이 도시형 주택으로 확산보급될 것이라는 인식, 맨션이 다수소유자의 비용부담에 의해 관리되는 점에서 관리의 원칙이 필요하다는 것이었다.

2. 맨션관련 제도의 내용과 연혁

1970년대 후반 맨션의 보급이 늘어나면서 맨션의 판매업자의 과대광고로 실물과 견본의 차이, 판매업자가 시설물 등에 대해서 충분한 설명을 하지 않은 것을 포함하여 하자발생, 하자보수 지연 등 판매업자와 맨션소유자간의 분쟁, 공용부분의 관리 소홀로 느끼는 생활의 불편, 그리고 관리비와 수선비의 구분 모호 등이 문제가 되었다. 게다가 1960년대 공급된 맨션의 노후화에 따라 적정한 보수가 필요하나, 이루어지지 않는 것이 문제가 되기 시작하였다.

1979년 9월 11일, 주택택지심의회는 건설대신에게 주택택지거래를 위한 약관으로 표준매매계약약관, 분양주택의 관리를 위한 중고층공동주택의 표준관리규약을 만들도록 하였다. 이에 따라 건설성은 표준매매계약약관, 중고층공동주택에 관련된 표준관리규약 및 표준관리위탁계약서를 작성하여 1982년 1월 28일 주택택지심의회의 의결을 거쳐 고지하게 되었다.

이중 중고층공동주택표준관리규약은 맨션관리와 관련된 룰(원칙)을 담은 것으로 현재 몇 차례의 개정[9]을 거치면서 맨션관리의 지침이 되고 있다. 이는 건설성과 지방정부가 표준관리규약을 널리 보급하기 위해 맨션판매 및 관리업자가 관리규약안을 작성할 때, 중고층공동주댁표준관리규약을 지침으로 활용하도록 하였기 때문이다.

표준관리위탁계약서 작성의 목적을 보면, 맨션의 증가와 더불어 관리조합의 의탁을 받아 관리업자가 관리를 행하는 경우가 많으나, 계약내용이 불분명함에 따라 혼란이 발생하고 있어, 위탁되는 관리업무의 내용을 표준관리로 규정함으로써 갈등을 방지하기 위한 것이었다. 표준관리위탁계약서에 대해서도 건설성이나 지방정부는 관리조합과 관리회사가 관리위탁계약을 체결할 때 이를 지침으로 활용하도록 하였다. 그렇다고 해도 표준관리규약이나 표준관리위탁계약서는 일종의 권장사항이지, 이를 따르지 않는다고 해서 행정적인 규제가 있거나 처벌이 따르는 것은 아니라는 것이 특징이다. 그 결과 1985년 중고층분양주택관리업 등록제도가 도입된 것이다.

표준관리규약과 표준관리위탁계약서를 만든 것 외에 정부는 1983년 구분소유법을 대폭 개정함으로써 맨션관리를 강화하였다. 구분소유법 개정내용을 보면, 구분소유된 건물의 전유부분과 부지이용권을 원칙으로 분리해서 처분할 수 없도록 하고, 공용부분의 변경 내지 폐지의 요건을 전원동의에서 3/4동의로 완화하고, 집회권한은 강화하며, 임차인을 포함하는 점유자의 구분소유관계상의 의무를 명확히 규정하고, 관리를 목적으로 하는 구분소유자 단체의 존재를 분명히 함과 동시에 단체의 법인화를 가능하게 하고, 의무위반자에 대한 조치로 소송제도를 두며, 건물의 노후화에 대응하여 비용의 과분성[10]과 특별다수의결(입주자 4/5)에 의해 재건축이 가능해지도록 한 것 등이다. 1983년 구분소유법의 개정에서 가장 중요한 것은 구분소유자 수가 30인 이상인 경우로 한정되었지만 관리조합이 독립된 개체로 인식되는 계기가 마련된 것이다. 구분소유법이 개정된 1983년 「중고층공동주택표준관리규약」이 구분소유법의 개정내용까지 포함하는 「중고층공동주택표준관리규약 및 중고층공동주택표준관리규약코멘트로 개정되었다.

1985년에는 맨션관리업체의 전문성을 강화하는 방안으로 중고층분양공동주택관리업무등록규정(건설성고시1115호)[11]을 제정해서 맨션관리업자의 등록제도를 실시하였

9) 관리규약은 1983년, 1995년, 2004년, 2011년 개정이 이루어졌다.

10) 관리비용이 많이 드는 경우 재건축이 가능하다고 한 조 항으로, 관리비용이 많이 든다는 것에 대한 기준이 없어서 재건축 찬성과 반대쪽의 갈등의 원인으로 작용하였다.

11) 등록요강은 제1조(목적), 제2조(등록), 제3조(등록요건), 제4조(등록신청), 제5조(등록실시), 제6조(등록되지 않는 경우), 제7조(현황보고서 제출), 제8조(등록갱신신고), 제9조(폐업 등의 신고),

다. 이에 따라 맨션을 관리하려고 하는 자는 건설성이 정한 등록요건(대학이나 대학에 준하는 고등전문학교 졸업후 관리업무 5년 이상 종사하고 건설대신이 지정한 강습을 거쳤거나, 7년 이상의 관리실무 경험과 건설대신이 지정한 강습을 거친 자)을 갖추어야 하며, 3년 단위로 등록하는 것이 규정되었다. 당시의 제도는 등록이 의무가 아닌 임의규정으로 등록을 하지 않았다고 맨션관리를 할 수 없는 것은 아니었다.

또한 같은 해, 건설성과 민간업체의 출연으로 맨션관리센터를 설립하여, 맨션관리 관련정보, 관리관련 민원상담, 맨션관리업자에 대한 강습, 노후 아파트의 공용부분 개보수에 대한 주택금융공고(현재의 주택금융지원기구) 융자시 보증업무를 실시하도록 하였다.12)

그러나 1980년대에도 맨션의 관리가 제대로 이루어진 것은 아니었다. 1992년 11월말 NHK 방송에서 "고치고 싶지만 고칠 수 없는 노후화맨션의 憂鬱(우울)"이라는 프로는 유지관리 비용을 염두에 두지 않은 채 노후화된 맨션의 현실을 보여주는 것이었다. 내용을 소개하면, 도쿄 세타가야구에 있는 1967년에 건설된 12층, 4층의 2개동으로 이루어진 분양맨션이 수선계획을 수립하지 않은 상태에서 노후화가 심각해진 결과, 당시 시점에서 5~6년간 약 4억 5,000만엔의 보수비용이 필요하다는 진단을 받았으나 비용징수가 어려워 곤경에 처해 있는 것을 보여주었다. 방송의 멘트중에 "보수계획은 진행되지 않지만, 지금도 맨션의 노후화는 착착 진행된다."고 하여 수선계획을 미리 수립하지 않은 맨션단지에 거주하는 입주자의 우울을 지적하였다(日本マンション學會関西支部編, 2002; 注1에서 재인용).

이러한 TV 프로그램이 나왔다고 해서 1990년대에 맨션의 관리와 관련된 별도의 대책이 도입된 것은 아니었다. 이는 맨션은 사유재산인 점에서 소유자들이 유지관리를 위한 비용을 적립하고 관리해야 할 책무가 있으며, 국가가 이를 규제하는 것은 원칙에 위배된다라는 인식이 지배적이었기 때문이다.

1997년에는 중고층공동주택표준관리규약 및 중고층공동주댁표준관리규약 코멘트가 여러가지 건축기법이 적용되고 있는 맨션에 일괄적으로 적용되기는 어렵다고 보아, 맨션의 특성에 따라 쉽게 이용할 수 있도록 단동형(単棟型)·단지형·복합용도형 중고층공동주택표준관리규약 및 중고층공동주택표준관리규약 코멘트가 만들어졌다.

또한 노후화된 맨션 문제가 부각되면서 맨션관리에서 계획수선 및 계획수선을 위

제10조(등록소멸), 제11조(등록부 등의 열람), 제12조(의무처리준칙) 등의 12조로 구성된다.

12) 맨션관리센터의 역할이나 업무에 대해서는 다음 절에서 설명한다.

한 수선적립금의 중요성이 인식되기 시작하였다. 맨션 재고가 386간호, 20년을 넘는 맨션이 100만호에 가까운 2000년에는 법률 제149호로 '맨션의 관리적정화 추진에 관한 법률'이 제정되었다. 동법에는 국토교통성대신에 의한 맨션관리적정화지침의 책정, 구분소유자・관리조합의 적정한 관리 노력의무 규정, 국가・지방자치단체에 의한 정보제공 등의 조치 등이 규정되어 있다. 또한, 맨션관리사 자격제도와 맨션관리업 등록의무, 관리업무주임자의 신설, 맨션관리적정화추진센터의 설립, 관리업체를 대표하는 기구로서 (사)고층주택관리업협회에 대한 내용이 규정되어 있다. 동법의 특징은 맨션관리의 전문성을 강화하였으나, 우리나라와 달리 장기수선계획의 수립이나 수선적립금을 의무화하는 조항은 없다는 것이다.

2002년에는 맨션의 재건축 추진을 위해 「재건축원활화법」이 제정되었다. 재건축원활화법은 맨션재건축 조합의 설립, 권리변환수속에 의한 관계권리 변환, 위험 또는 유해한 상황에 있는 맨션에 대해서는 시정촌장이 구분소유자에게 재건축하도록 하는 권유를 내릴 수 있는 등[13] 맨션의 재건축을 원활하게 하는 것이 목적인 점에서 주택관리와는 관련이 없다고 볼 수 있으나, 현재 맨션의 관리와 관련해서 가장 심각한 문제인 노후맨션에 대한 대책을 강구한 점에서 정부개입의 정도는 가장 강한 입법이라고 할 수 있을 것이다.

맨션적정화법이나 재건축원활화법이 제정되면서 맨션관리의 기본법이라고 할 수 있는 구분소유법도 2002년 개정[14]되었다. 개정내용을 보면, 맨션의 관리와 관련해서 ① 공용부분의 변경으로 형상 또는 효용에 현저한 변화를 수반하지 않는 것은 보통의 결(3/4의 찬성에서 과반수 찬성)로 가능하게 한 것, ② 관리조합의 관리자 또는 관리조합법인에 대해서 손해배상금의 청구, 수령의 대리권한 부여, ③ 관리조합 법인화의 인수조건 철폐로 2인 이상인 조합도 법인화 가능, ④ 집회 시 IT에 의해서도 의결권 행사를 가능하게 한 것을 들 수 있다. 재건축과 관련해서는 ① 관리비용의 과분성 요건을

13) 구조나 설비가 국토교통성이 정한 기준에 비추어볼 때 현저하게 불량한 맨션에 대해서는 시정촌장이 구분소유자에게 맨션의 재건축을 행할 것을 권고할 수 있으며, 재건축을 권고받은 맨션의 임차인은 시정촌장에게 대체건축물의 제공 또는 알선을 요청할 수 있다. 또한 권고맨션의 재건축 실시자는 권고맨션에 거주하는 구분소유자중 재건축에 따른 전출하는 구분소유자가 있을 때는 국토교통성령이 정하는 바에 따라 전출구분소유자의 거주안정 확보 및 재건축 계획을 작성해서 시정촌장의 인정을 신청할 수 있다.

14) 2002년 구분소유법이 개정된 것은 구분소유법에서는 지진과 같은 천재지변으로 건물이 무너질 수 있다는 것이 전제되어 있지 않아, 1995년 阪神淡路(한신아와지) 대지진시 무너졌던 맨션을 재건축하기 위한 결의시 민법이 적용되어 전원찬성이 아니면 불가능하게 되어 있었던 점도 영향을 미쳤다.

폐지하고 특별다수결의를 포함한 것, ② 부지의 동일성 및 건물의 사용목적의 동일성 조 항을 폐지한 것, ③ 재건축 절차 정비, ④ 단지관리조합의 재건축 승인의결 및 일괄 재건축 결의 제도 신설이다.

2004년에는 중고층공동주택표준관리규약의 명칭을 맨션관리규약으로 전면개정하면서 많은 내용을 보완하였다. 주된 내용을 보면, ① 2001년 시행된 맨션적정화법에 따른 맨션관리사 등 전문지식을 가진 자의 지원을 받을 수 있으며, 그 비용을 관리비로부터 지출할 수 있도록 한 것, ② 재건축 합의형성을 위한 조사비용 등을 수선적립금으로 사용할 수 있도록 한 것 ③ 보통의결로 실시가능한 공사와 특별의결을 요하는 공사를 명기한 것, ④ 전자투표에 의한 결의가 가능한 것과 그렇지 않은 것을 구분한 규정, ⑤ 수선 등의 이력정리 및 관리를 관리조합의 업무로 규정한 것, ⑥ 지역 커뮤니티, 거주자간의 커뮤니티 형성을 관리조합의 업무로 규정한 것, ⑦ 미납관리비 청구를 위해 이사회 의결에 따라 이사장이 관리조합을 대표하여 소송이나 기타 법적조치를 강구할 수 있도록 한 것, ⑧ 공용부분인 창호 등을 공사해야 하나, 관리조합이 신속하게 공사할 수 없는 경우는 각구분소유자가 책임과 부담으로 실시할 수 있도록 한 것, ⑨ 설비 등의 근대화에 따라 인터넷 통신설비, 로비 입구의 자동잠금장치 설비 등을 공용부분으로 한 것, ⑩ 애완동물 사육에 관련된 조문을 코멘트에 기재한 것 등이다. 맨션표준관리규약중 단동형 규약은 2011년 개정되었는데, 그 내용은 이사와 감사의 피선출권으로 해당주택에 현재 거주해야 하는 것으로 거주요건이 강화된 것이다.

관리규약과 별도로 2005년에는 분양맨션의 주체인 관리조합과 구분소유자가 맨션관리의 개선 항목을 쉽게 파악할 수 있도록 맨션관리표준지침이 만들어졌다. 동 지침은 방대한 내용으로 관리와 관련된 모든 업무를 정리하고 관리조합이 반드시 해야 할 내용을 규정하고, 더 나은 관리를 위해 필요한 조치까지 제시하고 있다. 지침의 구성은 관리조합운영, 관리규약 작성 및 개정, 관리조합의 경리, 건물설비의 유지관리, 관리업무위탁 등으로 구분되어 있으며, 관련된 제도, 조문, 데이터를 상세하게 풀어서 설명하는 코멘트 형식으로 소개하고 있다. 특히, 지침의 가장 큰 특징은 맨션의 유지·향상에 불가결한 장기수선계획이나 수선적립금과 관련해서 계획에 반영되어야 할 18개의 수선항목을 처음으로 명시함과 동시에 수선주기, 수지계획을 구체적으로 제시했다는 것이다.

2008년에는 노후화에 대응하여 필요한 비용을 적립하도록 하기 위해 장기수선계

| 표 11.2 맨션관리표준지침에 제시된 18개 항목

	수선공사항목	주요내용
1	옥상방수	지붕갈기, 방수 등
2	외벽 등	구체, 타일, 도장, 실링 등
3	바닥방수 등	개방복도, 계단, 발코니 바닥 등
4	철재부 도장	손잡이, 문, 철골계단 등(덧칠)
5	창호, 금속부품 등	현관문, 창틀, 우편함 등(교환)
6	공용내부 등	관리인실, 입구로비 등의 내장
7	급수설비	급수관, 저수조, 고가수조, 급수펌프 등
8	배수설비	잡배수관, 우수관, 오수관 등
9	가스설비	가스관 등
10	공조, 환기설비	환기구, 덕트 등
11	전등설비	전등, 전기간선, 피로침 등
12	정보, 통신설비	전화, TV공청, 인터넷 설비 등
13	소방설비	자동화재경보기, 옥내소화전, 연결송수관 등
14	승강기설비	구동장치, 엘리베이터 본체
15	기계식주차장설비	자주식 구조체, 기계식 구조체 및 구동장치 등
16	구조, 부대설비	주차장, 자전거 보관대, 쓰레기 보관소, 통로, 공원 등
17	조사, 설계, 감리 비용	건물진단, 설계, 공사감리 등
18	장기수선계획 작성비용	작성, 개정

출처: 국토교통성의 맨션관리지침에 게시된 장기수선계획공사항목.

획표준양식 · 작성가이드라인 활용길잡이(2008년)[15]를 발표하였다. 가이드라인의 제정은 관리조합이 장기수선계획에 관해 이해하고 비교검토를 용이하게 하기 위한 표준양식을 만들고, 수선적립금이 부족하지 않도록 표준적인 추정수선공사항목을 제시하고 균등적립방식에 의해 수선적립금을 산출하도록 하기 위함이다. 특히, 2011년에는 구체적으로 맨션의 수선적립금에 관한 가이드라인(2011)[16]까지 발표하였는데, 수선적립금 가이드라인이 만들어진 것은 특히, 주로 신축맨션 구입예정자를 대상으로 수선적립금에 관한 기본적인 지식, 수선적립금 산출기준, 수선적립금을 제대로 이해하도록

15) 자세한 내용은 www.mlit.go.jp/jutakukentiku/house/mansei/2006chokishuzen/-1.pdf 참고.
16) 자세한 내용은 www.mlit.go.jp/jutakukentiku/house/mansei/tsumitate2304.pdf 참고.

| 표 11.3 맨션관리와 관련된 제도의 변화

시기	제도	주요내용
1962년	구분소유법 제정	공용부분, 대지이용권, 관리인, 규약 및 집회, 관리조합, 의무위반자에 대한 조치 등의 내용 규정
1982년	건설성의 중고층공동주택표준관리규약 및 표준관리위탁계약서 제시	표준관리규약은 전유부분의 범위, 대지 및 공용부분의 이용권, 용법, 관리, 관리조합, 회계, 부칙 등을 규정 표준관리위탁계약서는 관리업무 내용 규정
1983년	구분소유법 개정	규약, 공용부분 등의 변경요건 완화, 30인이상 관리조합법인화
	중고층공동주택표준관리규약 개정	관리규약 외에 관리와 관련된 제도, 조문, 데이터를 포함하는 코멘트 보완
1985년	중고층분양공동주택관리업무등록규정(건설성고시1115호)	중고층분양주택관리업자는 건설성에 등록하도록 함
	맨션관리센터의 설립	맨션관리 관련정보, 관리관련 민원상담, 노후 아파트의 개보수 자금 융자시 보증업무를 실시
1995년	중고층공동주택표준관리규약 및 중고층공동주택표준관리규약코멘트 개정	한 가지 유형의 규약을 맨션의 특성에 따라 단동형, 단지형, 복합용도형 등으로 구분
2000년	맨션의 관리적정화 추진에 관한 법률 제정	전문관리인으로 관리업무주임배치 의무화, 맨션관리사 자격 신설, 관리의 전문성 추구
2002년	구분소유법개정	대규모수선이 용이하도록 공용부분의 변경요건 완화(3/4에서 과반수), 관리조합 이사장의 소송대리인, 관리조합의 법인화 요건완화, 재건축 요건 및 절차 완화
2004년	중고층공동주택표준관리규약을 맨션표준관리규약으로 개정	맨션적정화법, 재건축원활화법, 구분소유법 개정내용 반영
2005년	맨션관리표준지침 제정	관리업무 수행시 참고할 수 있도록 반드시 행해야 할 관리업무와 개선방향을 제시, 특히 장기수선계획 수립 18개 항목 명시
2008년	장기수선계획표준양식・작성가이드라인 활용길잡이 제시	장기수선계획 작성방법, 수선적립금 적립방법으로 균등적립방식 제안
2011년	맨션의 수선적립금에 관한 가이드라인 제시	신축맨션 구입자를 위해 수선적립금의 적립기준, 수선적립금에 대한 이해 제고

함으로써 분양사업자가 제시한 수선적립금의 수준이 적절한지를 판단하는 참고자료로 활용하기 위함이다.

이상 일본에서 맨션관리를 위해 여러 가지 제도가 도입되기 시작한 것은 우리나라와 마찬가지로 맨션이 지속적으로 늘어날 것이라는 점, 또한 맨션은 다수의 소유자가 공유시설을 소유하고 있어 적절한 관리가 이루어지지 않을 경우 거주자의 생활이 불편해질 뿐만 아니라, 궁극적으로는 안전을 저해할 것이라는 점 때문임을 알 수 있다.

제도의 변화를 요약하면, 초기에는 구분소유법만으로 맨션관리를 할 수 있다는 인식을 한 것으로 생각된다. 그러나 적절한 유지관리가 이루어지지 않으며, 다수가 거주함으로써 나타나는 권리위반자 문제, 임차인 문제, 주택의 유지관리 등에 대응하기 위해서는 더 상세한 내용을 제시할 필요성이 발생함에 따라 1982년 표준관리규약을 정부가 만들어서 맨션판매업자가 맨션판매시 제공하는 관리규약안으로 활용하도록 한 것을 알 수 있다. 관리규약은 관련법의 개정, 그리고 맨션의 형태가 다양해진 실정을 감안하여 단동형, 단지형, 복합용도용 관리규약과 관리규약코멘트로 변화되면서 오늘에 이르고 있다. 1985년에는 관리조합이 맨션관리시 가장 어렵게 생각하는 수선유지에 대한 조언과 자문을 행하는 조직으로 맨션관리센터를 설립하여 수선유지에 대한 자문을 제공하도록 하였으며, 맨션적정화법이 시행된 이후에는 맨션관리적정화센터로서 역할을 수행하고 있다.

또한 일본 정부는 맨션관리가 제대로 이루어지려면 관리조합에 대한 지도와 더불어 필요한 것이 관리회사를 지도하는 것으로 인식하고 있다. 이 때문에 1982년 관리규약을 만들면서 동시에 표준관리위탁약관을 만들었다. 또한 1985년에는 맨션을 관리하려는 자는 일정한 요건을 갖추어 등록하도록 하는 관리회사 등록제도를 만든 바 있다. 당시의 제도가 임의제도라면, 맨션적정화법에서는 관리회사의 의무등록제도를 만들었으며, 맨션관리를 위해서는 30개 이상 관리조합에 대해 1인 이상 관리업무주임자가 있어야 한다는 규정을 통해 관리회사를 규제하고 있다.

2000년대에 들어, 일본정부는 맨션의 유지관리, 노후화된 맨션대책으로 재건축이 원활하게 이루어질 수 있도록 하는 제도마련에 역점을 기울이고 있다. 이 때문에 맨션관리적정화법, 맨션재건축원활화법이 제정되었으며, 관리와 관련된 제반규정이 담겨져 있지만 유지관리를 위한 필수항목으로 18개 항목을 규정한 관리업무지침, 장기수선계획 작성 양식 및 가이드라인, 수선적립금 가이드라인이 제시되었던 것이다.

III 일본의 맨션관리 현황과 특성

1. 일본의 맨션관리 관련 조직

1) 관리조합

맨션관리에서 가장 중요한 주체는 구분소유자 전원으로 구성된 관리조합이다. 구분소유자는 소유권 발생과 함께 조합원이 되어 관리조합의 구속을 받게 되며 소유권을 상실하기 전에는 관리조합으로부터 탈퇴할 수 없다. 2002년까지는 구분소유자가 30인 이상이어야 법인이 될 수 있었으나, 현재는 30인 이상이라는 조건이 폐지됨에 따라 구분소유자 및 의결권이 있는 3/4의 찬성에 따라 관리조합법인으로서 사무소 소재지에서 등기할 수 있다. 이는 관리조합법인화가 중요함을 국가가 인정한 것으로 볼 수 있다.

관리조합의 조직으로는 총회와 이사회가 있다. 총회는 규약제정, 개정 및 폐지, 관리자의 선임・해임, 공용부분・부지의 관리, 기타 조합운영전반에 관한 사항(예산 및 결산, 관리규약의 개정・폐지, 임원선출, 활동보고, 사업계획, 대규모 수선공사 등)을 결정하는 최고의사결정기관이다. 회의는 통상 년 1회 개최하나, 필요에 따라 임시총회의 개최가 가능하다.

총회의 결정은 보통의결과 특별의결에 의해 이루어진다. 보통의결이란, 구분소유자 및 의결권자의 과반수 찬성이 필요한 것으로 구분소유자 및 의결권의 3/4 의결을 받아야 하는 특별의결로 정한 사항이 아니면 보통의결로 결정된다. 다만, 보통의결과 관련해서 관리규약으로 과반수 출석 및 의결권 과반수 의결의 2가지 요건충족의 조건을 총회에 출석한 과반수 의결로 조정할 수 있다. 또한 총회의결사항은 총회소집시 미리 고지(개최통지)된 의제만으로 하는 것이 원칙이다. 그러나 이 역시 관리규약에서 미리 통지되지 않은 사항도 총회에서 의결할 수 있다는 내용이 포함되어 있다면 총회에서 논의된 새로운 안건도 의결할 수 있다.

특별의결사항은 공용부분의 변경, 공유에 속한 부지 또는 부속시설의 변경, 관리규약제정, 개정 및 폐지, 관리조합의 법인화, 관리조합법인의 해산, 전유부분의 사용금지 청구, 구분소유권의 경매청구, 점유자에 대한 인도청구, 공용부분의 복구, 재건축결의(재건축은 4/5 결의)이다. 특별의결사항은 구분소유자와 의결권 양방 모두 3/4이상

| 표 11.4 관리조합의 결의방법에 따른 의결내용

결의유형	의결방법	의결안건
보통의결	구분소유자 과반수 출석 및 과반수 동의 (관리규약으로 출석과반수로 조정 가능)	특별의결이 규정되지 않은 안건으로 주로 다음에 해당 수지결산 및 사업보고 승인, 예산과 사업계획 승인, 이사·감사의 선임 또는 해임, 관리업므 위탁계약등의 갱신, 변경, 관리비 등의 금액의 결정이나 변경, 관리규약의 제정 및 변경이나 폐지
특별의결	구분소유자 및 의결권 3/4의 동의	공용부분의 변경, 공유에 속한 부지 또는 부속시설의 변경, 관리규약제정, 개정 및 폐지, 관리조합의 법인화, 관리조합법인의 해산, 전유부분의 사용금지 청구, 구분소유권의 경매청구, 점유자에 대한 인도청구, 공용부분의 복구, 재건축 결의(재건축은 4/5 결의)

자료: www.mankan.or.jp/06_consult/02_kumiai/02_hoki_01.html 참고하여 작성

의 의결로 결정되며, 보통의결과 달리 관리규약으로 결의요건을 변경할 수 없으며, 총회개최 고지시 안건에 포함되지 않은 건은 의제에 포함될 수 없다.

총회의 의결사항중 대규모수선공사에 대한 의결은 2002년 구분소유법 개정에 의해, 형상을 현저하게 변경하는 것은 특별의결이나, 그렇지 않은 것은 보통의결로 결정할 수 있게 되었다.

총회에서 결정된 사항을 실시하는 업무집행기관으로 이사회는 이사장 1명, 부이사장 1명, 회계담당이사, 이사 수명으로 구성되며, 임기는 총회에서 결정한다. 일본의 관리조합의 가장 큰 특징은 동별로 관리조합 구성이 가능하다는 것으로 단지내 여러 개의 관리조합이 있을 수 있으며, 관리조합간의 위계는 없다는 점이다.

일본에서는 공동이익에 반하는 행위를 한 구분소유자(가족포함)나 임차거주자에 대해 소송을 제기할 수 있다. 또한 구분소유법에는 점유자(임차인 등)는 구분소유자와 마찬가지로 규약이나 집회의 의결을 지켜야 할 의무를 부과하고 있다. 따라서 관리비 체납자에 대해서 공유부분의 사용을 금지시키거나, 구분소유권을 경매할 것을 요구하는 소송을 법원에 낼 수 있으며, 해당 소송은 관리조합 이사장이 소송의 주체가 된다.

관리방식은 관리조합에서 직접 관리업무를 하며 필요한 인력(청소, 관리원 등)을 채용하는 자주관리방식, 맨션관리회사에 업무를 위탁하는 위탁관리방식으로 나누어진다. 관리방식의 결정은 총회의 보통의결방식에 의해 결정된다.

관리조합이 전국에 얼마나 있는지에 대해서는 일본정부조차 정확한 통계를 제시

하지 않고 있어, 정확한 숫자를 파악하기 어려우나 맨션관리업협회의 위탁관리조합수와 자주관리와 위탁관리 비율 등을 감안할 때, 2012년 관리조합수는 대략 10만 정도로 추정된다.[17] 2013년 맨션종합조사에 의하면 관리조합별 주택의 평균호수는 101.1호였다. 응답한 관리조합은 단동형의 비율이 74.5%, 단지형이 23.3%, 불명이 2.2%로 나타났는데, 단동형의 관리조합별 주택의 평균호수는 62.8호, 단지형 관리조합별 주택의 평균호수는 227.4호로 나타났다. 이를 통해 짐작할 수 있는 것은 단동형은 관리조합수로는 훨씬 많지만 호수가 적기 때문에 호수까지 감안한다면 단지형에 속한 맨션이나 단동형인 맨션은 양적으로는 비슷할 것으로 짐작된다.

관리조합이 법인인 경우가 12.0%, 법인이 아닌 경우가 81.4%로 나타나 법인화율이 낮은 것을 알 수 있다. 경과년수가 오래된 단지일수록 법인화율이 더 높은 것으로 나타났다. 정부가 관리조합의 법인화를 추구하고 있으나 관리조합 자체의 법인화에 대한 관심은 떨어지는 것을 알 수 있다.

현재 일본관리조합이 직면하는 관리상의 애로상황은 첫째, 고령세대주의 비율이 늘어나고 있다는 것이다. 2013년 조사에서 세대주 연령이 60대 이상인 비율이 50.1%였는데, 2008년 조사와 비교하면 10.7%p나 증가한 것이다. 60대 이상 세대주 비율을 60대, 70대로 구분하면 31.1%, 18.9%로 70대 이상의 비율도 높은 것을 알 수 있다. 고령세대주가 늘면서 관리에 대한 관심저하로 주택노후화가 가속화되는 문제, 나아가 관리조합 총회 개최 곤란, 이사회 구성이 되지 않는 경우도 발생하고 있다. 둘째, 세입자의 맨션거주비율이 높아지고 있는 것이다. 전혀 세입자가 없는 단지는 10.5%에 불과한 반면, 세입자가 20%를 상회하는 맨션도 18.2%나 된다. 맨션의 평균 세입자 거주비율은 13.7%였다. 세입자가 늘어나는 것은 총회소집의 어려움을 포함하여 유지관리 소홀 등 여러 가지 문제를 야기하기 때문이다. 일본의 관리조합중 단지에 거주하지 않는 구분소유자에게 관리협력금 부과를 총회에서 의결한 것도 부재조합원이 증가함에 따른 관리의 어려움을 해소하기 위한 것이었다.[18]

맨션의 고령화, 임대화의 진행으로 맨션관리를 담당할 인력이 부족한 맨션에 대해 구분소유자 이외 제 3자 관리자 선임을 지원하는 방안이 맨션 등 안심거주 추진사

17) 관리조합수의 100,000이라는 숫자는 이하 관리회사에서 소개하는 2012년 위탁관리조합수 87,170과 2013년의 위탁관리비율 85.6%를 통해 추정한 것이다.

18) 해당사안에 대해서는 관리조합과 협력금 부과가 요구된 부재구분소유자간의 소송으로 이어졌으며, 2010년 1월 26일 최고재판소에서 관리조합으 결정을 인정해준 바 있다. 자세한 내용을 살펴보려면 大野武(2010) 참고

업[19]의 지원을 통해 이루어지고 있다.

2) 관리회사

일본에서 맨션을 관리하려는 회사는 2000년 제정된 맨션적정화법에 의해 국토교통성에 등록하지 않으면 안된다. 등록유효기간은 5년이며, 무등록업체가 맨션을 관리하는 경우 1년 이하의 징역 또는 50만엔의 벌금에 처한다.

일본맨션관리업협회(종전 고층주택관리업협회)의 2013년도 맨션관리동향수탁조사 결과에 의하면 2013년 4월 1일 현재 맨션관리업협회 회원사가 관리업무를 수탁한 맨션은 87,170조합, 105,131동, 5,370,845호로 나타났다. 2013년 전체맨션 호수가 없어 정확한 위탁관리 비율을 알 수 없으나, 2012년 맨션재고가 589만 7천호였음에 비추면 위탁관리의 비율이 높은 것을 알 수 있다.

다만 일본에서는 우리나라와 달리, 관리업무를 전부 위탁하는 방식 외에 회계, 출납, 유지수선업무로 구성된 기간사무의 일부나 청소, 공용부분 순회점검, 각종점검·검사 등의 업무를 맨션관리회사에 위임하고 있다. 2013년 맨션종합조사 결과를 보면, 맨션관리업무 전체를 맨션관리회사에 위탁하는 비율이 73.9%, 기간사무의 일부를 맨션관리회사에 위탁하는 비율이 12.7%로 맨션관리회사에 관리업무 등을 위탁하는 비율이 85.6%였다.

표 11.5 관리업무 실시방법

		기간사무 포함 모든 업무 맨션관리 업자에게 위탁	기간사무 일부 위탁		관리조합이 기간사무 전부 실시		관리조합이 모든 관리사무 실시	기타	불명
			기간사무 외에 관리 업무 일부 또는 전부를 맨션관리업자에게 위탁	기간사무 외에 관리업무 일부 또는 전부를 맨션관리업자이외의 자에 위탁	기간사무 외에 관리 업무 일부 또는 전부를 맨션관리업자에 위탁	기간사무 외에 관리업무 일부 또는 전부를 맨션관리업자 이외의 자에 위탁			
관리조합수	2,324	1,695	266	31	26	25	146	10	125
비율	100.0	72.9	11.4	1.3	1.1	1.1	6.3	0.4	5.4

출처: 2013년 맨션종합조사 결과 데이터편(2014: 293).

19) 일본의 맨션등 안심거주추진사업에 대해서는 국토교통부(2013: 29-31) 참고

| 표 11.6 2013년 관리회사 순위 및 관리호수

순위	회사명	관련 회사	관리조합	관리동수	관리호수
1	大京아스테지 www.daikyo-astage.co.jp	大京그룹 자회사	7,892	7,764	415,249
2	일본하우징 www.housing.co.jp	관리전문회사	7,109	8,184	387,607
3	東急 커뮤니티 www.tokyu-com.co.jp	東急그룹 자회사	4,618	5,873	298,227
4	長谷工커뮤니티 www.haseko-hcm.co.jp	長谷工건설회사 자회사	2,001	2,542	238,222
5	三井부동산주택서비스 www.mitsui-kanri.co.jp	三井부동산그룹 자회사	2,136	2,740	178,268
6	三菱地所커뮤니티 www.mec-c.com	三菱부동산그룹 자회사	2,431	2,830	171,809
7	住友부동산건물서비스 www.sumitate.co.jp	住友부동산그룹 자회사	2,105	2,545	166,333
8	合人社計劃硏究所 www.gojin.co.jp	관리전문회사	3,145	3,360	165,634
9	일본종합주생활주식회사 www.js-net.co.jp	도시재생기구 자회사	766	7,702	162,516
10	大和라이프넥스트 www.daiwalifenext.co.jp	다이와하우스그룹 자회사	2,197	2,363	141,535
11	커뮤니티원 www.community-one.jp	관리전문회사	2,697	2,819	134,891
12	野村리빙서포트 www.nomura-ls.co.jp	野村부동산그룹 자회사	1,881	2,107	124,788
13	丸紅커뮤니티 www.bes.co.jp	丸紅그룹 자회사	1,293	1,879	104,642
14	다이와서비스 www.daiwaservice.co.jp	다이와하우스그룹 자회사	1,245	1,287	79,147
15	伊藤忠 어번코뮤니티 www.itc-uc.co.jp	伊藤忠 상사그룹 자회사	967	1,188	76,787

자료: 관리회사 순위정보 홈페이지(http://mankan-ranking.com)와 각 관리회사 홈페이지를 재구성.

맨션관리업무 전체를 관리회사에 위탁하는 비율은 단동형이 78.5%인 반면, 단지형이 56.3로 단지형이 낮았으며, 관리조합이 모든 관리업무를 처리한다는 비율은 단동형이 5.2%인 반면, 단지형은 9.6%로 단동형의 비율이 낮았다. 단동형이 도시에 지어진 반면, 단지형이 도시외곽에 지어진 특성을 감안할 때, 도시외곽의 단지형 맨션에서 자주관리가 더 많이 이루어지는 것을 알 수 있다.

일본의 경우, 위탁관리를 실시하고 있는 맨션의 75.8%가 분양시 건설회사가 소개한 관리회사에 관리업무를 위탁하고 있는 것이 우리나라와 크게 다른 관리상의 특징이다.

2013년 맨션관리업자중 상위 15개사의 간단한 특성과 관리호수를 소개하면 다음 [표 11.6]과 같으며, 맨션을 판매한 회사의 자회사가 많은 것을 알 수 있다. 이처럼 주택을 분양한 건설업체가 자회사로 관리회사를 두고 주택을 관리하는 것은 주택의 구조, 설비를 잘 알기 때문에 유지관리에는 도움이 될 것으로 판단된다.

관리회사의 업무능력에 대한 판단기준은 적절한 회계시스템의 정비정도, 각종 시설・설비의 보수점검을 위한 전문능력 구비정도, 수선계획의 수립 등의 전문적인 컨설팅의 능력, 긴급사항 발생시 관리원의 교육 및 대응태세 등의 능력에 달려 있다.

3) 맨션관리센터

맨션관리센터가 설립된 1985년, 이미 20년이 경과된 노후맨션에 대한 대책이 필요하다는 사회적 인식이 싹트고 있었다. 특히, 관리조합이 여러 가지 운영상의 문제에 직면하고 있음에도 적절한 정보를 얻기 어려운 것도 문제가 되고 있었다. 이에 따라 건설성이 부동산업계, 은행, 손해보험업계의 협력을 얻어서 맨션관리센터를 설립하였다. 이후 맨션관리센터는 맨션관리에 관한 정보 및 자료의 수집, 정리, 제공, 관리조합이나 기타 관계자를 대상으로 한 기술적인 지원, 관리조합이나 기타 관계자를 대상으로 한 강습, 맨션관리에 관한 고충처리를 위하여 필요한 지도 및 조언, 맨션관리에 관한 조사 및 연구를 수행하였다. 특히, 맨션관리센터는 맨션이 외벽도장, 옥상방수, 급배수시설 등의 수선, 주차장신설 및 증설 등 공용부분 대규모 수선공사시에 필요한 자금을 주택금융지원기구로부터 차입[20]할 때, 관리조합이 무담보로 대출받을 수 있도

20) 주택금융지원기구는 관리조합에 대해 공용부분 공사비의 80%(재해부흥지역의 맨션공용부분 보수는 100%)나 150만엔(내진개수공사가 수반되는 경우는 500만엔)×주단호수를 가산한 금액중 적은 쪽의 금액을 공용부분리폼론으로 대출해주고 있다.

| **그림 11.2** 맨션관리센터의 역할

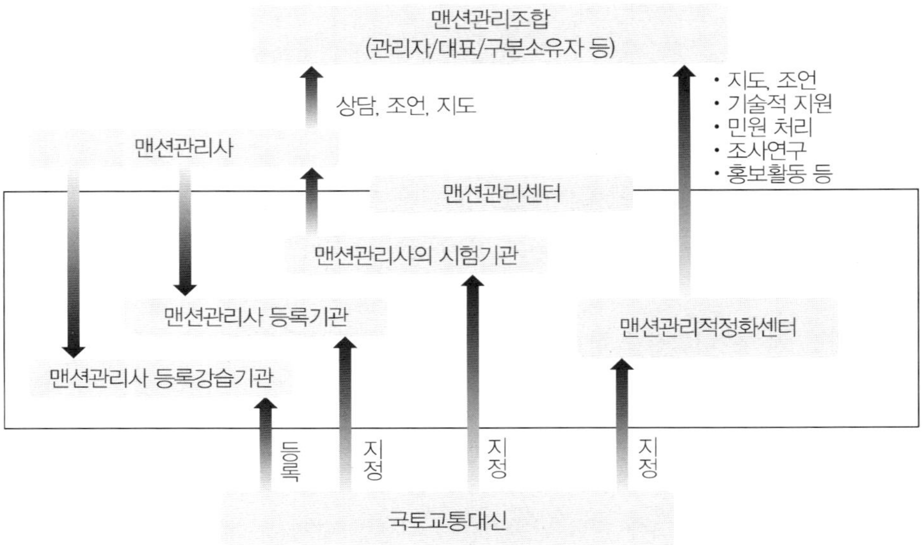

출처: 맨션관리센터 홈페이지.

록 보증업무를 실시하고 있다. 보증료를 설정할 때, 맨션관리센터가 적절한 관리를 위해 도입한 未來넷(미라이넷)21)에 등록한 관리조합, 주택금융지원기구가 정한 건축기준에 부합되는 건축구조인 관리조합, 내진개수공사, 에너지절약 및 배리어 프리 대응 공사를 실시하는 관리조합, 맨션을 건설하는 단계부터 맨션관리센터나 주택금융보급협회에 가입한 관리조합 등에 대해서는 보증료를 인하함으로써 주택의 질과 적절한 관리가 이루어질 수 있도록 하고 있다.

2000년 맨션관리의 적정화에 관한 법률이 제정된 이후에는 맨션관리센터는 국토교통대신이 지정한 맨션관리적정화추진센터가 되었으며, 2013년 4월 1일에는 재단(財团)과 관련된 법률이 변화되면서 법적인 성격으로는 공익재단법인이 되었다.

맨션적정화법이 제정이후 새롭게 수행하게 된 역할이 관리조합이 맨션을 관리, 운영함에 있어서 조언, 상담의 역할을 수행하는 맨션관리사 시험 및 등록, 연수교육을 실시하게 된 것이다. 매년 1회 시험을 실시하며, 합격한 관리사들의 등록을 받고 5년

21) 미라이넷은 맨션관리조합의 운영상황(건축물 개요, 관리조합활동상황, 과거의 수선이력, 도서의 보관 등)을 맨션관리센터의 컴퓨터에 등록하고 등록정보는 인터넷을 통해서 수시로 열람할 수 있도록 한 것이다. 자세한 내용은 미라이넷 홈페이지(www.mirainet.org) 참고.

마다 1일 의무 교육을 실시하고 있다.

현재 조직은 사무국에는 7개부서의 1개의 연구소 및 오오사카 지사, 25명의 인원으로 구성되어 있다. 2009년 이전에는 4개의 지사(홋카이도, 나고야, 오오사카, 후쿠오카)를 가지고 있었으나, 공공부문 구조개혁으로 정부의 재정지원이 없어지면서 인력과 조직이 크게 줄어들었다.

4) 맨션관리업협회

맨션관리업협회(고층주택관리업협회)는 관리관련 단체 등이 통합[22]하여 1979년 출범한 사단법인으로, 맨션관리업에 종사하는 회사들의 단체로 2001년 8월 14일 맨션관리적정화법에 의해 지정법인(국토교통성고시1345호)이 된 조직이다. 원래 명칭은 고층주택관리업협회였으나, 2013년 4월 맨션관리업협회로 이름이 바뀌었다.

1979년 설립당시 회원사가 136개사였으나, 2013년 현재는 회원사수가 386개사로 늘어났으며, 회원사가 관리하는 맨션호수도 크게 증가하여, 2013년 맨션관리수탁동향조사 결과를 보면, 2013년 현재 87,170조합, 105,131동, 5,370,845호를 379개 회원사가 관리하고 있는 것으로 나타났다.[23]

고층주택관리업협회가 맨션의 유지관리와 관련해서 중요한 역할을 했던 것은 1985년부터 장기간 운영해온 맨션보전진단센터를 설립하여 대규모수선이 필요한 고층주택 조사·진단에 관한 사업을 실시하거나, 장기수선계획 수립을 지원한 것이다. 현재 맨션보전진단센터에서 노하우를 배운 많은 관리회사나 개인이 맨션보전에 대한 기술을 축적함에 따라 맨션보전진단센터의 진단에 대한 인기가 크게 줄어들었다고 한다.[24] 그러나 이러한 역할이 있었기 때문에 2001년 맨션관리적정화법 시행을 통해 맨션관리의 발전을 위한 지정단체로서 역할을 수행하게 된 것으로 생각된다.

현재 맨션관리업업협회가 수행하는 업무내용을 보면, 맨션관리에 관련된 상담,

---

22) 협회의 전신은 사단법인 일본고층주택협회내에 설치된 고층주택관리문제간담회와 빌딩메인터넌스업계가 조직한 고층주택관리간담회이다. 2개의 조직이 모두 분양맨션관리업의 방향, 전문성을 높일 수 있는 여러 가지 조사연구를 추진하면서 대동단결하는 것이 필요함을 인식하고, 2개의 조직을 하나로 합진 것이 1979년 10월 11일 설립된 고층주택관리업협회인 것이다. 처음에는 임의단체였으나, 당시 분양맨션을 둘러싼 문제가 도시주택문제의 과제로 주목되면서 전문단체의 설립이 요청됨에 따라 임의단체로 설립된 불과 2개월만인 12월 15일 건설대신으로부터 사단법인 설립허가를 받았다.

23) www.kanrikyo.or.jp/report/doukou_h25.html#re01 맨션관리업협회 홈페이지 참고.

24) 2012년 8월 27일부터 31일까지 일본출장기간중 8월 29일 고층주택관리업 협회를 방문한 바 있다. 이 때 관리협회인사들로부터 들은 이야기이다.

관리비보증업무, 맨션관리업무주임 시험과 연수 업무, 동일본 대지진이 있었던 2011년부터는 장기수선계획모니터링・간이내진진단제도를 실시하고 있다. 상담과 관련해서는 전문상담자를 채용하여 연간 6000건 정도의 맨션의 운영 및 유지관리, 수선 등과 관련된 각종 상담을 수행하고 있다. 관리비 보증업무란 회원사인 관리회사가 관리하다 도산하는 경우 1개월분의 관리비 보증하는 제도이다.

장기수선계획모니터링・간이내진진단제도란 맨션의 보존진단을 한 층 더 발전시킨 것으로 협회회원이 관리하는 관리조합이나 종전 내진 기준으로 공급되었으나 자주관리하고 있는 관리조합을 대상으로 ① 해당 맨션의 장기수선계획이 국토교통성이 2008년 발표한 장기수선계획표준 양식・작성가이드라인을 참고할 때, 어떤 상태인지를 확인하고 ② 종전의 내진기준으로 공급된 맨션에 대해서는 간이내진진단을 실시하여 구조내진지표(Is치) 산출, 필요한 내진개수방법, 공사비용산정, 각종정부의 보조금 이용의 가능성을 검토한 후 이를 보고서로 제공하는 제도이다. 비용은 한 동(7층 50호 기준)당 약 15만엔을 받는 것으로 되어 있다.

맨션관리업협회의 업무중 맨션적정화법 이후 수행하는 업무가 관리업무주임자를 배출하는 시험제도 운영 및 강습이다. 일본에서는 맨션관리센터가 운영하는 맨션관리사의 배치는 의무화되어 있지 않으나, 관리회사가 수탁관리하는 관리조합 30개당 1인의 관리업무주임자를 고용하게 되어 있다.

맨션관리업협회는 관리업무주임자라는 국가자격 시험 외에 구분소유관리사(분양맨션의 기획, 설계, 운영 등의 전문가) 제도를 1996년부터 도입하였으며, 맨션유지수선기술자(맨션의 유지수선을 위한 전문자)로 협회가 인정하는 자격을 두고 시험, 연수를 실시하고 있다.

2. 일본의 맨션관리 국가자격

1) 관리업무주임

관리업무주임이란 맨션관리적정화법에 의해 도입된 법정자격으로 맨션의 위탁관리에 관련된 중요사항이나 관리사무의 보고를 행하기 위해 도입된 국가자격이다. 부동산중개를 하려면 택지건물거래주임자가 있어야 하는 것처럼, 맨션관리업을 영위하기 위해서는 관리업무주임자가 반드시 있어야 한다. 위탁계약에 관련된 중요사항의 설명 및 중요사항설명서에 기명날인, 관리위탁계약서의 기명날인, 관리사무보고는 관

| 표 11.7 관리업무주임의 합격률 및 합격점

연도	응시자	합격자	합격률	합격점
2001	57,179명	33,742명	58.5%	38점
2002	35,287명	10,390명	29.4%	33점
2003	27,017명	5,651명	20.9%	35점
2004	24,104명	4,617명	19.2%	37점
2005	22,576명	5,019명	22.2%	36점
2006	20,830명	4,209명	20.2%	33점
2007	20,194명	4,497명	22.3%	33점
2008	20,215명	4,113명	20.3%	34점
2009	21,113명	4,329명	20.5%	34점
2010	20,620명	4,135명	20.1%	36점
2011	20,625명	4,278명	20.7%	35점
2012	19,460명	4,254명	21.9%	37점

자료: 일본 위키피디어(http://ja.wikipedia.org) 관리업무주임자 합격률.

리업무주임자가 아니면 담당할 수 없다. 관리회사가 국토교통성에 등록할 때 관리를 수탁받은 관리조합 30개당 1인 이상의 성년자인 전임 관리업무주임자가 확보되어 있음을 입증해야 한다. 예외는 5호 이하 맨션의 관리조합의 위탁을 받고 해당관리를 하는 사무소는 관리업무주임자 배치를 면제받을 수 있다.

수험자격은 성별, 연령, 학력불문이며, 시험과목은 관리사무의 위탁계약, 관리조합의 회계, 건물 및 부속시설의 유지 및 수선에 관한 기획 또는 실시조정, 맨션관리적정화법률에 관련, 기타 관리사무 실시에 관련된 것이다. 2001년 제도 도입이후 2001년을 제외하고는 합격률은 20%대이며, 합격률에 따라 합격점이 결정되는 것으로 추측되고 있다. 시험은 상당히 난이도가 높은 것으로 평가된다.

2) 맨션관리사

맨션관리사란 맨션관리조합 운영, 대규모수선을 포함한 건물구조의 기술적 문제, 기타 유지관리에 관련해서 관리조합의 관리자 또는 구분소유자를 대상으로 자문과 조언을 행하는 자로 맨션관리적정법에 의한 맨션관리사 시험에 합격하고 등록을 필한 사람만이 쓸 수 있는 자격이다. 맨션관리사란 독점업무는 없는 것이 특징으로 명칭독

| 표 11.8 맨션관리사 합격률 및 합격점

연도	응시자	합격자	합격률	합격점
2001	96,906명	7,213명	7.4%	38점
2002	53,317명	3,719명	7.0%	36점
2003	37,752명	3,021명	8.0%	38점
2004	31,278명	2,746명	8.8%	30점
2005	26,184명	1,909명	7.3%	34점
2006	21,743명	1,814명	8.3%	37점
2007	19,980명	1,479명	7.4%	36점
2008	19,301명	1,666명	8.6%	37점
2009	19,120명	1,444명	7.6%	34점
2010	17,704명	1,524명	8.6%	37점
2011	17,088명	1,587명	9.3%	36점
2012	16,404명	1,498명	9.1%	34점

자료: 일본 위키피디어(http://ja.wikipedia.org) 맨션관리사 합격률.

점자격이기 때문에 맨션관리사 이외의 자가 맨션관리사라는 명칭을 사용해서는 안된다. 만일 맨션관리사 자격이 없는 사람이 명칭을 사용하는 경우 그 방법을 불문하고 30만엔 이하의 벌금에 처한다.

맨션관리사 수험자격은 성별, 연령, 학력불문이며, 시험과목은 크게 4가지로 첫째 맨션관리에 관한 법률(구분소유법, 민법, 건축기준법, 부동산등기법, 도시계획법, 소방법, 주택의 품질확보에 관한 법률, 재해구분소유건물의 재건 등에 관한 특별조치법, 맨션재건축원활화법, 맨션표준관리규약, 맨션표준관리위탁계약서, 맨션관리에 관한 기타 법률), 둘째, 관리조합 운영의 원활화를 위한 내용, 셋째, 맨션건물 및 부속건물의 형질 및 구조관련, 넷째, 맨션적정화법과 맨션적정화 지침에 관련된 것이다.

맨션관리사 시험은 합격률은 다음 [표 11.8]에 소개된 것처럼 매우 낮다. 이는 원래 시험을 주관하는 국토교통성이 너무 많은 자격자를 내는 것이 바람직하지 않다고 보아 시험을 원래 그렇게 설계했다는 점, 그리고 응시자의 특성이 공부를 많이 하지 않은 사람이 많기 때문이라는 점 등이 이유로 거론된다. 2013년 현재 맨션관리사 시험에 합격하고 등록한 맨션관리사는 15,000명 정도로 추산된다.

3. 일본의 유지관리 현황

일본의 맨션중 장기수선계획을 수립하고 있는 비율과 수선적립금 징수는 지속적으로 증가하고 있다. 2013년 조사에서 89.0%의 맨션(조사대상 2,324단지)에서 장기수선계획을 작성하고 있다고 응답하였으나, 1987년의 조사에서는 65.5%의 맨션에서 장기수선계획을 작성하고 있다고 응답하였기 때문이다. 장기수선계획 수립을 강제화하고 있지 않음에도 장기수선계획을 수립하고 있다는 비율이 증가하는 것은 정부의 장기수선계획과 관련된 각종 지침이나 정보제공, 관리회사의 장기수선계획 수립필요성 홍보, 노후화된 맨션의 암울한 상황 등이 널리 알려졌기 때문으로 판단된다.

장기수선계획의 계획기간은 26~30년 사이가 35.4%로 가장 많았다. 10년 이하 계획을 수립한 단지도 있지만 31년 이상의 계획을 수립한 단지도 21.8%나 되는 등, 평균 계획기간이 25년을 상회하는 등 장기계획을 수립하는 체제로 변화됨을 알 수 있다.

| 그림 11.3 일본의 장기수선계획 수립현황

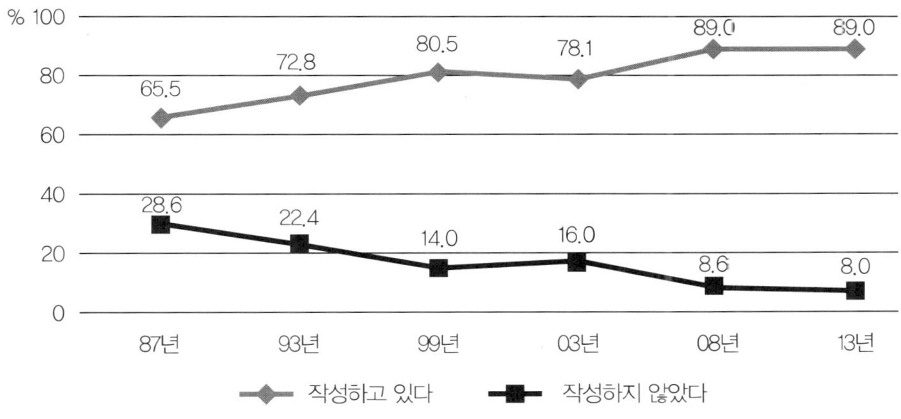

출처: 2013년 맨션종합조사결과 데이터편 231쪽.

| 표 11.9 일본맨션의 장기수선계획 계획기간

	전체	~5년	~10년	~15년	~20년	~25년	~30년	31년~	불명	평균(년)
N	2,068	104	79	105	95	235	733	451	266	26.0
%	100.0	5.0	3.8	5.1	4.0	11.4	21.8	6.6	12.9	

출처: 2013년 맨션종합조사결과 데이터편, 231쪽.

| 표 11.10 준공연도별 일본맨션의 장기수선계획 계획기간 (단위: 년)

	1969 이전	~1974	~1979	~1984	~1989	~1994	~1999	~2004	~2009	2010 이후
평균 계획기간	21.9	20.4	23.9	24.6	26.0	25.3	27.4	25.8	25.4	28.9

출처: 2013년 맨션종합조사결과 데이터편, 231쪽.

준공년도가 최근일수록 평균계획기간이 길어지고 있다. 이는 최근에 지어진 것일수록 분양업체가 장기계획을 수립해주고 있으며, 필요한 수선적립금에 대해서도 충분히 홍보하고 있기 때문으로 사료된다.

2013년 맨션종합조사에 의하면, 단지에서 수선적립금을 적립하고 있는 경우는 93.2%(2,324단지 중 2,169단지)이나, 1969년 이전에 준공된 단지는 84.6%(39단지 중 33단지)로 경년이 오래된 단지의 수선적립금 적립율이 약간 낮았다. 이러한 것이 경년이 오래된 맨션의 노후화가 심각하다고 보는 이유이다. 세대당 월평균 수선충당금액은 10,783엔이나, 주차장 사용료로 충당하는 금액[25])을 포함하면 월평균 11,800엔(m^2당 146엔)으로 나타났다. 2008년의 조사와 비교하면 m^2당 8엔 증가한 금액이다.

일본의 수선적립금을 국토교통부(2013)의 연구결과와 비교하면 표준건축비 대비

| 표 11.11 우리나라 분양주택/임대주택/일본의 분양주택 장충금 현황

구 분	분양주택	임대주택	일본 (분양)
수선충당금	97.5/m^2 · 월	388.2원/m^2	164엔/m^2 · 월('13)
건축비	1,323,000원('12)	980,000원('08)	205,900엔('10)
건축비 대비 수선충당금	0.74/10,000	4/10,000	7.96/10,000
관련법률	충당금 적립은 의무화 되어 있으나 금액적립 지침은 없음	임대주택법 시행령 제30조 국민임대 등에 대해서는 국토교통부 장관이 고시하는 표준건축비의 4/10,000 적립의무화	'11년 맨션의 수선적립금에 관한 가이드라인 제시 예시: 20층이상 206엔/m^2 15층미만 10,000m^2이상 178엔/m^2

자료: 국토교통부(2013: 39)의 분양주택과 임대주택 통계 인용, 일본은 2013년 맨션종합조사 결과이며, 표준건축비는 국세청 자료로 철근콘크리트 건축비임.

---

25) 일본에서는 주자창사용료를 별도로 징수하고 해당금액을 장기수선적립금에 포함하도록 하고 있다.

| 표 11.12 84사례 분석을 통한 ㎡당 표준적립금

층수/연면적		평균치	범위(사례의 3분의2가 해당)
	5,000m^2 미만	218엔/m^2 · 월	165엔~250엔/m^2 · 월
15층 미만	5,000~10,000m^2	202엔/m^2 · 월	140~265엔/m^2 · 월
	10,000m^2 이상	178엔/m^2 · 월	135~220엔/m^2 · 월
20층 이상		206엔/m^2 · 월	170~245엔/m^2 · 월

수선적립금의 비율이 우리나라에 비해서 월등히 높은 것을 알 수 있으나, 일본 정부가 수선적립금 가이드라인에서 제시한 금액과 비교하면 아직은 부족한 것을 알 수 있다.

일본정부가 2011년 발표한 수선적립금 가이드라인에서 제시한 비교적 관리가 잘 되고 있는 84개 단지의 사례에 입각하여 제시한 표준수선적립금은 다음 [표 11.12]와 같다.

수선적립금의 산출근거는 75.9%의 맨션에서 장기수선계획의 필요금액을 기준으로 산출하고 있었으며, 이는 2008년의 조사결과에 비하면 약간 낮아졌다. 일부단지에서는 관리비의 일정비율을 기준으로 하거나 인근 단지를 참고로 결정한다는 경우도 있었다. 단지규모가 클수록, 최근에 지어진 단지일수록 장기수선계획에서 산출한 비용에 근거해서 수선적립금을 적립하는 비율이 높았다.

대규모 계획수선공사시 공사비를 조달하는 방법으로 82.8%가 수선적립금에서 사용, 2.8%는 일시금 징수, 공적차입금(6.8%), 민간금융기관차입금(4.5%)(복수응답)로 나타났다. 수선적립금 운용처(복수응답)는 은행권 예치가 가장 많고 공적기관에 예치하거나 보험을 드는 경우도 있었다. 은행의 보통예금(79.6%), 은행의 정기예금(65.2%), 은행의 결제성예금(22.1%), 우체국예금(6.2%), 주택금융지원기구의 맨션스마일채(21.2%), 적립식맨션보험(15.2%), 국채(2.0%), 지방채(0.3%), 공사채(0.4%), 투자펀드(0.3%), 기타(0.5%)로 나타났다. 수선적립금 운영이 매우 다양한 것을 알 수 있다.

IV 일본맨션관리제도의 시사점

1. 관리조합에 대한 직접적인 규제 지양

일본의 맨션관리 제도의 특징을 살펴보면, 관리업무와 관련해서 상세한 내용을 규정한 표준관리규약이나 관리업무위탁계약서, 임의규정이나 정보공개를 통해 소비자가 인지할 수 있도록 하는 등록제도 등을 만들어서 맨션관리가 이루어지도록 하고 있지, 우리나라처럼 법률을 통해 맨션관리를 강제화하지 않는 것을 발견할 수 있다. 이는 일본정부가 개인들이 할 수 있는 일, 즉 사적 자치의 영역에 개입하지 않으려는 태도를 보여주는 것으로 판단된다. 일본정부는 맨션관리에 있어서는 멘토로서의 역할을 하는 것이지 규제자로서의 역할을 선택하지 않았다는 것이다.

특히, 일본에서는 우리나라에서처럼 재건축이 쉽게 추진되는 상황이 아니었던 점에서 노후맨션에 대한 대책을 강구할 필요성이 일찍부터 제기되었으나, 장기수선계획 수립이나 수선적립금의 적립 등 유지관리와 관련된 부분을 관리조합에 일임함으로써 이를 강제화하지 않았던 것도 우리나라와 다르다. 이렇게 일본정부가 노후맨션 관리에 개입하지 않는 것은 맨션이 개인재산인 점에서 개인의 비용과 책임하에서 관리하도록 하는 것이 정책의 형평성을 저해하지 않는다고 보기 때문으로 생각된다.

다만 2000년대가 되면서 맨션의 노후화에 적극적으로 대처하는 한편, 조기노후화를 방지하려면 관리의 전문성을 강화할 필요성에는 적극 대응하고 있다. 대표적인 것이 맨션관리업등록의무, 관리업무주임자 자격자의 의무배치, 관리회사협의체로서 고층주택관리업협회를 법정단체로 인정한 것이다. 그런데 맨션관리업 등록의무와 관리주임의 의무배치는 맨션의 관리조합을 규제하는 것이 아니라, 맨션을 관리하는 관리회사를 규제하는 것이며, 지정법인으로 고층주택관리업협회(2013년 4월 1일부터 맨션관리업협회로 명칭변경)를 지정한 것(국토교통성고시제1345호)은 협회를 대우해주면서 회원사 관리를 제대로 하라는 취지가 담긴 것으로 판단된다. 이처럼 강행규정은 전부 관리회사나 단체에 대한 것으로, 관리조합의 관리에 대한 규제는 아니었다. 관리조합이나 구분소유자에 대해서는 여전히 장기수선계획 수립양식과 작성방법을 지도하고, 수선적립금 가이드라인을 제공함으로써 유지관리의 중요성을 홍보해야 한다는 것이 정부의 태도이기 때문이다. 이러한 점이 1978년 주택건설촉진법과 1979년 공동주택관리령 제정, 2003년 주택법을 두고 관리와 관련된 여러 가지를 규제[26]하고 있는 우리나라와의 큰 차이로 생각된다.

2. 맨션의 유지관리에 대한 정보 및 지원 제도 운영

맨션종합조사 결과에 의하면 현재 거주하는 맨션에 끝까지 거주하겠다는 비율이 1980년 21.7%에서 2013년 52.4%로 높아지는 것에서 알 수 있듯이 한 맨션에 오래 거주하는 사람이 많아 '거주자의 고령화와 맨션의 노후화'가 동시에 진행된다. 거주자의 고령화를 나타내는 것이 세대주중 60대 이상의 비율이 50.1%인 것이다. 2008년 60대 이상의 비율이 39.4%였음과 비교하면, 고령화가 빠르게 진행되는 것을 알 수 있다.

이처럼 장기 거주자의 비율이 높은 것은 한편에서는 유지관리의 중요성을 인식하도록 하며, 적절한 개보수의 필요성을 인식하는 결과도 가져온다. 일본에서는 관리조합 총회의 결정으로 대규모 수선을 결정하며, 이에 필요한 비용을 관리조합이 대출받아서 공사할 수 있는 것은 거주자들의 영주의식이 있어서 가능한 것이다. 이 과정에서 정부 역시 대규모 수선이 원활하게 이루어지도록 공적자금을 활용한 공용부분 리폼론 대출제도를 도입해서 운영하고 있다.

맨션이 늘어나고 경과년수가 오래된 맨션이 증가함에 따라 일본정부의 맨션관리에 대한 정보제공, 수선이력관리, 적절한 장기수선계획 수립과 비용적립 유도를 위해 다양한 노력을 기울이는 데 가장 노력하는 것이 맨션유지관리를 위한 각종 정보를 집합해 놓은 것이다. 주거관련 정보를 종합한 거주발신국(www.sumai-info.jp/toukei) 홈페이지내 맨션의 유지관리와 재생부분을 클릭하면(www.sumai-info.jp/mansion/index.html)이 나오는데, 해당부분에는 맨션과 관련된 맨션관리센터와 국토교통성의 역할소개, 지방공공단체 등의 상담창구(www.manshon.jp/sodan/dantai.html), 전문가를 통한 상담 및 파견제도 및 관리관련비영리법인(www.manshon.jp/sodan/mendan.html), 맨션의 재생을 지원하는 지방협의회(www.manshon.jp/sodan/chihokyougi.html), 맨션재생관련 전문가 단체(www.manshon.jp/sodan/senmonka.html)를 일람해서 소개해주고 있다. 게다가 맨션관리에 필요한 각종 제도로 맨션정보등록제도[27]를 운영하는 주택금융

26) 우리나라의 공동주택 관리에 대한 규제가 어떻게 변화되었는가에 대해서는 대한주택관리사협회 2013: 4~10) 참고

27) 주택금융보급협회의 증명서를 발급받으면 주택금융지원기구로부터 공용부분 리폼론을 대출받을 때 금리가 인하되며, 맨션관리센터로부터 대출보증을 받을 때 보증료 인하의 혜택을 받는다.

보급협회(www.sumai-info.com/index.html), 맨션관리업협회(www.kanrikyo.or.jp), 부동산협회(www.fdk.or.jp), 주택금융지원기구(www.jhf.go.jp), 주택리폼・분쟁처리지원센터(www.chord.or.jp), 주택리폼추진협회(www.j-reform.com) 등의 각종 정보를 망라함으로써 관리조합이 필요한 정보를 쉽게 구득할 수 있게 하고 있다. 각종지원을 받을 수 있는 제도를 종합하여 관리조합에게 제공하는 점에서 긍정적인 것으로 생각된다. 우리나라도 관리주체에 도움을 줄 수 있는 정보제공 노력이 필요하며, 이러한 점에서 서울시나 정부의 공동주택관리지원센터의 역할이 중요하다.

V 맺으며

일본에서는 현재까지도 맨션관리는 구분소유자 전원이 참여하는 관리조합이 담당하는 것으로, 관리조합 총회의 의사결정에 따라 이루어져야 한다는 입장이 지속되고 있다. 다만 처음에는 관리조합의 의사결정방식이 구분소유자 전원합의였으나, 총회개최의 어려움, 구분소유자 수의 증가에 따라 구분소유자의 합의비율이 3/4 또는 과반수로 변화되었다. 관리조합을 법인화하고 등기하도록 한 것도 관리조합이 관리의 주체임을 강조하기 위한 것이다.

이러한 점이 입주자대표회의를 통해 관리하는 우리나라와의 큰 차이로 생각된다. 차이가 발생한 것은 단지의 평균규모에 따른 것이 가장 큰 원인이겠지만, 지진 등의 자연재해에 대응하기 위해 형성된 주민조직이 활발했던 것도 영향을 미쳤을 것으로 사료된다.

관리조합 주도로 관리하되 관리업무의 수행은 관리회사에 위탁하는 것이 일본 맨션관리의 또 다른 특징이다. 이는 맨션이라는 건물의 특성 때문에 전문성이 요구된다는 점에서 관리가 주민의 의지로만 할 수 있는 것은 아니라는 인식, 분양업자가 관리회사를 자회사로 운영하면서 공급과 동시에 관리를 수행하도록 한 점, 맨션의 구분소유자가 상당수 이를 그대로 받아들인 관행[28]도 영향을 미쳤을 것으로 판단된다. 과연 관리회사가 전문적이며 효율적으로 관리하고 있는가에 대해서는 여러 가지 비판이 제기되고 있으며, 이러한 상황은 우리나라와 비슷하다. 그러면서도 계속 같은 회사에 위

28) 이 점은 앞에서도 소개하였듯이 맨션종합조사 결과가 뒷받침한다.

탁하는 비율이 높은 것도 특징이다.

필자는 맨션관리는 관리조합의 비용부담과 책임하에서 이루어지도록 하되, 전문적인 관리업무는 관리회사에 위탁하도록 한다는 것이 일본 정부가 맨션관리와 관련해서 규제자로서의 역할을 취하지 않은 배경이라고 생각한다. 관리회사 의무등록제도나 관리업무주임자 의무배치 등은 관리회사에 대한 규제이지 관리조합에 대한 규제는 아니다. 일본 정부의 맨션관리에 대한 소극적 대응이 노후화된 맨션을 양산했다는 비판이 있지만, 어느 누구도 관리조합에게 장기수선을 위해 얼마의 비용을 어떻게 적립해야 하며, 장기수선계획 수립을 의무화해야 한다고 하지 않는 것은 맨션관리는 어디까지나 구분소유자의 책임 하에서 관리해야 한다고 믿기 때문이다.

참 고 문 헌

국토교통부, 『공동주택 생애주기에 따른 중장기 관리전략 연구』, 2013.

김정인・가지우라 쓰네오, "일본 지방자치단체의 분양공동주택(맨션)관리 행정시책에 관한 연구, 『한국주거학회논문집』 제16권 제2호, pp.67-74, 2005.

대한주택관리사협회, 『공동주택비리방지를 위한 법제 개선방안 연구』, 국회사무처, 2013.

國土交通省住宅局市街地建築科マンション政策室, 『平成20年度マンション綜合調査』, 國土交通省, 2009.

日本マンション学会関西支部編, 『マンション管理実務読本』, オーム社, 2002.

齊藤広子, "日本の集合住宅管理の現状と課題", 『日本不動産学会誌』 第22巻第44号, 2009.

大野武, "マンションの不在組合員に対し住民活動協力金を負担すべきとする管理規約の変更の意義—最高裁平成22・1.・26三小法廷判決", 『明治學園年譜』, 27巻, 2010.

吉田武明, 『マンション管理紛爭の現實-崩れゆくマンション』, 東京: 信山社, 1994.

http://ja.wikipedia.org

http://kosis.kr

http://mankan-ranking.com

www.e-stat.go.jp

www.kanrikyo.or.jp

www.mankan.or.jp

www.mirainet.org

www.mlit.go.jp

제12장

홍콩과 마카오의 공동주택관리

이현정(경희대학교)

아시아에서 주택관리 산업이 가장 잘 발달되고 주택관리 부문에서는 매우 우수한 지식과 기술을 지니는 홍콩과 마카오 특별행정구는 중국으로 반환되기 전까지 각각 영국(1842~1997)과 포르투칼(1887~1999)의 통치권에 있었고, 오랜 기간 동안 중국 본토와 다른 정치, 경제, 사회적 체제를 구축해 왔다. 중국으로 주권이 반환된 이후부터는 일국양제(一國兩制, One country, Two systems)의 원칙에 따라 독자적인 사회시스템을 유지해 오고 있다. 이들 도시는 지형학적 인접성, 교역 중심지, 소규모 도시, 특화된 산업육성, 높은 소득수준, 높은 인구밀도, 높은 주택수요, 주택단지의 고층화 등에서 매우 유사하다([표 12.1]). 주택관리 산업을 일찍 발달시켜 주거서비스 분야가 선진화된 홍콩은 불과 60km 정도에 인접한 마카오에 큰 영향을 주고 있다([그림 12.1]). 이들 도시는 중국 반환 이후 상호 우호적인 관계 속에서 주택관리 서비스와 기술을 공유하며 주택관리 산업을 더욱더 발전시키기 위해 협력하고 있다. 좁은 국토, 제한된 가용자원, 단기간에 걸쳐 이룩한 괄목할 만한 수준의 경제성장, 고밀도 주택개발 및 공급 등에서 우리나라와 유사하지만, 주택관리 분야에서는 우리나라보다 훨씬 앞선 기술과 서비스 수준을 보여주고 있어 이들 도시의 사례를 고찰하는 것은 큰 의의가 있다.

| 표 12.1 홍콩 특별행정구와 마카오 특별행정구의 개요

구분	홍콩	마카오
공식 명칭	중화인민공화국 홍콩(香港)특별행정구 (Hong Kong Special Administrative Region of the People's Republic of China)	중화인민공화국 마카오(澳門)특별행정구 (Macau Special Administrative Region of the People's Republic of China)
행정구역	광동성	광동성
주권 반환시기	1997년 7월 1일	1999년 12월 20일
면적	1,042km^2	29.9km^2
기후	아열대성 몬순기후	열대 해양성 기후
인구	7,154,600	591,900(2013년 기준)
인구밀도	6,787km^2	19,510km^2(2011년 기준)
고령인구 비율	13.6%	7.7%
공식언어	중국 광동어, 영어	중국 광동어, 포르투칼어
화폐단위	홍콩 달러(HKD)	파타카(Pataca, MOP)
주요 산업	국제 무역, 물류, 금융, 관광, 기타 전문 서비스 산업	관광업, 카지노 산업
경제성장률(GDP)	1.5%	9.9%(2012년 기준)
1인당 국민소득(US$)	36,796불	78,275불(2012년 기준)
실업률	3.4%	2.6%(2012년 기준)
총 가구수	2.3백만(2011년 기준)	1.8백만
주택보급률	90.9%	92.7%(2007년 기준)
자가소유율	52.0%	61.7%(2007년 기준)
공공임대주택 비율	29.2%	4%
도시화율(2010년)	100%	100%

주: 별도 표기된 이외의 모든 수치는 2012년 기준임

출처: Census & Statistics Department, The Government of the Hong Kong Special Administrative Region of the People's Republic of China(2014); Hong Kong SARG(2014); Macao SARG(2014); Statistics & Census Service, Government of Macao Special Administrative Region(2014)

| **그림 12.1** 홍콩과 마카오의 지형학적 위치

출처: 두산백과(2014).

I 홍콩의 주택관리

지난 19세기 중반부터 150여 년 동안 영국의 지배령에 있었던 홍콩은 1997년 중국으로 반환되면서 공식적인 명칭은 홍콩 특별행정구(Hong Kong Special Administrative Area, HKSAR)이다. 한국과 함께 동아시아의 주요 개발주의 국가로서 대표적인 도시국가이며, 서비스 산업이 전체 경제의 93% 이상을 차지하는 세계적인 금융도시이기도 하다. 비록 영국 문화의 영향으로 주택관리 모델도 영국 모형에 근거하고 있으나 금융 및 서비스 산업의 일환으로 주택관리를 발달시켜 최고급 주거관리 서비스와 선진화된 자산관리 기법이 응용되어 있는 점이 특징이다.

1. 홍콩의 도시발달과 주택관리 개요

홍콩 특구(HKSAR)는 크게 신계(新界, New Territories)지역, 구룡(九龍, Kowloon)반도, 그리고 흔히 홍콩이라 일컫는 홍콩섬(香港島, Hong Kong Island) 3가지 지역으로 구성되며, 이들 지역에 각각 9개, 5개, 4개의 총 18개 자치구가 있다. 세계 제2위의 공공주택공급주인 홍콩 특구(HKSAR)의 주택관리 역사는 1953년 성탄절 Shek Kip

Mei 지역 판자촌에서 일어난 대규모 화재로 거슬러 올라간다. 오늘날 구룡반도의 북동쪽에 해당되는 지역에 위치한 Shek Kip Mei 일대는 당시 중국 본토로부터 이주해 온 이민자들이 주로 거주하던 이른바 달동네라 불리는 크고 작은 판자촌으로 이루어진 곳이었다. 당시 화재로 53,000명의 이재민이 발생하면서 홍콩정부는 대규모의 공공주택단지 건설을 추진하게 되었고 이를 전담하기 위해 1954년 홍콩주택청(the Hong Kong Housing Authority, HKHA)[1)]의 전신을 설립하였다(Chan, 2006; Yeung & Wong, 2003). 정부 주도의 공공주택 건설이 1960년대부터 대대적으로 추진되면서 이들 공공주택단지에 대한 관리도 함께 홍콩주택청(HKHA)이 맡도록 하였다. 주택관리에 대한 용어조차 낯선 이 시기에 탄생하게 된 홍콩의 주택관리는 영국식 모델[2)]에 기초하였고, 이어 1965년 최초의 민간주택단지 건설을 계기로 홍콩정부는 민간주택개발업체가 개발한 민간단지의 주택관리를 담당하도록 의무화하였다. 공공부문과 민간부문 모두 동일하게 건설한 주택을 관리하도록 하였다.

이후 1970년대부터 1980년대 후반까지 가파른 경제성장을 경험하는 홍콩 특구(HKSAR)는 도시화에 따른 인구증가와 소득증대에 따른 구매력 향상으로 주택수요가 급증하게 된다([그림 12.2]). 자가소유에 대한 높은 수요에 대응하고자 홍콩 정부는 1976년 자가마련 프로그램(Home Ownership Scheme, HOS)을 도입하게 되었고, 이를 계기로 1970년대 후반부터 1980년대 초에 걸쳐 빠른 도시화와 함께 대규모 주택단지를 건설하게 된다(Yeung & Wong, 2003). 좁은 국토에 수많은 인구를 수용하기 위해 고층 주택이 유일한 해결책으로 등장하고, 극히 제한된 평지에서 나아가 산이나 가파른 언덕에 이르기까지 고층 주거용 건물을 건설하였다. 주택건설의 황금기(the golden age)동안 민간부문을 중심으로 다양한 주택들이 개발되었고, 고층 주거생활의 도입으로 깨끗하고 쾌적한 도시 주거환경을 조성하기 위한 주택관리의 중요성과 전문성이 제기되었다. 양질의 주택관리를 위해 기술과 서비스들이 발달되기 시작하였고, 주택

---

1) 홍콩주택청(HKHA) 전신은 1973년 현재의 공식명칭(HKHA)으로 개칭되며, 오늘날 홍콩 특구(HKSAR)의 주요 주택공급기관으로 1948년 설립된 홍콩주택협회(HKHS)라는 비영리단체와 함께 홍콩 주택건설과 관리에 주도적인 역할을 담당하고 있음(Chan, 2006). 홍콩주택협회(HKHS)는 주로 중산층 대상 주택을, 홍콩주택청(HKHA)은 저소득층을 위한 공공임대주택과 무주택 서민을 위한 공공분양주택을 공급함(이현정 · 윤정득, 2010b)

2) 영국식 주택관리 모델은 기존의 건물 유지관리와 최소한의 운영관리에 국한된 주택관리를 입주자 관리의 중요성까지 확장시켰는데, 이는 1840년대 Octavia Hill 여사가 주창한 복지차원에서 주택관리를 접근해야 한다는 움직임에 근거함(Clapham, 1997; Clapham et. al, 2000; Franklin & Clapham, 1997).

| 그림 12.2 홍콩 특구의 경제성장률, 인구변화 및 주택공급량 추이

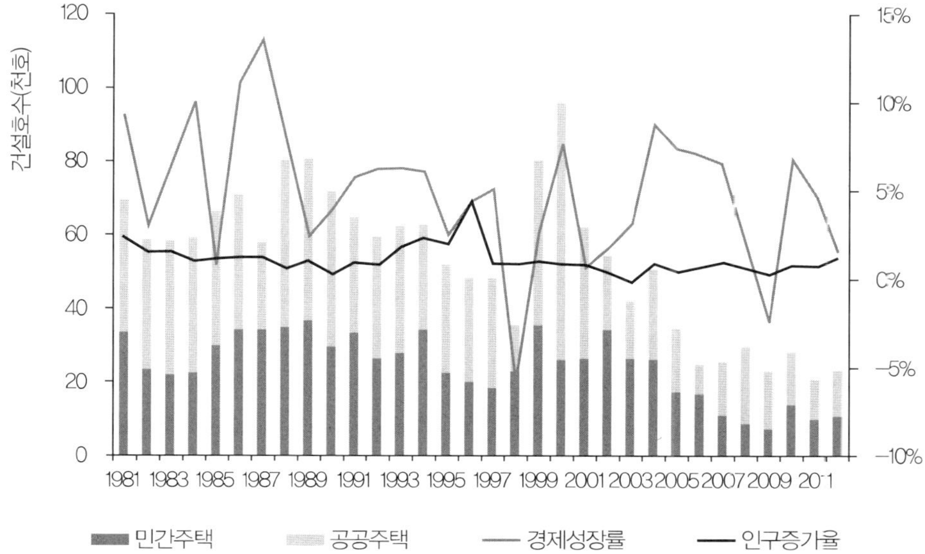

출처: Census & Statistics Department, The Government of the Hong Kong Special Administrative Region of the People's Republic of China(2014)

개발과 관리가 병행되어 온 역사적 배경으로 인해 홍콩 특구(HKSAR)의 주택개발업체들은 주택관리를 전담하는 전문업체들을 설립하였다. 오늘날 홍콩의 대표적인 대형 주택관리 전문업체들(예, 1972년 Sun Hung Kai Properties Ltd, 1976년 Henderson Land Development Company Ltd, 1977년 Hutchison Whampoa Litd, 1981년 Sino Land Company Ltd 등)은 모두 주택공급의 황금기에 탄생하였다.

이어 1990년대 공공주택단지 관리물량이 큰 폭으로 증가하면서 민간부문과 공공부문 모두 주택관리의 아웃소싱(outsourcing)이 가속화되었고 그에 따라 주택관리 전문업체 수가 크게 증가하였다. 주택관리업체의 수적 증가는 과당경쟁으로 이어졌고, 이에 홍콩정부는 입주자대표회의에게 주택관리업체 선정과 계약에 보다 많은 권한을 부여하여 업체들 간 주택관리 서비스와 가격에서 자유롭게 경쟁하는 여건을 조성시켰다. 더욱이 1990년대 후반부터 건설된 대형 주택단지들을 중심으로 호텔 수준의 고급 커뮤니티 시설(club houses and facilities)이 등장하고 확대 공급되면서 이들 시설에 대한 관리가 본격화되었다. 주택관리 업무영역이 커지고 다양해지면서 업계에서는 한층 더 높은 주택관리의 전문성이 강조되었고, 각종 단체와 협회 설립, 주요 대학을 중심으로 다수의 교육프로그램 및 학위과정 개설 등이 이어졌다.

2. 홍콩의 주택관리 현황[3)]

홍콩 특구(HKSAR)에서는 주택관리를 궁극적으로 자산가치 보전을 위한 활동으로 이해하는 동시에 도시 노후화를 방지하기 위한 사안으로 다룬다. 1962년 제1차 주택종합계획에서부터 주택공급과 함께 관리에 대한 중요성을 인식하였고, 1973년 노후주택단지에 대한 개량사업 실시를 시작으로 주택관리를 보다 도시관리 차원에서 접근하려는 노력들이[4)] 뒤따랐다([그림 12.3]). 이는 주택개발 초창기부터 도시생활의 편리

| 그림 12.3 홍콩 특구의 주택관리 개념: 도시관리와 주택관리의 위계

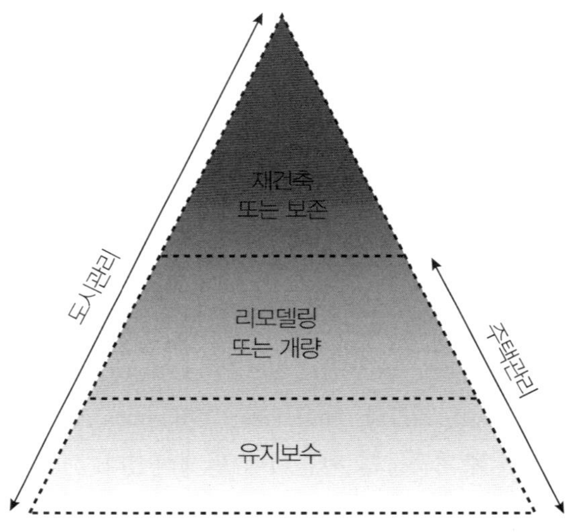

출처: Kwong(2010).

3) 본 내용은 이현정(2007, 2009), 이현정・윤정득(2010b)의 논문을 토대로 재구성하였음

4) 이에는 1976년 6개년 주택수선 종합 프로그램(6-year Comprehensive Repair Program), 1976년 자가구입 프로그램(HOS) 주택단지의 민간부문 위탁관리 시범사업, 1990년 자가구입 프로그램(HOS) 단지 관리 민영화를 위한 위탁관리프로그램(Agency Management Scheme), 1993년 홍콩주택청(HKHA) 발주 건설사업 계약시 용역업체의 ISO 9000 획득 의무화, 1993년 자산가치 보전을 위한 단계별 주택단지 관리 프로그램(CARE Estate Maintenance Programme) 도입, 1998년 공공임대주택단지의 통합관리운영 프로그램 시행, 2000년 구역 임대차 관리 사무소(District Tenancy Management Offices) 개소, 2000년 공공주택단지의 위탁관리제도(Management Buyout Option) 시행, 2003년 공공임대주택단지의 주거 위생관리 프로그램(Marking Scheme for Hygiene-related Misdeeds in Public Rental Housing Estates) 시행 등이 포함됨(이현정, 윤정득, 2010b)

성을 강조하여 주택단지 계획 시 각종 커뮤니티 시설뿐만 아니라 대중교통, 상가 및 쇼핑센터에 이르기까지 모두 포함하기 때문이다([그림 12.4], [그림 12.5], [그림 12.6], [그림 12.7]). 이로 인해 개발과 관리를 병행하는 홍콩 특구(HKSAR)의 주택관리는 다양한 업무영역을 포괄적으로 다루고 있다([그림 12.8]). 따라서, 주택관리 영역의 다양성과 효율성을 위해 아웃소싱이 보편화되고, 관리업체들의 ISO 국제인증 획득을 등한 서비스 질 향상 등 주거서비스의 경쟁력 강화가 불가피하였던 것이다. 단순히 건물만

| 그림 12.4 홍콩의 공공임대주택단지 전경

| 그림 12.5 홍콩의 공공분양주택단지 전경

| 그림 12.6 홍콩의 고급 민간주택단지 전경 및 쇼핑센터

| 그림 12.7 홍콩의 민간주택단지 내 커뮤니티시설

| 그림 12.8 홍콩의 주택관리 주요 업무영역

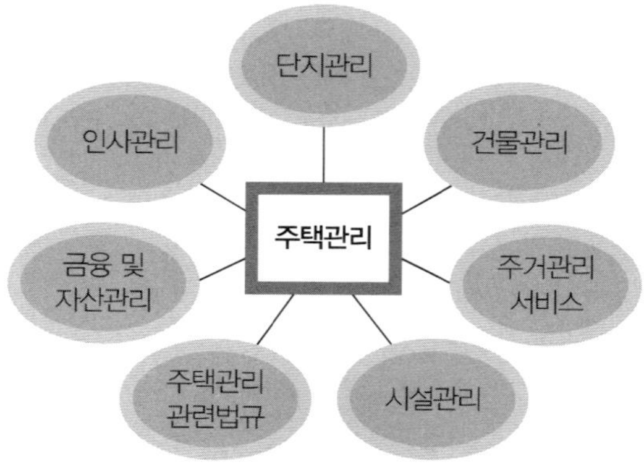

출처: Hong Kong Education Bureau(2008).

관리하는 소극적 의미의 주택관리가 아닌 서비스 효용의 최적화를 통한 자산가치 상승으로까지 이어지는 적극적 의미의 주택관리로 볼 수 있다. 이러한 특성은 공공부문과 민간부문의 주택단지 모두 공통적으로 나타나며 나아가 홍콩식 주택관리 모델로 발전할 수 있는 근간이 되었다.

최근 들어 주택관리의 효율성이 더욱더 강조됨에 따라 기존의 개별단위 건물관리와 주거서비스 전달을 보다 통합적으로 운영하기 시작하였는데, 2005년부터 주거자산관리자문센터(Property Management Advisory Centres, PMACs)의 운영이 그러한 예이다. 이 원스톱형 서비스 센터(PMACs)는 같은 해 시행한 건물관리 및 유지보수 프로그램(Building Management and Maintenance Scheme, BMMS)의 일환으로 홍콩주택협회(HKHS)에서 주관하였다(HKHS & URA, 2013). 건물관리 및 유지보수 프로그램(BMMS)은 시기적절한 주택 유지보수 및 운영을 위해 주택 및 주거용 건물 소유주에게 재정적 및 기술적 지원을 목적으로 마련된 것으로, 세부 사업에는 건물 운영 지원 프로그램(Building Management Incentive Scheme), 건물 수선 지원 프로그램(Building Maintenance Incentive Scheme), 주택 리모델링을 위한 대출 프로그램(Home Renovation Loan Scheme) 등이 있다. 이 사업들은 홍콩주택협회(HKHS)뿐만 아니라 도시재생청(Urban Renewal Authority, URA)에서도 일부 중복 시행되어 오다 2011년부터 건물수선 통합지원 프로그램(Integrated Building Maintenance Assistance Scheme, IBMAS)으로 개편하여 이들 두 기관이 공동 시행하고 있다. 건물수선 통합지원 프로그램(IBMAS)은 주택소유주 또는 입주자대표회의에게 건물수선 및 관리를 위한 보조금 또는 대출을 지원하는 프로그램이다([표 12.2]). 이 프로그램은 개별 주거용 건물 소유주를 위한 대출 및 기금 지원(Subsidy for Owners' Corporations)과 입주자대표회의를 위한 보조금 지원(Loan and Grant for Individual Owners)으로 대별되는데, 전자

| 표 12.2 홍콩 특구 건물수선 통합지원 프로그램(IBMAS)의 주요 내용

구분	입주자대표회의를 위한 보조금		주택 소유주를 위한 융자 및 기금			
	입주자대표회의 구성을 위한 보조금	공용공간 수선을 위한 보조금	공용공간 수선을 위한 무이자 대출	주택 리모델링을 위한 무이자 대출	건물안전 강화를 위한 대출*	노인 자가소유주를 위한 주택 수리 기금**
지원 대상	민간 주택 및 주상복합 건물	- 20년 이상된 민간 주택 또는 주상복합 건물 - 해당 기관에서 정한 감정평가기준 요건을 충족시킨 건물 - 기타 당 기관에서 정한 요건을 충족하는 경우		- 20년 이상된 민간주택 - 해당 기관에서 정한 감정평가기준 요건을 충족시킨 건물	- 민간 주택, 주상복합, 상업용 건물 또는 산업용 건물	- 민간주택 및 주상복합건물의 단위주호
신청 기준	-	- 입주자대표회의 모임 확정	- 입주자대표회의 모임 확정 - 입주자대표회의에서 의결된 사항 - 개별 또는 공동소유의 주거용 건물	- 홍콩 소재의 건물 - 개별 소유 또는 공동소유의 주택	-	- 60세 이상의 자가소유 거주자 - 일정 기준의 소득 및 자산 기준을 충족시킨 경우
지원 규모	최대 HK$ 3,000까지 지원	- 총 비용의 20 % 또는 주호당 HK$3,000 중 최고 금액까지 지원하며, 각 입주자대표회의에게 최대 HK$ 120 만불까지 지원 가능 - HK$20,000까지 자문 및 상담료 지원 - 관련 의무가입 보험료 50%까지 최대 3년간 HK$6,000 지원	- 단위 주호별로 최대 HK$100,000까지 무이자 대출 - 최대 5년까지 상환가능 - 별도의 소득 및 자산 심사 없음	- 호당 최대 HK$50,000 무이자 대출 - 별도로 정한 상환기간 내에 상환 가능 - 별도의 소득 및 자산 심사 없음	- 최대 HK$ 백만불까지 저리 융자 - 최대 3년간 상환 가능	- 단독 1주택 소유주에게 최대 HK$40,000까지 지원
특별 지원책	-	자격요건을 갖춘 소유주는 최대 HK$10,000까지 신청 가능			최대 6년까지 무이자 대출 상환 가능	-

* 홍콩정부(건물부)에서 지원 및 집행함; ** 홍콩주택협회(HKHS)에서 지원 및 집행함
출처: HKHS & URA(2013).

에는 입주자대표회의 구성을 위한 보조금(Owners' Corporation Formation Subsidy)과 공용공간 수선을 위한 보조금(Common Area Repair Works Subsidy) 2가지가 있고, 후자에는 공용공간 수선을 위한 무이자 대출(Common Area Repair Works Interest-free Loan), 주택 리모델링을 위한 무이자 대출(Home Renovation Interest-free Loan), 건물 안전 강화를 위한 지원금(Building Safety Loan Scheme), 노인 자가소유주를 위한 주택 수리 기금(Building Maintenance Grant Scheme for Elderly Owners) 등 4가지가 있다.

3. 홍콩의 주택관리 전문성을 위한 제도

초창기 홍콩의 주택관리는 영국식 관리모델을 채택하였으나 20세기 후반부터 본격화된 서비스 산업의 발달은 홍콩식 주택관리 모델을 독자적으로 발전시키는 계기가 되었다. 홍콩의 주택관리 영역은 단위 주호와 주택 건물에만 국한되는 것이 아니라 주택단지 내외에 인접한 물리적 요소들(예, 커뮤니티 시설, 부대시설, 상가, 쇼핑센터 등)에 이르기까지 모두 포함된다. 이는 주거용 건물 및 주거서비스와 유사한 관리를 필요로 하는 건물유형이 다양해지면서(예, 주상복합건물, 서비스드 레지던스, 중・장기 숙소, 기숙사, 호텔 등) 주거서비스의 범위가 확대되고 주택관리영역이 넓어졌기 때문이다. 최근에 건설된 고급 민간주택단지의 경우, 커뮤니티 시설인 클럽 하우스는 호텔수준의 시설과 서비스를 제공하며, 단지는 고급 쇼핑센터와 업무시설까지 연결되어 있다. 이러한 복합주거단지 개발이 증가하면서 주택관리 부문의 종사자와 업체들은 시장 변화에 민감해졌고 정보교환의 필요성, 동종분야 종사자들과의 교류가 더욱 더 중요해졌다. 이와 관련하여 홍콩 특구(HKSAR)의 주택관리 관련 학위과정과 전문단체를 살펴볼 필요가 있다.

홍콩 특구(HKSAR)에서는 주택관리 분야의 전문성을 아시아의 다른 국가와 달리 국가 자격증 제도가 아닌 4년제 대학교의 학위과정 운영으로 확보하고 있다. 1968년 홍콩대학(the University of Hong Kong)에서 최초로 선보인 주택관리 관련 교육프로그램은 초기의 수료증 발급에서 학사 학위과정으로 발전하여 1992년부터는 석사학위를 수여하면서 주택관리 분야의 고급 인재양성에 크게 기여하고 있다(Chan, 2006). 또한, 홍콩 특구(HKSAR) 소재 다른 대학들(예, 홍콩시립대학, 홍콩과학기술대학 등)에서도 학・석사 학위과정과 단기 수료과정으로 다양한 교육 프로그램을 제공하고 있다. 한편, 주택관리 분야에 종사하는 전문인력이 증가하고 주택관리에 대한 중요성이 증대되면서 이들의 권익옹호와 주택관리 분야의 선진화를 위해 아시아-태평양 지역 주택관리 협회(the Chartered Institute of Housing Asian Pacific Branch, CIH APB)가 1965년 설립되었다. 이 단체는 영국의 본부를 둔 주택협회(CIH)의 지부로 출발하여 2001년 독립적인 단체로 발돋움하였으며, 홍콩정부, 홍콩주택청(HKHA), 홍콩대학 등과 긴밀한 유대관계를 맺으며 우수한 주택관리 전문인력을 배출해 오고 있다(Chan, 2006). 현재까지 이 단체는 홍콩, 대만, 심천, 북경, 마카오, 상해 등 주요 도시의 유수 대학들과 주택관리업체들이 협력하여 주택관리 학위과정 및 교육프로그램을 국제인증해 주고 있다. 아시아-태평양 지역 주택관리협회(CIH APB)는 엄격한 회원제도 운영되고 있는데, 주택관리 분야 전문학위를 취득한 후 현장에서 일정기간 근무한 경력을 갖추어야 하며 최종적으로 이 협회에서 주관하는 자격시험에 합격해야 정식 회원이 될 수 있다. 주택관리 산업의 업체 및 인력 수의 증가와 주택관리 시장의 포화로 인한 각종 문제점을 시정하기 위해 최근 수년간 홍콩정부는 주택관리 전문인력에 대한 국가공인 자격시험 제도를 적극 검토하였다. 수년간 관련 단체 및 전문가들로 구성된 위원회의 검토 의견과 다수의 공청회 등을 거쳐 2015년부터 자격증 시험제도를 도입하기로 결정하였으며, 이에 따라 주택관리 분야에 대한 전문인력 검증과정은 한층 더 높아질 것으로 예상된다.

홍콩 특구(HKSAR)의 주택관리 전문가를 위한 또 다른 공식단체로는 홍콩주택관리사협회(the Hong Kong Institute of Housing, HKIH)가 있다. 1988년 설립된 홍콩주택협회(HKIH)는 홍콩 특구(HKSAR)에서 종사하고 있는 주택관리 전문인력을 대상으로 회원제로 운영되고 있으며, 학사 이상의 고급학위 소지자로 최소 5년 이상의 주택관리 실무경력을 갖추어야 회원 신청을 할 수 있다. 특히, 이 단체는 홍콩정부와 함께 2000년 주택관리 전문인력 등록제도를 도입시켜 현재 수천 명에 이르는 회원을 보유하고 있으며, 공공부문 및 민간부문의 전문인력들 간의 교류를 강화시키고 유대관계를 높였다는 점에서 긍정적인 평가를 받고 있다(Chan, 2006).

II 마카오의 주택관리[5)]

마카오는 홍콩보다 경제후발주자로 중국 반환 이후 지형학적 근접성과 사회경제체제의 유사성 때문에 현재 주택관리 부문에 대한 교류가 활발히 이루어지고 있다. 역사적으로 교역 중심지였고 중국의 유일한 양대 특별행정구로, 20세기 후반부터 특화된 산업으로 도시가 성장한 배경, 서비스 산업의 발달 등 다수의 공통점을 지닌다. 그러나 마카오 특구(Macau Special Administrative Region)는 홍콩 특구(HKSAR)에 비해 뒤늦게 도시가 성장하고 주택부문이 여전히 발달하고 있어 홍콩의 주택관리 경험 사례를 토대로 주택관리산업을 발전시켜 오고 있다. 홍콩의 주택관리 서비스와 기술을 상호 공유하기 때문에 마카오의 주택관리 부문은 빠른 성장세 속에 홍콩의 영향이 크다.

1. 마카오의 도시발달과 주택관리 개요

동양의 라스베가스라 일컫는 마카오 특별행정구(Macau Special Administrative Region, MSAR)는 16세기 초반 교역을 위해 포루투칼인이 마카오 항구에 첫 발을 내딛은 이래로 1999년 중국 본토로 반환되기까지 약 400년간 포루투칼의 영향을 받아온 도시이다. 마카오 특구(MSAR)는 중국 대륙에 연결된 마카오 반도, 남쪽의 타이파(Taipa), 콜로안(Coloane) 등 세 곳의 지역으로 구성되어 있다. 중국 아편전쟁을 계기로 마카오 특구(MSAR)는 오랫동안 포루투칼 지배령 하에 있었으며(1887-1999), 유럽문화의 영향을 많이 받아왔다. 20세기 마카오 특구(MSAR)의 주력 산업은 카지노 등 도박산업, 제조업, 건설업, 금융업 등 총 4가지였다. 그러나, 1979년 경제개혁 실패에 따른 제조업 몰락, 1987년부터 1996년까지의 부동산 시장 침체로 건설업의 부진, 1997년 아시아경제위기로 인한 금융업의 타격 등으로, 마카오 특구(MSAR)의 경제축이 도박중심의 관광업으로 전환되었다(Macau Housing Bureau, 2011). 특히 2002년 도박산업의 자유화 조치로 급격한 도시팽창, 높은 경제성장, 급속한 사회문화적 변화를 가져왔고, 그 결과 마카오 특구(MSAR)는 아시아에서 소득수준이 가장 높은 지역이 되었다.

5) 본 내용은 이현정, 윤정득(2010a)의 논문을 토대로 재구성하였음

그러나, 세계 최고의 인구밀도, 가파른 경제성장, 소득수준 향상, 급격한 인구유입, 도시팽창, 수년간 지속된 주택공급 급감 등 복합적인 요인들로 마카오 특구(MSAR)는 심각한 주택난을 겪고 있다(Macau Housing Bureau, 2012). 1980년대 후반 부동산 경기 침체로 주택건설이 급감하면서 주택가격이 크게 상승하였다. 게다가 주력산업의 특성상 저임금의 서비스직 고용이 대폭 늘어나면서 주택구입능력은 오히려 감소되었고 저렴주택에 대한 공급난이 제기되었다. 또한, 특구 주력 산업의 인력난 해소를 위해 중국 및 인근 지역으로부터의 이주 노동자 유입이 크게 늘어남에 따라 이들의 주택수요가 급증하였다. 아울러 해외 투자 자본이 대거 유입되면서 민간주택에 대한 수요가 현저히 증가하였다. 결과적으로 민간부문의 고급 주택뿐만 아니라 공공부문의 저렴주택 및 임대주택에 이르기까지 전체적인 주택수요가 폭넓게 커지면서 마카오 정부는 신규 주택건설과 주거지원책 등 공급중심의 주거안정 방안을 추진해 오고 있다. [그림 12.9]에서 보는 바와 같이 심각한 주택난 해결을 위해 최근 들어 정부 주도의 주택 공급이 크게 증가하였고, 건설된 주택 대부분이 고층건물로 이에 대한 관리 문제가 제기되었다. 마카오 특구(MSAR)에서 고층 주택은 근래에 공급된 주택유형으로, 1970년대 중반까지 단층의 일반 단독주택이나 3~5층 정도의 저층주택이 일반적이었고 주택관리를 담당하는 사람은 없었다. 이어 도시화와 생활수준의 향상에

| **그림 12.9** 마카오 특구의 경제성장률, 인구변화 및 주택공급량 추이

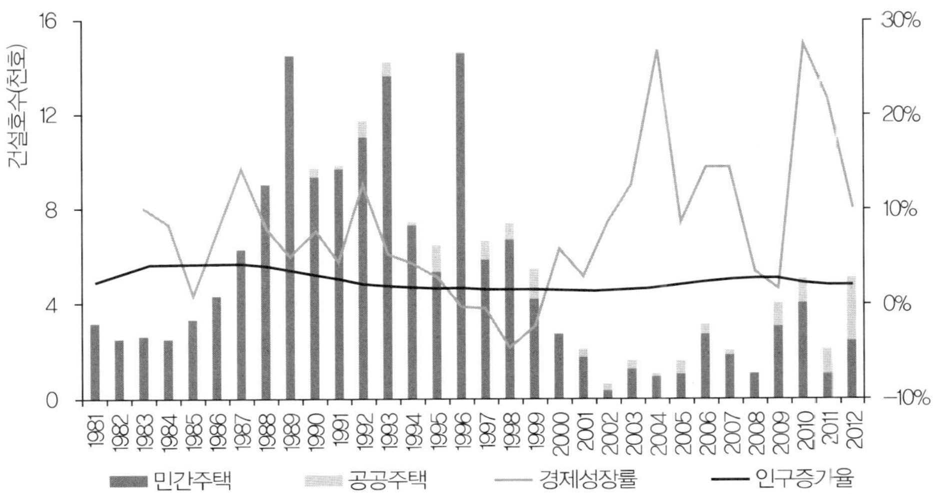

출처: Macao SARG(2013); Statistics & Census Service, Government of Macao Special Administrative Region(2014)

힘입어 1970년대 말부터 1980년대 초에 걸쳐 7층 이상의 고층주택이 선보이기 시작하였고, 이러한 고층주택의 주택관리는 고령자가 1~2명 정도 근무하며 순찰업무를 담당하는 수준이었다. 이후 주택단지의 초고층화 및 대형화가 진행되면서 주택단지 내 각종 부대시설이 널리 보급되었고, 전문적인 주택관리가 요구되었다([그림 12.10],

| **그림** 12.10 마카오의 주택단지 전경

| **그림** 12.11 마카오의 공공임대주택단지 전경

| **그림** 12.12 마카오의 고급 민간주택단지 전경

| **그림** 12.13 마카오의 민간주택단지 내 커뮤니티 시설

[그림 12.11], [그림 12.12], [그림 12.13]). 특히 민간부문의 고급 대형 주택단지를 중심으로 주택관리 서비스의 질적 향상을 담당할 주택관리 전문업체와 인력이 등장하기 시작하였다.

2. 마카오의 주택관리 현황

1990년대부터 마카오에서 주택관리 전문업체들이 등장하기 시작하였는데, 주택관리업체가 주택관리 업무 제반을 대행하기 위해서는 재무부(the Finance Department)로부터 설립허가를, 치안과 보안서비스만 제공할 경우 행정허가를 받도록 되어 있다. 이러한 요건 때문에 주택관리업체의 직원 및 단지 관리사무소 근무 직원에 대한 전문성이나 자격기준은 요구되지 않는다. 마카오 특구(MSAR)의 주택관리업체는 3가지 유형이 있다(澳門特別行政區政府 房屋局, 2012e). 주택개발업체 자회사로서 주택관리업체가 신규 건설한 주택단지를 직접 관리하는 경우, 주택개발업체 또는 (공공분양주택 및 민간주택단지의) 입주자대표회의(산하 건물관리위원회)에서 지정한 주택관리업체로, 순수하게 주택관리업무만 도맡아 운영하는 전문업체, 민간주택단지의 입주자대표회의에서 자체적으로 구성한 관리 전담 조직이 있다. 첫 번째와 두 번째 유형은 위탁관리인 반면 마지막 유형은 자치관리 성격을 지닌다.

일반적으로 주택관리업체는 건물소유주와 위탁관리 계약을 맺게 되는데, 그 계약 주체는 주택개발업체 또는 입주자대표회의(산하 건물관리위원회)다. 일반적으로 주택의 분양과 소유관계 법적 등록절차가 상당한 시간을 요구하기 때문에 주택완공 직후 해당 주택개발업체가 주택관리업무를 직접 맡지만, 완공 직후 입주자대표회의가 결성되면 건물관리위원회가 위임받아 주택관리업무를 관할한다. 이들과 맺는 주택관리 계약 유형은 완전계약과 부분계약 2가지로 대별되는데, 전자는 주택관리업체가 직접 관리비를 수취하여 주택단지 내 모든 서비스, 수선 및 유지관리비용을 모두 책임지는 경우이며, 후자는 주택관리업체가 일정기간동안 약정된 금액을 받고 특정서비스를 관리하는 경우이다. 월 관리비는 단지 내 세대 수와 부대시설 유형에 따라 달리 책정되고, 관리비 내역 중 관리사무소 업무용 전화료, 공용공간의 수도 및 전기 사용료, 엘리베이터, 소화방재 및 보안시스템, 건물 관리 및 수선 등의 비용은 실제 소요비용에 따라 각 세대별로 청구된다. 계약유형에 따라 주택관리회사가 수행하는 내용에 다소 차이가 있으나, 주택단지의 거주자를 대표하여 수행하는 기본 관리업무는 동일하다.

주택관리업체는 비교적 용이하게 운영될 수 있고 사업비가 낮은 반면 수익률이 좋아 주택관리업체의 설립이 늘어나고 있는 추세이다. 그러나, 서비스 질에 따른 비용 차이가 뚜렷하고, 거주자의 권리와 의무에 대한 이해 부족으로 야기되는 여러 문제점들(예, 거주자와 관리업체 간의 갈등, 갈등해결을 위한 법적 중재, 관리비 운영 적자 등)이 발생하고 있다. 따라서, 주택관리의 전문성과 규제 강화, 주택관리의 거주자 역할과 책임에 대한 명확한 구분, 거주자의 적극적인 주택관리 업무 참여 등 성숙된 주택관리 문화조성을 위한 인식 개선이 절실히 요구되고 있다.

마카오 특구(MSAR)에서 주택부문은 크게 공공주택[6]과 민간주택으로 대별되며, 공공부문의 주택은 저소득층을 위한 임대주택[7]과 서민층 자가마련을 위한 분양주택으로 구분되어 있다(Chiang, 2005; Instituto de Habitacão, 2012e; 澳門特別行政區政府 房屋局, 2012a, 2012g). 비록 주택관리 기본방향은 같으나 부문별 주택관리 특성을 이해할 필요가 있으며 [표 12.3]에서 보는 바와 같이 정리될 수 있다.

1) 공공임대주택의 주택관리

1960년대부터 저소득층 가구, 장애인, 노인 등 저소득층의 주거안정을 위해 공급해 오고 있는 공공임대주택(Habitacão Social da Ilha Verde)은 마카오 주택청이 주택관리를 맡고 있다(Instituto de Habitacão, 2012e; 澳門特別行政區政府 房屋局, 2012g, 2012i). 마카오 주택청은 공공임대주택뿐만 아니라 임시수용주택(interim housing) 관리까지 담당한다. 대부분의 관리업무들은 외부 전문용역업체로 아웃소싱을 하고 있으며, 엘리베이터, 냉방공조시설, 수도배관, 소화방재, 보안 등의 설비관련 수선과 유지보수는 공개입찰을 거쳐 전문 업체에 위탁한다. 마카오 주택청은 건물 하자와 주택관리 전반을 맡고, 임차인은 단위주호 수선과 유지관리에 대한 책임을 지며 법으로 정한 주택관리 기본 의무사항을 준수해야 한다. 공공임대주택의 관리비는 가구소득에 따라 임대료와 함께 세대별로 차등 부과하고 있으며, 임차인의 납입금만으로 충당할 수 없는 건물 관리비, 수선 및 유지보수 비용은 정부 재정으로 그 결손액을 보전하고 있다.

---

6) 마카오 특구(MSAR)의 공공주택은 임대 또는 분양에 상관없이 일정 소득기준 이하의 18세 이상 마카오 영주권 소유자에게 사실상 신청 순서대로 지원하고 있다는 점에서 유럽 복지국가의 성격을 나타냄.

7) 공공임대주택은 일반공급형과 특별공급형 두 가지가 있으며, 본 장에서는 일반공급형에 국한하여 기술함. 참고로 특별공급형은 마카오 특구(MSAR) 행정장관의 재가와 마카오 주택청장의 명령으로 시행되며 사회적, 신체적 또는 정신적 재난이나 재해를 당한 개인이나 가족을 위해 마련되는 주택임(Instituto de Habitacão, 2012e; 澳門特別行政區政府 房屋局, 2012g)

표 12.3 마카오 특구의 주택유형별 주요 주택관리 업무 내용

유형	공공임대주택	공공분양주택	민간주택
	- 공통사항: 건물 운영 및 관리에 관한 모든 보고서 및 관련 서류는 건물관리위원회의 임기 만료 한달 전까지 건물관리위원회에 제출		
주택관리 업무 내용 및 수칙	<주택관리회사 및 건물관리위원회의 준수사항> - 법령(Decree-Law No. 41/95/M의 16조 제2항)에서 정한 의무사항 이행 - 입주자대표회의 회의 중 주택단지 건물화재보험 가입 및 계약 갱신 여부 질의 - 주택단지의 부대시설의 화재보험 가입 및 계약갱신 - 공용공간 관리 - 주거안전과 주거환경에 필요할 경우, 단위주호에 이르기까지 적절한 관리조치 마련 - 소화시설, 엘리베이터, 수도배관, 기타 공용설비에 대한 적절한 관리가 되도록 하고, 기술적 지원과 수리 서비스를 제공할 관리전문 업체와 계약 체결 - 단지 내 공용공간의 조명시설 수리 및 교체 - 공용공간의 청결성 유지 및 건물외관의 장애물 제거 - 정기적인 쓰레기 수거와 쓰레기 수거함 관리 - 청소 관리 및 거주자와 건물의 안전 조치 - 화재 시 엘리베이터 사용 금지 - 건물 구조 및 외관에 영향을 주는 보수공사는 마카오 국토청에 사전 통보 - 건물유지관리와 관련된 규칙을 준수하도록 거주자에게 건물 출입문 및 적절한 곳에 공지하도록 하며, 위반시 적정수준의 벌칙을 부과 - 규칙 위반시 해당 거주자의 처벌을 위해 건물관리위원회에 통지	<주택관리회사 및 건물관리위원회의 강제이행사항> - 입주자대표회의의 정기적인 회의 소집 - 화재보험 가입 및 갱신 - 거주자 납입액 수취 및 경비 관리 - 관리운영에 소요되는 비용은 공동부담방식으로 모든 거주자에게 일괄적으로 부과 - 공용 자산의 관리와 권리는 관리회사에게 위임 - 공용 자산의 이용, 공용 서비스에 대해 기존 건물관리 규칙에 영향을 주지 않는 범위에서 부가적인 규칙 마련 - 입주자대표회의의 의결사항 집행 - 마카오 민법 1339조에 명시된 금액 수취와 관련된 분쟁이 있을 경우, 합법적인 조치를 취할 것 - 마카오 행정기관들과 협력하는 과정에서 주택관리회사는 전체 거주자를 대표하여 모든 기능 및 업무를 수행 - 건물안전에 관한 규칙을 외부인 및 일반인이 주지할 수 있도록 조치 - 주차장의 주차선 표기 및 지정 주차제 시행 - 건물관리위원회가 회의 소집시 회의 관계자의 우편주소 제공 - 건물운영 및 관리에 대한 규칙을 단지 전체거주자 및 관계자에게 제공 - 건물운영 및 관리에 관한 규칙 및 관련법 집행	<건물관리위원회의 강제이행사항> - 단지 전체 소유주를 대상으로 하는 입주자대표회의 회의 소집 - 회계보고 준비 및 제출, 예산 수립 - 화재 및 기타 위험요소에 대한 보험 가입 및 갱신 - 거주자로부터 정기 납입액 수취 및 각종 경비 관리 - 운영관리에 소요되는 비용은 공동부담방식으로 금액을 계산하여 모든 거주자에게 일괄 청구 - 공용 자산의 관리와 권리는 관리회사에게 위임 - 공용 자산의 이용, 공용 서비스에 대해 기존 건물관리 규칙에 영향을 주지 않는 범위에서 부가적인 규칙 마련 - 입주자대표회의의 의결사항 집행 - 마카오 민법 1339조에 명시된 금액 수취와 관련된 분쟁이 있을 경우, 합법적인 조치를 취할 것 - 마카오 행정기관들과 협력하는 과정에서 주택관리회사는 전체 거주자를 대표하여 모든 기능 및 업무를 수행 - 건물안전에 관한 규칙을 외부인 및 일반인이 주지할 수 있도록 조치 - 주차장의 주차선 표기 및 지정주차제 시행 - 건물관리위원회가 회의소집 시 통지서를 발송할 관계자의 우편주소 제공 - 건물운영 및 관리에 대한 규칙을 전체 거주자 및 관계자에게 제공 - 건물운영 및 관리에 관한 규칙 및 관련법 집행

출처: 澳門特別行政區政府 房屋局(2012b), (2012c), (2012d), (2012e), (2012f), (2012h).

한편, 공공임대주택단지에서는 거주자의 안전을 도모하고 범죄예방을 위해 인터폰과 CCTV 등의 설치가 의무화되어 있다. 노인인구 증가에 따라 화재감지기와 비상연락시스템 등을 갖춘 노인전용 단위주호를 공급하기 시작하였고, 노인가구가 많은 단지에는 지역사회의 여러 단체와 연계한 프로그램들을 제공하며 이를 마카오 주택청에서 직접 감독하고 있다.

2) 공공분양주택의 주택관리

공공분양주택은 1980년 공공분양주택 법령(Law of Economical Housing)에 의거하여 1990년대부터 본격적으로 공급되었는데, 마카오 정부가 민간주택개발업체에게 저렴한 택지를 제공하고 절감된 토지비용으로 주택가격을 낮춰 18세 이상의 무주택 마카오 시민권자들이 저비용으로 자가를 마련할 수 있도록 한 주택이다(Instituto de Habitacão, 2012b; 澳門特別行政區政府 房屋局 2012a, 2012b, 2012c). 공공분양주택의 주택관리는 통상 주택개발업체, 주택개발업체가 지정한 관리업체, 또는 입주자대표회의가 위임한 업체에서 맡는다.

공공분양주택의 주택개발업체는 건물사용허가 승인 2개월 전 마카오 주택청에 해당단지의 관리비 책정에 대한 계획서를 제출하여 사전심의를 받도록 되어 있다. 주택 완공 후 개최되는 입주자대표회의 첫 모임에서 주택관리의 모든 권한과 업무가 이양되기 전까지 주택개발업체가 단지 내 공용공간의 직접 관리 또는 위탁관리를 통해 관리책임을 지며, 마카오 주택청은 해당 주택관리업체의 운영, 관리비 집행, 공용공간 및 부대시설의 수선 및 유지관리비용을 감독한다(澳門特別行政區政府 房屋局, 2012d, 2012e). 그러나, 1995년 이후부터 마카오 주택청은 주택단지 관리에 대한 규제를 강화시켜 심지어 입주 전 거주자들에게 단위주호 사용과 관리에 대한 기본 의무사항을 숙지하고 이행하도록 요구하고 있다. 이러한 조치는 거주자의 올바른 건물사용에 대한 이해를 높이고 그 의무를 준수하도록 하여 효율적인 주택관리가 되도록 하기 위함이며, 나아가 향후 불법 재건축의 개연성을 줄이고, 쾌적한 주거환경을 조성하려는 의도에서 비롯된 것이다.

준공 후 주택개발업체는 입주자 전체 대상 첫 번째 공식적인 모임을 주관해야 하는데, 각 세대를 대표하는 1인이 참석하는 이 모임에서 입주자대표회의를 결성하며 주택관리 방식을 결정하고 건물관리위원회를 구성한다. 건물관리위원회는 거주자들을 대표하여 단지 내 주택관리 관련 업무를 관장하게 되는데 투표로 선출되는 위원회의

규모는 단위세대 수[8]에 따라 달라진다(澳門特別行政區政府 房屋局, 2012b, 2012c, 2012d). 건물관리위원회가 구성된 이후 위원회는 입주자대표회의의 의결을 거쳐 장기수선충당금 적립 및 지출과 주택관리업체 선정 등 주택관리 모든 제반업무를 담당하며, 마카오 주택청은 감독과 중재역할을 하게 된다.

관리비는 단위주호 규모에 따라 다르게 책정되나 수영장 등과 같은 복리시설은 단지 내[9]에 갖춰져 있지 않아 관리비가 매우 저렴한 편이다. 매월 납부하는 관리비는 장기수선충당금 이외에 전기비, 수도비, 공용공간 및 부대시설의 청소 및 보안서비스 비용, 엘리베이터, 수도배관, TV 수신, 인터폰, 소화방재 등의 공용설비에 대한 운영비, 공용공간 및 부대시설의 화재보험료, 위탁관리업체 수수료 등이 포함된다.

3) 민간주택의 주택관리

마카오 특구(MSAR)의 대다수 주택은 민간부문에 의해 공급이 이루어지는데, 총 주택 수가 많지 않았던 1970년대 중반까지 단독주택이나 저층 주택이 대다수를 차지하여 주택관리가 중요하게 대두되지 않았다. 당시 5층 이하 건물(각 층별로 1~2개의 단위주호 배치)에는 엘리베이터 설치, 소화방재, 보안시스템 등의 규제가 적용되지 않았으며, 소유와 거주의 구분이 비교적 단순하여 건물청소가 유일한 주택관리 업무였다. 실제 마카오 특구(MSAR)의 북쪽지역에서 적절한 주택관리가 이뤄지지 않아 주거환경이 열악해지고 공공보건과 안전을 위협하는 사례들이 보고되었다. 이에 마카오 정부는 정부차원에서의 주택관리 기본 지침을 검토하기 시작하였고, 주거위생에 대한 시민들의 기본 의무사항을 마련하였다. 그러나 다양한 거주유형(예, 자가거주, 임대, 공가 등)과 소유관계(지분소유 등)가 발생하고, 건물의 고층화, 공용공간 및 부대시설 설치, 주상복합 건물 등장 등으로 주택관리 전문성에 대한 요구가 높아지면서 관련 제도를 구축하였다. 먼저, 1996년 9월 제정한 민간주택 법령을 통해 주택관리에 대한 역할과 책임을 규정하였으며, 각 단위주호별 프라이버시 확보, 입주자대표회의의 주택관리 관련 권한 위임 절차, 공용공간 및 부대시설의 관리, 주택소유주의 권리 및 의무사항 등을 포함하였다(澳門特別行政區政府 房屋局, 2012g, 2012h). 이어 1999년 8월 제정된 법령에서는 주택관리에 대한 주택소유주의 권리, 의무, 책임 등을 명시하였으며,

---

8) 100세대 미만 단지는 최소 3명, 100~400세대의 단지는 7명, 400세대 초과하는 단지는 9명임
9) 공공주택의 부대시설(주차장, 관리사무소 등)은 기본적인 시설만 갖춰져 주동(단지) 내에 있으나, 복리시설은 보통 주동 외부의 별도 공간에 마련되어 다른 단지와 공용함

아울러 입주자대표회의 결성 및 운영, 건물관리위원회의 위원 선출 및 주택관리에 대한 권리와 의무 등을 법률로 제정・집행하게 되었다.

일반적으로 민간주택은 준공 직후 거주율이 현저히 낮기 때문에 단지 내 전체세대의 절반이상 분양되거나 전체 단위세대의 30%가 입주하는 시점에서 주택개발업체, 주택개발업체가 지정한 관리업체 또는 시공감리업체가 입주자대표회의 결성을 위한 첫 공식적인 모임을 소집한다. 이 모임에서 건물관리위원회를 구성하고 당해 관리 예산을 승인하며 각종 내규를 마련하고 화재보험료를 책정하게 된다.

4) 주택관리 관련 공공부문 지원 프로그램

적절한 주택관리를 통해 쾌적한 주거환경을 지속시키고자 마카오 정부는 건물의 자연스런 노화뿐만 아니라 거주자의 오용, 악용, 전용으로 인한 건물 수명 단축을 지양하고자 건물 생애주기에 영향을 미치는 외적 요인을 최소화하는 각종 시책을 추진해 오고 있다. 건물유지관리를 위한 무이자 대출(Interest-free Loan Scheme for Building Maintenance) 프로그램, 건물유지관리를 위한 보조금 지원(Subsidy Scheme for Building Maintenance) 프로그램, 건물운영관리를 위한 보조금 지원(Subsidy Scheme for Building Management) 프로그램, 저층건물의 공용공간 유지관리를 위한 한시적 지원(Provisional Subsidy Scheme for Common Parts Maintenance of Low-rise Building) 프로그램, 건물유지관리를 위한 지원(Support Scheme for Building Maintenance) 프로그램, 건물누수합동지원센터(Joint Centre for Building Leakage Issues), 건물관리분쟁조정센터(Arbitration Centre for Building Management Affairs) 등 총 5가지의 공공지원 프로그램과 2가지 센터가 운영되고 있다(Instituto de Habitacão, 2012a, 2012c, 2012d, 2012f, 2012g; 澳門特別行政區政府 房屋局, 2012f, 2012h, 2012l, 2012m; 澳門特別行政區政府 房屋局, 土地工務運輸局, 衛生局. 法務局, 民定總署, 2012).

건물유지관리를 위한 무이자 대출(Interest-free Loan Scheme for Building Maintenance) 프로그램은 일반 공동주택의 공용공간의 유지 및 수선에 소요되는 비용을 공동주택의 자산 가치에 비례하여 주택건물 소유주(또는 단위주호의 개인 소유주)에게 무이자 대출을 지원한다. 건물유지관리를 위한 보조금 지원(Subsidy Scheme for Building Maintenance) 프로그램에서는 입주자대표회의 산하 건물관리위원회가 결성된 일반 공동주택단지에서 공용공간의 유지관리와 수선 비용을 보조해 줄 뿐만 아니라 공공주택단지 내 공용공간의 상태를 점검하고 주택 유지 및 수선 계획을 수립하도록 주택소유주를 대상으로 마카오 주택청이 서비스를 제공해 준다. 건물운영관리를 위한 보조금 지원(Subsidy Scheme for Building Management) 프로그램은 일반 공동주택단지의 건물운영관리의 질을 향상시키고자 입주자대표회의가 건물관리위원회를 구성하고 장기수선충당금 마련을 지원한다([표 12.4]). 건물유지관리을 위한 지원(Support Scheme for Building Maintenance) 프로그램은 공공주택단지 내 공용공간의 상태를 점검하고 주택 유지 및 수선 계획을 수립하도록 주택소유주를 대상으로 마카오 주택청이 마련한 서비스형 지원 사업이다. 고층건물 못지 않게 저층건물에 대한 주택관리를 지원하는 사업이 마련되었는데, 저층건물의 공용공간 유지관리를 위한 한시적 지원(Provisional Subsidy Scheme for Common Parts Maintenance of Low-rise Building) 프로그램으로 일반 저층 공동주택의 공용공간을 수선 또는 유지에 소요되는 비용을 보조해 준다.

한편, 마카오 주택청이 운영하는 주택관리 서비스 기관으로, 건물누수합동지원센터(Joint Centre for Building Leakage Issues)와 건물관리분쟁조정센터(Arbitration Centre for Building Management Affairs)가 있다. 전자는 [표 12.5]에서 보는 바와 같이 누수나 침수와 같은 주택에서 발생하는 문제점이나 거주자의 애로사항을 해소하기 위해 마련된 원스톱형 종합서비스센터로, 거주자의 주택 관련 애로사항을 편리하고 손쉽게 해결할 수 있도록 마카오 주택청의 총괄하에 정부 3개 부처가 합동으로 기술적 및 법적 지원을 제공하는 민원처리 서비스 기관이다(Instituto de Habitação, 2012c; 澳門特別行政區政府 房屋局, 土地工務運輸局, 衛生局. 法務局, 民定總署, 2012). 반면 건물관리분쟁조정센터는 건물관리와 관련한 분쟁을 해결하고 조정하기 위해 각종 기술 및 행정지원을 무료로 제공한다. 이 센터의 조정업무는 주택관리와 관련하여 크게 2가지 영역으로 구분될 수 있는데, 먼저 직접적인 운영에 관련된 영역으로 각 주택단지의 건물관리위원회 적법성, 입주자대표회의 구성 및 의결사항의 유효성, 건물관리위원회의 권한, 공용공간 관련 분쟁 등을 포함하고, 또 다른 영역에서는 주택관리의 간접적인 운영과 관련되는데, 분쟁 조정, 공소중인 분쟁, 관리비 징수, 주택 매매, 임대, 파손에 따른 보상 등을 다루게 된다.

3. 마카오의 주택관리 전문성을 위한 제도

마카오 특구(MSAR)의 주택관리 역사는 매우 짧으며, 최근 들어 주택관리 부문이 빠르게 성장하고 있다. 주택관리 역사가 비교적 긴 홍콩 특구(HKSAR)의 주택관리 부

| 표 12.4 마카오 특구의 주택관리 관련 주요 프로그램 유형 및 내용

구분	건물유지관리를 위한 무이자 대출 프로그램	건물유지관리를 위한 보조금 지원 프로그램	건물운영관리를 위한 보조금 지원 프로그램
개요	- 일반 공동주택 공용공간의 유지 및 수선 비용을 공동주택의 자산가치에 비례하여 주택건물 소유주(또는 개별 단위주호의 소유주)에게 이자없이 융자 지원	- 입주자대표회의 산하 건물관리위원회가 결성된 일반 공동주택단지 내 공용공간의 유지관리와 수선에 드는 비용을 보조	- 일반 공동주택단지에서 입주자대표회의의 건물관리위원회 구성 또는 장기수선충당금 수립을 통해 건물운영관리의 질을 높이기 위해 지원
지원자격	- 1) 마카오 영주권 소지자 2) 개별주택 또는 주택단지의 소유주 - 3) 공동주택의 (거주자 전체를 대표하고, 입주자대표회의 산하 건물관리를 전담하는 기구인) 건물관리위원회를 통해 신청가능		- 1) 개인(단지 전체를 대상으로 입주자대표회의 첫 모임을 개최하여 법령으로 정한 건물관리 관련 의무사항 이행) 2) 건물관리위원회(주택단지의 장기수선충당금 수립 조치)
지원대상	- 1) 마카오 부동산 등기소에 주거용 또는 상업용으로 등록된 건물 - 2) 최소 10년 이상 된 건물(단, 무허가 건물의 철거, 건물 처마나 내력벽 수리나 수선은 건물연수에 상관없이 지원가능)	- 3) 일반 공동주택단지	
지원내용 및 범위	- 지원내용: 1) 단위주호당 최대 MOP50,000불까지 지원; 2) 공동주택의 경우, 대출신청금액이 최대 대출금액이라도 실제공사비용이 그 이하일 경우, 낮은 금액이 최종 대출금으로 결정	- 지원범위: 1) 건물구조체의 수리와 수선; 2) 건물외관 수리와 수선; 3) 공용설비(예, 엘리베이터, 소화방재, 전기설비, 수도배관, 배수설비 등) 수리; 4) 무허가 건축물 철거; 5) 처마 또는 내력벽 수리 및 수선	- 지원내용: 1) 공사비의 30% 또는 개별 단위주호당 최대 MOP5,000불 중 낮은 금액으로 지원; 2) 지원횟수 제한 없으나, 최근 5년 동안 단위 주호당 최대 MOP5,000불까지만 지원되며, 동종의 공사로 중복지원 불가 - 지원범위: 1) 건물구조체와 건물 내외부 수선과 유지관리; 2) 부대시설 수선; 3) 무허가 건축물의 철거; 4) 처마와 내력벽의 유지관리와 수선
지원절차	- 1) 신청서와 구비서류(예, 지원자의 신분증, 마카오 부동산 등기소 발행 건물 대장, 관계기관의 공사허가서, 공사예산서, 입주자대표회의가 승인한 공사허가 증빙내용, 공사비용 내역서 등)를 갖춰 마카오 주택청에 제출; 2) 마카오 주택청의 건물수리기금관리위원회에서 심사; 3) 구비서류가 모두 제출된 날로부터 45일 이내 지원자에게 결과를 서면통보; 4) 대출금은 승인일로 부터 20일 이내 선수금(30%)을 지급하고 잔금(70%)로 나중에 지급(공동주택의 건물관리위원회가 신청자인 경우, 사유서 첨부 대출금 전액을 일시불로 수취가능); 5) 공사 완료 후 지원자는 등록된 전문기술자가 발행한 공사완료증서와 공사대금 청구서 제출; 6) 대출 승인일로부터 30일 이내 공사비 영수증을 마카오 주택청에 제출 - 상환절차: 1) 대출금 전액을 받은 날로부터 1개월부터 상환 가능; 2) 마카오 주택청의 건물수리기금관리위원회에서 결정한 상환 납입액을 대출금 전액이 지급된 날로부터 3년 이내 매월 10일 전까지 지정된 장소로 납부; 3) 대출금 미상환 시 해당 주택은 추후 지원신청이 제한; 5) 조기상환을 원할 경우, 마카오 주택청의 건물수리기금관리위원회에 신청; 6) 상환연장이 필요한 경우, 지원자의 재정적 상태(실업, 중대한 상해 또는 질병으로 인한 사유 포함)를 증명할 수 있는 관계기관의 증빙서류를 첨부하여 마카오 주택청의 건물수리기금관리위원회에 신청	- 1) 지원서, 공사시방서, 구비서류(예, 건물관리위원회의 의장 신분증 사본, 건물관리위원회 선거 및 운영절차 관련 회의소집 공지문, 회의참가 일지, 회의록 등의 서류, 부동산 등록 대장 사본, 마카오 국토청의 공사 허가서, 공사비, 내역, 지불방식 등이 포함된 공사예산서, 공동주택 입주자대표회의에서 공사 승인 및 지원금 신청에 관한 의결내용 등)를 갖춰 마카오 주택청에 제출; 2) 공동주택단지의 건물관리위원회가 지원하는 경우, 각 지원서 취합하여 마카오 주택청으로 제출; 3) 건물유지관리기금위원회에 사유서 제출하여 승인된 경우를 제외하고는 공사완료 전 지원서 제출; 4) 마카오 주택청의 주택유지관리기금위원회에서 는 모든 서류를 제출한 날로부터 45일 이내 지원자와 건물관리위원회에 게 심사결과를 서면·통보; 5) 마카오 주택청의 주택유지관리기금위원회의 재정이 허락하는 범위 내에서 지원금 배정(신청자 수가 많아 재원 초과시 대기자 명단을 운영하고 이 사실을 건물 관리위원회에 통보하며 추가 재원을 확보되는대로 심사 재개); 6) 지원금 수혜자는 공사완료 후 등록된 기술자가 발행한 공사 완료 증명서류, 공사비 납부내역이 포함된 명세서, 영수증을 제출; 7) 지원금은 해당 공사업체에 직접 송금되고 이 사실을 건물관리위원회로 서면통보	- 1) 지원서, 구비서류(지원자의 신분증 사본, 부동산 등기 대장 사본)를 갖춰 마카오 주택청에 제출; 2) 지원분야에 따른 추가서류 첨부: i) 공동주택단지의 입주자대표회의 첫모임을 소집일 경우, 입주자대표회의 회의소집 권한 증명, 건물관리위원회 선출, 장기수선충당금 수립, 건물운영관리를 위한 지원 프로그램의 신청 계획 등에 관한 사본; ii) 장기수선충당금 수립일 경우, 입주자대표회의 첫모임의 (건물관리위원회 선출 내용을 담은) 회의록 사본, 건물관리위원회의 위원 전원의 신분증 사본, 장기수선충당금 마련과 건물운영관리를 위한 지원 프로그램의 신청 계획 내용을 담은 회의 소집 공고문 사본 등이 필요; 3) 기타 마카오 주택청이 요청하는 지원자의 의무사항 이행 증명 서류: i) 지원자가 입주자대표회의 첫모임을 개최할 권한을 갖고 있 는 경우, 첫 회의에서 나온 결의사항을 공지한 날로부터 30일 이내 건물위원회 선출 내용을 담은 회의록 사본, 건물관리위원회의 위원에 관한 정보를 제출; ii) 장기수선충당금 수립에 관한 경우, 입주자대표회의 첫모임의 의결사항을 공지한 날로부터 30일 이내 관련 회의록 제출; iii) 지원자는 입주자대표회의 소집비용을 포함한 서류 제공; iv) 마카오 주택청이 요청하는 모든 서류를 제공; 4) 모든 서류 제출 후 마카오 주택청의 건물수리기금관리위원회에서 심사하여 사전에 정한 한도액을 넘지 않는 범위에서 지원금 결정(예, 입주자대표회의 회의소집 경비는 실비로 지원); 5) 상기 3)의 의무사항을 준수한 날로부터 30일 이내 지원금 지불
취소사유	- 1) 불법으로 대출금을 받은 경우; 2) 승인된 내용과 다르게 공사비를 사용할 경우; 3) 공사 중 건물 소유주가 변경되고 대출금을 미상환한 경우(승계나 단순한 양도로 대출금상환이 완료된 경우 제외); 4) 3개월 연속 상환 납입을 연체할 경우; 5) 지정된 날짜에 완공하지 못하였거나 공사계획서대로 시행하지 않은 경우	- 1) 불법으로 지원금 신청을 한 경우; 2) 당초 승인받은 용도와 달리 지원금을 전용하는 경우; - 3) 건물관리위원회의 요청 등	
취소절차	- 1) 대출금 승인 취소를 통보일로부터 30일 이내 전액 반환; 2) 취소일로부터 2년 이내 당해 사업 신청 불가; 3) 불법으로 취소된 경우, 민사 또는 형사처벌되며, 미상환시 강제 징수함	- 1) 취소 통지를 받은 날로부터 30일 이내 수혜자는 지원금 전액을 반환; 2) 취소 사유가 불법으로 지원금을 취득한 경우, 민사처벌 또는 형사처벌되며, 수혜자가 지원금을 상환하지 않으면, 마카오 재무청에 의해 강제징수함	

출처: Instituto de Habitacão(2012a, 2012f, 2012g); 澳門特別行政區政府 房屋局(2012f, 2012m).

| 표 12.5 마카오 특구의 건물누수합동지원센터 업무 및 관련 부처의 지원 내용

<table>
<tr><th colspan="2">기관명</th><th>주요 업무 내용</th></tr>
<tr><td colspan="2">건물누수합동 지원센터 (Joint Centre for Building Leakage Issues)</td><td>- 1) 공동주택단지의 주거용 및 상업용 주호들의 물리적 사항들, 2) 공동주택단지의 공용공간 또는 단위주호의 침수나 누수, 3) 전문기술자에 의한 점검 후 누수원인이 밝혀지지 않은 경우, 4) 관련 부서에서 제공된 정보 또는 기술 보고서를 분석하여 마카오 주택청에서 해당 사건을 검토하여 평가한 후 적절한 조치를 취해야 하는 경우(누수발생이 공용공간 또는 단위주호에 따라 후속 조치와 절차는 달라짐)
- 민법과 관련 법령에서 정한 주택소유주의 정기적인 수선 및 유지관리 의무사항, 의무 불이행시 처벌에 대한 공지
- 적절한 수선조치를 하지 않아 공중위생을 위협할 경우, 개인 건강 및 공중보건에 영향을 주는 요인들을 제거 또는 차단하기 위한 강제조치 단행
- 공동주택단지의 입주자대표회의 산하 건물관리위원회나 주택관리사무소가 누수원인을 찾아 해결하기 위해 관계자(예, 국토청에 등록된 건설업체 및 기술자들) 소집, 공용공간의 후속 수선작업을 조치하는 등의 업무 수행을 지원</td></tr>
<tr><th>부처명</th><th>기관명</th><th>담당업무 내용</th></tr>
<tr><td rowspan="2">국토부</td><td>주택청</td><td>- 1) 거주자 불평과 불만 접수; 2) 사건 및 사고에 대한 후속 조치; 3) 사고 현장 및 사건 경위에 대한 정보 수집; 4) 주택 소유주에게 항소 통지 및 문서 발송; 5) 비정부단체와의 연계 및 즉각적인 대응 조치; 6) 정기적인 업무처리 보고서 제출; 7) 민원처리과정의 투명성을 위한 정보관리시스템의 운영, 공공기관 및 언론매체와의 공조; 8) 사건처리 과정에서의 각종 정보 제공; 9) 건물유지관리를 위한 무이자 대출(ILSBM), 건물유지관리를 위한 보조금 지원(SSBM), 건물운영관리를 위한 보조금 지원(SSBM) 프로그램 등의 지원 권유; 10) 사건처리과정의 감독 및 조정 등의 업무 수행</td></tr>
<tr><td>국토청 (Land, Public Works and Transport Bureau)</td><td>- 1) 관련 공사계획 수립; 2) 사고 현장의 피해상황을 조사하여 30일 이내 보고서(또는 초안) 제출(불법공사로 인한 누수일 경우, 공사내용에 대한 조사착수); 3) 접수된 사고의 수습 처리를 위한 관련 대책 마련; 4) 수선작업의 기한을 관계자들에게 통지 등
- 주택/건물 소유주의 적절한 수선 책임을 이행하지 않을 경우, 위반행위에 대한 처벌과 제재 조치를 취함
- 유독한 하수배출로 인한 누수는 당청은 그 불법조치에 대한 행정절차 진행</td></tr>
<tr><td rowspan="2">내무부</td><td>법무청 (Legal Affairs Bureau)</td><td>- 보건청이 해당 주택을 공중위생의 위험구역으로 지정할 경우 국토청의 개량계획에 따라 긴급 수선 또는 청소작업을 명령</td></tr>
<tr><td>내부청 (Civic & Municipal Affairs Bureau)</td><td>- 공동주택 주택소유주의 권리와 의무를 명시한 관련법을 알리고, 소송절차에 대해 공지</td></tr>
<tr><td>보건부</td><td>보건청 (Health Bureau)</td><td>- 공중위생을 위협하는 정도를 평가하여 그 심각수준에 따라 사고 해결 및 수습 기한을 제시하며, 거주자와 관리사무소에서 취할 수 있는 수선조치를 취하고, 필요시 관련법에 근거하여 주택소유주의 허락없이 개별주택의 방문 또는 출입하며, 주택청 및 관련 부서에 해당정보를 제공하는 등의 업무를 수행</td></tr>
<tr><td colspan="2">비정부단체 (Nongovernmental Organizations)</td><td>- 해당 주택의 소유주에게 건물유지관리에 대해 교육시키고, 관련 지원을 위해 정부의 도움을 요청</td></tr>
</table>

출처: Instituto de Habitacão(2012c); 澳門特別行政區政府 房屋局, 土地工務運輸局, 衛生局. 法務局, 民定總署(2012).

문과 유사하게 발전시키려는 추세이다. 마카오 특구(MSAR)의 주택관리 업체들은 주택단지와 주상복합건물뿐만 아니라 대형 쇼핑센터, 호텔, 카지노, 리조트에 이르기까지 다양하게 관리대상을 넓히고 있으며, 주상복합건물이나 대형 상업용 건물 상당수는 홍콩 기반 주택관리 전문업체들이 관리하고 있으며 전문인력 상당수는 홍콩 특구(HKSAR)의 주택관리 전문 업체에서 파견 나온 직원들이다. 최근들어 지역 출신 전문인력들이 배출되기 시작하였지만, 여전히 주택관리 전문인력을 양성하기 위한 제도적 기반이 다소 약하다. 마카오 소재 대학들 모두 관광업 및 도박업의 높은 인력 수요로 해당 인력 양성에 역점을 두고 있어 주택관리 관련 교육프로그램을 제공하지 못하고 있는 실정이다. 또한 홍콩 특구(HKSAR) 등에서 교육받은 기존 주택관리 전문인력들조차 주택 및 주거용 건물 관리 보다는 상업용 건물 관리의 인력 수요가 더 높고 월등히 좋은 근무조건 때문에 상업용 건물 관리분야로 이탈되고 있는 것도 주택관리의 제도적 기반을 약화시키는 요인이다. 근래 들어 마카오 특구(MSAR)에서는 주택관리 관련 단체들이 설립되기 시작하였다. 일례로 마카오 특구(MSAR) 주택관리 분야 전문인력들의 모임인 마카오주택관리사협회(Macau Property Management Professionals Association)와 마카오 주택관리 전문업체들의 모임인 마카오자산관리업체협의회(Property Management Business Association Macao)는 최근 5년 이내에 구성되었다. 이러한 여건에서 마카오 특구(MSAR)의 주택관리 부문은 당분간 홍콩 특구(HKSAR)의 주택관리 전문업체와 인력에 의존할 수밖에 없는 상황이지만, 향후 마카오 특구(MSAR) 주택관리 산업은 그 규모와 대상을 고려할 때 성장가능성이 매우 크다는 점에서 거의 모든 전문가들이 공통적으로 인식하고 있다.

참 고 문 헌

이현정, "홍콩의 고령자 주거지원정책 및 고령자 주택 특성 분석", 『대한건축학회논문집』, 제23권 제4호, pp.37-44, 2007.

이현정, "홍콩의 중산층 고령자를 위한 주택개발 및 주택관리 사례분석," 『대한건축학회논문집』, 제25권 제11호, pp.53-60, 2009.

이현정・윤정득, "마카오 특별행정구역의 주택공급 및 주택관리에 관한 고찰", 『국토연구』, 제67권, pp.89-103, 2010a.

이현정・윤정득, "홍콩의 주택정책 변천 및 주택계획 특성에 관한 고찰", 『대한건축학회논문집』, 제26권 제11호, pp.227-235, 2010b.

Census & Statistics Department, The Government of the Hong Kong Special Administrative Region of the People's Republic of China. Hong Kong.

Chiang, C.M. "Government intervention in housing." Housing Studies, Vol. 20 No.1, 2005, pp.149-155.

Chan, E.Y.L. "Concepts, principles and evolution." In: R.L.A. Chiu (ed.), Professional Housing Management Practices in Hong Kong, pp.5-34. Hong Kong University Press, Hong Kong, 2006.

Clapham, D. "The social construction of housing management research." Urban Studies, Vol. 34 No. 5, 1997, pp.761-774.

Clapham, D,B. Franklin & Saugeres, L.. "Housing Management." Housing, Theory and Society, Vol. 17 No. 2, 2000, pp.68-82.

Franklin, B. & Clapham, D. The social construction of housing management. Housing Studies, Vol. 12 No. 1, 1997, pp.7-26.

HKHS(Hong Kong Housing Society) & URA(Urban Renewal Authority). Integrated Building Maintenance Assistance Scheme, 2013.

Hong Kong Education Bureau. Specification of Competency Standards. Wanchai, Hong Kong, 2008.

Instituto de Habitacão. Interest-free Loan Scheme for Building Maintenance. Governo da Região Administrativa Especial de Macau, 2012a

Instituto de Habitacão. Introduction for the Fitting-out Works of Economical Housing. Governo da Região Administrativa Especial de Macau, 2012b.

Instituto de Habitacão. Joint Centre for Building Leakage Issues. Governo a Região Administrativa Especial de Macau, 2012c.

Instituto de Habitacão. Provisional Subsidy Scheme for Common Parts Maintenance of Low-rise Building. Governo da Região Administrativa Especial de Macau, 2012d.

Instituto de Habitacão. Social Housing. Governo da Região Administrativa Especial de Macau, 2012e.

Instituto de Habitacão. Subsidy scheme for building maintenance. Governo da Região Administrativa Especial de Macau, 2012f.

Instituto de Habitacão. Subsidy Scheme for Building Management. Governo da Região Administrativa Especial de Macau, 2012g.

Kwong, T.M. Property Management and its Companies in Hong Kong. Lecture note from the International Residential Property Development and Management Program. 2011.

Macau Housing Bureau. Professionalism of Housing Management. In 2011.

Proceeding of the Asia Pacific Housing Management Forum, Macau, June 11, 2011.

Macau Housing Bureau. Overview of housing in Macau. Briefing report from the International Residential Property Development and Management Program Jan. 10, 2012.

Macao SARG. Portal do Governo da RAE de Macau.

Statistics & Census Service, Government of Macao Special Administrative Region.

Yeung, Y.M. & Wong, T.K.Y. Fifty years of public housing in Hong Kong. The Chinese University Press, 2003.

澳門特別行政區政府 房屋局. 經濟房屋, 2012a.

澳門特別行政區政府 房屋局. 經濟房屋 管理委員會, 2012b.

澳門特別行政區政府 房屋局. 經濟房屋管理知多少, 2012c.

澳門特別行政區政府 房屋局. 經濟房屋 分層所有人(小業主)之義務, 2012d.

澳門特別行政區政府 房屋局. 經濟房屋 裝修工程說明, 2012e.

澳門特別行政區政府 房屋局. 樓宇維修基金 樓宇管理資助計劃, 2012f.

澳門特別行政區政府 房屋局. 房屋局, 2012g.

澳門特別行政區政府 房屋局. 分層建築物所有人之權利與義務, 2012h.

澳門特別行政區政府 房屋局. 社會房屋, 2012i.

澳門特別行政區政府 房屋局. 自置居所信用擔保計劃, 2012l.

澳門特別行政區政府 房屋局. 低層樓宇共同設施維修 臨時貸助計劃, 2012m.

澳門特別行政區政府 房屋局, 土地工務運輸局, 衛生局. 法務局, 民定總署. 樓宇參漏水 聯合處理中心, 2012.

portal.gov.mo/web/guest/citizen 2014

www.censtatd.gov.hk

www.doopedia.co.kr

www.dsec.gov.mo

www.gov.hk

제 4 부

공동주택관리의 미래상

제13장

중앙정부와 지자체 역할

김선중(울산대학교)

분양공동주택은 사유재산이므로 관리는 사적자치의 원칙에 따라 소유자가 관리해야 할 사항이기 때문에 정부나 지자체가 관여하지 않는 것이 원칙이다. 그러나 불특정 다수인 간의 이해관계를 조정하고 쾌적한 주거생활 유지를 위해서는 정부나 지자체가 관여해야 할 공공성을 내포하고 있으며, 공공성의 필요성은 공동주택의 규모에 비례해 증가한다. 단지규모가 20세대 이하인 경우에는 사적자치 원칙에 따라 정부나 지자체가 관여해야 할 공공성이 약하므로 현행 주택법은 이에 대해서는 관여하지 않는 '임의적 관리대상'으로 규정하고 있으며, 20세대 이상의 공동주택은 주택법에 근거해 관리해야 하는 '의무적 관리대상'으로 규정하고 있다. 의무적 관리대상 공동주택 중에도 일정 규모 이상에는 의무적으로 주택관리사(보)를 관리사무소장으로 배치토록 했고, 500세대 이상 공동주택에는 주택관리사보가 아닌 주택관리사를 배치토록 하는 등 공동주택 규모에 따라 차등적 의무를 부과하고 있어 공동주택 규모에 따라 그 공공성의 차등을 주고 있다.

이 외에 주택법을 통해 공동주택관리의 기준을 제시하는 등 정부나 지자체가 공동주택관리에 직간접적으로 참여하고 있다. 현재 공동주택관리에 있어 정부와 지자체의 역할을 살펴보고 공동주택관리제도 개선을 위한 지자체의 역할을 제시한다.

I 우리나라 공동주택관리

주택건설에서 아파트(이하 "공동주택"이라 함)의 건설량은 지역별로 다소 차이는 있으나 80년대 대략 50%를 상회하기 시작하여 2000년을 전후로 100%를 상회하고 있어 공동주택은 한국 주택을 대표하는 주택유형의 하나로 자리매김하고 있다. 아파트는 특성상 여러 세대가 한 단지 안에서 시설과 공간을 공유하면서 거주하기 때문에 관리는 단독주택과 달리 보다 더 조직적이고 체계적으로 진행되어야 한다. 이러한 아파트관리의 요구를 충족시키기 위하여 1979년에 공동주택관리령과 공동주택관리규칙을 제정하였으며, 1987년에 의무관리대상 공동주택에서는 자격을 갖춘 주택관리사 의무배치제도를 도입하였다. 또한 공동주택 노후화 방지와 주거생활 향상을 위해 주택법과 주택법시행령, 주택법시행규칙을 제정하여 2003년 11월 30일부터 시행하고 있다. 이렇듯 아파트의 관리가 점차 전문화되고 관련 제도의 개선이 꾸준히 이루어지고 있음에도 불구하고 현실적으로 관리업무의 비효율성, 입주자의 무관심, 입주자・입주자대표・관리주체 간의 갈등 및 불신 등 관리에서 나타나는 문제점은 다양하며 관리업무에 대한 책임소재 또한 논란이 일고 있다.

현재 중앙정부와 지자체에서 시행하는 주택관리는 공동주택관리로 생각하는 것이 일반적이다. 기존의 공동주택관리의 범위는 통상적으로 건물의 운영관리, 유지관리, 입주자관리로 구분하여 업무를 다루고 있는데 이는 현재 관리업무 내용 현황으로 볼 때 극히 제한적이라고 할 수 있다.[1] 그러므로 공동주택관리를 공동주거관리의 개념으로 전환하는 것이 필요하다. 따라서 거주자 중심의 공동체 의식 증진을 목적으로 하는 자발적이고 능동적이며 단지와 지역에 애착을 가질 수 있는 적극적인 관리의 방향을 공동주거관리 개념으로 접근하는 것이 더욱 효과적이라고 생각한다.

공동주거관리 개념이란 주민들의 다양한 삶을 담고 있는 공동체를 위한 능동적 관리를 뜻한다. 거주자는 물론, 관리주체 및 건설업체, 정부와 지자체와의 상호 협조 아래 휴먼웨어 관리, 공동주택에서의 물리적 공간 및 시설의 유지 관리, 개선 등 하드웨어 관리와 주민들의 편리하고 윤택한 삶을 위한 주거문화를 공유하고자 하는 공동

1) 권명희・김선중(2013), '공동주택관리업무의 체계적인 분류에 관한 연구'에서 공동주택관리업무를 운영관리, 행정관리, 유지관리, 기술관리, 생활관리, 환경관리 등 관리업무를 7개 유형으로 제시하고 하위범주로 36개 업무를 제시하였다

체 규범과 함께 생활 서비스, 커뮤니티프로그램 개발과 운영 등의 소프트웨어 관리가 이루어져야 한다. 정부와 지자체는 이러한 매커니즘 안에서 거주자가 중심이 되어 관리 주체 및 관련 기관과의 상호 신뢰와 협조를 바탕으로 관리해 나갈 수 있는 방안을 제시함이 필요하다([그림 13.1] 참조).

| 그림 13.1 공동주거관리 시스템

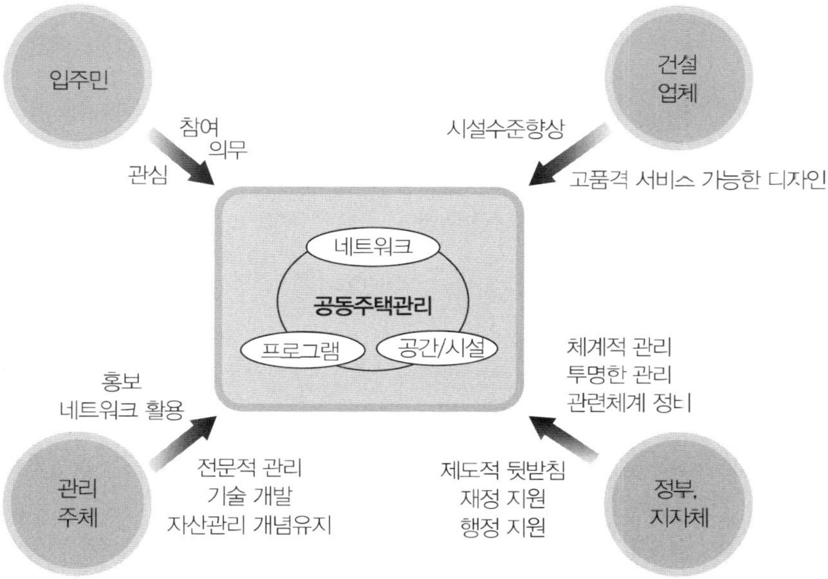

자료: 강순주, 2008 재편집.

본 장에서는 공동주거관리에서 정부와 지자체의 역할을 살펴보기 위하여 공동주거관리와 관련한 주택법규를 분석하고 정부와 지자체가 지원하고 있는 사업을 알아본다.

1. 공동주거관리 관련 법규

1) 주택법

1972년 제정되어 신축 위주의 주택공급 확대에 중점을 두었던 주택건설촉진법은 제정 당시 78.2%에 불과하던 주택보급율을 2002년에 100%를 달성할 정도로 주택부족문제를 해소하는데 크게 기여하였다. 그러나 주거안정을 위해 주거복지기능과 주거관리기능 등 주거생활의 질적 측면을 향상시키는데는 한계가 있었다. 주거관리에 대해서 제38조에 기본적인 주거관리업무를 제시하였고, 제39조에는 공동주택관리사의 역할을 제시했을 뿐이었다([표 13.1]).

| 표 13.1 주택건설촉진법에서 주거관리 관련 내용

개정 99.05.24 법률제5982호

법 조항		주요 내용
법 38조	공동주택의 관리	부대복리시설관리 중심 관리방법결정기준 사업주체관리제시 관리비납부의무 등
법38조2	특별수선충당금의 적립	특별수선충당금납부의무 특별수선충당금 운영기준제시 특별수선 시설의 범위 제시
법39조	주택관리업	
법39조의2	주택관리업의 등록말소등	
법39조의3	주택관리사등의 업무등	유지관리업무 관리비 징수업무 선량한 관리자의 주의로써 그 직무를 수행 의무
법39조의4~7	주택관리사등의 자격, 자격취소, 교육, 공동주택관리에 대한 감독	

현재 공동주택관리는 2003년 제정된 주택법과 이 법에 근거한 공동주택관리규약준칙을 바탕으로 행해지고 있으나 여전히 열악한 관리서비스의 질, 거주자의 무관심, 주택관리사의 자질과 고용안정 등의 문제가 지속적으로 제기되고 있다. 이러한 갈등은 전문화된 주택관리를 정착시키는데 장애요소가 되고 있으므로 이에 대한 대응 방안이 필요하다. 외국의 경우에서 보듯이 공동주택관리의 발전은 관리자나 거주자의 개인적 역량에 의존하여 성취되는 것이 아니라 거주자, 입주자대표회의, 관리자, 아울러 행정 지원이 협력하여 일정한 제도적 틀 안에서 규정되고 진행될 때 달성할 수 있기 때문이다.

| 표 13.2 주택법에서 주거관리 관련 내용

[시행 2014.1.14.] [법률 제12251호, 2014.1.14., 타법개정]

관련법 및 조항	주요 내용
주택법시행령 제57조 제3항	입주자 · 사용자가 관리주체 동의없이 할 수 없는 행위 확대
주택법시행령 제52조 제5항	관리비 예치금 징수 신설
주택법시행령 제50조 제6항	입주자대표회의 변경내용 신고 및 교육 신설
주택법시행령 제52조 제1,4항	관리방법 및 위탁관리업자 변경방법 신설
주택법시행령 제54조 제1항	관리업무의 인수 · 인계 시 투명성 확보
주택법시행령 제56조	관리업무 전산화 신설
주택법시행령 제57조	공동주택관리규약에 정할 내용 개정 및 신설
주택법시행령 제58조 제1항	관리비 구성내역 개정
주택법시행령 제63조	장기수선계획 수립대상 확대
주택법 제51조	장기수선충당금 용어와 사용절차 개정
주택법 제52조	분쟁조정위원회 신설
주택법 제55조 제4항	관리사무소장의 배치신고 신설
주택법시행령 제74조 제6항	주택관리사보 자격시험과목 내용 변경
주택법 제48조	리모델링 조항 신설
주택법 제 43조 제8항	공동주택관리 비용지원

2) 임대주택법

임대주택은 건설임대주택, 매입임대주택, 준주택 중 오피스텔, 장기전세주택, 준공공임대주택으로서 관리는 임대주택법이 기본이 되며 임대주택법에서 제시한 내용 이외의 업무는 주택법에 준하여 행한다.

임대주택의 입주자(임차인)는 임대보증금, 임대료, 관리비 및 사용료를 납부하고, 임대사업자는 주요 시설을 교체하고 보수하는 데에 필요한 특별수선충당금을 적립하여야 하며, 건설임대주택의 사업자는 임대보증금에 관한 보증에 가입하여야 한다. 임차인들은 임차인대표회의를 구성하여 임대사업자와 임대주택의 관리 방법에 대해 협의할 수 있고, 임대주택 관리 등 양자간에 발생하는 분쟁은 임대주택분쟁조정위원회에서 조정하여 해결할 수 있다.

| 표 13.3 임대주택법에서 주거관리 관련 내용

법령	제목	내용
임대주택법28조 시행령 27조	임대주택의 관리	주택법 53조 기준으로 관리방법 규정 관리비 징수 자체관리시 기술인력 및 장비기준제시 의무관리 대상규정(300세대 이상의 공동주택, 승강기가 설치된 공동주택, 중앙 집중식 난방방식의 공동주택) 통합관리기준제시
임대주택법29조 시행령 28조	임차인대표회의	임차인대표회의 구성시점 · 신고 임차인대표의 역할 임차인대표의 선출(선거) 회의록 보관 · 열람 의무
임대주택법30조 시행령 29조	부도임대주택등의 임차인대표회의	임대사업자를 대신하여 부도임대주택의 관리
임대주택법31조 시행령 30조	특별수선충당금의 적립 등	특별수선충당금의 징수 · 적립 등 특별수선충당금의 요율 · 사용절차

2. 공동주택관리규약

공동주택관리규약은 주택법에 의한 법적사항으로서 준칙이나 표준관리규약을 기초로 하여 입주자 등이 정하여야 할 기본적인 사항의 참고자료로 활용되며, 당해 단지의 실정에 맞추어 규정함으로써, 당해 공동주택 단지의 분쟁을 방지하고 입주자 등이 주민화합을 도모할 수 있다. 이러한 규약에 각 동대표로 구성되는 입주자대표회의나 내력벽과 같은 구조물에 대한 손상 금지사항 등 주택법시행령 제57조에 의거하여 포함하여야 할 조항에 대해 강행규정으로 정하고 있어 법적 지위를 포함하는 부분도 있다. 즉 관리규약에는 단순한 '계약성'만 내재된 것이 아니고, 공동주택관리와 주거생활의 질서유지를 위한 '법규성'도 내재되어 있다.

1) 분양주택표준관리규약

1970년 후반에는 70년대 초반부터 시작하였던 분양주택의 공급이 점차 확대되면서 관리내용의 세부적인 보완 요구가 증대되었다. 따라서 1977년 주택건설촉진법이 전문 개정되면서 주택관리제도가 신설되고 복리시설 관리기준과 입주자의 의무규정

등 관리규약의 제정이 의무화가 이루어졌다. 그러나 아파트 등 공동주택의 입주자가 주택을 일시적인 거처로 생각함으로써 자발적인 관리행위가 어렵게 되었다. 이에 따라 1979년 공동주택 소유권에 대한 공적규제의 근거로 정부는 주택건설촉진법 시행령의 규정을 보완해 공동주택관리령과 공동주택관리규칙을 제정하였다. 이 규칙의 내용은 주택건설업자들이 분양한 뒤에 관리업무까지 계속 맡으면서 주민과의 다찰 등이 일어나는 부작용을 막기 위한 위하여 사업주체의 의무관리 기간을 신설하였으며 그 외 사업주체의 하자보수 의무화와 특별수선충당금의 적립의무화 등의 유지관리브문의 물적·환경자원에 대한 관리에 초점을 두었다.

1980년대 초반에는 주택건설촉진법 및 공동주택관리령의 전문개정으로 관리규약의 제정 및 개정절차에 대해서 구체화하였다. 이외에도 1984년 건설부 고시 공동주택의 장기수선에 관한 규정과 회계처리규정, 집합건물의 소유 및 관티에 대한 법률 제정과 함께 전국을 위한 표준공동주택관리규약을 제정하였다. 이 제정 내용은 법령에 있지 않은 사항에 대해 입주민들이 모범으로 삼을 수 있도록 제시하기도 했다. 특히 주거 질서를 확립하기 위한 방안으로 공동생활규범을 규정하는 표준관리규약을 제정하는 한편 공동주택의 생활요령을 비디오 등을 활용하고자 하는 인적자원에 대한 공동생활관리 규범내용이 추가하기 시작하였다. 1980년대 후반에는 공동주택이 단독주택과 달리 엘리베이트와 복도, 각종시설물 등 공용부분의 관리와 보수 및 수선이라는 관리의 문제가 큰 골칫거리로 대두되면서 합리적인 제도가 필요한 사회적인 요구에 따라 주택관리사 제도의 도입과 주요내용으로 차츰 공동주택의 노후화방지를 위한 장기대책수립과 안전사고의 방지 등 주로 건물의 유지관리를 주요업무로 물적·환경자원에 대한 관리에 초점을 두고 있었다.

여전히 90년대 초반에도 공동주택 구조부의 안전 등 유지관리업무를 중시하였을 뿐만 아니라 입주자 권익보호를 위해 동별대표자 자격범위 확대와 공사 및 용역 절차 등의 운영관리 그리고 회계감사와 관련된 행정관리부문에 대한 무형자원에 대한 관리가 관리규약에 강화되기 시작하였다. 90년대 중반에는 전국 공동주택관리규약의 모델을 폐지하고 대신 시도지사가 제정한 준칙에 따라 입주자들이 관리규약을 저정할 수 있도록 하였으며 규약에 관리비 산정 방법을 포함하였다. 90년 후반에는 관리주체와 입주자간의 분쟁소지를 없애기 위해 전유부분과 공유부분에 대한 명확한 기준도 마련하였다. 그리고 시민단체인 참여연대 아파트 공동체 연구소와 서울시는 관리의 투명화를 위해 관리비 등 아파트 비리 등을 없애기 위해 공영부분과 전용부분의 관리비 부담을 명확히 하거나 관리비 세대별 부담액 산정방법과 입찰과 관련된 회계 관련 규정 그리고 선거관리와 관리규정을 신설하는 등 운영 및 행정관리부문의 무형자원에 대한 관리 내용이 꾸준히 보완됨을 알 수 있다.

2000년대에는 주택법이 제정됨에 따라 거주자간의 분쟁을 줄이기 위해 점차적으로 애완용 동물 사육과 층간소음에 대한 기준 등 기초생활예절인 인적자원에 대한 관리 내용이 추가하기 시작하였다. 그리고 입주자의 권익을 더 강화하기 위하여 보육임대시설에 대한 규정과 선거관리위원회 구성 및 자생단체의 운영기준을 입주자대표회의 의결사항에 포함시키는 무형자원에 대한 관리 내용이 새롭게 포함하였다.

2010년 이후 최근에는 공동체 활성화 단체 및 활동을 지원하는 공동체 활성화단체 운영규정과 소음예방대책과 세대 간 갈등이 발생 시 대응하는 순서에 대한 세부적인 인적관리에 대한 하부규정에 대한 내용을 담고 있다. 그리고 관리비 장부 열람 및 정보공개, 선거관리위원회의 업무 및 운영경비, 잡수입금 운영 그리고 공동주택 회계처리기준 및 입주자대표회의 운영비규정 등 하부 규정을 마련하는 등 무형자원에 대한 내용을 부가적으로 보완하고 있다. 뿐만 아니라 입주민의 권익보호와 안전, 질서확립을 위해 주차장 관리규정, 승강기 운영규정, 시설물 운영에 대한 하부규정도 추가되고 있는 추세이다. 분양주택은 관리주체가 임대사업자인 임대주택과 다르게 입주자 등에 의해 관리방식이 결정하기 때문에 관리방식에 따른 취업규칙 및 인사규정, 주택관리업자선정방법과 함께 위・수탁관리계약에 대한 세부적인 하부규정에 대한 내용을 포함하고 있다.

2) 임대주택표준관리규약

임대주택 표준관리규약은 주택법 제44조와 주택법시행령 57조를 준용하고 있으며 2000년 임대주택법 개정 이후 관리규약이 제정되기 시작하였다. 임대주택 관리규약의 제정 및 개정은 분양주택과 동일하게 임대료 관리와 주택유지・보수 협의를 위한 임차인 대표회의를 단지별로 구성할 수 있도록 되어 있고, 임대사업자와 임차인대표회의가 협의하여 결정할 수 있도록 하였다.

우리나라의 임대주택 표준관리규약은 참여연대 아파트공동체연구소에서 최초로 마련한 모범 임대주택 표준관리규약과 시민연대의 임대주택 표준관리규약, 지자체에서 최초로 마련한 경기도 임대주택 표준관리규약, 대한주택공사, 가장 최근에 개정한 LH공사와 SH공사의 임대주택 표준관리규약을 들 수 있다. 이들 규약의 기본적인 내용에는 입주자 등의 권리 및 의무와 입주자대표회의의 구성 및 은영과 그 구성원의 의무 및 책임, 선거관리위원회 그리고 관리비의 부담방법 및 징수절차를 포함한 회계 등 인적자원과 물적·환경자원을 뒷받침하는데 필요한 운용프로그램인 무형자원에 대한 관리 내용이 있다. 그리고 관리주체의 업무와 책임 등 물적·환경자원 관리의 내용을 포함하고 있다. 규약에 포함되어있는 인적자원에 대한 관리내용은 관리주체의 동의기준을 비롯한 기초생활예절 등이 있다.

아파트공동체연구소와 시민연대 등의 초창기 규약에는 입주자교육 내용의 무형자원에 대한 관리와 에너지절약과 관련된 공동체문화프로그램 개발 등의 인적자원에 대한 내용을 포함하고 있으며, 민주적 관리와 주민자치에 초점을 두어 원활한 관리와 운영에 필요한 규정을 하였다. 경기도와 대한주택공사의 규약을 통하여 살펴보면 점차적으로 회계절차와 관련된 무형자원에 대한 관리 내용을 보완하여 관리비의 분쟁을 방지하고 투명제고를 통한 건전한 주택관리문화 정착에 초점을 두고 있다.

가장 최근에 제정한 LH공사와 SH공사의 규약에는 잡수입의 집행 관리비 장부 열람과 선거관리위원회 등의 운영 및 행정관리의 무형자원에 대한 관리와 임대주택 공동생활 침해자에 대한 권고 등의 규제 내용과 공동체 활성화 단체 및 활동을 지원하는 인적관리의 내용이 추가 되고 있다. 따라서 최근에는 임차인의 보호와 분쟁조정 그리고 질서유지 등 투명하고 공정함에 초점을 맞추려는 추세이다.

표 13.4 임대주택 표준관리 규약의 제정

단 체	목 적	특 징
참여연대 아파트공동체연구소(2000) 시민연대(2000)	입주민의 공동이익을 증진하고 쾌적한 주거환경을 조성하며 주민자치의 원활한 실현	• 민주적인 관리와 운영 (공동체문화 프로그램 개발 등) • 임차인 자치권 강화
경기도(2001) 대한주택공사(2004)	임차인의 공동이익을 증진하고 양호한 주거환경을 확보함을 목적	• 분쟁방지 • 건전한 주택관리문화 정착
LH공사(2010) SH공사(2011)	임차인등의 보호와 주거생활의 질서유지 및 쾌적한 주거환경 조성을 목적	• 임차인의 보호 • 분쟁조정 • 질서유지

Ⅱ 공동주택관리 지원시스템

공동주택이 사유재산이어서 규제 및 지도감독에 머물렀던 소극적인 행정에서 표준관리규약의 제정, 자치능력 고양을 위한 자료제공, 지원센터 운영, 우수관리단지 선정 등 적극적인 행정지원으로 변하고 있다.

1. 공동주택관리 분쟁조정위원회

공동주택과 관련한 분쟁양상이 나날이 다양해지고 있어 분쟁을 해결하는 방법도 기존의 분쟁해결 방식인 민·형사적인 분쟁 해결방법으로는 근원적으로 해결하는데 한계가 있다. 공동주택과 관련한 분쟁을 해결하기 위해서는 지방자치단체의 적극적·예방적인 행정, 분쟁 양상에 따른 다양한 분쟁해결 방안의 모색, 아파트 관련 전문가의 결합이 절실히 필요하다. 분쟁조정위원회는 현재에 있어서 공동주택과 관련한 문제를 해결하는 바람직한 제도적 장치이다.

주택법에 근거하여 공동주택의 입주자·사용자·관리주체·입주자대표회의 또는 리모델링주택조합 간의 분쟁을 조정하기 위해 시·군·구에 두는 위원회를 말한다. 공동주택관리분쟁조정위원회에서 심의·조정하는 사항은 다음과 같다. ① 입주자대표회의의 구성·운영 및 동별 대표자의 자격·선임·해임·임기에 관한 사항, ② 자치관리기구의 구성·운영 등에 관한 사항, ③ 관리비·사용료 및 장기수선충당금의 징수·사용 등에 관한 사항, ④ 공동주택(공용부분만 해당한다)의 유지·보수·개량 등에 관한 사항, ⑤ 공동주택의 리모델링에 관한 사항과 층간소음에 관한 사항, ⑥ 그 밖에 공동주택의 관리와 관련하여 분쟁의 조정이 필요하다고 지방자치단체의 조례로 정한 사항 등이다. 공동주택의 입주자·사용자·관리주체·입주자대표회의 또는 리모델링주택조합이 분쟁조정위원회의 조정결과를 수락하면 당사자 간에 조정조서와 같은 합의가 성립된 것으로 본다.

표 13.5 국민신문고와 1372 소비자상담센터에 나타난 공동주택 민원사항*

민원사례 유형	
임대관리분야	임차인 자격(임대주택 임차인을 선정하는 자격조건, 분양전환시 자격문의 등) 임대차 계약(단지 내 보육시설 운영관련 및 복리시설이 테니스장 독서실 등 임대가능여부)
임대료 및 보증금분야	표준임대료 초과 제한 적용시기, 임대보증기간, 분납임대주택의 표준임대료
입주자(임차인) 대표회의분야	- 임대아파트의 경우: 임차인대표회의 구성 및 선관위원자격 요건, 혼합단지 대표회의 구성 문의 - 분양아파트의 경우: 동별대표자 해임사유, 동별대표자 자격문의, 입주자대표회의 구성원 및 자격문의 등
하자보수분야	- 임대아파트의 경우: 임대아파트 하자보수 책임기간, 임대주택 준공시 하자보수보증금 예치여부 등 - 분양아파트의 경우: 승강기 교체시 충당금부과에 관한 문의, 어린이집 창틀보수공사에 대한 비용처리, 샤시설치에 대한 하자보수, 결로에 대한 하자보수
장기수선충당금 분야	임대주택 벽지 및 장판 보수주기, 임대주택 특별수선충당금 요율문제, 분양후 특별 (장기)수선충당금 등
설비분야	승강기 부품교체 등 유지보수비 부담주체, 승강기 검사비 부담주체, 화재감지기 공유부분과 개별점유부분 구분 문의, 가스 보일러 등의 교체비용 부담주체, 부식된 화장실 등의 수리비용 부담여부
관리비분야	- 임대아파트의 경우: 관리비 협의 및 관리비 예산, 잡수입의 구체적인 사용용도, 임대료 외 비용청구(샤시비용, 발코니 확장 등)의 적법성여부, 임대주택 관리비 협의 및 관리비 예산, 잡수입의 구체적인 사용용도, 임대료외 비용청구(샤시비용, 발코니 확장 등), 임차인대표회의 운영비 징수 가능 여부, 관리부담과 표준임대료 산정시 포함되는 수선유지비, - 분양아파트의 경우: 승강기 사용료 및 관리비 납부방법 및 납부지연에 대한 가산금
공사 및 용역분야	- 임대아파트의 경우: 임차인대표회의 구성 후 관리사무소 업체 교체 가능여부 - 분양아파트의 경우: 청소용역업체 선정 입찰, 사업자 선정을 위한 적격심사제, 입찰공고와 시방이 다르게 응한 경우, 알뜰시장 운영업체 선정 등
에너지 절감 및 기초생활분야	각실 온도 조절기 설치시 에너지 절감 가능성, 층간소음해결에 대한 문의, 생활소음에 대한 법적인 규제 등
환경분야	비상급수시설에 대한 수질관리에 관한 문의, 음식쓰레기 및 생활쓰레기장 운영에 관한 사항
일반업무분야	임대주택관리기준, 관리업무 인수 인계, 관리소 내 동대표실 사용권한
관리규약분야	관리규약을 제정에 대한 문의, 선거관리규약 개정시 입주자대표회의 승인유무

* 인터넷으로 접수된 민원사례로 아파트 관리와 관련된 전반적인 부분을 다루고 있는 국민신문고와 1372 소비자상담센터의 두 사이트를 분석하였다.

2. 하자심사 · 분쟁조정위원회

하자심사 · 분쟁조정위원회는 입주자대표회의 등과 사업주체 간에 또는 사업주

| 그림 13.2 하자분쟁 조정절차도

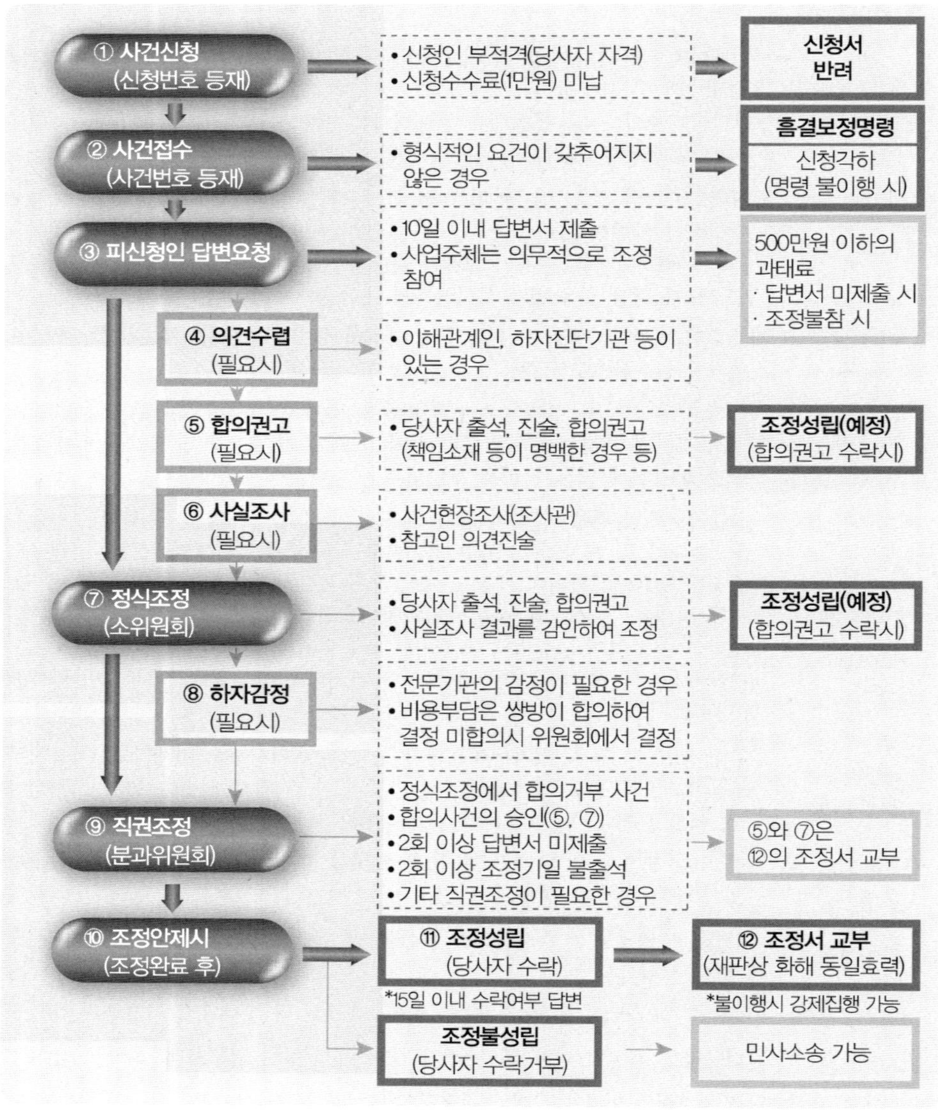

※ 분쟁조정기간: 전용부분 60일, 공용부분 90일(흠결보정기간 및 하자감정기간은 불산입, 30일 연장가능)

| 그림 13.3 하자판정 심사절차도

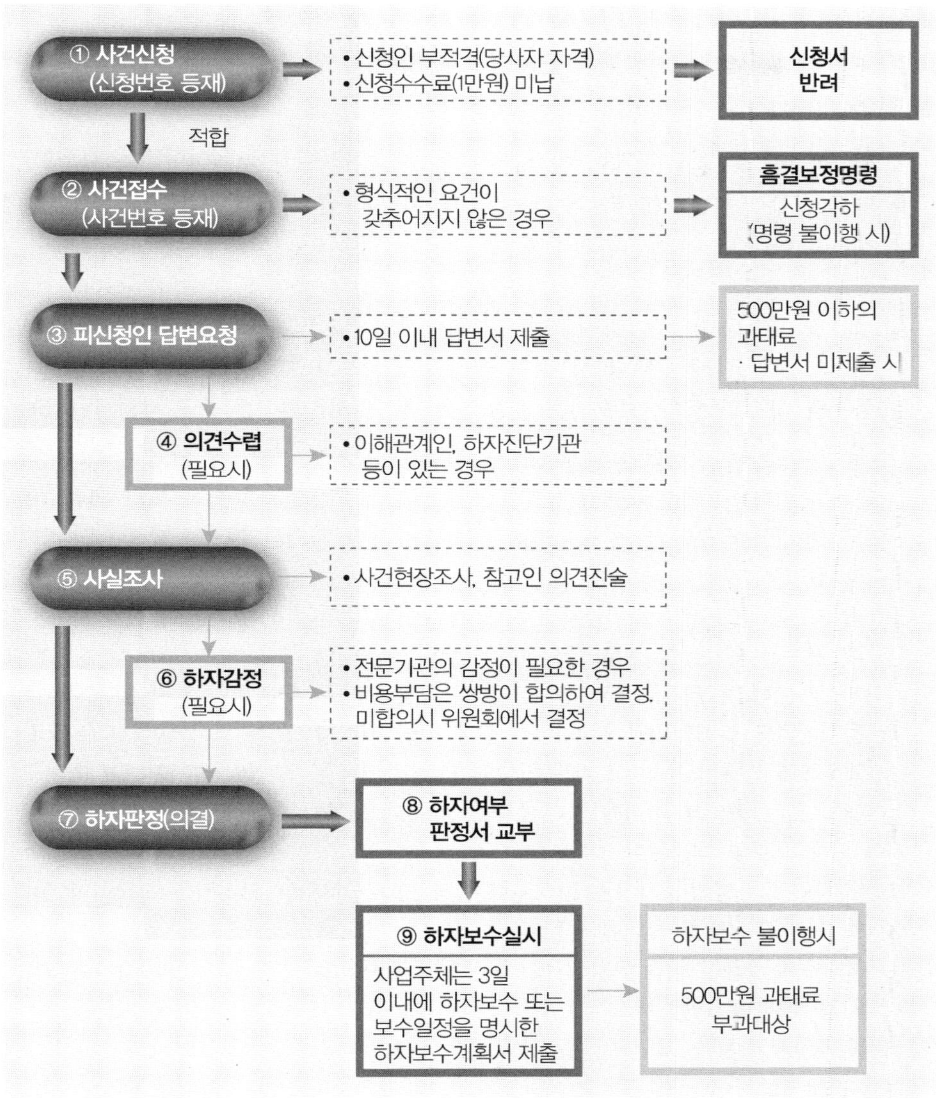

※ 하자심사기간: 전용부분 60일, 공용부분 90일(흠결보정기간 및 하자감정기간은 불산입, 30일 연장가능)

체 · 설계자 및 감리자 사이에 하자의 책임범위에 대하여 분쟁이 발생한 경우 하자심사 또는 분쟁조정을 하는 곳이다.

하자심사 · 분쟁조정위원회는 담보책임 및 하자보수 등과 관련한 사무를 심사 ·

조정 및 관장하기 위하여 국토교통부에 설치하였다. 위원회의 업무는 하자 여부 판정, 하자담보책임 및 하자보수 등에 대한 공동주택의 입주자등과 사업주체 간의 분쟁의 조정, 하자의 책임범위 등에 대하여 사업주체・설계자 및 감리자 간에 발생하는 분쟁의 조정 등이다.

위원회는 조정 등의 신청을 받은 때에는 조정 등의 절차를 개시하며 위원회는 신청을 받은 날부터 60일(공용부분의 하자는 90일로 하고, 신청내용에 결함이 있는 경우 흠결 보정기간 및 하자감정기간은 산입하지 않는다) 이내에 그 절차를 완료하여야 한다.

공동주택 하자 여부 판단이 공정하고 빨라진다

- 공동주택 하자의 조사, 보수비용 산정 방법 및 하자판정기준 공포·시행('14.1.5) -

□ 국토교통부(장관 서승환)는 공동주택의 하자를 신속하고 공정하게 심사 및 분쟁조정을 하기 위한 「주택법 시행령 제60조의3제3항」이 12.5일 시행됨에 따라 세부 기준인 「공동주택 하자의 조사, 보수비용 산정 방법 및 하자판정기준」을 제정・고시한다고 밝혔다.

  ㅇ이 기준은 2014년 1월 5일부터 시행되며, 시행 이후에 하자심사・분쟁조정위원회에 접수된 하자신청 분부터 제정된 규정이 적용된다.

□ 하자심사분쟁조정위원회에서 하자심사 및 분쟁조정 시 위원회의 위원 및 조사관의 전문지식만으로 처리되던 것이 이 기준에 따라 처리됨으로써 보다 공정하게 되고,

□ 사업주체와 입주민 등이 이 기준을 통해 사전에 인지할 수 있어 하자처리에 대한 의견대립 및 갈등발생 여지를 줄여 신속한 타결에 도움을 주게 된다.

□ 이 기준의 주요 내용은

  ㅇ(하자의 조사방법)조사자는 현장실사 원칙, 설계도서와 하자부위를 비교하여 실측 등 하자조사 방법에 대해 규정

  ㅇ(하자보수비용의 산정방법) 실제 하자보수 사용 비용 산정원칙, 필수적 수반되는 비용 추가 등 방법 제시

  ㅇ(하자판정기준)

    - 콘크리트 구조물의 경우 허용균열 폭(외벽: 0.3mm) 이상은 하자로 판정, 허용균열 폭 미만인 경우에도 누수 또는 배근위치 발견된 경우 하자로 판정

    - 결로의 경우 설계도서에 적합하게 시공되지 아니한 경우 하자로 판정, 다만, 비단열 공간 또는 입주자가 임의로 설치한 시설물로 인한 결로는 하자에서 제외

    - 수관부분 가지가 2/3 이상 고사된 조경수는 하자로 판정, 다만, 유지관리 소홀 또는 인위적으로 훼손 조경수는 하자에서 제외 등

□ 국토교통부는 이 기준이 제정 · 시행됨으로 하자심사 · 분쟁조정위원회의 하자심사 및 분쟁조정이 보다 신속하고 공정하게 처리되어 공동주택에 거주하는 국민에 대한 편의를 더욱 더 크게 제공될 것으로 전망했다.

3. 리모델링지원센터

원활한 리모델링사업을 추진하기 위하여 시장 · 군수 · 구청장으로 하여금 리모델링지원센터를 설치하여 운영할 수 있도록 하였다(주택법 42조의 10항. 2013.12.24. 신설).

공동주택의 효율적인 리모델링사업을 지원하기 위하여 국토교통부장관은 세대수 증가형 리모델링의 시행으로 주변 지역에 현저한 주택부족이나 주택시장의 불안정 등이 발생될 우려가 있는 때에는 주택법 제84조에 따른 주택정책심의위원회의 심의를 거쳐 특별시장, 광역시장, 대도시의 시장에게 리모델링 기본계획을 변경하도록 요청하거나, 시장 · 군수 · 구청장에게 세대수 증가형 리모델링의 사업계획 승인 또는 허가의 시기를 조정하도록 요청할 수 있으며, 요청을 받은 특별시장, 광역시장, 대도시의 시장 또는 시장 · 군수 · 구청장은 특별한 사유가 없으면 그 요청에 따라야 한다(42조의9(세대수 증가형 리모델링의 시기 조정)).

시 · 도지사 역시 세대수 증가형 리모델링의 시행으로 주변 지역에 현저한 주택부족이나 주택시장의 불안정 등이 발생될 우려가 있는 때에는 제85조에 따른 시 · 도 주택정책심의위원회의 심의를 거쳐 대도시의 시장에게 리모델링 기본계획을 변경하도록 요청하거나, 시장 · 군수 · 구청장에게 세대수 증가형 리모델링의 사업계획 승인 또는 허가의 시기를 조정하도록 요청할 수 있으며, 요청을 받은 대도시의 시장 또는 시장 · 군수 · 구청장은 특별한 사유가 없으면 그 요청에 따라야 한다.

기본계획 변경에 따른 시기조정에 관한 방법 및 절차 등에 관하여 필요한 사항은 국토교통부령 또는 시 · 도의 조례로 정한다.

리모델링지원센터는 리모델링주택조합 설립을 위한 업무 지원, 설계자 및 시공자 선정 등에 대한 지원, 권리변동계획 수립에 관한 지원, 그 밖에 지방자치단체의 조례로 정하는 사항을 지원할 수 있도록 제도화하였다는데 의미가 있다. 티모델링 지원센터의 조직, 인원 등 리모델링 지원센터의 설치 · 운영에 필요한 사항은 지방자치단체의 조례로 정한다. 2013년 12월 성남시가 리모델링지원센터를 설치하여 운영하고 있다.

성남시는 지은 지 15년 이상된 노후 공동주택이 10만3천912가구(164개 단지)에 이르고 있는 가운데 리모델링 관련 업무를 전담하는 '리모델링 지원센터'가 12월 16일 성남시청 5층에 설치돼 본격적인 운영에 들어간다.

리모델링 지원센터는 성남시 주택과장이 센터장을 맡고, 민간전문가가 지방전임계약직공무원으로 임용돼 시 직영체제로 운영한다. 내년도에는 인력을 충원해 가칭 리모델링 지원팀으로 재편할 계획이다.

리모델링 제도개선, 지원정책 연구・개발, 조합 설립, 설계자・시공자 선정, 권리변동계획 수립, 단지별 특성에 맞는 리모델링 방안 마련 등 관련 업무를 지원한다.

앞서 성남시는 학계, 연구계 등 민간전문가 15명으로 구성된 '성남시 공동주택 리모델링 자문단'을 출범(9.27)하고, 리모델링 대상 아파트 관계자 54명이 참여하는 '성남시 공동주택 리모델링 협의회'를 구성(11.12)했다.

성남시 공동주택 리모델링 지원센터와 함께 공공경영(governance) 체계가 구축돼 상호 보완적인 역할을 하고, 대상 주민의 피부에 와 닿는 리모델링 사업을 펴게 될 것으로 기대된다.

이와 더불어 '성남시 공동주택 리모델링 기금 설치 및 운용 조례'가 공포(12.9)됨에 따라 내년도에 100억원 기금 조성을 시작으로 매년 500억원씩 모두 5,000억원 기금을 조성해 리모델링 대상 아파트에 실질적인 지원을 할 수 있게 된다.

이번에 공포된 리모델링 기금 조례는 리모델링 공공지원 비용, 안전진단 비용 등을 성남시가 부담하고 조합사업비의 80%이내, 리모델링 총공사비의 60%이내 범위에서 융자 지원한다. 또, 조합이 민간금융기관에서 융자받는 조합사업비, 공사비 등이 성남시 융자금과 금리 차이가 있을 때에는 2% 범위에서 이를 보전해 준다.

4. 공동주택관리지원센터

지금까지의 공동주택관리는, 입주민의 입장에서는 관리서비스의 전문성 확보에 의문을 가지고 차별화된 서비스의 차이를 체감하지 못하고, 관리업체는 관리비 절감과 관리 효율성이 중요하나 현실적으로 위탁수수료 등이 비현실적이어서 비효율이 증가하고, 관리사무소는 관리소장 등의 신분보장이 미흡하다고 느끼고 있으며, 정부나 지자체는 관리체계의 지원을 위한 재정한정과 공무원의 한정된 인적자원, 사적 영역에 대한 공공의 개입에 한계가 있다고 본다. 입주자 측면에서는 관리서비스의 질적향상을 위한 전문성을 강화하고 입주자대표회의의 합리적 인식제고와 교육이 필요하며 위탁업체와 관리사무소 등과 합리적인 직무분장으로 입대의는 의사결정기구로, 관리사무소는 집행기구로 정립하고 관리업체는 관리능력을 배양해야 하나 관리관련 갈등 해소 시스템의 부재와 지자체 등의 관심 부족으로 선진화된 공동체 문화가 상실되어 가고 있다. 이러한 시점에 종합적인 기능을 갖춘 "공동주택관리지원센터"의 설립으로 재원 지원 적용대상을 확대하고 지자체의 지원확대와 역할분담으로 공동주택 관리주체 간 합리적 협력체계를 형성하여 갈등을 해소하고 전문적 지원시스템을 구축하는 것은 바람직한 공동체 주거문화 확립을 위해 꼭 필요하다.

두성규(2013)는 공동주택관리지원센터 설립 시 조직 구상에 대해 재단법인이나 공익법인으로 공공, 학계, 업계, 입주자대표단체, 법조계 등 10인 이내의 이사회를 구성하고 센터대표 산하에 감사(정부 감사로 대체가능)기능과 공동주택관리분쟁조정・중재위원회를 두며 7개분과위원회(일반상담, 커뮤니티활성화, 조사 및 연구・교육, 정보관리, 공공지원과 관리, 사무국, 분쟁조정/중재)에서 각각 세분화된 업무 기능과 역할을 담당하며 설립초기에 임직원 규모는 20명 내외로 출범하는 공동주택관리지원센터 조직도(안)을 제안했다.

"공동주택관리지원센터"의 주요기능은 공동주택관리 관련 업무상담, 공동주택관리 관련 갈등 및 분쟁조정, 국가・지자체의 위탁사업 수행, 공동주택 현황 및 실태조사 관련 연구, 공동주택관리 관련 정보제공 및 관리, 공동주택단지 커뮤니티 활성화 지원 등 단지에서 체감할 수 있는 관리와 현장에서 필요로 하는 모든 기능을 담당한다.

센터설립에 따른 기대효과로 전문적, 체계적 공동주택관리 지원서비스 제공으로 입주자들의 주거만족도 제고, 지자체의 공동주택관리 관련 민원브담 경감, 인적・물적 자원의 중복해소로 효율성 제고, 공동주택 장수명화를 가능하게 해 국부 보존 및 자원손실 방지 등 다양한 부가가치를 창출할 수 있다. 장기적 기대효과로 자생적 공동체활동의 활성화로 자율적 규제를 유도하고 입주자대표회의 참여에 대한 일정부분 활동비 실비 지원 근거 제도화 등 입주자의 적극적 참여를 통한 명예심 고양할 수 있는 환경조성, 입주자대표회의 활동상황, 회계관리 내역 등을 인터넷 등 정보망의 적극적 활용으로 투명성 제고, 지역사회 발전기반, 공동체 의식 향상으로 커뮤니티 활성화를 기대하고 있다.

5. 임대주택분쟁조정위원회

임대주택분쟁조정위원회는 임대사업자와 임차인대표회의 간의 논의사항과(임대주택법 제29조 제3항) 임대주택관리(제28조, 제31조) 등 대통령령으로 정하는 사항에 관한 분쟁을 조정하기 위하여 시장・군수・구청장이 구성한다. 위원장은 해당 지방자치단체의 장이 되며 10인 이내의 위원으로 구성하다. 임대사업자와 임차인대표회의는 임대주택 관리규약의 제정 및 개정, 관리비, 임대주택의 공용부분・부대시설 및 복리시설의 유지・보수, 그 밖에 부대임대주택의 공용부분을 유지・보수하는 관리에 관한 사항 중 어느 하나에 해당하는 분쟁에 관하여 조정위원회에 조정을 신청할 수 있다, 조정의 효력은 임대사업자와 임차인대표회가 조정위원회의 조정안을 받아들이면 당사자 간에 조정조서와 같은 내용의 합의가 성립된 것으로 본다(임대주택법 제34조).

공동주택 관리제도 개선 시급

문병호 "공동주택 관리 개선, 정부가 직접 나서야"
[출처] 문병호 "공동주택 관리 개선, 정부가 직접 나서야" |작성자 신형수 현 언론인

민주통합당 문병호 의원(인천 부평갑)은 2013.3.14일 "향후 공동주택관리제도는 정부・입주민・관리자가 상호 협력하는 관리지원체계를 갖춰야 한다"고 주장했다. (문병호, 부평구청 7층 대강당)

"또 입주민 중심의 서비스 전달, 입주민의 관리 참여, 공동체 활성화 등의 방향으로 정착・발전해 나가야 한다"면서 "그러기 위해 정부가 주거복지 개념으로 접근해 지원혜택을 적극 확대해야 한다"고 밝혔다.

"이를 위해서는 대통령 직속 공동주택관리위원회를 설치하여 공동주택관리기본법의 제정과 전담기구의 설치, 핵심적인 관리정책에 대한 대통령의 자문역할을 수행토록 할 필요가 있다"고 제언했다.

향후 문 의원은 ▲오피스텔 등 새로운 형태의 주거용 건물과 의무관리 대상에 포함되지 않은 공동주택 관리 ▲입주자대표회의/관리소장/관리업체 간의 권리와 의무 관계의 재정립 ▲주택관리사 선발 및 교육과정의 전문성 보강 ▲실질적인 지원을 가능하게 하는 전문조직의 설치와 역할도 규정하는 등의 입법을 발의할 계획이다.

Ⅲ 주택관리에 있어 중앙정부와 지방자치단체의 역할분담

법률상 국토교통부장관에게 있는 각종 권한을 지역설정에 맞게 운영되도록 지방자치단체에 권한과 책임을 이양할 필요가 생겨 과거 국토해양부장관의 권한으로 된 집행업무는 지방자치단체에 이양하였다. 제도 운영상의 문제점을 개선하기 위하여 집행권한을 지방에 이양하고, 주택 감리제도, 주택조합제도 등을 개선하였다. 지방자치단체별로 지역설정에 맞는 시·도 주택종합계획, 지방자치단체별 최저주거기준, 주택건설기준 등의 '주택조례' 제정의 근거를 마련하였다.

1. 중앙정부의 역할

중앙정부의 역할은 올바른 장기적 공동주택 관련 정책을 수립하고, 시장소외계층의 주거정의 실현을 위해 노력해야 한다. 2002년 전국 주택보급률은 100%를 넘었지만, 방당 사용인원수·평균 주택규모·월 소득 대비 임대료 수준 등 질적인 수준에서는 선진국에 비해 크게 뒤떨어진 상황이다. 특히 공공임대주택이 전체 주택에서 차지하는 비중이 한국은 7.7%로서 세계 평균(22.0%)과 선진국 평균(15.0%)을 크게 밑돌고 있으므로 중앙정부는 지방자치단체에 이를 독려하고 지역에 맞는 지원책을 수립해야 할 것이다. 새로운 「주택법」에서는 지방자치단체로 하여금 각 지역에 적합한 최저주거기준을 설정할 수 있게 하였으며, 지역상황에 맞는 중점사업을 펼칠 수 있도록 융통성과 권한을 주고 있다.

1) 공동주거관리 관련 정부조직

(1) 공동주택관리와 관련된 광역시·도의 참여범위

공동주택관리와 관련하여 우선 시·도지사는 공동주택관리규약 준칙을 주택법 시행령 제57조의 내용에 따라 정하도록 되어 있다. 또한, 장기수선계획에 대한 교육을 실시하고 이를 위해 교육수탁기관을 선정하여 실시해야 한다. 주택관리사보 합격증서를 교부하는 등 주택관리사의 자격에 대한 업무를 담당하며 그와 함께 관리소장은 공동주택관리를 위한 주택관리사보의 배치현황을 시·도지사에게 신고하도록 되어 있다. 하지만 법률 개정으로 주택관리사보 자격시험은 2006년 하반기부터 주택공사가

| 표 13.6 주택법에 제시된 공동주택관리업무에서 정부와 지자체의 역할

주택법령	내 용	정부의 역할	지자체 역할
42조	공동주택의 관리	증개축 · 리모델링 등에 대한 기준 및 절차 제정	증개축 · 리모델링 등에 관련 사항 허가, 신고, 사용검사, 허가취소
42조6			10년 단위로 리모델링 기본계획 수립권자
42조10	리모델링지원센터 설치		리모델링 지원센터의 설치 운영
43조1-3	관리주체의 결정과 업무	입대위의 구성 등, 관리업무 등을 결정	- 관리비 일부 지원 가능 - 입주자대표회의 운영교육 - 안전점검
44조			- 공동주택관리규약의 준칙을 정함
45조	관리비등의 납부 및 공개	- 관리비의 내용 등 - 관리비 등 집행방식 결정(전자입찰방식 등)	
46조	담보책임 및 하자보수	- 안전진단의 대상 절차 비용부담에 관한 사항 - 안전진단 실시기관의 범위 - 하자보수보증금예치 - 하자심사 · 분쟁조정위원회 설치 및 위원회구성 · 운영	구조안전에 중대한 하자가 있다고 인정한 경우 안전진단 실시
47조	장기수선계획	장기수선계획수립	장기수선계획 확인 관리주체에게 인계
49조	안전관리계획 및 교육	안전관리계획기준	경비자 · 시설물안전관리책임자의 방범교육 및 안전교육실시 및 위임
50조	안전점검	실시시기, 보유장비 등 결정	
51조	장기수선충당금	- 주요시설의 범위, 교체 · 보수의 시기 및 방법 등을 결정 - 장기수선충당금의 요율, 산정방법, 적립방법, 사용절차, 사후관리 등 결정	
52조	공동주택관리분쟁조정위원회		공동주택관리분쟁조정위원회 설치 및 회의 · 운영 사항

위탁받아 실시하게 됨으로써 이에 대한 시·도지사의 책임범위는 조정될 것으로 보인다.

국토교통부는 공동주택이 국민의 주거형태 70%를 육박하는 상황에서 주택관리과의 부활이 필요하다는 내부 방침을 정한 것으로 알려지고 있다. 과거에 존치됐던 국토해양부 주택관리과는 지난 2003년 폐지돼 공동주택 관리업무는 주거환경과와 주택건설과에 편입됐었다. 2011년 국토해양부가 공동주택 관리업무를 총괄하는 주무부서인 주택관리과를 신설하려는 움직임이 있었으나 현재는 국토교통부 주택토지실의 주택건설공급과에서 주택관리제도 및 관련 예산 업부와 하자심사·분쟁조정위원회 업무를 담당하고 있다.

정부가 공동주택관리에 관한 단독법 제정과 공동주택관리 지원기구 설립에 관한 논의가 진행되고 있는 가운데 국토부가 주택관리과 신설 움직임을 보이는 것은 공동주택관리의 중요성이 갈수록 증대되고 있음을 증명한다.

(2) 공동주택관리와 관련된 시·군의 참여범위

시장·군수·구청장은 입주자들의 행위 전에 허가를 하고 신고를 받도록 되어 있으며 리모델링에 대해서도 허가를 한다. 그리고 공동주택단지의 관리방법을 결정한 후 입주자대표회의는 사업 주체에게 통지함과 동시에 시장·군수·구청장에게 신고하여야 하며 시장·군수·구청장은 입주자대표회의의 구성원을 대상으로 대표회의 운영에 대한 교육을 실시할 수 있다.

한편, 시장·군수·구청장은 사용검사일로부터 10년 이내에 공동주택의 구조안전에 중대한 하자가 있다고 인정하는 경우 안전진단관리에 의뢰하여 안전진단을 실시하도록 되어 있다. 시장·군수·구청장은 관리자를 대상으로 안전교육과 방범교육을 실시할 수 있으며 관리 주체는 안전점검 결과 위해의 우려가 있을 경우 시장·군수·구청장에게 보고하여야 한다. 이와 함께 시·군·구에 공동주택관리 분쟁조정위원회를 설치하여야하며 그 외 시장·군수·구청장은 주택관리업체에 대한 관리를 하여야 한다.

이상의 법률 내용의 검토에서 알 수 있듯이 공동주택관리와 관련하여서는 광역시보다는 시·군·구의 지방자치단체에게 그 역할이 더 많이 요구되고 있음을 알 수 있다. 지방자치단체의 공동주택관리업무와 관련하여 최근 가장 큰 이슈가 되고 있는 것은 공동주택관리 지원제도와 공동주택관리 분쟁조정위원회라 할 수 있다.

2) 지방자치단체의 역할

공동주택관리는 관계법령과 조례를 기초로 해 의결주체인 입주자대표회의, 업무를 집행하는 관리주체, 관리업무를 행정지도와 감독하는 광역자치단체와 기초자치단체 시스템으로 이뤄진다. 다시 말해 공동주택의 입주자 등을 대표하는 조직의 입주자대표회의는 관리주체가 집행할 주요업무 사항을 결정하는 의결기구이며 또한 주민자치기구로서 당해 아파트단지를 대표하고 관리주체의 업무수행을 감독하는 기능을 가진다. 관리주체는 공동주택의 관리에 대한 전문지식을 가진 기구나 단체로서 입주자대표회의에서 의결한 사항을 집행하며 공동주택에 대한 건물의 유지보수뿐 아니라 운영관리 공동체관리 등 입주자에게 관리서비스를 제공하는 자를 말한다.

주택관리에서 지자체의 역할은 보호기능 또는 사회 복지기능인 주민의 생활을 안전하고 쾌적하게 보장해 주는 것이다. 광역자치단체는 공동주택관리 관계요원들의 교육 훈련, 표준관리규약의 제정과 권고, 표준위탁관리계약의 권고, 우수관리 아파트 선발 및 시상, 공동주택관리에 대한 인프라 구축 등을 수행한다. 공동주택관리에 관련된 중앙정부의 업무는 공동주택관리정책 추진, 공동주택관리 관계법령의 제정과 개정, 주택관리사 자격시험 주관 등이다.

기초자치단체의 업무는 공동주택지원조례의 제정과 지원, 건물의 안전관리, 하자보수와 장기수선계획시행감독, 주택관리사 배치관리, 공동주택관리 분쟁조정위원회 설치 및 운영 등이다. 즉 지방정부에서는 공동주택의 관리를 위해 입주자대표회의의

| 그림 13.4 공동주택관리에서 지자체의 역할

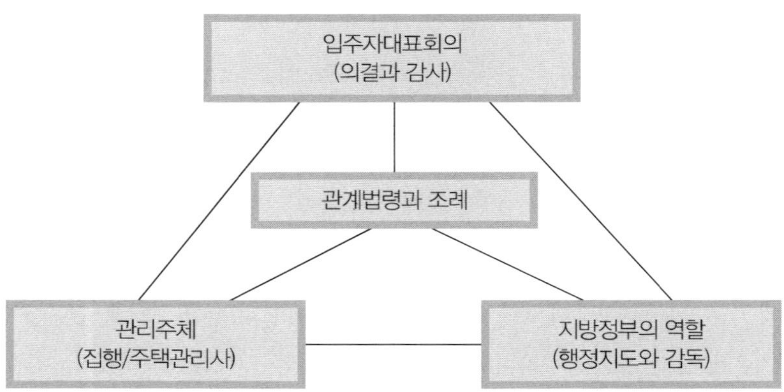

자료: 정영희, 서울시정개발연구원, 아파트관리 평가모델 구축방안, 2001.

의결사항과 관리주체가 업무를 집행할 수 있는 관리 인프라를 조성하고 관리 업무를 지도하고 감독하여 입주자대표회의와 관리주체, 지자체가 공동주택의 삼우일체를 이루며 그 관계는 [그림 13.4]와 같이 나타낼 수 있다.

2. 지방자치단체의 공동주택관리 지원제도

주택법에서는 주택정책의 기본이념을 명확히 제시하여 종래 건설 및 공급위주의 정책에서 복지, 환경, 관리 등 새로운 정책방향으로 선회하였다. 공동주택의 관리를 강화하기 위하여 대통령령이었던 공동주택관리령에서 규정하고 있던 공동주택 관리규약, 안전관리 계획수립 및 국토해양부령인 공동주택 관리규칙, 안전교육실시, 안전점검, 장기수선계획 등의 중요사항을 법률에서 직접 규정토록 하고 있다.

특히 주택법 제43조 8항에 지방자치단체의 장은 당해 지방자치단체의 조례로 정하는 바에 의하여 관리주체가 수행하는 공동주택의 관리업무를 수행하기 위하여 필요한 비용의 일부를 지원할 수 있다는 조항과 주택법 제52조에서 규정한 공동주택관리의 분쟁을 조정하기 위하여 지자체에서 공동주택관리 분쟁조정위원회를 든다고 규정함으로서 공동주택관리의 중요성과 공동주택이 공공부문으로서의 중요성을 잘 나타내고 있다. 또 주택법 제44조 1항에는 시 · 도지사는 대통령령이 정하는 바에 의하여 표준관리규약준칙을 정하도록 되어 있으며 제59조에서는 지방자치단체장의 공동주택

| 그림 13.5 공동주택관리를 대상으로 소방안전교육

성북소방서가 20일 서울 성북구청 성북아트홀에서 공동주택 관리자들을 대상으로 소방안전교육을 실시한 가운데 교육에 참여한 관리자가 대피통로 피난 안내지를 받고 있다. 2014.01.20. (사진은 성북소방서 제공)

관리에 관한 감독권을 규정하고 있다. 이는 이제까지의 주택정책은 중앙정부 중심이었으나 지방자치제의 실시와 더불어 앞으로는 중앙정부와 지방자치단체의 역할 분담으로 지방자치단체의 역할을 한층 더 강화하였다. 지방자치단체의 공동주택관리 관련 지원기관은 다음과 같다.

(1) 공동주택 통합정보마당

서울시는 공동주택 통합정보마당을 2013년 7월부터 운영하고 있다. 공동주택 통합정보마당은 공동주택관리에 있어 입주민이 중심이 되는 것을 지향하며 관리비 등의 회계 투명성을 강화하고 비리, 분쟁을 예방·해소하며 입주민 간의 관심과 친목을 활성화하는 것을 목표로 하고 있다. 입주민의 알권리 및 관리비의 투명성 강화를 위해, 관리비 및 회계정보, 입주민에게 제공해야 하는 의무공개정보를 공개하기 위한 포털사이트이다. 통합정보마당에서는 관리비 비교, 재무제표 등의 회계정보, 공사·용역 정보 서비스를 제공하게 되는데, 이러한 정보를 제공할 수 있으려면 서울특별시 공동주택관리규약 준칙에 따라 관리규약을 개정하고, 서울시의 공동주택관리 회계처리기준을 적용하여 회계처리를 해야 한다. 정보공개는 관리기구운영비항목 5개, 공동주택 관리항목 12개, 개별사용료항목 4개 등 21개 항목이다(http://openapt.seoul. go.kr 참조). 사용 절차는 아래와 같다.

| 그림 13.6 공동주택 통합정보마당의 이용 방법

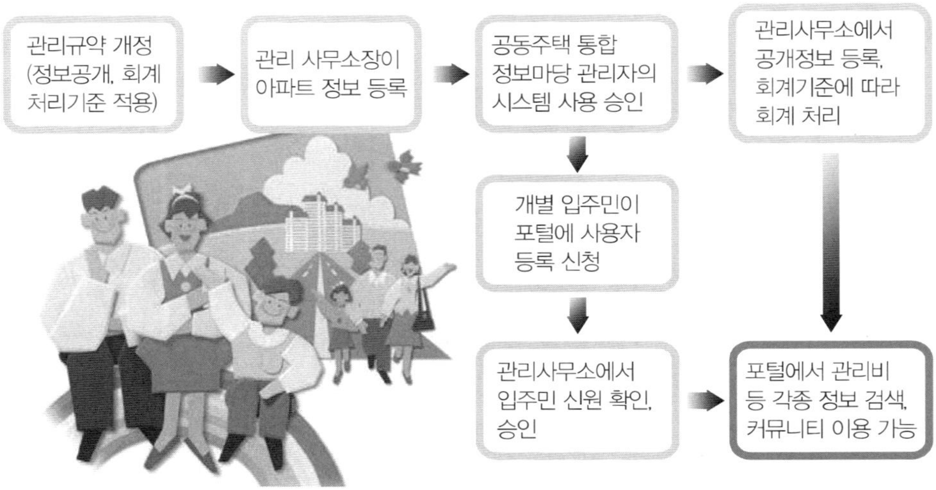

출처: 서울시 공동주택 통합정보마당 홈페이지.

(2) 공동주택관리정보시스템(K-apt)

국토교통부에서는 공동주택관리비 부과내역을 공개하여 투명한 공동주택관리가 될 수 있도록 하고 있다. 따라서 공동주택의 관리주체는 관리비등을 인터넷 홈페이지에 공개하여야 한다(주택법 시행령 제58조 제8항). 2009년 10월부터 운영하는 공동주택관리정보시스템(www.k-apt.go.kr)을 이용하면 복잡한 관리비 항목에 대한 설명을 볼 수 있고 150가구 이상 아파트나 주상복합건물의 관리비 내역을 확인할 수 있다(공동주택관리정보시스템, www.k-apt.go.kr). 시스템 개편이 이뤄진 2012년 12월부터는 아파트 관리비를 단지·동·주택형별로도 비교해볼 수 있다.

공개 관리비 내역은 2014년 4월부터 기존 27개에서 47개로 세분화 된다. 아파트 관리비는 크게 공용 관리비와 개별 사용료로 나눌 수 있다. 공용관리비에는 관리사무소 운영비용인 일반관리비와 청소·경비·소독·승강기유지비 등이 포함된다. 공동시설관리에 드는 유지비도 공용 관리비의 주요 항목 중 하나다. 해당 월에 사용된 수선유지비 외에도 향후 주요 시설물의 유지보수를 위해 적립하는 장기수선충당금도 있다. 개별 사용료는 세대전기·TV수신료·하수도료와 난방비·세대급탕비(보일러로 가열한 온수 공급비용) 등으로 구성된다. 대부분 각 가구가 전기나 물을 절약하면 줄일 수 있는 비용이다. 하지만 공청유지보수비, TV수신료와 같이 사용량에 관계없이 매월 일정액이 부과되는 항목도 있다. 공청유지보수비는 공시청 설비의 유지관리비로 공시청 설비는 공동주택의 디지털·위성방송 수신을 위한 설비를 말한다. 관리비 내역서의 세부 항목을 이해했다면 공동주택관리시스템에 접속해 지역별, 동별, 평형별 관리비를 비교해 볼 수 있다.

2014년 1월부터 주택관리업자, 아파트공사·용역업자 선정 시에 K-apt(공동주택관리정보시스템)을 이용하여 전자입찰을 진행함으로서 입찰의 투명성 제고에 기여할 수 있다. 이는 주택법령이 전자입찰을 단계적으로 확대 실시하는 내용으로 개정됨에 따라 관리주체 등을 효과적으로 지원하기 위한 것이다(2015년1월1일 주택법 시행으로 전자입찰 의무시행).

또한 앞으로 K-apt에 공개하고 있는 관리비 등의 항목을 더욱 세분화하고 입주민이 시스템을 통해 주택관리업자에 대한 만족도를 평가할 수 있도록 하는 등 입주자에 대한 서비스를 지속적으로 확대함이 필요하다.

공동주택관리정보시스템 내년까지 공공기관 이관

지난 2009년 9월부터 공동주택 관리비 내역을 공개하고 있는 공동주택관리정보시스템(K-apt)은 관리소장의 자료 입력이 필요하다는 이유로 현재 주택관리사협회에서 운영 중이다. 하지만, 아파트 관리 비리 방지를 위해 전자입찰, 입주자 만족도 조사 등이 도입될 예정임에 따라, 시스템의 공정성, 투명성을 제고하기 위해 시스템 운영주체가 이관된다.

국토교통부는 공공기관인 한국감정원으로 시스템을 이관하기로 관보에 게재하고 내년 말까지 단계적으로 이관(시스템 고도화는 '13년, 일반운영은 '14년 말까지)을 추진할 계획이다. ---

조선일보는 기사에서 "국토교통부가 아파트 공사·용역 입찰비리 대책으로 국가 예산을 들여 추진 중인 전자입찰 시스템 개발 작업을 아파트 관리소장 등 주택관리사들의 이익 단체인 주택관리사협회(회원 4만3000명)에 맡겨 진행하는 것으로 밝혀졌다"면서 "정부가 책임지고 해야 할 일을 아파트 문제의 이해 당사자에게 맡긴 것"이라고 지적했다.

[313호] 2013년 07월 22일(월) 전국아파트신문

참 고 문 헌

공동주거관리연구회, 공동주거관리이론, 2008.

곽인숙, "주택법개정에 따른 공동주택관리영역에서의 지방자치단체의 역할", 『한국가정관리학회지』, 제21권 5호, 2003.

권명희 · 김선중, "공동주택관리업무의 체계적인 분류에 관한 연구", 『한국주거학회지』, 24(1), 2013, pp.11-20.

김영애, "공동주택에 대한 지방자치단체의 행정지원 개선방안", 경북대학교 석사학위논문, 2009.

두성규, 『공동주택관리지원센터 기능과 역할』, 공동주택관리지원센터에 대한 기능과 역할에 대한 전문가 토론회, 중앙대 사회개발대학원 주최, 2013.

은난순, "공동주택관리업무 수행평가 도구개발", 경희대학교 박사학위논문, 2003.

이원준, 『부동산중개경영실무』, 서울: 경영문화원, 1985.

인택환, "공동주택관리체계의 문제점과 개선방안에 관한 연구", 세종대학교 박사학위논문, 2005.

천윤욱, "공동주택관리제도 개선방안 연구-한국과 일본 지방정부의 공동주택관리제도와 운영 실태 비교분석-", 『사회과학연구』, 제23집 2호, 2007.

최근형, "공동주택표준관리규약개선에 관한 연구", 가천대학교 석사학위논문, 2008.

홍성지, "공동주택의 효율적 관리방안에 관한연구", 건국대대학원 석사학위논문, 20C1.

홍성지, "공동주택관리체계 개선에 관한 연구", 건국대학교 박사학위논문, 2005.

www.khma.org

www.mltm.go.kr

www.newsis.com

제14장

관련주체의 책임과 권한

강혁신(조선대학교)

I 관련주체에 관한 법률상의 규정

공동주택에 관한 법률로는 집합건물법, 주택법, 도시 및 주거 환경 정비법의 3개 법이 주택을 포함하는 집합건물의 전반적인 권리관계 및 관리형태를 규율하는 법률로 제정이 되어 있다.

| 그림 14.1 집합건물에서의 관련 법령 간의 관계

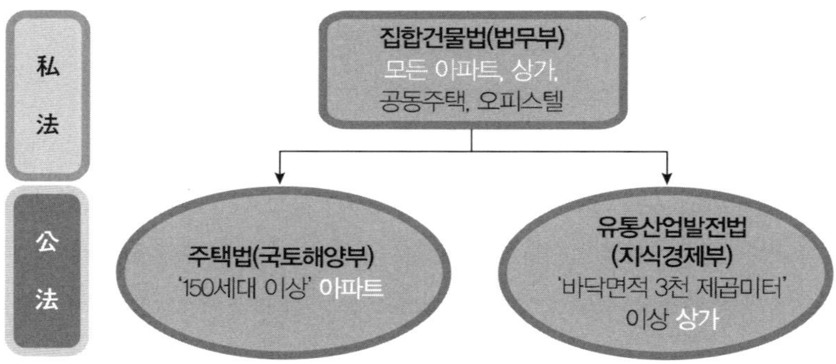

출처: 법무부 홈페이지.

1. 집합건물법상의 관련 주체

1) 구분소유자

법률적으로 그리고 실질적으로 당해 집합건물의 관리의 주체는 누구보다도 당해 전유부분을 소유하고 있는 구분소유자로 보아야 할 것이다. 집합건물 또는 공동주택에서의 그 외의 관련주체에 물론, 이하에서 기술하는 관리단, 관리인, 관리위원회 그리고 입주자대표회의, 관리회사 등도 포함이 될 것이나, 원칙적으로 건물의 관리주체는 소유하고 있는 구분소유자로 보아야 한다. 구분소유자란, 구분소유권을 가지는 자인데, 여기서 구분소유권이라 함은, 1동의 건물 중 구조상 구분된 여러 개의 부분이 독립한 건물로서 사용될 수 있을 때의 각 부분 및 1동의 건물이 다음 각 호에 해당하는 방식으로 여러 개의 건물부분으로 이용상 구분된 경우에 그 건물부분을 목적으로 하는 소유권을 말한다.

2) 관리단

집합건물법 관리단의 당연 설립 등에 관하여 규정하고 있다. '건물에 대하여 구분소유 관계가 성립되면 구분소유자 전원을 구성원으로 하여 건물과 그 대지 및 부속시설의 관리에 관한 사업의 시행을 목적으로 하는 관리단이 설립된다'고 하여, 집합건물에서의 관리단은 구분소유자 전원으로 당연 설립된다라고 하는 내용을 규정하고 있다(집합건물법 제23조).

분양자는 건물 건축부터 분양 전단계까지는 분양자가 관리단이 관리를 개시할 때까지 선량한 관리자의 주의로 건물과 대지 및 부속시설을 관리하여야 하며 분양이 시작되어 구분소유자가 발생하는 경우에는 관리의 주체는 구분소유자로 구성되는 관리단으로 이양된다.

이 관리단의 법적성격은 비법인사단이다.[1] 또한 구분소유자가 10인 이상인 경우에는 관리단 집회의 결의로 관리단을 대표하고 관리사무를 집행할 관리인을 반드시 선임하도록 규정하고 있다.

3) 관리인

구분소유자가 10인 이상일 때에는 관리단을 대표하고 관리단의 사무를 집행할

1) 대법원 1997. 8. 29. 선고 97다19625 판결.

관리인을 선임하여야 한다(집합건물법 제24조). 그러나 반드시 관리인이 구분소유자일 필요는 없고 또한 임기는 2년의 범위에서 규약으로 정한다(동조 2항).

4) 관리위원회의 설치

관리리위원회의 설치는 2013년 6월 19일의 집합건물법 개정을 통해 새로이 신설된 규정이다. 특히, 1984년 4월 10일 제정 이후 큰 변화 없이 운영되어 오던 집합건물법이 2013년 6월 19일 대개정되어 시행되고 있는데, 공동주택의 관리에서의 관련주체에 관해서 유의미한 개정이 이루어졌다.

먼저 개정의 대략적인 개요를 소개하면 다음과 같다. ① 집합건물의 분양자 이외에 시공자도 담보책임을 지도록 하고, 기둥 및 내력벽에 대한 담보책임 기간을 확대(20년/15년)하는 한편, 그 외의부분에 대하여는 10년으로 획일적이던 기간을 대통령령으로 세분화, ② 공용부분 관리에 관한 사항에 대하여는 임차인・전세권자도 구분소유자의 의결권을 행사 가능하도록 함(구분소유자에 특별한 영향을 주는 경우에는 그의 승낙 필요), ③ 집합건물 최초 분양자의 규약작성 의무를 신설하고, 최초 관리단 집회에서 규약을 승인받도록 함(분양자가 최초 작성 시 참고할 수 있도록 지방자치단체의 장이 집합건물 종류별 '표준관리규약'을 작성, 관리하도록 하는 규정도 신설), ④ 관리인의 사무보고 방법을 대통령령으로 구체화하고, 이해관계인의 보고 자료 열람 및 등본 교부 청구권을 신설, ⑤ 관리인의 사무를 심의・의결하고 감독하기 위한 관리위원회 제도를 신설, ⑥ 전자적 방법에 의한 집회 결의가 가능하도록 전자투표제도를 도입, ⑦ 집합건물 소유자와 분양자 등 사이의 분쟁을 조정하기 위한 분쟁조정위원회를 신설의 이상과 같다.[2)]

다시 관리위원회에 관하여 기술하면 다음과 같다. 그동안 공동주택을 포함하는 집합건물에서는 관리인을 감독하는 기관이 없어 집합건물의 관리를 위한 용역계약, 공사계약 과정에서 금품수수 등의 비리가 다수 발생하였던 것이 사실이다. 또한 부정기적으로 개최되는 관리단 집회만으로는 관리인의 사무집행을 효율적으로 감독하기가 곤란하였다. 이에, 관리인의 자의적인 사무집행을 견제하기 위하여 관리인 권한에 속하는 사항을 심의・의결 및 감독하기 위한 관리위원회 제도를 새로이 도입하였다.[3)]

2) 강혁신, "집합건물의 소유 및 관리에 관한 법률 개정, -임차인에 대한 결의권 부여 및 관리단 분리(또는 별도의 관리단 창설)에 관한 개정위원회 논의를 중심으로-", 민사법학 제55호, 한국민사법학회, 2011.9. p.386.

3) 법무부 홈페이지(www.moj.go.kr) 참조.

먼저, 관리단에는 규약으로 정하는 바에 따라 관리위원회를 둘 수 있다(집합건물법 제26조의 2). 관리위원회의 위원은 구분소유자 중에서 관리단의 집회의 결의에 의해 선출한다(제26조의3의 1항). 다만, 규약으로 달리 정한 사항은 그러하지 않다(동 조 2항). 따라서 규약에서 달리 정하고 있는 경우에는 반드시 구분소유자일 필요는 없으며 예를 들어 관리회사의 집합건물의 기술적 또는 법률적인 관리 전문가 등이 관리위원회의 위원으로 선출되는 것이 가능하다.

5) 임차인

임차인도 집합건물의 관리에 관한 주체가 될 수 있는가. 이 문제는 집합건물법의 2013년도 6월 19일 개정 이전과 이후의 법규정이 구분된다. 즉, 개정 전의 집합건물법의 태도는 집합건물의 관리의 주체는 구분소유자로 제한하고 있었다. 그러나, 임차인의 증가(예를 들어, 공동주택의 경우 임차인의 비율은 32% 이상, 상업용 집합건물의 경우는 91%에 달한다. 2013년도 통계), 소유자의 건물관리에 대한 관심 결여 및 부족, 고령자의 증가 등의 사유는 집합건물에 있어서의 적절하고 적극적인 관리에 대한 방해요소로 지적이 되어 왔다. 또한 특히 임차인의 경우에는 건물의 관리에 관하여 의무만 주어지고 있었을 뿐 어떠한 참여권도 부정되어 왔다. 결국, 임차인의 비율은 상승하고 있으나 이에 관한 관리참여의 배제의 문제는 임차인의 보호에도 미흡하고 또한 건물의 관리에도 부실화를 초래하는 현실적 문제가 발생이 되었기 때문에, 2013년도 집합건물법의 개정에서는, 공용부분의 관리(변경 제외) 및 관리인 선임 등의 사항에 관하여 의결권을 부여하여 그 행사가 가능하도록 하였다. 다만, 그 결의로 구분소유자에게 추가비용을 부담하게 하는 등 '특별한 영향'을 줄 때에는 해당 구분소유자의 승낙을 얻어야 한다는 단서조항도 함께 규정되었다.

집합건물법 개정을 위한 개정위원회에서는, 임차인의 관리참여에 관한 논의에서 다음과 같은 내용을 검토하였다. ① 임차인의 관리에 대한 의견을 제출할 수 있는 시스템의 마련, ② 임차인으로부터 제출된 의견이 관리단에서 반영될 수 있는 시스템의 마련, ③ 공용부분의 보존, 관리, 변경 중 어느 범위까지를 임차인의 결의범위로 정하는가, ④ 임차인의 결의권 행사와 구분소유자가 가지는 결의권의 관계를 어떻게 정리하는가 등의 문제에 대해 검토를 진행하였다. 개정위는 임차인의 관리 참여를 적극적으로 실현시킬 수 있는 방법에 대해 최종적으로 임차인에게 결의권을 부여하는 것이 가장 적절하고 효과있는 수단으로 판단을 하였고, 이에 따라 최종적으로 임차인에게 제한적이기는 하나 결의권을 부여하게 되었다.[4] 따라서 임차인도 관리 참여에 그 범위가 제한적이기는 하나 다른 관련 단체와 마찬가지로 일정부분 주체적 역할도 가진다고 볼 수 있다.

2013년 개정 전의 집합건물법의 태도는 임차인의 관리에 대한 참가의 범위를 매우 한정적으로 규정하고 있었다. 개정전의 법 제40조(점유자의 의견진술권)는 제1항에서 '구분소유자의 승낙을 받아 전유부분을 점유하는 자는 집회의 목적사항에 관하여 이해관계가 있는 경우에는 집회에 출석하여 의견을 진술할 수 있다'고 규정하여, 임차인 등의 점유자가 '본인의 이해관계가 있는 사항'에 한정하여 의결권 없는 '진술' 할 수 있는 권리만을 가진다고 하고 있다. 의결권이 없는 임차인 등에게 의견진술권을 승낙한 입법취지는 어디에 있는가. 이는 구분소유권을 가지지 않는 전유부분의 점유자적 지위만을 가지는 임차인 등이라고 할지라도 건물의 관리 또는 사용에 관한 공동의 이익에 반하는 행위를 해서는 안 되고, 또한 건물, 대지, 부속시설의 사용방법에 대해 구분소유자가 규약 또는 집회의 결의에 근거하여 가지는 의무와 동일한 의무를 가진다고 보았기 때문이다.[5] 따라서, 구분소유자의 승낙을 얻어 전유부분을 점유하는, 즉 임차인 등은 이해관계를 가지는 사항에 대해서 의견진술권을 가지는 데, 이는 결국 첫째, 건물의 관리주체는 구분소유자이며 임차인은 건물의 원활한 관리를 완성하는 과정에 있어서의 '권리 없는' 협력자의 관계로 구분소유자와 임차인의 관계를 설정하고 있는 것에 의미가 있으며, 둘째, 그러나 임차인이 당해 건물을 사용하고 있는 지위를 가지는 이상 적어도 임차인이 가지는 사용권에 대해서는 '이해관계를 가지는 범위 내'에서 임차인의 의견이 반영될 수 있는 방법이 강구되어 있는 것으로 해석할 수 있다. 개정위의 개정시안에 대한 검토과정에서, '임차인을 구분소유자의 대리인으로 간주(또는 추정)한다'고 규정할 것인가에 대한 논의도 있었다. 그러나, 개정위는 간주 또는 추정 여부를 떠나서 임차인을 구분소유자의 대리인으로 보게 되는 경우에는 그 본인의 대리인의 자격을 갖춘 임차인은 구분소유자의 의사에 구속되어 결국 임차인의 의사가 집회의 결의에서 반영되지 못한다는 이유로 본안을 철회시켰다. 개정위의 이와 같은 논의는 일본의 1983년 개정 시에서도 존재했으며, 일본의 개정작업에 있어서도 금번 개정위와 동일한 이유로 임차인에게 구분소유자의 대리인의 자격을 부여하는 안은 채택되지 못하였다.[6][7]

---

4) 강혁신, 앞의 논문, p.391.

5) 稲本洋之助, 鎌野邦樹, 「コンメンタール マンション区分所有法」, 日本評論社, 1997, 211면.

임차인이 가지는 의결권 행사의 범위는 어떠한가. 앞에서도 언급하고 있듯이, 집합건물법에서 상정하고 있는 공용부분의 관리는 다음과 같이 3가지로 분류된다. 첫째, 보존행위, 둘째, 협의의 관리, 셋째, 변경이다. 개정시안은 임차인이 구분소유자가 가지는 의결권을 행사할 수 있는 범위에 대해서, 보존행위와 협의의 관리로 제한하고 있다. 보존행위란 경미하거나 또는 긴급한 사항에 대한 유지행위를 말한다. 예를 들면, 수선적립금을 굳이 사용하지 않고 매월 징수하는 관리비로도 그 관리행위가 가능한 사안이 이에 해당된다. 공용부분의 점검행위 또는 파손부분 등의 소수선행위 등이 보존행위에 해당된다.[8] 현행법은 이러한 보존행위의 행위주체를 '각 공유자' 즉, 구분소유자로 규정하고 있으며, 각 구분소유자는 이러한 보존행위에 대해서는 단독으로 행위할 수가 있다. 따라서, 개정위의 검토과정에서는, 보존행위에 대해서 그 주체를 구분소유자로 한정되어 있음에도 불구하고 실제로는 각 사용자도 보존행의에 참여하고 있는 현실을 반영하여, 현행법을 개정하여 임차인에게도 보존행위의 주체가 될 수 있도록 하자는 안(단, 보존행위에 제한해서)이 제시되기도 하였으나, 개정위의 검토 과정에서 채택되지 못하였다.[9]

임차인이 가지는 의결권의 행사범위는 크게 두 가지로 구분하여 살펴 볼 수가 있다. 첫째는, 위에서 기술하고 있는 바와 같이 '보존행위 및 협의의 관리'의 범위이다. 둘째는, '구분소유자의 권리와 의무에 특별한 영향'을 주는 사항은 제외가 되는 범위 내로 국한된다.

공용부분의 보존행위 및 협의의 관리에 있어서 발생할 수 있는 구분소유자의 권리와 의무에 특별한 영향을 주는 사항에는, 예를 들면, 내빈용의 주차공간을 확보하는 결의에 의해 구분소유자의 기존의 주차공간의 사용범위 또는 사용방법을 중대하게 침해하는 사항, 또는 엘리베이터의 정차층을 홀수 또는 짝수만으로 제한하여 기존의 구분소유자의 사용에 중대한 불편을 발생시키는 사항 등이 있을 수 있다. 개정위는 또한 특별한 영향을 주는 사항에 대해, 예를 들면, 구분소유권의 가치에 영향을 주는 사항 등도 포함된다고 검토과정에서의 해석이 이루어졌다.

한편으로 '특별한 영향이 미칠 때'란, 특정의 구분소유자가 이미 가지고 있는 전유부분 및 공용부분에서의 권리의무에 대하여 이를 수인할 수 있는 정도를 초과하는

6) 濱崎恭生, 「建物区分所有法の改正」, 法曹会, 1989, 279면.
7) 강혁신, 앞의 논문, p.392.
8) 稲本洋之助, 鎌野邦樹, 앞의 책, 102면.
9) 강혁신, 앞의 논문, p.393.

불이익을 당하는 때[10]로 볼 수 있다. 우리나라 대법원은, 건물의 구분소유자로 구성된 관리단의 규약에서 관리단 집회의 의결 내용이 특정 구분소유권의 권리에 영향을 미칠 사항에 관하여는 당해 구분소유자의 동의를 얻어야 하는 것으로 규정하고 있는 경우, 업종의 지정 내지 변경에 관한 사항은 당해 업종에 관한 특정 구분소유권의 권리에 영향을 미치므로 당해 구분소유자의 동의를 얻어야 한다고 하여,[11] 업종의 지정 및 변경으로 특별한 영향이 발생 또는 존재한다고 하고 있다.[12]

판례도 임차인의 집합건물에 대한 관리참여에 대해 다음과 같이 긍정하고 있다. 임차인인 참여한 상가관리규약이 관리단 규약으로서의 효력을 갖는지의 여부에 대해, '상가번영회가 비록 그 구성원에 구분소유자 아닌 세입자가 포함되어 있다 하더라도 경우에 따라서는 구분소유자만으로 구성되는 관리단으로서의 성격을 겸유할 수도 있고, 상가번영회의 상가관리규약을 제정함에 있어서도 점포당 1명씩만이 결의에 참여하였다면 세입자가 구분소유자를 대리하여 의결권을 행사하였거나 서면에 의한 결의를 하였다고 볼 여지가 있으며 그러한 경우 그 상가관리규약은 관리단 규약으로서의 효력을 갖는다'[13]고 판시한 사례가 있다. 이와 같이, 상가의 경우에 상가건물의 관리를 위한 자치조직만이 존재한다면 그 자치조직이 집합건물 관리단의 실질적인 업무도 담당하는 것이 현실이라고 한다.[14] 즉 상가번영회는 집합건물 관리단이 아니지만 그러한 성격을 함께 가질 수 있다고 한다.[15] 그리고 관리단 집회의 결의는 대리인이나 서면에 의해서 이루어질 수도 있기 때문에 상가번영회에 임차인이 포함되어 있더라도 그 임차인이 소유자를 대신해서 집회에 참석한 것이라면 상가번영회의 결의를 집합건물 관리단의 결의로 볼 수 있다고 한다.[16] 공동주택의 경우에도 입주자단체와 집합건물 관리단을 동일하게 보거나[17] 입주자대표회의를 집합건물 관리단과 동일시하기도

10) 青山正明, 『不動産法第5巻 区分所有法』, 青山書林, 1997, 190면
11) 대법원 2006. 7. 4. 2006마164,165 결정.
12) 강혁신, 앞의 논문, pp.394-395.
13) 대법원 1996. 8. 23. 선고 94다27199 판결.
14) 박경량, "집합건물 구분소유법리의 재검토", 전남대학교 대학원 박사학위논문, 1991, 63면; 박종두, 집합건물의 관리에 관한 법리연구, 중앙대학교 박사학위논문, 1988, 148면; 이광범, "상가관리규약상 업종제한조 항의 효력", 민사판례연구XIX, 1997. 2. 88면.
15) 윤경, "상가의 업종제한규정의 효력 및 그 변경절차", 인권과 정의 363호, 2006. 11. 147면; 이광범(註6), 88면.
16) 박경량, 앞의 논문, 90면.
17) 박경량, "한국의 공동주택 하자에 관한 연구", 「법학논총」, 조선대학교 법학연구원 2009. 16집 제1호, 112-114면; 이덕승, "아파트입주자단체의 법적 성격", 「재산법연구」 제15권 1호, 한국재산법학회, 1998. 72면.

한다.[18] 위의 판결은 집합건물의 상가번영회를 집합건물법 상의 관리단으로 볼 수 있는 근거를 마련하였다는 점, 그리고 세입자인 임차인이 참여한 상가관리규약의 제정이 그 효력을 갖는다고 판시한 점에서 주목되는 판결이다. 그러나, 분명한 것은, 본 판결의 내용에 있어서도 임차인인 세입자가 참여한 상가관리규약의 제정이 그 효력을 가지기 위한 전제로서 구분소유자를 대리하였다고 볼 만한 여지가 있어야 한다고 하고 있음을 명백히 하고 있으므로, 결국 임차인이 의결권을 가질 수 있는 조건의 전제범위, 즉 대리권 수여의 부재가 확장된 것은 아닌 것으로 보아야 할 것이다.[19]

2. 주택법상의 관련 주체

1) 입주자대표회의

주택법은 대통령령으로 정하는 공동주택(「건축법」 제11조에 따른 건축허가를 받아 주택 외의 시설과 주택을 동일 건축물로 건축하는 경우와 부대시설 및 복리시설을 포함하되, 복리시설 중 일반인에게 분양되는 시설은 제외한다. 이하 같다)을 건설한 사업주체는 입주예정자의 과반수가 입주할 때까지 그 공동주택을 관리하여야 하며, 입주예정자의 과반수가 입주하였을 때에는 입주자에게 그 사실을 알리고 그 공동주택을 제2항에 따라 관리할 것을 요구하여야 하도록 정하고 있다(주택법 제43조 1항). 또한 입주자는 제1항에 따른 요구를 받았을 때에는 그 요구를 받은 날부터 3개월 이내에 입주자대표회의를 구성하고, 그 공동주택의 관리방법을 결정(주택관리업자에게 위탁하여 관리하는 방법을 선택한 경우에는 그 주택관리업자의 선정을 포함한다)하여 이를 사업주체에게 통지하고, 관할 시장・군수・구청장에게 신고하여야 한다고 정하고 있다.

이에 따라 주택법 시행령은 이하와 같은 일정 규모 이상의 공동주택에 입주자 대표회의를 구성하도록 하고 있다. 1. 300세대 이상의 공동주택, 2. 150세대 이상으로서 승강기가 설치된 공동주택, 3. 150세대 이상으로서 중앙집중식 난방방식(지역난방방식을 포함한다)의 공동주택, 4. 「건축법」 제11조에 따른 건축허가를 받아 주택 외의 시설과 주택을 동일건축물로 건축한 건축물로서 주택이 150세대 이상인 건축물이 이에 해

18) 이정민, “집합건물의 분양과 하자담보책임, -집합건물법 제9조와 관련한 몇 가지 법적 쟁점에 관하여-”, 사법논집 제38집, 법원행정처, 2004, 518면; 박종두, “분양집합주택의 하자와 담보책임”, 법조 제44권 12호(471호), 법조협회, 1995, 83면; 손지열/김황식, 집합건물의소유및관리에관한법률・부동산등기법 해설, 재단법인 법령편찬보급회, 1985, 55면.

19) 강혁신, 앞의 논문, pp.399-400.

당한다(주택법 시행령 제48조).

공동주택의 관리를 위한 관리단의 설립에 관해서는 주택법에 그 절차가 충실히 규정되어 있다. 어느 정도 분양이 이루어지기까지는 사업자 자신이 관리하다가 어느 정도 분양이 이루어지면 사업자는 구분소유자들에게 자치적으로 관리할 것을 요구하여야 한다. 구분소유자들은 그 요구를 받은 날로부터 3월 이내에 동별 또는 층별 등으로 선거구를 구획하여 입주자들의 대의원인 입주자대표회들을 선출하여야 한다. 그 대표는 6개월 이상(최초의 경우는 제외하고) 거주한 입주자이어야 한다. 대표자의 수는 4명 이상이어야 한다. 이렇게 선출된 대표들로 대표회의가 구성된다. 대표회의는 공동주택관리단의 대의원총회에 해당하는 기관이다. 대표회의는 규약을 제정하고 관리방법을 결정한 후, 이를 사업자에게 통지하고 관할 시장, 군수, 구청장에게 신고하여야 한다. 이렇게 대의원총회에 의한 창립총회로 관리단의 조직행위가 이루어진다.[20]

관리단에는 최고의사결정기관인 대표회의 이외에 회장, 감사, 이사 등 임원을 두어야 한다. 이들은 대표회의에 의하여 선임된다. 관리단은 규약에 정하여 회장, 감사를 입주자 전원의 직접투표로 선출할 수도 있다(주택법 제43조, 동법 시행령 제50조). 입주자 전원을 구성원으로 하는 관리단이 설립되어 있으므로 그들의 직접 투표로 임원을 선임할 길도 주택법은 마련하여 놓고 있는 것이다. 대표회의는 위에서 설명한 대로 입주자들에 의하여 선출된 대표들로 구성된 대의원회의에 해당하고, 회장 등은 관리단의 임원에 해당한다.[21]

입주자대표회의는 동별 대표자들로 구성되는 회의체로서 단체를 말한다. 입주자대표회의는 법률상 비법인사단이라는 것이 판례의 입장이고(대법원 2008.9.25. 선고 2006다86597 판결), 따라서 소송상 당사자능력이 인정된다. 입주자대표회의는 추상적인 사단으로서의 단체를 말하므로 그 대표기관 또는 집행기관에 해당하는 임원이나 주택법 제2조 제14호[22]에 규정된 관리주체와도 구별된다. 입주자대표회의 회장을 비롯하여 동별 대표자 전원이 공석이 된 경우에도 입주자대표회의 자체는 계속 존하는 것이

---

20) 김교창, '집합건물관리단의 설립', 변호사 제44집, 서울지방변호사회, 2013년 9월. p.89.

21) 김교창, 앞의 논문. p.89.

22) 주택법 제2조(정의)

14. "관리주체"란 공동주택을 관리하는 다음 각 목의 자를 말한다.

가. 제43조 제4항에 따른 자치관리기구의 대표자인 공동주택의 관리사무소장

나. 제43조 제6항에 따라 관리업무를 인계하기 전의 사업주체

다. 제53조 제1항에 따른 주택관리업자

라. 「임대주택법」 제2조 제4호에 따른 임대사업자

므로 입주자대표회의의 당사자능력이 소멸되는 것은 아니다. 다만, 그 소송수행권이 문제되는데, 임기만료에 따른 후임 회장의 선출이 부적법하여 효력이 없게 된 경우에는 차기 회장이 적법하게 선출될 때까지 전임 회장이 일정한 범위 내에서 대표자 직무를 계속 수행하게 된다.[23]

위에서 살펴본 바와 같이 집합건물의 경우 구분소유관계가 성립되면 건물·그 대지와 부속시설 또는 대지를 사용·관리하기 위한 목적으로 구분소유자 전원으로 구성되는 관리단이 당연 성립되게 된다. 관리단은 집합건물의 재산에 관한 관리 및 운영에 대한 궁극적인 책임을 부담하는 단체로서 집합건물, 그 대지와 부속시설의 관리에 관한 사업시행을 목적으로 하는 단체이다. 관리단과 입주자대표회의의 차이점을 살펴보면 다음과 같다. 첫째, 관리단은 모든 집합건물을 대상으로 하고 있는데 비하여 입주자대표회의는 주택법에서 정한 일정한 공동주택만을 그 대상으로 한다. 둘째, 관리단은 집합건물의 변경을 포함하여 그 권한이 광범위한데 비하여 입주자대표회의의 권한은 주로 공동주택의 관리에 국한된다. 셋째, 관리단은 구분소유자 전원이 구성원이 되지만 입주자대표회의는 동별 대표자만이 구성원이 된다. 넷째, 관리단은 건물 단위로 구성되는데 비하여 입주자대표회의는 단지 단위로 구성된다. 다섯째, 관리단은 법률상 당연히 설립되는데 비하여 입주자대표회의는 특별한 조직행위를 필요로 한다.[24]

2) 동별 대표자

입주자대표회의의 구성은 동별 대표자로 구성된다.[25] 그러나 입주자대표회의에서 말하는 '동별 대표자'는 관리규약에서 정한 선거구에 따라 선출되어야 하는 것이므로(주택법 시행령 제50조 제1항[26]) 관리규약에서 정한 선거구와 무관하게 선출된 라인별 또는 층별 대표로 구성된 대표자회의는 동별 대표자라는 요건을 충족하지 못하므로 입주자대표회의라고 할 수 없다.[27] 그러나, 동별 대표자 또한 공동주택에서 관리와 관

23) 대전지방법원, 「(아파트 주민들의) 분쟁예방을 위한 길잡이」, 대전지방법원, 2010. pp.10-11.
24) 대전지방법원, 위의 책, pp.11-12.
25) 제50조(입주자대표회의의 구성 등) ① 법 제43조 제7항 제2호에 따라 입주자대표회의는 4명 이상으로 구성하되, 동별 세대수에 비례하여 법 제44조 제2항에 따른 공동주택관리규약(이하 "관리규약"이라 한다)으로 정한 선거구에 따라 선출된 대표자(이하 "동별 대표자"라 한다)로 구성한다. 이 경우 선거구는 2개동 이상으로 묶거나 통로나 층별로 구획하여 정할 수 있다.
26) 9)와 같음.
27) 대전지방법원, 위의 책, p.11.

련한 주요 업무를 수행하고 또 결정하는 구성원에는 분명하기 때문에 동별 대표자는 관련 주체의 한 부분으로 인정하는 것이 마땅하다.

공동주택별로 '운영위원회' 또는 '자치위원회'라는 명칭을 사용하는 기구를 두는 경우도 있으나, 그 실질이 동별 대표자들로 구성된 입주자대표회의인 경우에는 법상의 입주자대표회의라고 하여야 할 것이고, 그 구성과 운영에 대해서는 입주자대표회의에 관한 규정이 적용된다.[28]

3) 주택관리업자

주택법 제2조 제12호는 공동주택의 관리의 주체는 입주자자치관리기구, 주택관리업자, 사업주체와 임대주택법에 의한 임대사업자라고 규정하고 있으며, 입주자가 공동주택을 관리하는 자치관리의 경우에는 공동주택의 관리사무소장을 자치관리기구의 대표자로 선임하도록 규정하고 있고 이에 따라 관리주체의 개념은 오히려 관리사무소장에게 관리주체성을 인정하고 입주자대표회의의 공동주택의 관리에 관한 주체성을 인정하지 않는 듯 한 오해를 일으킬 수 있다는 문제가 있다.[29]

따라서 공동주택의 관리책임은 궁극적으로는 구분소유자에게 있고, 이 업무를 제3자에게 위탁하였다하여 그 책임이 면제되는 것은 아니므로 입주자대표회의가 자치관리업무를 위탁한 경우의 관리사무소장 등을 관리주체라고 표현하는 것은 적절하지 않다고 하겠다. 관리주체에 관한 정의규정에서 입주자대표를 제외하고 있는 오해를 제거하기 위해서는 관리주체라는 개념보다는 관리집행자라는 개념을 사용하는 것이 바람직할 것이다.[30]

주택법은 입주자대표회의와 관리주체를 병존적으로 규정하고 입주자대표회의를 의결기관으로, 관리주체는 집행기관을 구별하여 공동주택의 관리권 행사를 규율하고 있다. 이러한 경우, 관리주체는 입주자대표회의의 의결 없이는 관리업무에 일일이 개입하게 되어 관리주체의 전문적인 관리지식이나 기술을 활용하지 못할 우려도 있게 된다. 이에 대하여 관리업무를 공용부분에 관한 물리적 관리업무와 공동주택 단지 안의 입주자간의 공동생활의 규율이라는 부분으로 나누어 이해하고, 전자에 관해서는 관리주체가 후자에 관하여는 입주자대표회의가 전담하는 것으로 역할 분담을 통해 해

28) 대전지방법원, 위의 책, p.11.

29) 변우주, "집합건물의 관리주체와 하자담보청구권", 원광법학, 제23권 제2호, 원광대학교 법학연구소, 2007.9.30., p.423.

30) 변우주, 앞의 논문, p.423.

결할 수 있을 것이다.[31]

4) 관리사무소장

관리사무소장은 피용인과 수임인의 지위를 동시에 가진다.

주택법이 '관리주체'로 열거하고 있는 관리사무소장은 주택관리사나 주택관리사보로서 실질은 관리단의 집행기관인 입주자대표회의의 관리업무를 보조하는 자이다.[32] 따라서 주택법 제2조 제14호에서 관리사무소 소장을 관리주체라고 표현하고 있다고 해서 공동주택 관리권능을 주도적으로 행사하는 위치에 있다고 보는 것은 곤란하다. 관리사무소장을 주택법에서 관리주체라고 표현한 것은 관리사무소장이 관리현장에서 관리의 중심에 서서 공동주택 관리를 주관하는 자라는 의미이다. 그런데, 입주자가 자치관리를 하려면 관리업무를 수행하는데 필요한 노무를 관리사무소장으로부터 제공받아야 한다.[33] 입주자는 입주자대표회의를 통해서 노무를 제공하는 피용자인 관리사무소장을 지휘・감독할 수 있다.[34] 관리사무소장은 자치관리의 경우 입주자대표회의에 의해서 관리단에 고용된 피용자이기는 하지만 통상적인 의미의 피용자와는 다른 면이 있다. 즉, 사용자에 대한 강한 신뢰관계를 기초로 관리사무소장이 주택관리에 대한 전문가라는 점에서 재량권이 폭넓게 인정되고 입주자대표회의에 대한 관리사무소장이 사용과 종속의 정도가 다른 일반근로자에 비하여 완화되어 있다.[35]

주택법은 바로 이러한 측면을 고려하여 관리 '주체'라는 표현을 쓴 것으로 보인다. 따라서 관리사무소장은 주택법 상의 관리주체라는 표현에 관계없이 기본적으로 입주자대표회의의 피용인인 근로자이면서 부수적으로 수임이인의 지위를 지니는 입주자대표회의의 관리업무수행 보조자라 할 수 있다. 따라서 입주자대표회의의 구성원은 자치관리기구의 직원을 겸할 수 없다.[36][37]

31) 변우주, 앞의 논문, p.423.

32) 주택법 제55조(관리사무소장의 업무 등) ① 의무관리대상 공동주택을 관리하는 다음 각 호의 어느 하나에 해당하는 자는 제56조 제2항에 따른 주택관리사를 해당 공동주택의 관리사무소장으로 배치하여야 한다. 다만, 대통령령으로 정하는 세대수 미만의 공동주택에는 주택관리사를 갈음하여 제56조제1항에 따른 주택관리사보를 해당 공동주택의 관리사무소장으로 배치할 수 있다.

33) 주택법 제43조(관리주체 등) ② 입주자는 제1항에 해당하는 공동주택을 제4항에 따라 자치관리하거나 제53조에 따른 주택관리업자에게 위탁하여 관리하여야 한다.

34) 주택법 시행령 제53조(공동주택관리기구) ② 자치관리기구는 입주자대표회의의 감독을 받는다.

35) 박경량, "아파트 관리소장의 법적지위", 집합건물법학, Vol.6, 한국집합건물법학회, 2010, pp. 13-14.

36) 주택법 시행령 제53조(공동주택관리기구) ⑤ 입주자대표회의의 구성원은 자치관리기구의 직원

자치관리든 위탁관리든 관리사무소장은 주택법에서 규정하고 있는 관리업무를 처리해야 하는 지위에 있다. 따라서 주택관리업자나 입주자대표회의 그리고 임대사업자는 관리업무를 처리할 수 있는 주택관리전문가인 주택관리사나 주택관리사보를 관리사무소장으로 배치하여야 한다.[38] 관리사무소장은 자치관리의 경우 입주자대표회의에 의해서 고용되기는 했으나 주택관리라는 사무처리의 점에서는 자신의 독자적인 재량권이 인정되는 수임인의 지위에 놓이게 된다. 관리사무소장은 공동주택의 입주자등이 월별로 관리비 등과 잡수입(금융기관의 예금이자, 연체료 수입, 부대시설・복리시설의 사용료 등 공동주택의 관리로 인하여 발생하는 수입)의 징수・사용・보관 및 예치 등에 관한 정보와 다음 회계연도에 관한 관리비 등의 사업계획 및 예산안, 관리비 등의 회계감사에 관한 정보열람을 청구하거나 자기비용으로 복사를 요구하는 때에는 관리규약이 정하는 바에 따라 이에 응해야 한다. 다만, 개인의 사생활의 비밀 또는 자유를 침해할 우려가 있는 정보나 감사・입찰계약・인사관리・의사결정과정 또는 내부검토과정에 있는 사항 등으로서 공개될 경우 업무의 공정한 수행에 현저한 지장을 초래할 우려가 있는 정보는 제외된다.[39] 그런데 위탁관리의 경우에는 입주자대표회의를 통해서 관리단과 주택관리업자 사이에서 민법상 위임관계가 성립한다. 주택관리업자는 관리단에 대한 관계에서 수임인의 지위에 서게 된다. 따라서 관리사무소장은 아파트관리업자의 관리단에 대한 관리사무처리 채무이행을 보조하는 위치에 있다.[40]

한편으로 관리사무소장은 주택법 등의 규정에 의해 주택관리업자에 의해 고용되었다고 하더라도 자치관리의 경우와 마찬가지로 관리단에 대한 관계에서 수임인의 지위에서 관리사무를 처리해야 하는 이원적인 지위에 놓여 있다.[41]

을 겸할 수 없다.

37) 박경량, 앞의 논문, p.14.

38) 주택법 제55조(관리사무소장의 업무 등) ① 의무관리대상 공동주택을 관리하는 다음 각 호의 어느 하나에 해당하는 자는 제56조 제2항에 따른 주택관리사를 해당 공동주택의 관리사무소장으로 배치하여야 한다. 다만, 대통령령으로 정하는 세대수 미만의 공동주택에는 주택관리사를 갈음하여 제56조 제1항에 따른 주택관리사보를 해당 공동주택의 관리사무소장으로 배치할 수 있다.

39) 주택법 제55조(관리주체의 업무 등)

② 관리주체는 월별로 관리비등과 잡수입(금융기관의 예금이자, 연체료 수입, 부대시설・복리시설의 사용료 등 공동주택의 관리로 인하여 발생하는 수입을 말한다. 이하 같다)의 징수・사용・보관 및 예치 등에 관한 장부를 작성하여 이를 그 증빙자료와 함께 회계연도 종료 후 5년간 보관하여야 한다.

40) 박경량, 앞의 논문, p.15.

41) 박경량, 앞의 논문, p.15.

Ⅱ 관련주체의 책임과 권한

1. 집합건물법상의 관련주체의 책임과 권한

1) 구분소유자

집합건물법 제5조(구분소유자의 권리·의무)는 구분소유자가 가지는 권리와 의무에 관하여 다음과 같이 규정하고 있다. ① 구분소유자는 건물의 보존에 해로운 행위나 그 밖에 건물의 관리 및 사용에 관하여 구분소유자 공동의 이익어 어긋나는 행위를 하여서는 아니 된다. ② 전유부분이 주거의 용도로 분양된 것인 경우에는 구분소유자는 정당한 사유 없이 그 부분을 주거 외의 용도로 사용하거나 그 내부 벽을 철거하거나 파손하여 증축·개축하는 행위를 하여서는 아니 된다. ③ 구분소유자는 그 전유부분이나 공용부분을 보존하거나 개량하기 위하여 필요한 범위에서 다른 구분소유자의 전유부분 또는 자기의 공유(共有)에 속하지 아니하는 공용부분의 사용을 청구할 수 있다. 이 경우 다른 구분소유자가 손해를 입었을 때에는 보상하여야 한다. ④ 전유부분을 점유하는 자로서 구분소유자가 아닌 자에 대하여는 제1항부터 제3항까지의 규정을 준용한다.

특히 구분소유자는 본인이 소유하고 있는 전유부분에서의 이용과 관련하여 빈번하게 '공동의 이익'과 충돌하는 현상을 경험하고는 한다. 이 때, 과연 구분소유자가 가지는 권한과 그리고 책임을 지니는 공동의 이익과의 관계형성이 어떠한 것일 때 가장 바람직한 것인가의 문제가 발생한다.

공동주택에서 발생하는 분쟁의 양태는 건물의 구조, 규모 등이 가지는 특성에 의하여 발생하는 경우도 있으나, 대부분의 분쟁은 '구분소유라는 소유형태'와 '공동주택이라는 거주형태'에 기인하는 권리·이용관계의 복잡함이 그 원인에 있다.

'공동의 이익에 반하는 행위'란 추상적인 개괄적 규정이기 때문에 일정의 기준이 필요하다. 공동의 이익에 반하는가의 여부는 해당행위의 필요성의 정도, 이에 의해 다른 구분소유자가 입는 불이익의 양태, 정도의 모든 사정을 비교교량하여 결정해야 한다. 따라서 단순히 재산 관리적 관점으로부터의 공동이익만이 아니고 공동 생활적 관점으로부터의 공동의 이익도 당연히 포함된다.[42]

42) 강혁신, "공동주택에서의 전유부분의 사용방법과 공동의 이익에 관한 연구", 법학연구, Vol.24,

공동주택(共同住宅)에서 발생하는 분쟁의 양태는 건물의 구조, 규모 등이 가지는 특성에 의하여 발생하는 경우도 있으나, 대부분의 분쟁은 '구분소유(區分所有)라는 소유(所有)형태'와 '공동주택이라는 거주(居住)형태'에 기인하는 권리・이용관계의 복잡함이 그 원인에 있다. 공동주택은 1동의 건물에 다수의 구분소유자, 점유자 등이 집합하여 거주하는 형태로 공용(共用)부분에서는 말할 것도 없고 전유(專有)부분에 대해서도 이용에 관해서는 공동의 룰인 규약을 따를 필요가 발생하는 등, 일반주택과는 다른 거주방식이 요구된다. 공동주택에서의 의사결정 형태 또한 입주자대표회의, 또는 사안의 중대성에 따라서는 전체구분소유자에게 그 동의여부를 묻는 방식으로 이루어지나 이도 역시 구분소유자간의 이해대립으로 원활한 합의형성이 곤란한 경우가 적지 않게 발생한다. 우리나라의 공동주택에서의 거주방식의 수준은 과거에 비하면 월등히 높아졌다고는 할 수 있으나, 규약 등의 거주 룰의 미정비, 이에 대한 인식, 아직도 완전히 성숙하지는 않은 구분소유자・점유자 등의 공동주택에서의 거주매너 등의 이유 역시도 분쟁의 주요 원인으로 작용한다.[43)]

구분소유자의 공동의 이익에 반하는 행위에 대한 판단 기준은 3가지로 나누어 생각할 수 있다. 첫 번째는, '부당훼손행위(不當毁損行爲)'이다. 2호(戶)1호화(戶化)를 하기 위하여 전유부분의 내력벽 등을 철거하는 행위 등이 그러하다. 두 번째는, '부당사용행위(不當使用行爲)'이다. 복도, 계단실 등에 사물(私物)을 방치하여 창고로 사용하는 등의 특정 구분소유자가 공용부분을 마음대로 사용하여 그 결과 다른 구분소유자의 통상적 사용을 방해하는 행위, 공유대지의 일부에 허가 없이 자동차를 주차하는 행위 등이 그러하다. 세 번째는, '프라이버시 침해 내지는 불쾌감(nuisance)을 전하는 행위이다. 소음, 진동, 악취를 발생시켜 다른 구분소유자의 평온, 쾌적한 생활을 방해하는 행위가 그러하다. 이 경우 전유부분 내에서의 구분소유자의 행위도 본 사례를 통하여 고찰하고 있듯이 공동의 이익을 위한 내재적 제약을 받는다고 보아야 한다.[44)]

구분소유자의 공동의 이익에 반하는 행위, 즉, 의무위반행위에 대하여 집합건물법은 어떠한 조치를 가능토록 하고 있는지 살펴본다.

첫 번째 조치는 구분소유자에 대한 행위정지 청구이다.[45)]

한국법학회, 2006, p.86.

43) 강혁신, 앞의 논문, p.86.

44) 강혁신, 앞의 논문, p.94.

45) 집합건물법 제43조(공동의 이익에 어긋나는 행위의 정지청구 등) ① 구분소유자가 제5조제1항의 행위를 한 경우 또는 그 행위를 할 우려가 있는 경우에는 관리인 또는 관리단집회의 결의로

구분소유자가 건물의 보존에 해로운 행위 기타 건물의 관리 및 사용에 관하여 구분소유자의 공동의 이익에 반하는 행위를 하여 집합건물법 제5조 제1항의 규정을 위반한 경우 또는 그 행위를 할 염려가 있는 경우에는, 관리인 또는 관리단 집회의 결의에 의하여 지정된 구분소유자는 구분소유자의 공동의 이익을 위하여 그 행위를 정지(停止)하거나 그 행위의 결과를 제거(除去) 또는 그 행위의 예방(豫防)에 필요한 조치(措置)를 취할 것을 청구할 수 있다(집합건물법 제43조 제1항). 본 조 제1항의 행위의 결과를 제거하거나 또는 그 행위의 예방에 필요한 조치에 대한 청구는 반드시 소송(訴訟)을 거치지 않아도 된다는 점이 밑의 사용금지와 경매의 청구와 가장 상이한 점이다. 즉, 전유부분의 사용금지에 대한 청구와 전유부분 및 대지사용권의 경매(競賣)에 대한 청구는 반드시 소송으로써의 절차를 밟아야 하나, 공동의 이익에 반하는 행위의 정지에 대한 청구는 관리인 또는 관리집회결의에 의해 지정된 구분소유자의 위반행위자에 대한 제거 또는 예방 청구의 수준에서 종결지을 수 있다. 그러나, 만약 이의 위반행위에 대해 소(訴)를 제기하고자하는 경우에는 관리단집회의 결의를 통하여 소송을 제기할 수도 있도록(집합건물법 제43조 제2항) 하여 반드시 정지(停止)청구에 대하여 소송의 제기를 부정하고 있는 것은 아니다.[46]

두 번째 조치는 구분소유자에 대한 사용금지 청구이다.[47]

구분소유자가 그 장해를 제거하여 공용부분의 이용의 확보나 구분소유자의 공동생활의 유지를 도모함이 심히 곤란한 때에는 관리인 또는 관리단집회의 결의에 기하여 소(訴)로써 상당한 기간 당해 구분소유자에 의한 전유부분의 사용금지(使用禁止)를 청구할 수 있다(집합건물법 제44조 제1항). 제43조에 근거하여 위반행위의 정지를 청구하였다 하더라도, 침해된 구분소유자의 공동의 이익을 회복하거나 또는 공동이익의

지정된 구분소유자는 구분소유자 공동의 이익을 위하여 그 행위를 정지하거나 그 행위의 결과를 제거하거나 그 행위의 예방에 필요한 조치를 할 것을 청구할 수 있다.

② 제1항에 따른 소송의 제기는 관리단집회의 결의가 있어야 한다.

③ 점유자가 제5조 제4항에서 준용하는 같은 조 제1항에 규정된 행위를 한 경우 또는 그 행위를 할 우려가 있는 경우에도 제1항과 제2항을 준용한다.

46) 강혁신, 앞의 논문, p.96.

47) 집합건물법 제44조(사용금지의 청구) ① 제43조 제1항의 경우에 제5조 제1항에 규정된 행위로 구분소유자의 공동생활상의 장해가 현저하여 제43조 제1항에 규정된 청구로는 그 장해를 제거하여 공용부분의 이용 확보나 구분소유자의 공동생활 유지를 도모함이 매우 곤란할 때에는 관리인 또는 관리단집회의 결의로 지정된 구분소유자는 관리단집회의 결의에 근거하여 소(訴)로써 적당한 기간 동안 해당 구분소유자의 전유부분 사용금지를 청구할 수 있다.

② 제1항의 결의는 구분소유자의 4분의 3 이상 및 의결권의 4분의 3 이상으로 결정한다.

③ 제1항의 결의를 할 때에는 미리 해당 구분소유자에게 변명할 기회를 주어야 한다.

파괴를 방지하는 것이 곤란한 경우가 있다. 즉, 공동이익위반행위의 정지 및 공동이익위반행위의 결과제거에 대하여 판결이 있고 그 판결에 근거하여 강제집행이 이루어진 경우라도 그 집행이 실질적으로 효과를 얻지 못하는 경우이다. 예를 들면, 소음 및 악취를 발산하지 않도록 명(命)하는 판결에 의해 간접강제(間接强制)의 방법으로 강제집행이 이루어졌음에도 불구하고 계속하여 소음 및 악취를 발산하거나, 공용부분의 사물(私物)의 제거를 명(命)하는 판결에 의해 대체집행(代替執行)의 방법에 의해 강제집행이 이루어졌음에도 불구하고 계속하여 공용부분에 사물을 방치하는 경우가 그러하다. 또, 다양한 공동이익위반행위를 반복하는 구분소유자에 대하여 일일이 그 정지를 청구하는 방법의 대응이 불가능한 경우도 있다. 때문에, 공동이익위반행위를 한 구분소유자를 당해 전유부분으로부터 강제적(强制的)으로 퇴거(退去)시키기 위한 조치가 필요로 하여 진다.[48] 이는 공동이익위반행위자의 구분소유권자로서의 권리를 인정하면서도 그 권리를 인정하지 않는 것으로 특이할 만하다. 판결에 의해 정해진 '상당한 기간'이 경과하면 당해 구분소유자는 사용금지처분이 해제되어 이전과 동일한 구분소유권의 행사가 가능하여 진다. 본 규정에 대해 丸山 英気교수는, "본 조의 규정은 입법과정에서의 충분한 논의 없이 돌연 규정된 조항으로, 내용적으로도 특이하고 그 실효성이 기대되지 않는다"[49]고 비판하고 있다.[50]

세 번째 조치로는 구분소유자에 대한 구분소유권의 경매 청구이다.[51]

구분소유자가 건물의 보존에 해로운 행위 기타 건물의 관리 및 사용에 관하여 구분소유자의 공동의 이익에 반하는 행위를 하여 집합건물법 제5조 제1항의 규정을 위반하여 규약에 정한 의무에 현저히 위반한 결과 공동생활의 유지가 심히 곤란하게 된

---

48) 稲本洋之助・鎌野邦樹, 앞의 책, 1997, p.278.

49) 丸山英気,「区分所有法の理論と動態」, 三省堂, 1985, p.50.

50) 강혁신, 앞의 논문, pp.96-97.

51) 집합건물법 제45조(구분소유권의 경매) ① 구분소유자가 제5조제1항 및 제2항을 위반하거나 규약에서 정한 의무를 현저히 위반한 결과 공동생활을 유지하기 매우 곤란하게 된 경우에는 관리인 또는 관리단집회의 결의로 지정된 구분소유자는 해당 구분소유자의 전유부분 및 대지사용권의 경매를 명할 것을 법원에 청구할 수 있다.
② 제1항의 청구는 구분소유자의 4분의 3 이상 및 의결권의 4분의 3 이상의 관리단집회 결의가 있어야 한다.
③ 제2항의 결의를 할 때에는 미리 해당 구분소유자에게 변명할 기회를 주어야 한다.
④ 제1항의 청구에 따라 경매를 명한 재판이 확정되었을 때에는 그 청구를 한 자는 경매를 신청할 수 있다. 다만, 그 재판확정일부터 6개월이 지나면 그러하지 아니하다.
⑤ 제1항의 해당 구분소유자는 제4항 본문의 신청에 의한 경매에서 경락인이 되지 못한다.

때에는 관리인 또는 관리인집회의 결의에 의하여 지정된 구분소유자는 당해 구분소유자의 전유부분 및 대지사용권의 경매(競賣)를 명(命)할 것을 법원에 청구할 수 있다(집합건물법 제45조 제1항).

본 조는 제43조와 제44조에서 규정하고 있는 공동이익위반행위자에 대하여 사용정지 청구, 사용금지 청구를 하는 것에서 더 나아가, 그 구분소유권의 경매를 청구할 수 있도록 하고 있다. 제44조의 사용금지의 청구는 구분소유권을 유지하게 하면서도 상당한 기간 동안의 구분소유권의 행사를 제한하는 것인데, 이에 반하여 제45조의 경매 청구는 처음부터 공동이익위반행위자의 구분소유권을 박탈을 전제로 하는, 결국은 구분소유관계를 강제(强制)로 종료(終了)시키는 내용을 가진다. 여기서 문제는 제43조, 제44조의 행위정지 청구, 사용금지 청구를 거치지 않고 처음부터 제45조에 근거하는 경매 청구를 행사할 수 있는가이다. 일반적으로 구분소유자의 구분소유권을 강제로 종료시키는 것은 당해구분소유자에게는 가혹(苛酷)한 것으로 생각되어질 수 있겠으나, 행위정지 청구, 사용금지 청구에 의해서도 공동생활의 원활한 유지가 이루어지기 어렵다고 판단되는 경우에는 처음부터 구분소유권의 경매를 청구할 수 있도록 하는 것이 타당하리라 판단된다. 공동주택의 전유부분을 폭력단사무소로 사용하여 빈번히 외부의 폭력단 관계자가 출입하고 정기적으로 폭력단조직의 회합이 열리는 한편, 타(他)의 조직폭력단과의 난투 등이 공동주택에서 발생하는 사안에 대하여 구분소유권의 경매 청구를 인정한 사례도 있다(札幌地方裁判所, 1986년 2월 18일 판결).[52)]

청구를 위한 절차적 요건에 관해서 살펴보면, 공동의 이익에 반하는 행위에 대한 정지, 제거, 예방을 위한 소송의 제기 여부는 관리단집회에서의 결의를 통해 결정이 되는데, 이때의 결의는 집합건물법 제44조의 사용금지의 청구 및 제45조의 경매의 청구가 특별다수결의(特別多數決議)로 이루어지는 것에 반하여 과반수(過半數)인 보통결의(普通決議)로 결정된다. 관리단집회의 결의는 구분소유법의 다른 조항과 규약에 특별한 규정이 없는 경우에는 구분소유자 및 의결권의 각 과반수로써 의결된다(집합건물법 제38조). 따라서 집합건물법 제43조에 근거한 공동이익에 반하는 행위에 대한 정지, 제거, 예방을 위한 관리단집회결의는 구분소유자 전원의 과반수로 결정이 된다. 이 경우, 당해 의무위반자도 결의권이 인정된다고 보아야 한다.

사용금지의 청구 및 경매의 청구가 특별다수결의를 채택하고 있는 것에 반해 정지, 제거, 예방의 청구가 보통결의를 채택하고 있는 이유는, 사용금지의 청구 및 경매

52) 강혁신, 앞의 논문, pp.97-98.

의 청구는 실질적으로 당해 구분소유자의 구분소유권을 박탈(剝奪)하는 것이어서 보다 엄격한 결의요건을 요구하는 것이고 제43조의 청구는 통상적이고 본래적(本來的)인 관리에 관한 사항에 관하여 행사하는 것으로 보고 있기 때문이라 하겠다.[53][54]

2) 관리단

관리단은 건물의 관리 및 사용에 관한 공동이익을 위하여 필요한 구분소유자의 권리와 의무를 선량한 관리자의 주의로 행사하거나 이행하여야 한다(집합건물법 제23조의2). 또한 관리단은 관리인의 선임 등과 관련하여, 구분소유자가 10인 이상일 때에는 관리단을 대표하고 관리단의 사무를 집행할 관리인을 선임하여야 한다(집합건물법 제 24조 제1항).

3) 관리인

관리인은 2년의 범위에서 그 임기가 규약으로 정해지며, 그 선임과 해임은 관리단집회에 의해서 결정된다. 또한 이 때, 구분소유자의 승낙을 받아 전유부분을 점유하는 자는 제3항 본문에 따른 관리단집회에 참석하여 그 구분소유자의 의결권을 행사할 수 있다. 다만, 구분소유자와 점유자가 달리 정하여 관리단에 통지하거나 구분소유자가 집회 이전에 직접 의결권을 행사할 것을 관리단에 통지한 경우에는 그러하지 아니하다. 그리고, 관리인에게 부정한 행위나 그 밖에 그 직무를 수행하기에 적합하지 아니한 사정이 있을 때에는 각 구분소유자는 관리인의 해임을 법원에 청구할 수 있다(집합건물법 제24조).

관리인은 다음의 행위를 할 권한과 의무를 가진다. 1. 공용부분의 보존·관리 및 변경을 위한 행위, 2. 관리단의 사무 집행을 위한 분담금액과 비용을 각 구분소유자에게 청구·수령하는 행위 및 그 금원을 관리하는 행위, 3. 관리단의 사업 시행과 관련하여 관리단을 대표하여 하는 재판상 또는 재판 외의 행위, 4. 그 밖에 규약에 정하여진 행위가 여기에 해당한다(집합건물법 제25조).

또한 관리인은 대통령령으로 정하는 바에 따라 매년 1회 이상 구분소유자에게 그 사무에 관한 보고를 하여야 한다. 그리고, 이 때 이해관계인은 관리인에게 제1항에 따른 보고 자료의 열람을 청구하거나 자기 비용으로 등본의 교부를 청구할 수 있다(집합

53) 稲本洋之助·鎌野邦樹, 앞의 책, p.273.

54) 강혁신, 앞의 논문, p.98.

건물법 제26조).

밑에서 기술하는 관리위원회와 관리인과의 관계에 대해서 살펴본다.

공동주택을 포함하는 집합건물에서는 법인의 이사가 여러 명일 수 있듯이 관리인도 여러 명이 선출될 수 있다. 관리인이 여러 명 선출된 경우에 각 관리인은 각자 사무집행기관이면서 대표기관이 된다. 그러나 민법 제58조 제2항은 이사가 數人인 경우에 정관에 다른 규정이 없다면 이사의 과반수 결의로 법인의 사무를 집행하도록 하고 있다. 따라서 관리인이 여러 명 선출된 경우에도 관리인은 단독으로 관리단의 사무를 집행할 수는 없고 규약에 특별한 정함이 없다면 관리인의 과반수의 결의로 사무집행에 관한 사항을 결정해야 한다. 그리고 원칙적으로 각 관리인이 관리단을 대표하지만, 규약이나 관리단 집회의 결의에 의해서 대표권행사의 방법을 정한 경우 또는 대표권이 제한된 경우에는 그에 따라야 한다(민법 제59조 제1항 단서). 그렇다면 관리인이 여러 명 선출된 경우와 관리위원회가 구성된 경우 사이에 차이가 있는가? 다음과 같은 점 때문에 관리인이 여러 명 선출된 경우와 관리위원회가 구성된 경우는 차이가 있다. 첫째, 개념적으로 관리인은 여러 명이 선출되더라도 원칙적으로 각자가 사무집행기관이며 대표기관이다. 그러나 관리위원회는 대표기관은 아니며 사무집행기관이다. 특히 사무집행에 관한 의사를 결정하는 기관이다. 관리위원회를 구성하는 관리위원은 회사를 대표할 수도 없고 개인적으로 사무를 집행할 수도 없다. 업무집행 방식 중에서 관리위원회를 두지 않고 관리인이 여러 명 선출되는 방식은 관리인방식에 해당한다. 둘째, 관리인과 관리위원은 선출방식에 차이가 있다. 개정법률 제24조 제3항에 따르면 관리인은 관리위원회에서 선출하는 것도 가능하지만, 원칙적으로 관리단 집회의 결의에 의해서 선출되어야 한다. 개정법률 제26조의3 제1항에 따르면 관리위원도 관리단 집회의 결의에 의해서 선출된다. 그러나 규약에서 정하는 경우에는 관리단 집회의 결의가 아닌 방법으로 구분소유자에 의해서 관리위원이 선출될 수 있다. "규약에서 관리단집회의 결의에 관하여 달리 정한 경우"란 층별로, 혹은 라인별로 관리위원을 선출하는 것을 가능하도록 하기 위한 것이다. 따라서 관리위원은 선거구별로 선출될 수 있다.[55)]

관리위원회의 결의와 관리인의 업무집행에 대해서 살펴보면 다음과 같다.

관리인은 관리위원회의 결의에 따라서 사무를 집행한다. 관리인과 관리단의 법률

55) 김영두, 「2013년 개정 집합건물의 소유 및 관리에 관한 법률 및 시행령 해설」, 법무부, 2014년, p.76.

관계는 위임관계에 해당한다.[56] 따라서 관리인은 선량한 관리자의 주의로 사무를 집행해야 하는데, 관리위원회의 결의에 반해서 사무를 집행하였다면 그것은 부적절한 사무집행이 된다. 그로 인해서 관리단에 손해가 발생했다면 관리인에게 손해의 배상을 청구할 수도 있고 관리인을 해임할 수도 있다. 관리인은 자신의 권한 범위 내에서 관리단을 대표하여 법률행위를 할 수 있다. 그러나 경우에 따라서 규약이나 관리단 집회의 결의를 통해서 법률행위의 성립여부나 내용을 관리위원회의 결정에 따르도록 할 수 있다. 이것은 결국 관리인의 대표권을 제한하는 것이다. 이와 같이 관리인의 대표권이 제한된 경우에 관리인이 관리단을 대표하여 법률행위를 하기 위해서는 관리위원회의 결의가 필요하고, 관리위원회에서 정한 내용에 따라 계약을 체결해야 한다. 관리인이 대표권을 행사함에 있어서 이러한 절차를 위반한 경우에 그 효력은 어떻게 되는가? 집합건물법 제25조 제2항은 관리인의 대표권이 제한될 수 있지만, 이를 선의의 제3자에게 대항할 수 없다고 규정하고 있다. 따라서 관리인이 대표행위를 하기 위한 절차를 위반한 경우에 그 절차의 위반을 선의의 제3자에게 대항할 수는 없다. 다만 관리인은 부적절한 사무집행을 한 것이다. 이 문제는 관리인이 관리단 집회의 결의내용에 반하여 또는 규약에 반하여 대표행위를 한 경우에도 동일하게 발생하는 문제이다. 판례에 따르면 비법인사단의 대표자가 사원총회의 결의를 거쳐야 함에도 사원총회의 결의 없이 대표행위를 한 경우에 상대방이 이를 알았거나 알 수 있었던 경우가 아니라면 그러한 거래행위는 유효하다고 본다.[57] 그리고 대표이사의 행위가 이사회의 결의 등 내부적 절차를 통해서 제한될 수 있지만, 그러한 제한을 알지 못하는 제3자에게 대표권 제한을 주장할 수 없다.[58] 관리위원회의 결정에 반하여 이루어진 관리인의 사무집행도 동일하게 취급되어야 한다.[59]

4) 관리위원회

2013년도 6월 19일에 새로이 개정되어 시행된 관리위원회와 관련하여 가장 중요한 것은 주택법의 입주자대표회의와의 관계일 것이다.

이에 대해서는, 다음과 같은 정리가 가능하다. 한 동의 아파트가 300세대 이상이거나 엘리베이터가 설치되었다면 150세대 이상인 경우에 주택법에 따라서 입주자대

56) 대법원 2003. 7. 8. 선고 2002다74817 판결.
57) 대법원 2003. 7. 22. 선고 2002다64780 판결.
58) 대법원 1997. 8. 29. 선고 97다18059 판결.
59) 김영두, 앞의 책, p.77.

표회의가 구성되어야 한다(주택법시행령 제48조). 집합건물법에 관리위원회 제도가 도입된다면 입주자대표회의와 관리위원회의 관계가 문제될 것인데, 한 동의 아파트는 집합건물에 해당하기 때문에 집합건물법 제23조 제1항에 따라서 구분소유자로 구성된 관리단이 당연히 성립하게 된다. 이러한 한 동의 아파트에서 선출된 동별대표자는 집합건물법 제26조의3 제1항 및 제2항의 요건을 충족한다면 관리위원으로 인정될 수 있으며, 이 경우에 동별대표자로 구성된 입주자대표회의는 집합건물 관리단의 관리위원회로 인정될 수 있다. 이와 같이 집합건물법에 따른 요건을 갖춘다면 입주자대표회의가 관리위원회로 인정될 수 있는 이유는 다음과 같다. 첫째, 개정법률 제26조의2 제1항에 따르면 규약의 정함이 있는 경우에 관리위원회를 설치할 수 있다. 통상적으로 아파트가 분양되면 시행사는 공동주택관리규약준칙을 토대로 관리규약을 작성하여 입주자들의 동의를 받는다. 따라서 아파트의 관리규약은 집합건물법에 따른 규약성립요건을 충족하고, 집합건물법에 반하지 않는 범위 내에서 집합건물 관리단의 규약으로 인정될 수도 있다. 한 동의 아파트의 관리규약에 입주자대표회의에 대한 규정이 있다면 그러한 규정은 관리위원회 설치에 관한 관리단 규약으로 볼 수 있다. 둘째, 입주자대표회의는 동별대표자로 구성되는데, 동별대표자가 개정법률 제26조의3에 따른 선출방식으로 선출되었다면 관리위원회의 관리위원에 해당한다고 볼 수 있다. 다음의 사항은 동별대표자를 관리위원으로 인정함에 있어서 문제가 되지 않는다. 동별대표자는 임차인인 사용자[60] 등도 선출할 수 있다. 그런데 관리위원의 선출에 있어서 개정법률 제24조 제4항이 준용되기 때문에 점유자도 관리위원 선출을 위한 의결권을 행사할 수 있다. 따라서 동별대표자를 선출함에 있어서 임차인 등이 참여한다고 해서 동별대표자를 관리위원으로 인정할 수 없는 것은 아니다. 개정법률은 임차인 등도 관리위원 선출에 참여할 수 있도록 규정하였기 때문이다. 입주자대표회의를 구성하는 동별대표자는 선거구별로 선출된다. 개정법률 제26조의3 제1항은 관리위원이 관리단 집회에서 선출되는 것으로 규정하고 있지만 단서에서 규약의 정함이 있는 경우에는 그 규약에 따라 관리위원을 선출할 수 있도록 규정하고 있다. 제1항 단서의 규정은 선거구별로 관리위원이 선출될 수 있는 가능성을 열어둔 규정이다. 따라서 아파트의 규약이 집합건물법에 반하지 않는 범위에서 관리단 규약으로 인정될 수 있다면 선거구별로 동별대표자를 선출할 수 있다는 규정은 개정법률 제26조의3 제1항 단서의 "규약에서 관리단집회의 결의에 관하여 달리 정한 경우"에 해당할 수 있다. 한 동의 아파트의

60) 주택법의 "사용자"는 임차인 등을 의미하며, 집합건물법의 "점유자"에 상응한다.

관리규약을 집합건물법에 반하지 않는 범위 내에서 집합건물 관리단의 규약으로 볼 수 있고, 그 규약에서 입주자대표회의의 구성에 대한 규정을 두고 있으며, 그 입주자대표회의의 구성방법이 개정법률 제26조의3 제1항과 제2항에 따른 것이라고 볼 수 있다면 입주자대표회의를 관리위원회로 볼 수 있다. 하지만 개정법률 제2조에 따라서 구분소유자의 기본적 권리를 해하지 않는 범위 내에서 입주자대표회의의 조직, 권한, 운영에 대해서는 주택법의 규정이 우선적으로 적용될 것이다.[61]

그렇다면 관리위원회는 어떠한 권한과 책임을 가지는가.

먼저, 관리위원회는 관리인에 대한 업무집행을 감독하는 권한을 가진다. 관리위원회는 관리인의 사무집행을 감독할 수 있다. 관리위원회는 관리 사무에 관한 의사결정을 하며 관리인은 그러한 결정에 따라 관리 사무를 집행해야 하기 때문에 당연히 관리위원회는 관리인이 관리위원회의 결정에 따라 사무를 집행하는지 감독할 수 있다. 그리고 관리위원회에서 관리인을 선임한 경우에 관리인은 당연히 관리위원회에 책임을 지기 때문에 관리인의 사무집행을 감독하는 것은 관리위원회의 당연한 권한이다. 또한, 관리인의 감독은 관리위원회의 책임 또는 의무이기도 하다. 관리위원회가 사무집행을 감독할 수 있다는 것은 관리위원회가 관리인에게 관리 사무에 관한 보고를 하도록 하거나 관리인의 사무에 관한 조사를 할 수 있다는 것을 의미한다. 그리고 관리위원회는 관리인의 사무집행에 관한 감독결과를 관리단 집회에 보고할 수 있다.[62]

또한 관리위원회는 관리인의 사무집행에 대한 의사결정 권한을 가진다. 그리고, 관리인이나 관리단 임원의 선출도 가능하다. 집합건물법 제24조 제3항 단서는 규약의 정함이 있는 경우에 관리위원회가 관리인을 선출할 수 있도록 하였다. 이러한 관리위원회의 권한은 실제로 관리단 집회가 개최되기 어려운 집합건물의 경우에 관리인을 선출할 수 있는 현실적인 방안이 될 수 있다. 관리인이 선출되더라도 규모가 큰 집합건물의 경우에 관리인 혼자서 관리 사무를 집행하는 것이 쉽지 않은 경우도 있다. 이러한 경우에 관리위원회에서 임원을 선출하여 관리인의 사무를 보좌하도록 할 필요성이 있다. 따라서 관리위원회는 관리인의 사무를 보좌하기 위한 임원을 선출할 수도 있다.[63]

5) 임차인

임차인도 공동주택에서 원칙적으로 구분소유자가 가지는 의무에 대해 그 준용을

61) 김영두, 앞의 책, pp.83-84.
62) 김영두, 앞의 책, p.74.
63) 김영두, 앞의 책, p.75.

받는다. 구분소유자가 가지는 건물의 보존에 해로운 행위나 그 밖에 건물의 관리 및 사용에 관하여 구분소유자 공동의 이익에 어긋나는 행위를 해서는 안 되는 책임을 가지며, 전유부분이 주거의 용도로 분양된 것인 경우에는 정당한 사유 없이 그 부분을 주거 외의 용도로 사용하거나 그 내부 벽을 철거하거나 파손하여 증축·개축하는 행위를 해서는 안 되고, 그리고, 그 전유부분이나 공용부분을 보존하거나 개량하기 위하여 필요한 범위에서 다른 구분소유자의 전유부분 또는 자기의 공유(共有)에 속하지 아니하는 공용부분의 사용을 청구할 수 있고 또 이 경우 다른 구분소유자가 손해를 입었을 때에는 보상해야 하는 책임 또는 의무를 임차인도 가진다(집합건물법 제5조).

또한 공용부분의 관리에 대해서도 임차인은 집회에 참석하여 그 구분소유자의 의결권을 행사할 수 있다. 다만, 구분소유자와 임차인이 달리 정하여 관리단에 통지한 경우에는 그러하지 아니하며, 구분소유자의 권리·의무에 특별한 영향을 미치는 사항을 결정하기 위한 집회인 경우에는 임차인은 사전에 구분소유자에게 의결권 행사에 대한 동의를 받아야 한다(집합건물법 제16조).

임차인은 관리인의 선임 등에 관해서도 관리단집회에 참석하여 그 구분소유자의 의결권을 행사할 수 있다. 다만, 구분소유자와 점유자가 달리 정하여 관리단에 통지하거나 구분소유자가 집회 이전에 직접 의결권을 행사할 것을 관리단에 통지한 경우에는 그러하지 아니하다(집합건물법 제24조).

관리위원회의 구성 및 운영에 관해서도 임차인은 의결권 행사가 가능하다(집합건물법 제26조의 3).

또한 임차인은 집회의 목적사항에 관하여 이해관계가 있는 경우에는 집회에 출석하여 의견을 진술할 수 있다. 이 경우, 집회를 소집하는 자는 소집통지를 한 후 지체 없이 집회의 일시, 장소 및 목적사항을 건물 내의 적당한 장소에 게시하여야 한다(집합건물법 제40조).

2. 주택법상의 관련 주체의 권한과 책임

1) 입주자대표회의

입주자대표회의는 그 구성원 과반수의 찬성으로 다음 각 호의 사항을 의결한다. 제1항에서,

1. 관리규약 개정안의 제안(제안서에는 개정안의 취지, 내용, 제안유효기간 및 제안자

등을 포함한다. 이하 같다)

1의2. 관리규약에서 위임한 사항과 그 시행에 필요한 규정의 제정·개정 및 폐지

1의3. 공동주택 관리방법의 제안

2. 제58조에 따른 관리비등의 집행을 위한 사업계획 및 예산의 승인(변경승인을 포함한다)

2의2. 공용시설물의 사용료 부과기준의 결정

2의3. 제58조에 따른 관리비등의 회계감사의 요구 및 회계감사보고서의 승인

2의4. 제58조에 따른 관리비등의 결산의 승인

3. 단지안의 전기·도로·상하수도·주차장·가스설비·냉난방설비 및 승강기등의 유지 및 운영기준

4. 자치관리를 하는 경우 자치관리기구 직원의 임면에 관한 사항

5. 법 제47조 제1항에 따른 장기수선계획(이하 "장기수선계획"이라 한다)에 따른 공동주택의 공용부분의 보수·교체 및 개량

5의2. 제47조 제1항에 따른 공동주택의 행위허가 또는 신고행위의 제안

6. 공동주택에 대한 리모델링의 제안 및 리모델링의 시행

6의2. 주민운동시설 위탁 운영의 제안

7. 장기수선계획 및 법 제49조의 규정에 의한 안전관리계획(이하 "안전관리계획"이라 한다)의 수립 또는 조정(비용지출을 수반하는 경우에 한한다)

8. 입주자등 상호간에 이해가 상반되는 사항의 조정

8의2. 공동체 생활의 활성화 및 질서유지에 관한 사항

9. 그 밖에 공동주택의 관리와 관련하여 관리규약으로 정하는 사항

제2항에서는, 입주자대표회의는 관리규약이 정하는 바에 따라 회장이 소집한다. 다만, 다음 각 호의 어느 하나에 해당하는 때에는 회장은 해당일부터 14일 이내에 입주자대표회의를 소집하여야 하고, 회장이 회의를 소집하지 아니하는 경우에는 관리규약으로 정하는 이사가 그 회의를 소집하고 회장의 직무를 대행한다고 하고,

1. 입주자대표회의 구성원 3분의 1 이상이 청구하는 때

2. 입주자등의 10분의 1 이상이 요청하는 때

로 규정하고 있다.

또한 제3항에서는 입주자대표회의가 제1항에 따른 사항을 의결할 때에는 공동주택의 입주자등이 아닌 자로서 해당 공동주택의 관리에 이해관계를 가진 자의 권리를

침해하여서는 아니된다고 하고 있으며, 제4항에서는 입주자대표회의는 그 회의를 개최한 때에는 회의록을 작성하여 관리주체에게 보관하게 하고, 관리주체는 공동주택의 입주자등이 이의 열람을 청구하거나 자기의 비용으로 복사를 요구하는 때에는 관리규약이 정하는 바에 의하여 이에 응하여야 한다고 규정하고 있다. 제6항에서는 입주자대표회의는 주택관리업자가 공동주택을 관리하는 경우에는 주택관리업자의 직원인사・노무관리 등의 업무수행에 부당하게 간섭하여서는 아니된다고 규정하고 있다(주택법 제51조).

입주자대표회의는 공동주택의 관리방법에 관해서도 결정권한을 가진다. 입주자대표회의는 해당 공동주택의 관리여건상 필요하다고 인정하는 경우에는 국토교통부령으로 정하는 바에 따라 인접한 공동주택단지(임대주택단지를 포함한다)와 공동으로 관리하거나 500세대 이상의 단위로 구분하여 관리하게 할 수 있다. 이 경우 공동관리는 단지별로 입주자등의 과반수의 서면동의를 받은 경우(임대주택단지의 경우에는 임대사업자 및 임차인대표회의의 서면동의를 받은 경우를 말한다)로서 국토교통부령으로 정하는 기준에 적합한 경우만 해당한다(주택법 제52조 제2항).

입주자대표회의를 대표하는 자는 법 제43조제3항 및 제7항에 따라 해당 공동주택의 관리방법 등을 결정한 경우에는 그 날부터 30일 이내에 국토교통부령으로 정하는 바에 따라 시장・군수 또는 구청장에게 신고하고, 사업주체에게 통지하여야 한다. 신고한 사항이 변경된 경우에도 또한 같다(주택법 제52조 제3항).

제1항에 따라 입주자등이 관리방법을 주택관리업자에게 위탁하여 관리하기로 결정(주택관리업자를 변경하는 경우를 포함한다)하는 경우 입주자대표회의는 국토교통부장관이 고시하는 경쟁입찰의 방법으로 주택관리업자를 선정하여야 한다. 다만, 계약기간이 만료된 주택관리업자를 다시 당해 공동주택의 관리주체로 선정하는 경우에는 관리규약에서 정하는 절차에 따라 입주자등으로부터 사전에 의견을 청취한 결과 입주자등의 10분의 1 이상이 서면으로 이의를 제기하지 아니한 경우에 한정하여 입주자대표회의 구성원 3분의 2 이상의 찬성을 얻어 결정할 수 있다(주택법 제52조 제4항).

입주자대표회의는 계약기간이 만료된 주택관리업자에 대하여 관리규약에서 정하는 절차에 따라 입주자등으로부터 사전에 해당 주택관리업자의 주택관리에 대한 만족도를 청취한 결과 전체 입주자등의 과반수가 서면으로 교체를 요구한 경우에는 해당 공동주택의 관리주체 선정 입찰 참가를 제한할 수 있다(주택법 제52조 제5항). 제4항에 따라 주택관리업자를 선정하는 경우에는 그 계약기간은 장기수선계획의 조정주기를 고려하여야 한다(주택법 제52조 제6항).

입주자대표회의는 제4항에 따라 주택관리업자를 선정하는 경우 「전자문서 및 전자거래 기본법」 제2조 제1호에 따른 전자문서로 처리하는 방식(이하 "전자입찰방식"이라 한다)에 따라 선정할 수 있다(주택법 제52조 제7항).

이 외에도 입주자대표회의는 공동주택의 관리에 관하여 전체적인 사업 및 업무를 주관하는 지위를 가진다. 예를 들면, 관리비 등의 회계감사(주택법 제55조의 3), 관리비 등의 집행을 위한 사업자 선정(주택법 제55조의 4)는 물론이고 관리주체가 행하는 다수의 업무 등에 관하여 승인 및 감사의 역할을 수행한다.

입주자대표회의는 이러한 권한 이외에도 주택단지의 리모델링 사업을 할 수 있고(주택법 제42조 제3항), 관리여건상 필요하여 인접한 공동주택단지와 공동으로 관리하거나 500세대 이상의 단위로 구분하여 관리하게 할 수 있으며(주택법시행령 제52조 제2항), 하자담보책임기간 내에 공동주택의 하자가 발생한 경우 그 사업주체에 대해 하지보수를 청구할 수 있다(주택법 시행령 제59조 제3항).

장기수선계획의 조정(주택법 제47조 제2항), 및 하자보수보증금의 보관 과 순차적 반환(주택법시행령 제59조의2, 제60조 제1항 및 제2항, 제61조)에 관해서도 입주자대표회의가 결정권을 가진다.

2) 동별 대표자

동별 대표자는 입주자대표회의를 구성하는 구성원의 자격을 가진다. 동별 대표자는 관리에 관한 사항에 대해 독자적인 의결권을 가지지 못하며 입주자대표회의 결의사항에 관한 다수결 결의에 있어 그 의사를 구성하게 된다.

3) 관리업자

입주자는 사업주체가 공동주택의 관리에 관한 요구를 받게 되면(주택법 제43조 제1항), 그 요구를 받은 날부터 3개월 이내에 입주자대표회의를 구성하고, 그 공동주택의 관리방법을 결정하게 되는데 이 경우, 주택관리업자에게 위탁하여 관리하는 방법을 선택한 경우에 관리업자는 그 주택관리업자의 선정을 하게 된다.

선정된 관리업자는 신의성실의 원칙에 따라 설싱하게 공동주택의 관리의 주체로서 그 관리를 이행해야 하는데, 만일 부정하게 재물 또는 재산상의 이익을 취득하거나 제공한 경우, 장기수선충당금을 주택법에 따른 용도 외의 목적으로 사용한 경우,

등록기준에 미달하게 된 경우, 고의 또는 과실로 공동주택을 잘못 관리하여 입주자 및 사용자에게 재산상의 손해를 입힌 경우, 관리방법 및 업무 내용 등을 위반하여 공동주택을 관리한 경우, 공동주택 관리 실적이 대통령령으로 정하는 기준에 미달한 경우, 보고, 자료의 제출, 조사 또는 검사를 거부·방해 또는 기피하거나 거짓으로 보고를 한 경우, 최근 3년간 2회 이상의 영업정지처분을 받은 자로서 그 정지처분을 받은 기간이 통산하여 12개월을 초과한 경우, 등록증의 대여 등을 한 경우 등의 행위를 했을 시에는 주택관리업의 등록말소 처분을 받게 된다.

4) 관리사무소장

관리사무소장은 공동주택을 안전하고 효율적으로 관리하여 공동주택의 입주자 및 사용자의 권익을 보호하기 위하여 다음 각 호의 업무를 집행하게 된다. 먼저, 입주자대표회의에서 의결하는 다음 업무에 관해서는, 공동주택의 운영·관리·유지·보수·교체·개량 및 리모델링에 관한 업무, 위의 업무를 집행하기 위한 관리비·장기수선충당금이나 그 밖의 경비의 청구·수령·지출 및 그 금원을 관리하는 업무가 있으며, 하자의 발견 및 하자보수의 청구, 장기수선계획의 조정, 시설물 안전관리계획의 수립 및 건축물의 안전점검에 관한 업무. 다만, 비용지출을 수반하는 사항에 대하여는 입주자대표회의의 의결을 거쳐서 업무를 집행해야 한다. 또한 관리사무소장은 관리주체의 업무를 지휘·총괄하고, 그 밖에 공동주택관리에 관하여 국토교통부령으로 정하는 업무에 대해서도 관리사무소장이 그 업무를 수행한다(주택법 제55조 제1항). 또한 관리사무소장은 제2항과 관련하여 입주자대표회의를 대리하여 재판상 또는 재판 외의 행위를 할 수 있다(제3항).

관리사무소장은 선량한 관리자의 주의로 그 직무를 수행하여야 한다(주택법 제55조 제4항). 또한 관리사무소장은 그 배치 내용과 업무의 집행에 사용할 직인을 국토교통부령으로 정하는 바에 따라 시장·군수·구청장에게 신고하여야 한다. 신고한 배치 내용과 직인을 변경할 때에도 또한 같다(제5항).

관리사무소장은 손해배상책임도 진다. 관리사무소장은 관리사무소장의 업무를 집행하면서 고의 또는 과실로 입주자에게 재산상의 손해를 입힌 경우에는 그 손해를 배상할 책임이 있다(주택법 제55조의2 제1항). 제1항에 따른 손해배상책임을 보장하기 위하여 주택관리사등은 대통령령으로 정하는 바에 따라 보증보험 또는 제81조의2에 따른 공제에 가입하거나 공탁을 하여야 한다(제2항).

참 고 문 헌

강혁신, "집합건물의 소유 및 관리에 관한 법률 개정, -임차인에 대한 결의권 부여 및 관리단 분리(또는 별도의 관리단 창설)에 관한 개정위원회 논의를 중심으로-", 『민사법학』, 제55호, 한국민사법학회, 2011.

강혁신, "공동주택에서의 전유부분의 사용방법과 공동의 이익에 관한 연구", 『법학연구』, Vol.24, 한국법학회, 2006.

김교창, "집합건물관리단의 설립", 『변호사』, 제44집, 서울지방변호사회, 2013.

김영두, 『2013년 개정 집합건물의 소유 및 관리에 관한 법률 및 시행령 해설』, 법무부, 2014.

박경량, "집합건물 구분소유법리의 재검토", 전남대학교 박사학위논문, 1991.

박경량, "한국의 공동주택 하자에 관한 연구", 『법학논총』, 16집 제1호, 조선대학교 법학연구원, 2009.

박경량, "아파트 관리소장의 법적지위", 『집합건물법학』, Vol.6, 한국집합건물법학회, 2010.

박종두, "집합건물의 관리에 관한 법리연구", 중앙대학교 박사학위논문, 1988.

박종두, "분양집합주택의 하자와 담보책임", 『법조』, 제44권 12호(471호), 법조협회, 1995.

변우주, "집합건물의 관리주체와 하자담보청구권", 『원광법학』, 제23권 제2호, 원광대학교 법학연구소, 2007.

손지열 · 김황식, 『집합건물의소유및관리에관한법률 · 부동산등기법 해설』, 재단법인 법령편찬보급회, 1985.

윤경, "상가의 업종제한규정의 효력 및 그 변경절차", 『인권과 정의』, 363호, 2006.

이광범, "상가관리규약상 업종제한조항의 효력", 『민사판례연구XIX』, 1997.

이덕승, "아파트입주자단체의 법적 성격", 『재산법연구』, 제15권 1호, 한국재산법학회, 1998.

이정민, "집합건물의 분양과 하자담보책임, -집합건물법 제9조와 관련한 몇 가지 법적 쟁점에 관하여-", 『사법논집』, 제38집, 법원행정처, 2004.

青山正明, 「不動産法第5巻 区分所有法」, 青山書林, 1997.

稲本洋之助, 鎌野邦樹, 「コンメンタール マンション区分所有法」, 日本評論社, 1997.

濱崎恭生, 「建物区分所有法の改正」, 法曹会, 1989.

丸山英気, 「区分所有法の理論と動態」, 三省堂, 1985.

www.moj.go.kr.

제15장

주거공동체의 발전방향

강순주(건국대학교)

I 주거공동체의 변모과정

공동주택의 관리에서 주민을 위해 중요한 일은 사람 사이의 공동체 관계를 촉진하는 일이다. 우리나라에서 개발연대 동안 주거공동체가 많이 와해되어 왔는데, 이는 주거형태의 변화에 영향을 받은 바 크다. 아파트 단지의 경우, 기능성과 편리성 그리고 경제성 측면의 장점에도 불구하고 인간소외 현상, 이웃 간의 단절, 공동체의식 부족으로 이웃관계가 해체되어 있다는 것이 종종 문제로 지적되고 있다.

따라서, 여기서는 아파트 단지 중심의 생활에서 주거공동체의 미래가 어떻게 펼쳐져야 하는지를 성찰해 보기로 한다. 우선 주거와 사회적 환경과의 관계를 살피고, 주거공동체 전개 과정을 들여다 본 후, 지속가능한 주거공동체를 위해 필요한 요소를 검토해 보기로 한다.

공동체(community)라는 말의 어원은 라틴어 cum과 munus인데, cum은 '함께' '서로'를 뜻하고 munus는 'to give'를 의미했다(이종수, 2008). 한국에서는 영어를 한글로 발음한 커뮤니티라는 용어로 사용되기도 하는데, 서로 소속감을 느끼며 호혜적 관계로 형성된 사람들의 모임을 뜻한다. 그 범위가 매우 다양해서, 작게는 가족으로 시작해서 지구까지 그 개념을 확장하여 사용하는 경우도 있다. 최근에는 면대면 관계를 넘어 인터넷 온라인상의 모임을 일컫기도 한다. 본 장에서 공동체는 일정한 지역 내에서 주거를 이웃하여 하는 사람들로 한정하여 사용하기 때문에, 지역커뮤니티(regional community) 혹은 주거공동체(residential community)로 지칭할 수 있겠다.

1. 주거와 사회적 환경

인간의 삶을 담는 주거환경은 한 사회의 여러 복합적인 양상을 그대로 반영하면서 지나간 역사의 흔적을 고스란히 반영하며, 시대적 상황이 요구하는 변화에 의해 나타나는 하나의 산물이다. 즉, 그 나라의 기후 및 지리적 특성의 자연환경은 물론 사회 문화, 정치, 경제 상황 등의 영향을 받는다.

아모스 라포포트(A. Rapoport)는 주거의 소극적 기능이 은신처 제공이라면, 적극적 목적은 한 인간의 생활에 적합한 환경 즉 공간의 사회적 단위를 창조하는 것이라고 하였다. 또한 주거문화의 특성을 분석하면서 주거는 건물 내에서 발생할 것으로 예상되는 행위체계를 고려한 환경들의 구성으로 이루어져 다양한 행위가 일어나는 근린환경에 의해 둘러싸여 있다고 하였다(아모스 라포포트, 이규목 역, 1985, p.72).[1] 이렇듯 주거는 거주자의 삶을 결정짓는 환경의 역할을 하면서, 문화적 요구에 따라 다시 변모하는 과정을 거치는 역동적인 문화결정체인 것이다.

노베르그 슐츠(Norberg Schulz)도 거주의 4가지 양상을 자연환경 속의 거주(natural dwelling), 사적 거주(private dwelling), 공적 거주(public dwelling), 집합 거주(collective dwelling)로 설명하고 있다. 즉 인간이 한 곳에 자리를 잡고 정착하여 살아간다는 것은 단순히 지붕을 가리고 일정한 면적을 확보하는 통상적 의미 이상의 것으로, 물건과 생각 그리고 느낌을 서로 교류하기 위해, 나 아닌 다른 사람들을 만나는 집합적 거주(collective dwelling)를 의미하며, 다른 사람들과 일정한 합의를 통해 공유하는 가치를 인식하고(public dwelling), 다른 삶의 형태나 유형과는 다른 개별화된 세계를 구축하는 일(private dwelling)일 뿐 아니라, 정착의 의미를 강화시키는 자연적 요소(natural dwelling)를 풍부하게 하는 세계를 구축한다고 하였다.[2]

결국, 이는 공동체 관계로의 귀착을 의미한다. 혼자 살 수 없는 존재로서 이웃과 공유하는 일상생활을 통해 나의 존재 가치를 찾게 됨을 의미한다. 요시자카 다카마사(吉阪隆正)도 수학에서 어느 한 점의 위치와 의미를 알고자 할 때 좌표 축과 점이 어떤

1) A. Rapoport, 이규목 역(1985), Theory, Culture and Housing, 주거형태와 문화, 열화당 p.72.
2) C. Norberg-Schulz(1992), 이재훈 역, 거주의 개념, 태림문화사, p.14 참조하여 재정리.

관계에 놓여 있느냐에 따라 점의 수식 표현이 가능한 것처럼, 인간의 존재 가치를 논할 때 지금 처해 있는 장소를 원점으로 시작해야 한다고 하였다.[3] 즉 자신의 존재감은 주변 환경의 관계 설정에 따라 확인할 수 있는 것이다. 이렇듯 주거는 사회적 환경과 밀접한 관계 속에 있다.

2. 주거공동체의 구성요소

건축학, 도시계획학 및 주거학에서 보는 주거공동체의 개념은 기본적으로 지리적으로 근접한 '지역성'을 전제로 하고 있다. 특히 아파트의 주거 공동체는 주거단지라는 공간적 장소를 공유하면서 거주자들 간의 지속적인 접촉과 공동생활의 참여 등 상호작용을 통해 서로에 대한 유대감과 소속감을 갖게 되는 사회 집단이다. 이러한 개념의 주거 공동체를 구성하는 요소는 일찍이 학자들에 의해 다음과 같이 논의되어 왔다.

힐러리(Hillery: 1955)[4]는 1900년대 초부터 1950년대 초 사이에 행해진 94개의 공동체 관련연구 가운데 69개의 연구에서 공통적으로 사용한 공동체의 속성을 분석한 결과 공동체는 "지리적 영역(area)"과 "사회적 상호작용(social interaction)", 그리고 "공동의 연대(common ties)"의 3가지 차원으로 구성되어 있음을 밝혔다. 이러한 힐러리의 논의는 공동체에 관한 전통적 개념 가운데 가장 보편적인 정의로서 인정받고 있다.[5]

로스(M.Ross: 1958)는 공간적인 차원에서의 영역을 함께 공유하는 지역성(locality), 사회문화적인 차원에서의 사회적 상호작용을 함께하면서 집단적 정체성을 형성하는 공동체성(communality), 구조적인 차원에서 독자적인 실제로서 존속하기를 꾀하는 유기체성(organism) 속성을 들고 있다. 또한 데이빗과 허버트(Davies & Herbert: 1993)는 공동체를 지역적 영역(영역, 환경, 시설 등), 상호작용(활동과 참여 등), 인지적 정체성(평가, 감정과 애착 등)으로 이루어져 있다고 주장한다.

국내 연구들에서는 주로 힐러리가 제시한 공동체 요소를 사용하여 지역성, 공동체성, 공동의 결속으로 분석한 많은 논문들과 로스의 공동체 기본 속성인 지역성, 공

3) 吉枫隆正, 1986, 吉枫隆正集3 住居意味,勁草書房, p.6.
4) G. H. Hillery, 1955, "Definitions of Community : Areas of Agreement", Rural Sociology, 20(2): pp.112-123.
5) 김광복, 남진(2005), 주택재개발아파트의 단지배체 특성에 따른 임대주택 거주자의 커뮤니티 의식 분석, 국토계획, 제40권 제7호, 국토계획, 대한국토도시계획학회, p.75.

동체성, 유기체성으로 설정하여 분석한 논문이 대부분이다. 반면 공동체의 필요 충분 요소는 지리적 영역 안에서 사회적 상호작용을 하며 공동의 유대를 가지는 사람들이 추구하는 공동생활과 공동지역이라고 제시한 연구[6]도 있다.

최근의 국내 연구들에서는 공동체를 형성하는 요소를 지역적인 범주를 한정하여 특정 장소를 공유하는 물리적 요소의 특성과 그 지역적 범주 내에서 여러 사람들과의 공동의 근린생활 측면, 소속감, 애착심 같이 공동체적인 삶을 영위하면서 나타나는 근린관계성이라는 사회적 요소 특성의 2요소로 나누어 분석[7]하기도 하고, 물리적요소(시설 및 공간 등), 비물리적요소(프로그램 및 관리), 인적요소(소속감 및 애착심 등)의 3요소로 제시하기도 하였다.[8]

강순주 외 2인(2012)[9]은 공동체 요소를 공동체 시설 및 공간 등의 물리적 환경의 하드웨어요소, 공동체 프로그램 운영 및 참여 등의 소프트웨어 요소, 거주자들의 공동체 의식의 휴먼웨어 요소로 접근하면서 공동체 관련 연구들의 시대적 경향을 사회적 배경과의 관계 속에서 분석하기도 하였다.

3. 공동주택 주거공동체 운동의 전개 과정

우리나라에서 공동주택은 1962년 마포아파트 단지를 시작으로 본격화되었는데, 아파트 공동체 운동이 일어난 것은 1988년 서울 상계동 지역과 목동지역의 대규모 고층 아파트로 소급된다. 아파트 하자문제 해결을 위한 집단 민원형태로 시작하여, 지자체에서 하자문제 대책 특별위원회가 구성되어 합동 점검이 실시되면서부터인 셈이다. 그 후 1990년을 전후로 아파트별 주민 간의 주생활 관련 운동이 단발적으로 이루어지다가(김재권, 2001) 1995년 7월 삼풍백화점이 붕괴되고 성수대교가 무너지면서 사회전반에 걸쳐 안전문제가 제기되어 특히 수도권 5개 신도시의 바다모래 사용으로 인한 아파트 하자 문제가 사회문제화 되었다. 이를 계기로 각 지역의 YMCA, 경실련 등

6) 박광재, 백혜선, 서수정(2001), 아파트공동체 실현을 위한 방안 연구, 대한주택공사 주택도시연구원

7) 조성희, 이경희, 이영석, 박경옥(2007), 공동주택 주거문화 제고방안 연구, 건설교통부, 한국주거학회, p.19.

8) 조인숙, 신화경(2010), 공동주택 계획을 위한 지속가능한 평가요소에 관한 연구, 한국주거학회논문집, 제21권 제1호, p.166.

9) 강순주, 김진영, 함선익(2012), 공동주택 커뮤니티 관련 연구들의 시대적 경향 분석과 사회적 배경 요인들과의 관계, 제23권 제4호, 한국주거학회논문집, p.20.

시민단체 차원에서 아파트 시민학교를 개최하기 시작하였다. 1998년 대구의 아파트 생활문화연구소가 창립되어 지방의 지역시민단체에까지 확대되었으며, '98년 2월 참여연대에 아파트 공동체 연구소가 창설되고 그 해 8월 아파트 공동체 운동 전국활동가들의 워크샵이 개최되면서 아파트 공동체 운동은 본격적 기반을 갖게 되었다(조성희, 강혜경, 2000).

아파트 공동체 운동의 초기는 이렇게 공동의 민원해결을 위한 단합형태로 하자문제, 관리비 비리 문제 등의 민원해결 공동체로 시작되었으나, 점차 아파트의 대량 공급 및 아파트 거주 경험의 증가, 주택관리사 제도 시행과 맞물리면서 주거 공동체 운동에 변화를 보였다. 1999년 아파트 분양가 자율화 정책이 전면 시행되면서 공동주택은 공동체 활동을 위한 공유공간이 적극적으로 계획에 반영되기 시작하였고, 주민 자치에 의한 부녀회나 입주자 대표회의를 중심으로 기존 유휴공간을 활용하여 주민 공동시설 만들기, 단지환경 꾸미기, 주민문화행사 개최 등의 공동체 생활과 의식 제고를 위한 프로그램 개발로 이어져가는 모습을 보이기 시작했다. 이는 건설교통부(현 국토교통부)가 4차 국토종합계획(2000~2020년)을 통해 밝힌 주택정책의 기조가 과거의 "내집마련"에서 "살기좋은 우리 동네 만들기"로 전환됨과 맥을 같이한다고 볼 수 있다.

IMF을 거치고 지방자치의 시대적 배경과 함께 주민자치의 행정과 시민단체들의 지역단위, 생활환경 개선운동에 대한 관심이 증가되고 그 활동이 조직화되면서, 2000년대 이후에는 아파트 공동체 운동의 양상에 변화를 가져왔다. 여기에는 주 5일 근무제가 도입되면서 삶의 질에 대한 요구와 여가, 문화 등이 강조되기 시작했던 사회적 배경의 요인들도 함께 작용하였다고 할 수 있다.

이러한 아파트 공동체 운동의 전개과정을 종합해 볼 때, 1980~90년대 초반의 공동체 활동의 대부분은 단편적으로 개인 및 집단의 권익 보호를 위하여 공동으로 대처할 필요에 의한 협력관계에 지나지 않았다고 할 수 있다. 때로는, 아파트 단지의 배타적 공간 사용과 가격관리라는 집단 이기주의적인 형태에 지나지 않는 경우도 있었다. 이 시기 주거공동체 운동은 주민들 간의 능동적인 상호 작용으로 일어나는 유기적 공동체로의 형성에는 미치지 못하였던 것이다. 그러나, 1900년대 후반부터 내 집의 사유공간에 집착하여 이웃관계나 집 밖의 공유공간에는 무관심했던 주민들 사이에서 삶의 편리성과 생활의 질을 높이기 위한 주거환경에 대한 욕구와 의식에 변화가 생기기 시작했다. 아파트를 공급하는 건설업체에서는 물리적 공간 계획으로 지원하고 이를 이용하는 주민들은 함께 더불어 살아가는 유기적 공동체로서 능동적인 참여를 시작하였다고 할 수 있다.

아파트에서의 주거공동체 운동은 부실 시공으로 인한 하자 보수, 일조권확보, 아파트 주위 소음공해 추방 등과 같이 동일 공간에 거주하면서 공통적으로 불리하게 작용하는 외부환경 요소들에 대해 공동으로 대처하고자 나타나는 "권리요구형 공동체 운동"과, 아파트 공유공간에서 자연스럽게 입주민들과 함께 협력하여 참여하는 여가・문화, 보육・교육・봉사 등의 활동을 통한 "자치형 공동체 운동"으로 대별된다. 그러나 향후에는 단지 안에서 폐쇄적으로 단지 내 주민들끼리만 결합되는 소극적 공동체 운동에서 벗어나 지역 주민들과의 어울림 및 화합까지 이끌어낼 수 있는 적극적 "열린 공동체 운동"으로의 전환이 기대된다.

Ⅱ 주거공동체의 발전방향

주거공동체 발전방향의 큰 틀은 공동체 3요소인 공동체 시설 및 공간 등의 물리적 하드웨어요소, 공동체 프로그램 운영 및 참여 등의 소프트웨어 요소, 거주자들의 공동체 의식 함양을 위한 조직들 간의 네트워크 등의 휴먼웨어 요소를 중심으로 이들이 어떻게 계획되고 엮어져야만 주거공동체가 지속가능할 것인가를 모색한다.

1. 하드웨어의 물리적 공동체 공간

아파트의 공동체 활성화를 위해서는 물리적 공간 환경에 대한 배려가 필요하다. 일정 공간을 여러 가구가 공유하게 함으로써 공간을 자연스럽게 이용하게 하여 이웃과의 교류를 확대시키는 것이 우선적인 조건이다. 공동체 공간의 확충은 거주자들의 주거 만족도에 영향을 미치는 중요한 요소 중 하나로 지적되고 있다(이라영 외 1인, 2009). 아파트의 공동체 운동이 처음에는 공동 생활을 담아야 할 공간의 문제보다는 관리비 비리, 하자 문제 해결 등을 위한 요구 중심에 비중을 두어왔다면, 이제는 공동체 실현의 균형적인 논의를 위해 하드웨어로서의 공동체 공간에 대한 양적, 질적 문제에 대한 적극적인 변화가 모색되어야 한다. 공동체 공간은 법적 용어로는 부대복리시설로 표현되나 연구자들은 커뮤니티시설, 주민공동시설, 공유공간, 공동체 공간 등의 다양한 용어로 사용하고 있다. 여기서 공동체 공간이란 주민의 편의와 복지 및 여가·문화활동을 지원하는 공동시설로서 관리사무소, 휴게소, 어린이놀이터, 근린생활시설, 유치원, 주민공동시설, 주민운동시설, 경로당, 작은 도서관(문고), 어린이집(보육시설)과 기타 시설을 말한다. 그동안 아파트 단지에 설치된 공동체 공간의 종류를 기능 중심으로 구분해보면 관리행정, 생활편익, 휴게, 회의모임, 여가문화, 교육, 정보, 기타, 건강, 놀이, 교육, 보육 등의 기능 시설로 구분된다([표 15.1]).

| 표 15.1 공동체 공간 기능과 현황

		법적시설명	기능 및 활동	공동체 공간
부대시설		관리사무소	관리행정	생활지원센터, 경비실, 택배보관소 등
부대시설		조경시설	휴 게	옥내정원, 휴게실 등 조경시설(녹지, 수경시설), 공원, 휴게소, 산책로, 광장, 텃밭 등
복리시설	주민공동시설	경로당	여가문화	노인복지 공간
		주민운동시설	건 강	스파, 명상 공간, 단전 호흡실, 물리치료실, 건강 자가 검진 공간, 사우나, 찜질방 등
			운 동	수영장, 탁구장, 체육관, 헬스장, 골프연습장, GX룸(에어로빅장, 요가), 스쿼시, 당구장 등 배드민턴장, 테니스장, 농구장, 인라인스케이트장, 씨름터, 축구장, 야구장, 간이운동시설 등
		어린이놀이터	놀 이	놀이터, 가족놀이 공간 등
		작은 도서관	교 육	독서실, 문고, 다목적 교육 공간, 영어학습실, 북카페 등
		어린이집	보육 및 교육	가정 보육 시설, 어린이집, 공동육아시설, 키즈까페, 공부방 등
		기타	회의모임	다목적실, 회의실, 부녀회실, 강당, 게스트룸 등
			여가문화	취미실, 실내공연장, 멀티미디어실(영화, 음악감상실), 전시실, 청소년 모임공간, 노래방 등
			교 육	상담실, 공부방 등
			정 보	컴퓨터실, 비즈니스룸 등
			기 타	공동작업장, 공동창고, 공동세탁건조실, 공동저장시설, 자전거보관소, 공동세차시설 등

출처: 신화경 외 3인(2011)에서 재정리

1) 공동체 공간 설치의 변천

아파트 단지 내 공동체 공간은 1950년대에는 어린이 놀이터 정도였으나, 1962년 최초의 단지식 아파트인 마포아파트에 적용하기 위해 대한주택공사(현 토지주택공사)에서 공동생활양식에 맞는 기준을 설정하였다. 공급시설부분, 전기시설부문, 교육시설부문, 상가시설부문, 조경시설부문 등에서 꼭 있어야 할 시설을 정하고 시설물의 기준치를 1인당 또는 세대당 기본 단위를 결정한 다음 단지규모별 인구 규모별 기준치를 책정하였다(대한주택공사, 1979: 457). 1970년대에 들어와서는 단지규모가 대단위화 되며 점포, 슈퍼마켓, 연탄가게, 은행, 병원, 목욕탕 등 제반 복리시설이 늘어났으며 유아원, 각 급 학교 등의 교육 시설, 체육시설, 종교시설, 새마을 회관, 경로당 등 여러 유형의 복리시설이 확대되었다. 이때까지는 정부 차원에서 규정하는 체계적인 주민공동시설에 대한 규정은 없었으나, 70년대 중반이후 민간 건설업체의 아파트 개발이 활성화되면서 아파트 단지 내 부대복리시설에 대한 기준 요구가 증대되었다. 이에 정부는 주택공사 자체 기준으로 활용하던 부대복리시설 설치 기준을 바탕으로 1979년에는 주택건설촉진법 안에서 주택건설기준 등에 관한 규칙으로 제정하였다. 그러다 1989년 이 규칙이 폐지되고, 1991년 주택건설기준 등에 관한 규정으로 대체되어 수차례의 개정 끝에 단지세대수를 기준으로 의무설치 시설의 유형을 제시해 왔다(박철수, 2000). 인공지반으로서 지상공간을 대체하여 공중을 활용하거나 저층부나 지하층의 일부를 활용하기도 하였으나 인접세대의 소음・진동 문제, 관리상의 문제로 폐쇄되기도 하였다. 1990년대 후반 아파트 브랜드의 도입과 함께 건설사는 다방면에서 마케팅 전략으로 차별화를 추구하는 가운데 다양한 공동체 공간들을 도입하기 시작했다. 그러나, 천편일률적인 주민공동시설의 계획이 단지의 공급유형, 지역특성, 입주자의 특성을 고려하고 있지 않아 이용률도 낮고 공간의 효율성이 저하된다고 지적되기도 하였다. 최근 삶의 질 향상을 위해 사회적 요구에 부응하는 부대복리시설 설치 기준 개선 필요성이 더욱 증가됨으로써 2013년 6월 주택건설기준 개정이 이루어졌다. 주요 골자는 주민공동시설 총량범위 내에서 단지별 시설과 종류, 규모를 사업주체와 지자체가 탄력적으로 조정할 수 있도록 하는 것이다.

2) 공동체 공간과 공동체 활성화

1979년 주택건설기준이 제정되고 1980년 중반부터는 아파트의 고층화 추세와 맞물려 현상설계에 의한 단지 개발이 이루어지고 공동체 공간에 주목하기 시작하였다.

80년대 이후 건설되는 단지에서는 옥외공간 및 부대복리시설 확충으로 옥외공간에 대한 만족도가 높아져 아파트 생활환경의 질을 높인다고 하였다(손승광 외 1인, 1989). 또한 아파트 단지에 근린 및 공동 시설을 제공함으로써 거주자들의 유대감과 지역에 대한 관심 및 애정을 증진시키고 공동체 의식을 형성하는데도 기여하게 된다(김대욱 외 2인, 2005). 공동체 공간의 접근이 쉽고 다양한 시설들이 기능적으로 연계된 곳에서 주민들의 공동체 활동이 더 활발하게 이루어짐을 밝혔으며 공동체 공간을 이용함으로써 이웃 간 교류의 기회를 가질 수 있고 더 나아가 소속감이나 결속력을 강화시킨다고 하였다(손세관 · 김원경, 2009). 이재혁(2007)의 연구에서도 이웃교류와 초고층 주상복합아파트 공유공간의 만족도와는 상관관계가 있다고 하여 주민들이 공유공간에서 운동하며 이웃과 자연스럽게 교류하는데 공동체 공간이 긍정적인 영향을 주고 있음을 알 수 있다. 이와 같이 아파트 단지 내의 공동체 공간과 시설은 주민들이 이웃과 함께 긍정적인 사회적 관계를 형성하면서 공동체 의식 제고에도 기여하는 주요한 요소임을 알 수 있다.

3) 공동체 공간에 대한 수요의 우선순위

단지 내에 필요한 공동체 공간으로는 운동 및 사우나 관련 시설에 대한 요구도와 선호도가 가장 높았으며 실내골프장, 수영장의 경우는 제공 면적에 비해 사용 인원이 적거나 관리상의 이유로 주민들 요구에 따라 선택적으로 제공하는 것이 좋은 선택시설이라고 하였다. 청소년들을 위한 독서실 및 작은 도서관과 아이들을 위한 보육시설, 경로당은 이용률 및 선호가 높아 지속적으로 유지되는 것이 필요하다. 실제 2000년에서 2007년에 입주한 26개 단지조사(김성준, 2008)에서 주민공동시설인 헬스장이 가장 높은 설치율로 나타나고 있어 건강과 웰빙에 대한 관심이 증대된 사회 트랜드는 앞으로도 지속될 것이다. 10년 공공임대주택 거주자를 대상으로 공동체 공간 요구도를 분석한 연구에서는 휴게시설이 가장 수요가 높고, 헬스 GX룸 등의 실내운동 공간, 작은 도서관, 어린이집, 노인시설 등이 뒤를 이었다(강순주 외 3인, 2013). 또한 보금자리주택 사전예약제도에 따라 실시한 입주 예약자들을 대상으로 선호하는 공동체 공간을 조사(김준래 외 2인, 2012)한 결과에서는 공통적으로 체력 단련실에 집중되어 있으나 분양주택의 경우는 어린이 관련 시설과 청소년들을 위한 시설 확보, 장기 및 영구 임대주택의 경우는 고령자 및 사회적 취약계층이 집중되어 있으므로 복지관과 더불어 사회적 기업 활성화를 위한 시설 확보를 제안하였다. 따라서 향후 단지 내의 공동체 공간 계획은 개정된 「주택건설기준 등에 관한 규정」 대로 총량제를 실시할 경우 관련 연구 결과들을 참고하여 입주자 특성을 반영한 시설과 공간의 우선순위를 정해야 할 것이다.

4) 공동체 공간 배치

공동체 시설의 배치 유형은 한곳에 모두 집약되어 있는 집중형과 단지 내에 시설들이 분산되어 있는 분산형으로 크게 구분된다. 아파트 단지내의 공동체 시설의 물리적 특성과 이용 빈도와의 상관성을 보면, 중앙광장과 연계되면서 외부공간과 유기적으로 연결된 공동체 공간의 이용현황이 활발하다. 공동체 공간 계획에 있어 중심성과 개방감이 중요성을 차지하였다. 주민운동시설과 보육시설은 인접하여 배치하고 수평적 배치가 수직적 배치보다 이용률이 더 높다(손세관 외 1인, 2009). 따라서, 공동체 공간시설 배치는 집중형, 분산형의 배치 유형에 상관없이 각 공간의 기능별 연계 및 시설의 접근성이 더 중요한 것으로 파악된다. 다만, 시설의 관리 측면에서는 관리사무소 등과의 긴밀한 연계가 용이한 곳이 더 바람직하다. 더불어 안전성 측면에서의 무장애 디자인 더 나아가 보편적인 유니버셜 디자인에 대한 배려가 요구된다.

아파트 주거공동체의 실현은 일차적으로는 단지 내 주민들의 공동체 의식 증진과 편의성을 위한 공간 계획으로 접근하여야 하나, 이차적으로는 지역 더 나아가 도시 공간과 단절되지 않도록 해야 한다. 단지와 지역공간과의 연속성을 확보하고 일상생활이 지역의 도시 공간과 융합할 수 있도록 시각적으로 개방하고 연결 동선을 확보하는 것이 물리적 하드웨어의 계획 과제이다.

2. 소프트웨어의 공동체 프로그램 개발과 운영

아파트 단지 내 물리적 공동체 공간인 하드웨어가 잘 구비되어 있다 하더라도 시설을 운영하는 컨텐츠인 프로그램과 운영 체계가 없으면, 그 공간은 사용되지 못한 채 버려질 수밖에 없다. 공동체 활동을 위한 프로그램 개발과 운영은 물리적 하드웨어인 공동체 공간의 사용을 활성화 시킬 수 있다는 점에서 중요하다.

1) 공동체 프로그램의 종류

공동체 프로그램이란 단지 내 거주자가 공동생활 참여를 통해 공동체 의식을 높이고 공동체 공간 및 시설을 편리하게 이용할 수 있도록 제공하는 프로그램을 말한다. 공동체 프로그램의 유형과 종류는 전술한 8장에서 서울시의 아파트 공동체 활성화 사례집에서 분류하여 제시하고 있으며, 여기서는 학자들에 의해 연구된 선행연구들을 중심으로 분류한 내용을 정리하면 [표 15.2]와 같다.

표 15.2 공동체 프로그램 유형과 항목

프로그램유형		프로그램명
문화·여가 활동	교육·보육	컴퓨터교실, 논술 및 글짓기 교실, 외국어 회화 교실, 한자 교실, 메이크업 및 네일아트 교실, 생활예절·전통예절, 영유아 이야기교실, 방과 후 숙제 돌봐주기, 청소년 및 가정생활문제 상담, 공동육아
	건강·운동	기체조(단전, 요가), 테니스 및 배드민턴 등, 축구 등 구기종목, 스포츠댄스 및 무용(에어로빅), 간단한 건강체크, 건강교실 및 치매예방 교육
	취미·교양	서예·동양화·사군자, 종이공예 및 종이접기, 바둑 및 장기, 농악·사물놀이 등 국악교실, 화훼 및 꽃꽂이, 다도교실, 양재·홈패션 만들기, 월드뮤직·월드무비, 도자기공예, 비즈공예, 요리만들기, 홈페이지 꾸미기
공동체 강화 활동	커뮤니케이션	아파트(우리동네)홈페이지 운영, 아파트(우리동네)소식지 제작, 아파트(우리동네)공동문제 의견나누기
	화합행사	운동회, 음악회, 기념축제, 경로잔치, 어린이잔치, 야영캠프, 농수산물 직거래 장터 운영
	사회봉사	사회복지시설 지원, 소년·소녀가장 돕기, 독거노인 돕기, 장애인이웃돕기
친환경 활동	자원재활용	녹색(아나바다)장터, 친환경제품 만들기, 쓰레기분리수거 교육 및 홍보, 재활용·에너지 절약 홍보 교육, 에코 마일리지 참여교육, 1회용품 안쓰기·장바구니 사용하기 교육 및 홍보
	환경관리	자율적인 청소 및 정화활동, 자율적인 조경가꾸기, 빈터 꽃밭 만들기, 생태적 텃밭 만들기, 베란다 화분 놓기

출처: 이소연(2013) p.33.

2) 공동체 프로그램과 공동체 활성화

아파트 단지에서의 공동체 프로그램 개발과 운영은 건축물을 시공하는 건설사보다는 아파트를 공급하는 사업주체(시행사)와 관리주체, 이용하는 주민들의 영역이라 할 수 있다. 2000년 초 정부의 주택정책이 "내집 마련"에서 "살기 좋은 우리 동네 만들기"로 전환된 이후 프로그램 개발과 운영의 중요성이 지속적으로 논의되어 왔다.

실제 10년 공공임대아파트단지 5곳을 대상으로 실시한 조사에서, 한 단지 내에 휘트니스센터 및 골프장, 사우나 시설까지 갖추고 있음에도 불구하고 운영되지 않고 오직 문고만이 주민자치관리의 형태로 운영되는 사례가 있었다(강순주 외 3인, 2013). 반면, 공동체 시설과 공간이 계획 시부터 잘 확보되고 다양한 프로그램으로 운영하고 있는 단지의 경우는 그렇지 않은 곳보다 공동체 의식이 더 높고 긍정적인 사회적 환경이 구축되어 있다고 밝히고 있다(박경옥, 2010). 아파트 단지의 주거 만족도에 영향을 미치는 변수로 프로그램 만족도가 나타났으며(강순주, 2010) 거주자의 요구에 대응하는 프로그램 개발은 거주자들의 자발적 참여를 유도하여 단지의 소속감을 증진시킨다(장준호 외 1인, 2001). 이와 같이 아파트 단지 내 공동체 프로그램 개발 운영과 주민 참여 활동은 거주자의 주거 만족도를 높이고 공동생활에 대한 관심과 소속감을 증진시킬 수 있는 중요한 요소이다.

2000년대 초반 아파트 단지 내에서의 공동체 프로그램은 주로 쓰레기 분리수거 등의 자원재활용, 알뜰시장 및 환경 미화 정도 수준이었다(정승진 외 2인, 2003). 그러나 2000년대 중반 이후 다양한 공동체 공간이 계획된 단지에서 조사한 결과는 실내 운동 시설에서의 헬스 및 요가, 골프 등의 운동 관련 프로그램이 주를 이루게 되고, 교양 및 취미활동은 상대적으로 미비하였다(최영주 외 1인, 2009). 이는 운동시설은 부분적으로 전문업체에게 위탁하여 운영를 하고 있는 반면 그 외 주민들 간의 화합과 여가 활용을 위한 프로그램은 부녀회가 소극적으로 운영하는 것 뿐이기 때문이다. 반면 공동체 프로그램이 운동 관련 이 외에도 세대별로 다양하게 개발되어 운영이 잘되고 있는 단지는 사업주체가 입주초기부터 주도적으로 계획 지원하거나 관리회사와의 연계 속에서 이루어지는 경우(박경옥, 2010; 강순주, 2010; 이보배 외 1인, 2011)이다. 향후 공동체 프로그램의 개발과 운영방향을 제시해보면 다음과 같다.

첫째, 아파트 사업주체는 관리회사와 연계할 수 있는 방안을 적극적으로 모색하여야 할 것이다. 관리 선진국인 일본은 아파트 사업주체가 공급 및 시공 후에도 관리회사를 그룹의 자회사로 함께 두고 지속적으로 관리회사와 연계하면서 공급 이후에도 브랜드 가치를 유지하고 있다. 즉 관리 지원 서비스 및 공동체 프로그램의 운영주체는 관리회사가 총괄하고 지원하지만 프로그램 내용에 따라서는 그룹사와 함께 협력하면서 사업 모델을 창출하기도 한다. 온라인과 오프라인상의 정보지 발행을 통한 관리주체와 주민들 간의 커뮤니케이션 활성화, 불용품 회수, 믿을 수 있는 가사 도우미, 베이비시터, 간병인 등의 인력지원 서비스, 애완동물 케어 및 상담서비스 등의 세대

| 그림 15.1 스코틀랜드 핀드혼(findhorn)마을의 '부티끄'

(사용하지 않는 물품(책, 음반, 등)이나 패션잡화(의류, 신발 등)을 부티끄 공간을 통해 입주자끼리 공유)

지원 서비스뿐만 아니라 주민들 화합 및 공동체 활성화를 위한 행사 및 이벤트 기획에 대한 지원 등도 실시하고 있다(강순주, 2011).

둘째, 주민들의 수요조사에 입각하여 주민이 원하는 프로그램의 순위를 정한다. 재능기부를 위한 인적 자원 발굴을 통해 함께 참여하는 경제적이면서 아이덴티티가 돋보이는 프로그램을 개발하여 차별화하고, 따라서 처음부터 거창하게 개발운영하는 것보다는 공동체 활동에 부담 없이 참여할 수 있는 프로그램으로 시작하여 주민들 관심을 유도하는 것이 필요하다.

셋째, 단지의 특성에 따라 입주자 특성도 상이하므로 더 나아가 인근 지역 주민들과의 열린관계 속에 함께 참여할 수 있는 방안도 모색한다.

넷째, 주민들이 자치적으로 진행하는 공동체 프로그램 운영을 위해서는 재정적인 뒷받침이 요구된다. 지자체는 공동체 활성화 공모사업을 늘려 적극적으로 지원하는 방안을 모색해야 한다. 그래야 지속성을 지닌다.

3. 휴먼웨어의 핵심 리더와 조직 네트워크

주민들의 참여와 협력, 향유가 공동체 활성화의 핵심으로, 이것이 휴먼웨어다. 이를 이끌 핵심 리더(key leader)의 발굴과 조직이 만들어져야 하며 관련 조직들과의 네트워크가 필요하다.

아파트의 주거공동체 활성화를 위한 조직은 단지 내 주민조직인 입주자대표회의,

| 그림 15.2 포스트잇 프로젝트

(포스트잇 게시판을 통한 입주자간 정보공유)

자생단체, 공동체 활성화단체가 있으며 단지를 관리하는 관리주체로는 관리사무소장을 비롯한 관리조직과 그 외 아파트 관리를 제도적으로 지원하는 지자체의 담당부서로 나뉠 수 있다. 여기서는 공동체 활성화의 주축이 될 공동체 활성화단체의 의의와 지자체에서 지원하는 커뮤니티전문가의 활동 실태를 중심으로 발전방향을 모색해 본다.

1) '공동체 활성화단체' 구성의 전개

서울시는 2010년부터 공동주택 공동체 활성화를 위한 단체 구성 등의 제도적 장치를 마련하기 위해 2010년 9월, 13년 만에 관리규약 준칙을 개정하였고 이어서 2010년 10월 자치구 공동주택 지원조례 표준안을 마련하는 등의 법적 기반을 마련하였다. 즉 아파트의 공동체 활성화를 위한 지원기준과 방향을 제시하였으며 전문가 자문단 운영 방안을 마련하여 입주자대표회의 의사결정을 지원하고 있다. 구체적으로는 표준관리규약 준칙 제 4장에 공동체 활성화를 위한 자생단체 및 활동을 명기하여 10인 이상으로 구성된 공동체 활성화단체를 구성할 수 있도록 하였다. 공동체 활성화단체는 공동체 활성화 사업을 추진하고, 필요시 사업비를 입주자대표회의로부터 지원받을 수 있다. 이 단체의 기능은 공동주택단지 내·외 주민 간 공동체 사업을 추진하고 공동보육시설 운영, 자원봉사 프로그램 등 자체 운영프로그램 개발과 입주민의 참여를 위하여 노력하는 일이다. 또한 이 자생단체는 입주민 상호간 또는 입주민이 참여하는 자원봉사를 체계적으로 하기 위하여 전담운영자를 지정할 수 있고 전담운영자는 단지 내·외 지역공동체활성화 사업을 위한 외부의 자원봉사 네트워크를 구축하기 위한 활동을 할 수 있도록 되어 있다.

서울시는 2011년 2월부터 단지 내 공동체 활성화단체를 지원하는 커뮤니티 전문가를 양성하여 각 자치구에 배치하고 있다. 커뮤니티 전문가의 업무는 구청에서의 단지의 간접 지원과 자치구 시범단지에서의 단지 특성 파악, 맞춤형 공동체 프로그램 발굴, 공동체 사업계획서 작성, 자원 봉사자 모집, 사업시행 지원 및 피드백 등 단지의 직접 지원으로 나누어진다. 또한 자치구에서 지원하는 공동체 공모사업을 함께 진행함으로써 공동주택의 공동체 활성화에 기여하고 있다. 현재 커뮤니티 전문가는 각 단지의 공동체 활성화를 위해 조직 구성을 지원하고 자문함으로써 그 효과를 얻고 있으나 향후에는 전문가가 없이도 주민들 스스로가 핵심리더가 되어 이끌고 갈 수 있도록 주민들의 교육 개발과 지원에 대한 방안이 필요하다.

이와 같이 공동주택에서의 공동체 활성화를 위해서는 활동을 이끌고 갈 핵심리더 및 조직을 구성할 활동가 발굴이 우선이다. 휴먼웨어로서의 단지 내 핵심리더 발굴과 공동체 활성화단체 구성의 과정은 다음과 같다.

(1) 핵심리더 발굴

기존의 자생단체인 부녀회, 동호회 등은 이미 단지 내에서 봉사 및 친목으로 모임을 하고 있으므로 이들의 참여를 유도한다. 또는 입주자대표회의 및 통·반장에게 공동체 활동의 리더 역할을 할 수 있는 주민을 소개받을 수도 있으며 일반 주민을 대상으로 게시판이나 엘리베이터 홍보를 통해 자발적 참여를 유도하는 것도 방법이다.

(2) '공동체 활성화단체' 구성

관리규약에 따라 우선 '공동체 활성화단체'를 구성하여 입주자대표회의의 공식적인 승인절차를 거친다. '공동체 활성화단체'는 그 명칭을 그대로 할 수도 있으나 회원의 의견을 모아 별도로 이름 지어도 좋다. 실제 성북구의 한 시범단지는 '공동체 활성화단체'를 기존의 부녀회 조직을 흡수하여 단지 앞 거리 명을 따서 '늘푸른 이웃'이라는 이름으로 활동하고 있으며 노원구의 월계동 S아파트의 경우는 '도란도란', 서초구 N아파트는 '꼼지락', W아파트는 '나누미'이라는 이름으로 활동하고 있다.

'공동체 활성화단체'의 구성 신고를 위해 필요한 서류는 서울시 운영규정에 따라 단체 구성원, 회원명부, 단체의 이름, 대표자 및 임원선정, 회칙, 활동 목표, 활동계획서 작성, '공동체 활성화단체' 구성신고서, 활동비 지원신청서이다. 단지별로 '공동체

활성화단체'의 운영규정을 만들어 이에 따라야 한다. 운영규정은 서울시의 운영규정을 모델로 하여 단지 특성에 맞게 규정을 만들면 된다. '공동체 활성화단체'의 회칙은 회원자격과 의무, 대표자 선출 방법, 회비 운영 방법과 처리 등 자체적으로 정한 활동상의 지침이다.

2) 커뮤니티 전문가와 공동체 활성화

커뮤니티 전문가는 전술한 바와 같이 서울시의 자치구 지원을 받아 비정규직으로 각 구청에서 근무하고 있다. 여기서는 전문가에 의해 공동체 활성화를 지원한 시범단지와 지원을 받지 않은 일반단지를 대상으로 공동체 활동 실태를 비교한 연구[10] 결과를 인용하여 리더와 공동체 조직이 중심이 된 공동체 활성화가 아파트 거주자들에게 주는 영향이 무엇인지를 살펴본다.

조사 대상 단지는 서울시 성북구의 시범단지 2곳과 비시범단지 2곳이며 면접조사로 단지의 주민조직 주체와 공동체 프로그램 운영을 비교하고 요약하면 다음과 같다.

첫째, 시범단지는 주민 자치조직 구성에서 커뮤니티 전문가의 제안으로 기존의 부녀회를 "공동체 활성화단체"로 흡수 운영하면서 새롭게 조직화 하였다. 주민들에게 이 내용을 홍보하고 조직과 활동에 스스로 참여할 수 있도록 관심을 유도하였다. 반면 비시범단지는 기존의 부녀회가 그대로 존재하면서 관리사무소나 입주자 대표회의의 보조 역할로서의 활동에 그치고 있었다.

둘째, 시범단지는 "공동체 활성화단체"가 중심이 되어 공동체 활동 프로그램 기획 단계에서 아이디어를 내고 예산을 짜며 집행까지 책임하에 이루어지나, 비시범단지는 관리소장이 프로그램 기획을 하고 구청의 공문을 받아 주민들에게 정보를 제공하는 수동적인 시스템으로 이루어지고 있었다. 다만 공동체 시설이 건축 초기부터 잘 구비되어 있는 R단지의 경우는 그렇지 않은 단지보다 공동체 활동이 시설 중심으로 원활하게 이루어지고는 있었으나 관리소장의 면접 결과, 보다 체계적인 활성화를 위해서는 프로그램을 이끌고 가는 리더가 필요하다고 하였다.

셋째, 시범단지는 공동체 활동 참여 대상이 입주민 모두와 지역주민으로 범위가 넓었다. 축제와 녹색장터는 구청의 홍보와 지원을 통해 지역주민이 다수 참여하였고 적극적으로 판매와 기증을 하기도 했다. 반면 비시범단지는 참여 대상이 대부분 노인

10) 강순주(2013), 아파트의 공동체 활성화 실태와 거주자의 관리의식-서울시의 공동체 활성화 시범단지와 비시범단지 비교를 중심으로-, 대한건축학회논문집, 29권, 제1호.

| 표 15.3 시범단지와 비시범단지의 공동체 활동 실태

구분	시범단지		비시범단지	
	안암 R단지	월곡 W단지	정릉 P단지	길음 R단지
주민자치 조직	•입주자대표회의 •노인회 •공동체활성화단체(커뮤니티전문가가 새로이 회원모집 및 구성)	•입주자대표회의 •노인회 •공동체활성화단체(기존 부녀회를 흡수, 커뮤니티 활동 홍보로 회원 상시 추가 모집)	•입주자대표회의 •노인회 •부녀회	•입주자대표회의 •노인회 •공동체활성화단체(기존 부녀회를 흡수, 커뮤니티 활동 홍보로 회원 상시 추가 모집)
프로그램 종류 (빈도, 장소)	•폐식용유비누 무료배포(6회/1년, 광장) •녹색장터(6회/1년, 광장) •축제(1회/1년, 광장) •학습교실(비정기적, 도서관) •공간 용도변경을 통한 키즈룸과 작은도서관 만들기(1회)	•축제(1회/1년, 광장) •EM효소 강의(1회/매주, 입주자대표회의실) •EM효소 비누 무료배포(1회, 경비실)	•풍물시장(1회/1년, 광장) •노인회 식사대접(2회/1년, 경로당)	•노인회 식사대접(주중 매일, 경로당) •실버요가(2회/매주, 경로당 •꽃꽂이(비정기적, 부녀회실 •척사대회(1회/1년, 광장) •음식나눔행사(1회/1년, 부녀회실)
프로그램 기획	•커뮤니티전문가가 입주민 설문조사 •공동체활성화단체 회의	•커뮤니티전문가가 입주민 설문조사 •공동체활성화단체 회의	•관리소장이 제안	•부녀회 회의
운영주체	•공동체 활성화단체가 관리 및 운영	•공동체활성화단체가 관리 및 운영	•부녀회가 집행	•부녀회가 집행 •관리사무소가 관리
외부지원	•구청에서 공동체활성화 공모사업비 지원	•구청에서 공동체활성화 공모사업비 지원	•지원 없음	•지원 없음
프로그램 참여	•녹색장터와 축제는 100여명, 학습교실은 30키즈룸과 도서관을 중심으로 주부와 어린이 네트워크 형성여명이 참여	•축제는 2,000여명, EM효소강의는 150여명으로 높은 참여율을 보임 •EM강의를 통해 관련 동호회 형성	•참여율 낮음	•척사대회는 100여명, 노인회 식사대접 등은 30여명이 참여 •참여대상이 노인과 부녀회 회원으로 제한됨
지역주민 교류	•지역주민도 장터에 참여(기증, 판매, 구입)	•지역주민 축제 참여	•참여 안함	•참여 안함

출처: 강순주(2013) p.63.

과 부녀회원으로 제한되어 있었고 공동체 프로그램들이 경로당과 부녀회 내부에서 이루어졌다. 또한 풍물시장과 척사대회에는 단지 내부 주민만이 참여하였다. 이것 또한 시범단지의 경우 커뮤니티 전문가를 통한 지자체와의 소통에 따른 차이로 파악된다.

공동체 활동에 주민들이 스스로 주인의식을 갖고 적극적으로 참여하는 비율이 시범단지에서 비시범단지보다 높았으며, 아파트 관리주체를 누구라고 생각하느냐에 대한 설문에도 관리사무소보다는 주민과 주민자치조직이라고 답한 비율이 더 높게 나타났다. 또한 커뮤니티 전문가의 필요성을 묻는 결과에서도 전문가 도움을 경험한 시범단지가 비시범단지보다 더 높게 요구하여 공동체 활동에서 리더 역할이 중요함을 입증하고 있다.

3) 인적자원의 운영방향

휴먼웨어 측면의 인적자원 발굴과 활용은 단지 내 인적자원과 지역사회 인적자원의 연계를 긴밀하게 하는 것이다. 처음에는 지자체에서 지원하는 커뮤니티 전문가를 활용하여 자문을 구하면서 시작할 수 있다.

단지 내에서는 공동체 활성화단체 및 자생단체, 입주자 대표회의, 관리주체들과의 조직과 주민들 사이에 신뢰를 바탕으로 네트워크가 중요하다. 핵심 리더의 열린 소통 속에 보다 많은 주민들이 아파트 관리에 대한 관심과 이웃을 배려하고 공동체 활동에 적극 동참할 수 있도록 한다. 단지 내 핵심리더의 역량교육은 지자체에서 적극적으로 지원한다. 지역사회 자원들과의 네트워크 구축도 긴요하다. 지역사회 자원인 지자체 조직, 전문가, 사회활동가 및 시민단체, 지역의 자원봉사자, 지역 관련 조직들을 적극 이용하고 결연 맺기 등의 파트너십 체결을 통해 네트워크를 구축한다.

III 주거공동체의 미래

최근 우리나라는 OECD 국가 중에서 가장 낮은 출산율을 보이고 있으며 인구의 빠른 고령화, 1~2인 가구 및 다양한 가족유형 증가로 인해 가구 구조가 변하고 있다. 이러한 사회적 변화는 주택 시장 및 주거환경 변화를 예측하게 한다. 여기서는 최근 우리나라 사회적 환경 변화 및 미래를 예측해 보고 이에 대응하는 새로운 주거공동체

대안으로 “코하우징”을 소개하면서 미래의 주거공동체 형태로 제시하고자 한다

1. 가구 구조의 변화

1) 여성 가구주의 증가

우리나라 총 인구 중 여성의 비율은 2000년대 이후 지속적으로 증가하고 있다. 2010년 기준으로 여자는 2,442만명, 남자 2,417만 명으로 여자가 남자보다 309천명이 많으며, 여자 100명당 남자의 수를 나타내는 성비는 2010년 98.7로 2005년 99.5보다 낮아진 상태이다. 연령대별로는 50대 미만은 남성 비율이 높고, 연령이 증가할수록 여성인구 비율이 높아지고 있다. 이러한 여성인구의 증가에 따라 여성가구주 비율도 1980년 이후 지속적으로 증가하여 1980년 14.7%의 수준이었으나 2010년 25.9%까지 증가하였고, 남성가구주 비율은 1980년 85.3%에서 2010년 74.1%로 감소하였다. 통계청의 가구 전망에 따르면 여성 가구주의 비율은 남성의 평균 수명이 늘어나면서 2020년 약간 감소하는 것으로 나타나기는 하였지만 여성의 가정내 주도권은 강화될 것으로 예상된다(토지주택연구원, 2011).

여성가구주의 증가는 여성의 교육수준 향상과 경제활동 참여율의 증가와 상관성이 있는 것으로 보인다. 먼저 여성의 교육 수준은 점차 높아져 30세 이상 인구 중 대학 이상의 학력이 2000년을 기준으로 남자는 66.1%, 여자 33.9%이었는데 2010년에는 남자 58.4% 비해 여자는 41.6%로 증가하였다. 한편 여성 경제활동 참가율은 2010년 현재 49.4%로 나타나 2009년 49.2%에 비해 0.2% 증가하였고, 여성 경제활동 인구는 10,256천명으로 2009년 10,076천명에 비해 180천명 증가하였다. 우리나라의 급속한 저출산은 합계출산율(여성 1인이 가임기간 동안의 평균 출생아 수)로도 알 수 있는데 2011년 1.24명으로 나타나 OECD 국가 중 최하위권을 차지하였다. 결국 저출산 고령화의 진행은 생산 가능 인구가 감소되는 것이므로 여성 인력 활용은 증대되어 여성의 경제활동 참가율은 지속적으로 증가할 것으로 예측된다.

| 그림 15.3 성별 가구주 비율 변화

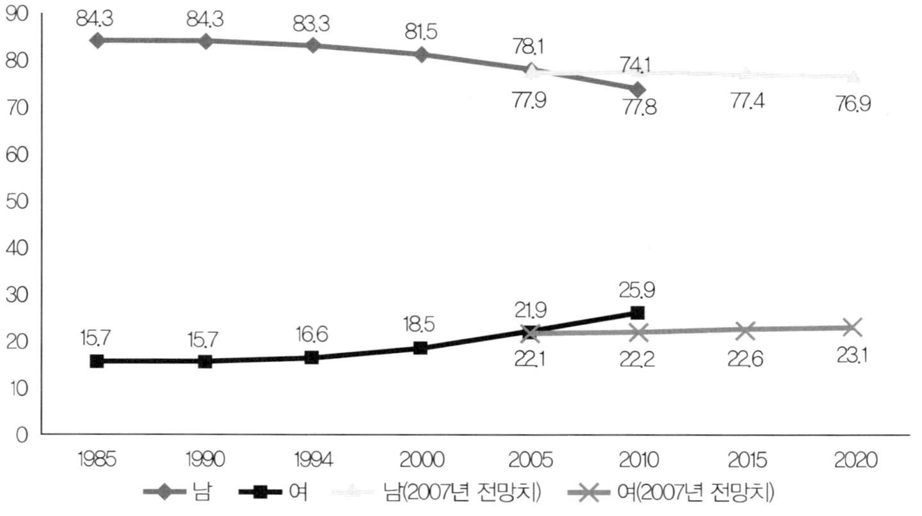

2) 고령자 가구의 증가

우리나라는 2010년 기준 65세 이상 인구는 542만명으로 총인구의 11.3%를 차지하고 있어 이미 고령화 시대에 살고 있다. 2006년 통계청 발표 장래인구 추계자료에 따르면 이 비율은 점점 증가하여 2020년은 15.6%로 고령사회 진입, 2030년에는 28.4%가 되어 초고령화 사회로의 진입이 예고되고 있다. 이에 따라 고령 가구주의 비율도 증가할 것으로 예상된다. 고령자만으로 구성된 가구 비율은 1980년부터 2005년 사이 2.1%에서 10.9%로 5.2배 급증한 반면 같은 기간 중 고령자 인구 비율은 3.9%에서 9.9%로 2.5배 정도 증가하였다. 통계청의 가구전망 자료를 보면 2015년, 2020년 고령자만으로 구성된 고령자 가구의 비율이 각각 11.9%, 15.0%에 달한다. 이는 이미 고령자가 기혼 자녀들과의 동거에 대한 의식 변화를 경험하고 있기 때문이다(토지주택연구원, 2011).

표 15.4 고령자가구 및 인구증가

(단위: 천 세대, 천명)

년도	일반가구	노인가구 (1인, 부부)	일반가구중 노인가구 구성비	인구	노인인구	전체인구중 노인인구 구성비
1985	9,571	677 115 146	7.1	40,420	1,750	4.3
1990	11,355	963 193 229	8.5	43,390	2,262	5.2
1995	12,958	1,251 349 381	9.7	44,554	2,640	5.9
2000	14,312	1,734 543 574	12.1	45,985	3,372	7.3
2005	15,887	2,448 783 828	15.4	47,041	4,365	9.3
2010	17,339	3,111 1,066 1,046	17.9	47,991	5,425	11.3
2020	19,012	4,232 1,512 1,448	22.3	49,326	7,701	15.6
2030	19,871	6,411 2,338 2,230	32.3	48,635	11,811	24.3

주 1) 2010년까지는 통계청 각년도 '인구주택총조사' 결과 참고, 2020~2030년 자료는 통계청 '2010 고령자 통계' 참고.

3) 가구 구성 변화

우리나라의 가족 형태는 1990년 이후 4인가구가 가장 일반적이었으나 2010년을 기점으로 현재는 2인가구의 비율(24.3%)이 가장 높게 나타나 주된 유형으로 나타나고 있다. 핵가족화로 인해 5인 이상의 가구 수는 지속적으로 감소하고 출산율 저하로 자녀 없는 부부가구 또는 자녀를 출가시키고 부부만 사는 가구가 늘어나 2010년 2인 가구 비율 24.3%가 4인가구 22.5%를 넘어선 것이다. 여기에 1인가구 23.9%까지 증가하여 2010년 1~2인 가구의 비중은 48.2%로 전체 가구 수의 절반을 차지한다.

| 표 15.5 연도별 가구원수 규모

(단위: 천 가구, %)

구 분	1980년	1985년	1990년	1995년	2000년	2005년	2010년
일반가구	7,969 (1000.0)	9,571 (1000.0)	11,355 (1000.0)	12,958 (1000.0)	14,312 (1000.0)	15,887 (1000.0)	17,339 (1000.0)
1인	383 (4.8)	661 (6.9)	1,021 (9.0)	1,642 (12.7)	2,224 (15.5)	3,171 (20.0)	4,142 (23.9)
2인	840 (10.5)	1,176 (12.3)	1,566 (13.8)	2,185 (16.9)	2,731 (19.1)	3,521 (22.2)	4,205 (24.3)
3인	1,153 (14.5)	1,580 (16.5)	2,163 (19.1)	2,636 (20.3)	2,987 (20.9)	3,325 (20.9)	3,696 (21.3)
4인	1,620 (20.3)	2,422 (25.3)	3,351 (29.5)	4,110 (31.7)	4,447 (31.1)	4,289 (27.0)	3,898 (22.5)
5인 이상	3,974 (49.9)	3,734 (39.0)	3,253 (28.7)	2,385 (18.4)	1,922 (13.4)	1,582 (10.0)	1,398 (8.1)
평균 가구원수	4.62	4.16	3.77	3.40	3.12	2.88	2.69

출처: 토지주택연구원(2012) p.15.

특히 1인가구의 증가가 주목되는데 2005년 장래가구 추계에서 2010년 1인가구 비율 20.3% 예측을 넘어섰고 2030년까지 예측했던 수치(23.7%)보다도 높게 나타난다. 이는 현재 1인 가구는 향후 10~20년을 앞서 빠르게 증가하고 있음을 의미하는 것으로 향후 그 비중은 지속적으로 증가 할 것으로 예상된다.

한편 1인 가구의 성별 분포는 2010년 기준으로 여성이 남성보다 많은 것으로 나타나며 연령별 1인 가구 비율은 20~30대(38.7%)와 60대 이상(31.9%)의 고령층에서

| 표 15.6 연도별 가구 구성별 장래가구 추계

(단위: 천 가구, %)

구 분	총조사 가구			가구추계				
	2000년	2005년	2010년	2010년	2015년	2020년	2025년	2030년
일반가구(A)	14,312	15,887	17,339	17,152	18,192	19,012	19,594	19,871
1인가구(B)	2,224	3,171	4,142	3,473	3,773	4,109	4,422	4,713
1인가구 비율 (B/A)	15,5	20,0	23.9	20.3	20.7	21.6	22.6	23.7

출처: 토지주택연구원(2012) p.17.

높게 나타난다.

1인 가구의 혼인 상태는 미혼이 44.5%로 가장 높게 나타나고 있으며 그 중 남성이 57.7%, 여성은 33.1%로 남성이 높다. 여성의 경우는 '사별'(45.7%)의 비율이 남성(10.1%)에 비해 현저하게 높은 편이다. 연령대별 혼인여부에서는 미혼 가구는 20~30대에 집중되어 있고, 배우자가 있거나 이혼한 가구는 40~50대, 사별한 가구는 60대 이상에 집중되어 있다. 1인가구가 증가하는 가구 구성 변화는 동거를 전제로 하는 전통적인 가족형태 개념이 사라지고 동거하지 않아도 가족 간의 우대관계를 유지하는 주거 방식을 선호하는 가치관의 변화로 이어지고 있다.

2. 새로운 주거공동체 형태

전술한 바와 같이 우리나라도 서구의 선진국과 같이 점점 가족이 해체되고 1인 가구 및 맞벌이 가구, 한부모 가구, 노인가구가 증가하는 추세이므로 새로운 개념의 주거공동체 형태가 좋은 대안이 될 수 있다. 여기서는 이러한 가구 구조 변화에 적합한 공동주택의 한 유형으로 '코하우징(co-housing)'을 소개하면서 주거공동체의 미래 방향에 시사점을 찾는다.

1) 코하우징의 특징과 전개

코하우징은 공유공간을 최대한 확대하고, 그 설계와 운영 그리고 사용에 함께 하는 주거 형태다. 모여 사는 것의 장점을 최대한 살린 주거유형인 셈이다. 주거 특징은 개인이나 가족이 프라이버시가 보장된 생활을 영위하면서 공유공간을 만들어 함께 협력하면서 공동체 생활을 영위한다. 공유공간의 용도와 규모는 가구 수 및 주민들의 요구에 따라 다르지만 공동식당, 공동부엌, 공동거실, 공작실, 어린이놀이방, 게스트룸, 도서실, 사우나, 정원, 텃밭, 공동 세탁장 등이 있으며 에너지 절약 및 건강, 환경을 배려하는 등의 요소 등은 주민들의 합의하에 정할 수 있다. 중요한 특징은 주민들이 돌아가면서 주민들 식사를 책임지고 요리하며 일주일에 3~4회 정도 함께하는 공동식사이다. 공동식사는 코하우징에서 매우 중요한 요소로서 조리와 식사를 통해 주민들과의 친목을 도모하고 개별 가구의 가사 노동의 경감과 경제적 이득을 얻을 수 있다. 이상과 같은 공유공간은 각 세대의 면적을 기준으로 10~15% 축소 계산되는 것이 일반적이다. 이는 +α의 부가 가치적 존재가 아닌 개별 가구 상의 연장선이라는 의미이다. “보다 합리적이고 편리한 다양한 가능성”, ”이웃을 아는 것만으로도 안심감과 행복감” 등의 개념하에 개인 생활을 풍요롭게 하고 자립과 자기 실현을 가능케 한다는 면에서 평가되고 있다. 코하우징은 이념적으로 모든 사람들에게 열려진 주거유형이긴 하나 특히 어린아이가 있는 맞벌이 가구, 한부모 가구, 노년층, 독거 노인 등에게 더 적합한 유형이라고 할 수 있다. 오늘날 코하우징은 직장여성 및 노년층 또는 친환경 생태주거 생활을 추구하려는 사람들이 관심을 갖고 있다.

코하우징의 기원은 1930년대 이후 스웨덴을 중심으로 시작하여 현재는 덴마크, 미국, 캐나다, 호주, 일본 등 여러 국가로 확산되면서 그 나라의 문화에 맞게 독특한 형태로 적용되고 있다. 역사적으로 코하우징은 19세기의 유토피아 사상에 뿌리를 두고 미국의 페미니즘 운동 및 유럽의 기능주의 건축사상을 배경으로 20세기 초 스웨덴에서 시작되엇다. 스웨덴에서는 주택사정이 매우 열악한 도시노동자를 위한 새로운 주택 모델이 사회적으로 요구되었는데 그 중 하나가 콜렉티브후스(Kollektivhus)이다. 콜렉티브후스의 시작은 1930년 스톡홀름에서 개최된 기능주의 박람회 때 20C초 기능주의 건축 사상에 영향을 받은 아스플룬드(G. Asplund) 등의 건축가 그룹에 지지를 받게 되면서 부터이다. 당시 여성을 가사에서 해방시키고 공동보육 및 공동 식당과 부엌이 있는 공동주택은 여성 운동가나 직업 부인 단체에 지지를 받으면서 민간의 사회 사업가와 단체에 의해 1930~50년대에 많이 건설되었다. 그러나 점차 경제적으로 어려움을 받게 되어 70년대는 거의 일반 공동주택으로 전환 되어 더 이상 전통적인 콜렉티브후스는 정착하지 못했다. 이후 대규모 교외단지 개발, 대량생산에 따른 획일적 주택 공급에 대한 반성이 이어지면서, 예전의 콜렉티브후스에 대한 재평가가 이루어졌다. 1970년대 말에는 현대적 콜렉티브하우스를 공공부문에서도 다루게 되면서 현재는 공공주택[11]의 유형으로 공급되고 있다.

오늘날 소개되고 있는 코하우징은 현대적인 콜렉티브하우스의 주거 형태로서 대표적인 나라인 덴마크와 미국은 저밀도의 접지형 주거 단지 형태로, 스웨덴과 아시아권의 일본은 도시형 중고층 주거의 형태로 발전하고 있다. 또한 단지 설립 주체의 경우도 덴마크의 코하우징은 미래 거주자들이 모여서 주도적으로 설립과정에 참여하고 지방정부가 이에 협조하는 방식에 비해 스웨덴의 경우는 지방 정부가 서류 자료를 기

---

11) 스웨덴의 공공주택은 공기관이 직접 공급하는 것이 아니라 지자체의 비영리조직이 지자체의 주택정책에 따라 저소득층뿐 아니라 일반인을 대상으로 공급하며 임대료는 동일하다. 다만 저소득층은 임대료 보조나 아동 수당 등을 통해 지원받는다.

반으로 먼저 코하우징을 설립한 후에 익명의 거주자들이 이주하는 방식이 일반적이다(최정신 외 1인, 2006).

미국에서는 건축가 캐트린 맥카만트(kathryn Mccamant)와 찰스 듀렛(Charles Durrette)이 덴마크형의 콜렉티브하우스를 「Cohousing」(1987)이라는 책자로 소개하면서 코하우징이 유럽의 콜렉티브하우스의 영어 번역으로 알려지고 있다. 코하우징이 일본에 등장하게 된 것은 1995년 고베 대지진 참사 이후 주택 부흥의 일환으로 시작되었다. 효고현과 고베시가 재난 피해를 입은 고령자를 대상으로 공영주택에 독립된 개별 가구 유니트와 함께 공용공간으로 공동식당, 공동부엌, 공동거실을 제공함으르써 고령자들의 자립과 공동체를 조화롭게 실현시키고자 시도되었다. 현재 일본에서는 수도권을 중심으로 세대 통합, 셀프 워크의 콜렉티브하우징 만들기를 목표로 하는 그룹 활동이 점차 많아져 그룹 형성에서 설계, 사업, 코디네이터를 목적으로 하는 NPO 활동이 활발하다.

2) 코하우징의 사례

(1) 스웨덴의 페르드크네펜 코하우징 Färdknäppen Co-housing

■ 개요

스웨덴의 스톡홀름 Södermalm 지역에 위치한 페르드크네펜 코하우징은 1989년 Familjebostäder 이라는 비영리단체에 의해 설립된 임대주택이다. 건물은 한 동으로 구성된 7층 건물이며 1~3개의 방을 가진 37~75m^2의 크기의 총 43가구가 살고 있다. 각 방마다 작은 발코니가 있어 외기와 접할 수 있다. 공동시설로는 1층에 목공실, 세탁실, 다목적 라운지, 도서코너, 부엌, 식당, 쓰레기 수거 및 재활용 실이 있으며, 지하실에는 운동실, 사우나, 개인 창고들이 있다. 또한 1층 정원과 옥상에 야외 테라스가 있어 공동으로 이용한다(사진 참조).

■ 거주자 특성 및 입주자격

새로운 개념의 노인 공동 주거형태인 페르드크네펜 아파트의 거주자들의 평균연령은 대략 70세이다(53세~93세). 국적은 대부분 스웨덴이며 몇 명의 외국인들이 있지만 스웨덴에 오래 거주한 사람들이다. 성별 분포는 12명의 남성을 제외하고 모두가 여성 거주자이며 혼인여부는 8명의 커플과 35명의 싱글들로 구성되어 있다.

페르드크네펜 코하우징에 입주하려면 우선 40세 이상의 자녀들과 더 이상 동거하지 않은 사람이어야 한다. 또한 다양한 생활용품과 시설을 공동 사용하고 모든 거

| 그림 15.4 스웨덴의 페르드크네펜 코하우징

코하우징전경

다목적실 – 도서코너

다목적실 – 담화 및 손님응대

공동식당

공동주방

세탁실

세대별 창고

공작실

옥상 테라스

주자들이 의무적으로 돌아가면서 해야 하는 요리와 청소 업무를 문제없이 실행할 수 있는 능력과 의지가 있는 사람이어야 한다. 입주를 희망하는 대기 입주자들은 2012년 현재 60명 이상의 대기 인원이 기다리고 있다. 새 입주자의 결정은 입주자 대표회의 같은 위원회에서 신청자들의 조건과 열정 등을 토대로 먼저 결정하고 건물주에게 추천하는 방식이다.

■ 거주자 행동규칙

페르드크네펜 코하우징의 모든 거주자들은 공동 생활에 필요한 업무들을 나눠 맡게 된다. 가장 크고 주요한 업무는 주 5일간 이루어지는 공동 식사 준비와 단지 내 청소이다. 모든 거주자들은 한 달에 3~4번씩만 본인을 포함한 30~40명을 위해 주말 및 휴일을 제외한 평일 저녁식사를 준비하고 공동공간의 청소를 도와야 한다. 그 대신 주말과 2달간의 여름 휴가, 크리스마스 및 부활절 휴가에는 개별적으로 가족이나 개인 자유 시간을 갖는다. 모든 거주자들이 꼭 같은 양의 업무를 담아야 하는 것은 아니며 각자 형편에 맡게 능력이 되는 만큼 공동체를 위해 힘쓰는 것이 페르드크네펜 코하우징의 방식이다.

식사 준비와 청소뿐만 아니라 페르드크네펜 코하우징 거주자들은 실내와 실외 인테리어, 가전제품 관리, 파티 계획, 정원 가꾸기, 도서관 등의 부서 중 자신이 관심 있거나 자신 있는 곳에 참여하여 공동체를 위해 일하게 된다. 각 거주자들이 맡는 업무의 양이나 시간은 절대 정해져 있는 것이 아니며 경우에 따라 여러 부서에 참여하여 서로를 돕는 형태로 진행된다.

■경제적 이점

먼저 30~40명의 사람들의 식사를 한꺼번에 준비하기 때문에 식비가 크게 절약된다. 또한 컴퓨터, 다리미기, 세탁기, 운동기기 등을 포함한 대부분의 생활 용품들을 함께 사용하면서 절약하는 비용도 크다. 뿐만 아니라 페르드크네펜 코하우징에서는 건물을 소유하는 회사가 처리해야 하는 정원 관리, 단지 내 청소 등의 관리업두를 입주자 자신들이 스스로 해결하기 때문에 오히려 매년 8000SEK(약 132만원) 내외의 유지비를 환급 받는다. 입주자 대표회의에서는 이 돈을 매년 새로 필요한 생활 용품이나 가전제품 등을 구입하는데 사용한다.

(2) 일본의 칸칸모리 Co-housing

■개요

일본 도쿄도 아라카와구 히가시닛뽀리 지역에 위치한 칸칸모리 코하우징은 2003년 ㈜생활과학 운영이라는 시행사가 NPO법인 콜렉티브하우징사를 코디네이터로 하여 설립된 임대주택이다. 한 동으로 구성된 12층 건물에는 1~3개의 방을 가진 25~62m^{2}의 크기의 총 28가구가 살고 있다. 특이한 것은 코하우징 부분의 개별 주택은 2층과 3층(1944m^2)에 배치되어 있을 뿐, 4~6층은 개호형 유료 양로원인 '시니어하우스', 7~11층에는 자립형 유료양로원인 '라이프하우스', 12층에는 전망 좋은 공동욕실이 계획되어 있는 세대 통합형 복합거주시설이라는 점이다. 1층에는 유료 양로원 입주자가 사용하는 공동 식당과 다목적실, 보육원(0~2세), 병원이 배치되어 있는데 이곳 역시 코하우징 주민들에게도 열려 있다. 코하우징의 주거 부분은 1인 1실뿐 아니라 한 방에서 2사람 혹은 3사람이 함께 거주하는 쉐어형 타입도 있다. 코하우징 주민이 이용하는 공동공간은 공동식당, 부엌 이외에 세탁실, 전용사무실, 창고, 게스트룸,

| 그림 15.5 일본 칸칸모리 코하우징

칸칸모리 전경 / 공동부엌 - 공동식사준비 / 게시판

공동식당 / 공동거실 / 공동 세탁실

공작실 / 공동 텃밭 / 우드데크

공용화장실, 키즈룸 등이 있고 옥외 시설로 우드데크, 테라스, 텃밭, 공작실 등이 있다(사진 참조).

■ 거주자 특성 및 입주 조건

이곳 거주자들의 연령은 2010년 7월 현재 0세에서 84세에 이르기까지 다양하며 현재 28가구인 31명의 거주자가 살고 있다. 성별 분포는 9명의 남성을 제외하고 모두 여성이며 어린이는 11명으로 구성되어 있다. 2003년 6월 시점에 1인가구가 12가구, 가족이 있는 가구는 3가구 였으나 5년 후인 2008년에는 1인가구가 18가구로 증가하였고 연령은 입주 초에 20대, 50대가 많았는데 입주 후 3년부터 30대가 증가하였다. 입주 조건은 스웨덴의 경우와 마찬가지로 다양한 생활용품과 시설을 공동 사용하고, 모든 거주자들이 의무적으로 돌아가면서 요리 와 청소 업무를 할 수 있는 능력과 의지가 있는 사람이어야 한다. 새입주자에 대한 결정은 거주자들이 맡으나 임대의 전반업무는 ㈜콜랙티브하우징사에서 총괄한다.

■ 거주자 행동규칙

모든 거주자들은 공동 생활에 필요한 업무들을 분담한다. 이곳의 운영 지침과 방법은 전술한 스웨덴의 Färdknäppen 코하우징의 운영지침을 바탕으로 캉캉모리 주민들에 의해 새롭게 작성되었다. 거주자들은 조합을 구성하여 이름을 "숲의 바람"이라 칭하고 입주자 대표의 임원 4명과 회계, 회원관리, 견학, 홍보, 조사연구대응, 집주인대응, 마을 대응 등의 운영 위원회를 두고 있다. 그 외 자치 활동 그룹으로 공동 식사 준비, 원예, 목공, 세탁, 청소, 인테리어, IT, 게스트룸, 홍보용 앨범제작, 에너지 효율, 친환경, 재활용 활동, 도서, 어린이 케어 등의 일상 활동에서 하나 이상을 택하여 활동한다. 모든 거주자들이 자기가 맡은 활동만 하는 게 아니라 맡은 활동은 대표 위원으로 책임을 가질 뿐 활동에는 모두가 참여하는 것을 원칙으로 한다. 운영상에 문제가 생기면 한 달에 한번 열리는 정례회의에서 논의한다. 반려동물 역시 키울 수 있는데, 공동공간에서 방사는 금지되어 있다. 펫 사육 신고서와 함께 사진을 첨부하여 주민들에게 알리도록 되어 있다. 공동 식사 당번은 한 달에 1번 2~3명이 한조가 되어 식사를 준비한다. 저녁식사는 7시부터지만 그 시간에 못 먹는 사람들은 미리 연락하면 남겨둔다. 개인 사정으로 조리에 참석 못하는 경우에는 다른 입주자가 돕기도 하면서 서로 협력한다.

■ 경제적 이점

스웨덴의 코하우징과 마찬가지로 많은 사람들의 식사를 한꺼번에 준비하기 때문에 식비가 크게 절약된다. 또한 세탁기, 건조기 등을 포함한 대부분의 생활 용품들을 함께 사용하면서 절약하는 비용도 크다. 공동 식사 및 세탁실을 이용할 때 '모리권(森券)'이라는 지역화폐를 사용하며 돈을 직접 교환하는 번거로움을 해소한다. 모리권은 1모리=1엔의 가치를 지니며 식사는 평일 400모리, 세탁기 50모리/1회, 건조기 100모리/1회로 되어 있다. 모리권은 50, 400, 500모리의 3종류가 있다. 그러나 무엇보다도 직장을 갖고 있는 사람에게 한 달에 한번만 저녁식사 준비를 하고 그 외 시간은 자유롭게 시간을 얻을 수 있다는 경제적 이점이 있으며 특히 육아세대는 식사 준비 시간이 절약되어 아이들과 함께 시간을 보낼 수 있다는 큰 장점이 있다.

이상과 같이 코하우징은 공동주택의 형태 가운데 공유공간, 상호작용, 협동적 소통을 극대화 하는 공동체 형성의 좋은 사례이다. 앞으로 우리나라는 1인 가구 뿐 아니라 고령 인구 및 다양한 가족형태가 나타나면서 공동체에 대한 갈망이 증가하여 코하우징에 대한 관심이 한국에서도 증가할 것으로 예상된다.

공동체적 소통과 행복을 추구하는 흐름은 코하우징 유형뿐 아니라 단독주택형 쉐어하우스에도 적용될 가능성이 있다. 지역사회 내에서 삶터를 회복하여 인간다운 교류와 소통을 통해 어울림의 기쁨을 향유하고자 하는 욕구가 증가하고 있기 때문이다.

참 고 문 헌

강순주, “아파트 단지 내 커뮤니티 시설의 운영 실태와 거주 후 평가: 전문관리자 운영의 대구 R 아파트 단지를 중심으로”, 『한국주거학회 논문집』, 제21권 제4호, 2010, p.111.

강순주, “일본 분양아파 의 생활서비스프로그램 운영실태 사례연구”, 『한국실내디자인학회 논문집』, 20권 2호, 2011, pp.92-93.

강순주 · 김진영 · 함선익, “공동주택 커뮤니티 관련 연구들의 시대적 경향 분석과 사회적 배경 요인들과의 관계”, 『한국주거학회논문집』, 제23권 제4호, 2012, p.20

강순주, “아파트의 공동체 활성화 실태와 거주자의 관리의식-서울시의 공동체 활성화 시범단지와 비시범단지 비교를 중심으로-”, 『대한건축학회논문집』, 제29권 제1호, 2013, p.59.

강순주 · 김진영 · 이보배 · 조이브, “10년 공공임대아파트 커뮤니티 시설의 운영실태와 커뮤니티 프로그램 요구에 따른 운영방안”, 『한국주거학회논문집』, 제24권 제5호, 2013. p.77.

고야베 이쿠코 · 지비연 역, 『컬렉티브하우스』, 퍼블리싱 컴퍼니 클, 2013

김대욱 · 류지원 · 정응호, “친환경 공동주택의 계획요소 비교에 관한 연구”, 『한국주거학회 논문집』, 제16권 제4호, 2005, p.29

김광복 · 남진, “주택재개발아파트의 단지배치 특성에 따른 임대주택 거주자의 커뮤니티 의식 분석”, 『대한국토도시계획학회논문집』, 제40권 제7호, 2005, p.75

김성준, “아파트 단지 내 커뮤니티시설 프로그램에 관한 연구”, 연세대학교 석사학위논문, 2008

김재권, “지역에서의 아파트공동체운동의 현황과 과제”, 『전환기의 지역경제정책』, 삼성경제연구소, 2001

김준래 · 조영태 · 김세용, “보금자리주택지구 입주자 특성을 고려한 커뮤니티시설 계획 방향설정 연구”, 『대한건축학회지』 제28권 제11호, 2012, p.19

나카무라 시노부, “일본 Collective housing 사례분석을 통한 개발 방향에 관한 연구”, 건국대학교 석사학위논문, 2011.

박경옥, “공동주택 커뮤니티활성화를 위한 사회적 환경 구축”, 『한국주거학회 논문집』, 제21권 제1호, 2010, p.141

박광재 · 백혜선 · 서수정, 『아파트공동체 실현을 위한 방안 연구』, 대한주택공사 토지주택연구원, 2001

박신영 · 백혜선 · 임정민 · 정소이 · 석혜준, 『소득 3~4만불 시대의 주택 수요특성과 주택 공급방식』, 대한주택공사 토지주택연구원, 2011.

박철수, “아파트 공동체 실현을 위한 공동생활공간”, 확대방안 아파트 공동체실현을 위한 정책 토론회, 대한주택공사, p.25.

소행주 · 박종숙, 『우리는 다른 집에 산다』, 현암사, 2013.

손세관 · 김원경, “아파트 단지 내 커뮤니티 시설의 이용실태 및 적정규모에 관한 연구”, 『한국주거학회 논문집』 제20권 제6호, 2009, p.145.
손승광 · 박윤성, “집합주거 외부공간에서의 친밀성에 관한 연구”, 『대한건축학회논문집』, 25, 1989, p.59.
신화경 · 김영주 · 이수진 · 조인숙, “아파트 주민의 공동체 의식과 커뮤니티 시설에 대한 요구 및 만족도에 관한 사례조사 연구”, 『한국가정관리학회지』 제29권 제1호, 2001, p.83.
아모스 라포포트(이규목 역), 『주거형태와 문화』, 열화당, 1985, p.72.
이라영 · 신남수, “공동주택단지의 물리적 환경 구성요소와 거주자의 공동체의식에 관한 연구: 광주광역시 공동주택단지를 중심으로”, 『대한건축학회지』 제25권 제3호, 2009, p.235.
이보배 · 강순주, “아파트 단지 내 커뮤니티 시설과 프로그램의 운영 실태 분석”, 『한국주거학회 학술발표대회논문집』, 2011.
이소연, “공공임대아파트의 커뮤니티 시설과 프로그램 운영실태 및 거주자 요구도 분석”, 건국대학교 석사학위논문, 2013.
이재혁, “초고층 주상복합건축물 공용공간이 거주자웰빙에 미치는 영향에 관한 연구”, 아주대학교 박사학위논문, 2007.
이종수 편, 『한국사회와 공동체』, 다산출판사, 2008.
장준호 · 이인혁, “주민자치활동과 커뮤니티 의식 수준 간의 관련성 연구”, 『한국도시지리학회지』 제4권 제2호, 2001, p.15
정소이 · 박준영 · 김홍주 · 한지희 · 김인기 · 김진철, 『1인가구의 수요특성을 고려한 주택유형 개발 연구』, 대한주택공사 토지주택연구원, 2012.
정승진 · 이원영 · 강순주, “아파트 거주자의 커뮤니티 공간과 프로그램 이용 및 요구도”, 『한국주거학회 논문집』 제14권 제1호, 2003, p.41.
조성희 · 강혜경, “공동주택단지에서의 주거공동체에 관한 연구”, 『한국주거학회 추계학술발표대회논문집』, 2000, p.109.
조성희 · 이경희 · 이영석 · 박경옥, 『공동주택 주거문화 제고방안 연구』, 건설교통부 · 한국주거학회, 2007.
조인숙 · 신화경, “공동주택 계획을 위한 지속가능한 평가요소에 관한 연구”, 『한국주거학회논문집, 제21권 제1호, 2010, p.166.
천현숙 외 8인, 『저출산 추세에 대응한 주택 및 도시정책 방향 연구(I)』, 국토연구원, 2012.
최영주 · 김미희, “아파트 거주자의 커뮤니티센터 시설 및 프로그램 만족도”, 『한국주거학회 논문집』, 제20권 제5호, 2009, p.51.
최정신 · 이안폴슨, 『스칸디나비아노인용 코하우징의 계획과 적용』, 아산재단연구총서 201집, 집문당, 2006.
吉阪隆正, 『吉阪隆正集3 住居意味』, 勁草書房, 1986, p.6.
C.N.Schulz · 이재훈 역, 『거주의 개념』, 태림문화사, 1992, p.14.
G. H. Hillery, “Definitions of Community: Areas of Agreement”, *Rural Sociology*, 20(2), 1955, pp.112-123.
www.moleg.go.kr
www.kostat.go.kr

찾아보기

ㄴ

ㄷ

ㄹ

ㅁ

ㅂ

ㅅ

ㅇ

ㅈ

ㅊ

ㅋ

ㅌ

ㅍ

집필자 소개(챕터 순서)

하성규

영국 런던대학교(UCL) 도시 및 지역계획학 박사
한국주택학회회장, 한국지역개발학회 역임
현재: 한국주택관리연구원 원장, 중앙대학교 도시계획 및 부동산학과 명예교수
주요저서: 『주택정책론』(2010) 외 다수

홍형옥

고려대학교 대학원 가정학과 이학 박사
대한가정학회, 한국가정관리학회 회장 역임
현재: 경희대학교 생활과학대학 주거환경학과 교수
주요저서: 『주거관리』(2011, 공저) 외 다수

김정인

일본 오사카시립대학(大阪市立大学) 주거학 박사
우리관리(주) 주거문화연구소 연구팀장, 싱가포르 경영대학(SMU)방문연구원, 한국주거학회 학술이사 역임
현재: 한국주택관리연구원 연구위원
주요저서: 『주거관리』(2011, 공저) 외 다수

한영화

서강대학교 법학전문대학원 법학전문석사
현재: 한국주택관리연구원 수석연구원·변호사, 서울시 아파트관리 공공조사단 법률분야 전문위원, 서울시 중구청 공동주택관리 전문가 법률분야 자문위원

은난순

경희대학교 주거환경 및 주거관리 이학 박사
현재: 가톨릭대학교 소비자·주거학과 겸임교수, 한국주거문화연구소 연구위원, 한국주거학회 이사
주요저서: 『주거관리』(2011, 공저) 외 다수

김성중

독일 에센대학교(Universitaet Duisburg-Essen) 에너지와 발전공학 박사
현재: 인천대학교 안전공학과 교수, 에너지환경보건안전연구원장, (사)한국열환경공학회 명예회장, 인천안전생활실천시민연합 대표
주요논문: 「공동주택 추락재해 예방을 위한 연구」(2012) 외 다수

박경옥

일본 오사카시립대학(大阪市立大学) 주거학 박사
한국생활과학회 회장 역임
현재: 충북대학교 주거환경학과 교수
주요저서: 개정 『넓게 보는 주거학』(2013, 공저) 외 다수

하세정

영국 런던정경대(LSE) 경제지리학 박사
현재: 한국조세재정연구원 부연구위원

김영주

미국 버지니아폴리테크닉 주립대학교(Virginia Tech) 주거 및 실내디자인 박사
한국생활과학회 편집위원, 아시아실내디자인학회 편집위원 역임
현재: 중앙대학교 주거환경학과 교수, 한국주거학회 대외협력이사, 한국생활과학회 이사
주요저서: 『주거론』(2010, 공저) 외 다수

박신영

연세대학교 행정학 박사
한국토지주택공사 토지주택연구원 선임연구위원, 일본 동경도립대학(東京都立大学) 도시연구소 객원연구원, 한국주택학회 회장 역임
현재: 한국도시연구소 연구위원, 한국주택토지공사 토지주택연구원 명예연구원
주요저서: 『전환기 부동산정책의 새로운 방향모색』(2013, 공저) 외 다수

이현정

미국 미네소타대학교(University of Minnesota) Ph. D.
중국 동지대학교 및 미국 미네소타대학교 방문교수 역임
현재: 경희대학교 주거환경학과 부교수
주요논문: 「Restructuring the public assessment of housing management toward standardization」(2014) 외 다수

김선중

연세대학교 이학 박사
한국주거학회 회장 역임
현재: 울산대학교 주거환경학과 교수, 국토교통부 주택정책심의위원회, 울산시 중구청 도시계획·도시재생 심의위원
주요저서: 『주거론』(2010, 공저) 외 다수

강혁신

일본 국립 치바대학교(千葉大学) 법학 박사
법무부 "집합건물의 소유 및 관리에 관한 법률"개정위원, "주택관리사보", "세무사", "변호사" 시험 출제위원 역임
현재: 조선대학교 법과대학 법학과 교수(민법)
주요저서: 『민법총칙』(2005, 공저) 외 다수

강순주

일본 오사카시립대학(大阪市立大学) 주거학 박사
한국주거학회 회장 역임
현재: 건국대학교 건축학부 주거환경학과 교수
주요저서: 『건축학전서-주거론』(2010, 공저) 외 다수

현대 공동주택관리론

초판인쇄 2014년 8월 8일
중판발행 2019년 8월 20일

지은이 하성규 · 홍형옥 · 김정인 · 한영화 · 은난순 · 김성중 · 박경옥 · 하세정 · 김영주 · 박신영 · 이현정 · 김선중 · 강혁신 · 강순주
엮은이 한국주택관리연구원
펴낸이 안종만 · 안상준

편 집 이재홍
기획/마케팅 박세기
표지디자인 최은정
제 작 우인도 · 고철민

펴낸곳 (주) 박영사
서울특별시 종로구 새문안로3길 36, 1601
등록 1959. 3. 11. 제300-1959-1호(倫)
전 화 02)733-6771
f a x 02)736-4818
e-mail pys@pybook.co.kr
homepage www.pybook.co.kr
ISBN 979-11-303-0110-5 93300

정 가 29,000원